気候カジノ

経済学から見た地球温暖化問題の最適解

ウィリアム・ノードハウス●著
藤﨑香里●訳

THE CLIMATE CASINO
RISK, UNCERTAINTY, AND ECONOMICS FOR A WARMING WORLD

日経BP社

気候カジノ◉目次

第 I 部

気候変動の起源

リスクは知識に反比例する。

——アーヴィング・フィッシャー

THE GENESIS OF CLIMATE CHANGE

第1章
気候カジノへの入り口

今日我々が新聞を読んだり、ラジオを聴いたり、ブログを見たりしていると、そこには必ずと言っていいほど地球温暖化に関する話題が取り上げられている。さまざまなメディアで見つけた例を紹介しよう。


この10年は観測史上最も温暖だった。

おそらく何にも増して不都合な真実は、地球がもう10年以上も温暖化していないということだ。

ホッキョクグマは今世紀中に姿を消すかもしれない。

地球温暖化説はでっちあげである。

グリーンランド氷床ではかつてないスピードで融解が進んでいる。(注1)

地球温暖化が今日大きな注目を集めていることは間違いない。と同時に、それが果たして真実であり重要な問題なのか、人間社会にとってどのような意味をもっているのかという点について、人々の意見が分かれていることも、やはり事実である。このように対立する主張のはざまで、温暖化問題に関心を寄せる人々は、一体どのような結論を下せばよいのだろうか。仮に「地球温暖化は真実である」というのが答えだとしたら、それはどのくらい重大なことなのだろうか。下がることのない失業率、膨らみ続ける公的債務、数々の紛争、核拡散など、世界が抱えるあらゆる問題の中で、地球温暖化は我々にとってどのくらい重要な地位を占めるのだろうか。

一言で言えば、地球温暖化は人類と自然界にとって大きな脅威だ。本書では、「我々は気候カジノに足を踏み入れつつある」という比喩を使う。この表現を通じて私が言おうとしているのは、経済成長が気候システム（訳注＊多くの構成要素が関係をもって全体を構成しているものを「システム」と呼ぶ。のちに出てくる「複雑システム」とは、気候、経済、社会など相互に影響し合う複数の要因が合わさり、全体として何らかの性質を見せるシステムのこと）と地球システムに意図せぬ危険な変化をもたらしているということだ。そうした変化は、我々が予想し得なかった、おそらく深刻な結果を招くことになる。我々は気候のサイコロを投げている。その結果は数々の「サプライズ」を引き起こし、場合によっては深刻な事態を招く恐れもある。だが、気候カジノには足を踏み入れたばかりだ。今なら向きを変え、そこから出ることができる。本書では、地球温暖化問題を取り巻く科学と経済学と政治、そして今日までの軌道を修正するために必要な取り組みについて紹介する。

本書を読み進む上でのロードマップ

地球温暖化は現代における最重要課題の一つだ。それは、武力衝突や経済不況とともに、はるか先の未来まで人間や自然の営みを左右する要因と考えられている。また、地球温暖化は複雑な問題である。基礎気候科学から始まり、生態学、工学、さらには経済学、政治学、国際関係学まで幅広い分野にまたがっている。

その結果、このようにたくさんの章から構成される一冊の本ができあがる。読者の皆さんがこれから長い旅に出るにあたり、まずはここから先に何があるのかを示すロードマップをご覧いただこう。本書の五つの部で論じられているテーマは、次の通りだ。

第I部は、地球温暖化の科学についての概説である。気候科学は変化の著しい分野ではあるが、地球科学者たちによってこの100年ほどの間に発展を遂げ、今日揺るぎないものになっている。

地球温暖化の最大の原因は、石炭、石油、天然ガスなどの化石燃料（あるいは炭素系燃料）の燃焼によって生じる二酸化炭素だ。二酸化炭素のような気体は温室効果ガスと呼ばれている。温室効果ガスは大気中に蓄積され、長期間にわたりそこにとどまる。大気中の温室効果ガス濃度の上昇は、陸域や海洋の温度上昇を引き起こす。こうして始まった温度上昇は、大気システム、海洋システム、氷床システム、生物システムにおけるフィードバック効果（訳注＊温暖化によってある変化が生じたとき、それが促進または抑制されること。促進される場合には正のフィードバック、抑制される場合には負のフィードバックと呼ばれる）によって増幅される。その結果、温度に加え、最低最高気温、降水、暴風雨の発生場所や頻度、積雪、河川流出、水資源、氷床も変化がする。そしてこれら一つひとつが、気候と深い関わりをもつ生物や人間活動に重大な影響をもたらすことになる。

地球上に氷が存在しなかった時代も、雪球地球《スノーボールアース》と呼ばれる時代も、過去の気候を左右していたのは自然の要因だった。しかし今日、気候は人間活動によって変えられつつある。地球温暖化の最大の要因は、化石燃料の燃焼によって生じる二酸化炭素の排出だ。1750年には280ppmだった大気中の二酸化炭素濃度は、今日390ppmまで上昇している。モデルによる予測では、効果的な対策を通じて化石燃料の利用を減らさなければ、二酸化炭素濃度は2100年までに700〜900ppmに達するとされている。気候モデルによると、その結果、世界の気温は2100年までに平均で3〜5℃上昇し、その後も顕著な温暖化を続ける。つまり、経済成長が急激に減速するか、二酸化炭素排出量を著しく制限するための強力な措置がとられない限り、おそらく大気中の二酸化炭素濃度は上がり続け、地球温暖化とそれに伴うさまざまな影響が引き起こされるだろう。

第II部では気候変動による影響について分析する。最大の懸念は気温そのものではなく、気候変動が人間システムや自然システムに与える影響にある。影響を分析する上で重要な概念は、そのシステムが人為的に管理可能かどうかということだ。たとえば、高所得国の非農業部門は極めて人為的に管理されている。この特性のおかげで、同部門は、少なくとも今後数十年間、比較的低いコストで気候変動に適応していくことができるはずである。

しかし、人間システムや自然システムの大部分は、人為的な管理がなされていないか、人為的な管理が不可能であり、したがって将来の気候変動に対する脆弱性が極めて高い。中には気候変動によって恩恵を被ると考えられている分野や国もあるが、気候の影響を受けやすい物理システムと密接なつながりをもった分野は大打撃を被るだろう。予想される被害のほとんどは、熱帯アフリカ、ラテンアメリカ、沿岸諸国、インド亜大陸など、低所得国や熱帯地域に集中すると見られている。脆弱なシステムには、天水農業、季節的な積雪、沿岸コミュニティー、河川流出、自然生態系などが挙げられる。これらは深刻な影響を受ける恐れがある。

科学者たちが特に懸念しているのは、地球のさまざまなシステムがもつ「臨界点」についてだ。臨界点とは、システムが閾値《しきいち》（訳注＊システムのプロセスにおいて、それを超えた時点で急激な変化が生じる境界値）を超えた時点で、急激で不可逆的な変化が起きるプロセスを指す。その多くは非常に大規模で、人間が従来の技術を使って効果的に管理することはできない。四つの代表的な地球の臨界点は、巨大氷床（たとえばグリーンランド）の急激な融解、メキシコ湾流をはじめとした海洋循環の著しい変化、気温上昇がさらなる気温上昇を生むフィードバックプロセス、そして長期間にわたる温暖化の増幅だ。これらの臨界点がそれほどまでに危険なのは、一度始まると容易に止められなくなるからだ。

第Ⅲ部では、気候変動政策の経済的側面について論じる。気候変動の抑制に向けて考えられる策はいくつかあるが、一番確実なのは「緩和策」、つまり二酸化炭素やその他の温室効果ガスの排出量を削減することだ。残念ながら、このアプローチには莫大なコストがかかる。複数の研究によれば、たとえ取り組みが効率的に進められたとしても、国際的な気候目標の達成には世界総所得の1～2％程度（今日の水準で年間6000億～1兆2000億ドル）の費用が必要だという。ひょっとすると、このコストを大幅に軽減する画期的な技術革新が起こるかもしれないが、それが近い将来に実現する可能性は低いというのが専門家たちの見解だ。

気候変動の経済学は非常にシンプルだ。我々は化石燃料を燃焼させ、知らず知らずのうちに大気中に二酸化炭素を排出している。そしてこれがさまざまな将来の悪影響につながっていく。こうしたプロセスは、二酸化炭素を排出した人がその権限と引き換えに対価を支払うことも、被害を受けた人が代償を受けることもないために発生する「外部性」だ。経済学が教えてくれる一つの重大な教訓は、規制のない市場は負の外部性にうまく対処できないということだ。規制のない市場では、二酸化炭素という外部費用に価格が設定されていないため、大量の二酸化炭素が排出される。地球温暖化は、地球規模である上に、将来にわたって影響を及ぼすという点で、非常に厄介な外部性である。

経済学は、気候変動政策に関するある不都合な真実を指摘している。どんな対策であってもそれを効果的にするには、二酸化炭素やその他の温室効果ガスの市場価格の引き上げが必須条件であるという点だ。二酸化炭素排出への価格づけは、市場における外部性の過小評価の是正につながる。炭素価格の引き上げには、取引可能な排出枠の設定（「キャップ・アンド・トレード」）か、二酸化炭素排出への課税（「炭素税」）という二通りの方法がある。経済史から得られる重大な教訓は、インセンティブ（誘因）がもつ力だ。気候変動を抑制するためには、何兆ドルという額を支出する何百万もの企業と何十億もの人々すべてに対し、今日の化石燃料を原動力とした消費から低炭素な活動へと徐々に移行するよう、インセンティブを付与する必要がある。そして、最も効果的なインセンティブが、高水準の炭素価格の設定である。

炭素価格の引き上げは、四つの目的の達成を可能にする。第一に、炭素価格は消費者に対し、二酸化炭素排出量の多い財やサービスが何であり、それらの利用を極力控えるべきであるというシグナルを送ることができる。第二に、炭素価格は生産者に対し、どの原材料が多くの二酸化炭素を排出し（石炭や石油など）、どの原材料が比較的少ない、あるいはまったく二酸化炭素を排出しない（天然ガスや風力など）というシグナルを送り、それによって企業を低炭素技術へと誘導することができる。第三に、炭素価格は発明家やイノベーター、投資銀行家たちに対し、先進的低炭素技術を使った製品やプロセスを発明、開発、導入したり、そうしたものに投資したりするよう、市場インセンティブを与えることができる。最後に、炭素価格は、こうした判断を下す上で必要な情報量を減らしてくれる。

第Ⅳ部では、気候変動政策に関する主な疑問について考察する。国々はどのくらいの割合で二酸化炭素やその他の温室効果ガスの排出量を減らすべきか。排出削減策の時間軸はどうすべきか。産業間や国家間で削減量をいかに配分すべきか。課税、市場を基盤とした排出制限、規制、補助金といった政策手段の中で、最も効果的なものはどれだろうか。

我々は気候の目標を、過去の気候や生態学的原則に基づいた、達成困難なものにしがちである。だが、ゴールに到達するまでのコストを無視した単なる目標設定型のアプローチでは、実現は困難だ。経済学者たちの間では「費用便益分析」と呼ばれる、コストと利益を比較した上で目標を設定する手法が支持されている。

気候変動とその影響に関するメカニズムはあまりにも複雑であるため、経済学者や科学者はコンピューターを用いた統合評価モデルに基づいて動向を予測したり、政策を評価したり、費用と便益を算出したりする。統合評価モデルから得られる重大な結果の一つは、温室効果ガスの排出削減策を一刻も早く導入すべきということだ。政策を最も効果的にするためには、まず、排出削減の増分費用（限界費用）をすべての部門や国家の間で均等化し、その上で、少しでも高い「参加率」を実現しなければならない。すなわち、可能な限り多くの国や部門が、可及的速やかに参加を表明する必要がある。ただ乗り（訳注＊負担を伴うことなく、便益を享受すること）を許してはならない。さらに、政策が効果的であるためには、それが段階的に実施される必要がある。そうすることで人々に、高水準の炭素価格が課される社会に適応する時間を与え、排出量抑制をだんだんと強化していくことが可能になる。

「全世界の参加」「特定の年のすべての利用において限界費用の均等化」「時間の経過に伴う政策の厳格化」という三大原則に関してはすべてのアプローチが支持する一方で、どこまで厳しい政策にすべきかについては研究者の間で大きく意見が分かれている。我々の分析では、産業化以前（この場合１９００年）からの気温上昇を、コストや参加率、割引の問題を勘案しつつ、２～３℃に抑えることを目標にした政策にすることを提案している。コストが低く、参加率が高く、将来の経済的損失に対する割引率が低い場合には、野心的な温度目標を立てることが望ましい。逆に、コストが高く、参加率が低く、割引率が高い場合には、より緩やかな温度目標を設定したほうがよい。

また、政策が効果的であるためには、それが地球規模での取り組みでなくてはならない。これまでの協定

（たとえば京都議定書）が効果を発揮できなかったのは、参画を促すインセンティブを付与していなかったからだ。排出削減は地域的な取り組みでコストがかかる一方、その恩恵は空間的にも時間的にも広範囲に及ぶ。そのため、国々の間には、他国の努力にただ乗りしようという強力なインセンティブが働く。国際的な取り決めが有効に機能するためには、参加を促し、ただ乗りを抑制する効果的な仕組みが必要だ。最も確実なアプローチは、不参加国の財やサービスに関税をかけることだ。これはかなりの負担増につながるため、ほとんどの国を国際気候レジームに取り込むことができるはずである。

第V部で論じられているように、状況を現実的に捉えたとき、効果的な地球温暖化政策の行く手にはいくつもの大きな障害が立ちはだかっている。基本的な傾向を理解するという点においては気候科学者たちが目覚ましい成果を挙げているものの、気候変動政策の実施が一筋縄ではいかないこともまた証明されている。

取り組みがなかなか前に進まない大きな要因の一つは「ナショナリストのジレンマ」で、これがただ乗り問題を引き起こす原因にもなる。排出削減に向けた国際協定に参加しない国々は、他国が高いコストを払って進める対策の恩恵をただで享受できる。そのため、ほとんどの国が強力な気候変動政策を実施しようとしない、非協力的なただ乗りの均衡状態が生まれる。今日の国際政治環境と非常によく似た状況だ。国々は協力しない国に対して声を張り上げるだけで、何のムチも持っていない。ただ乗りの風潮を抑制する上で有効なのは、貿易の関税を通じて不参加国にペナルティーを課す仕組みだろう。

そのうえ、現在の世代には、気候問題に対処するコストを将来の世代に押しつけることでただ乗りしようとする傾向も見られる。世代間のただ乗り問題は、今、排出を削減しても、そのメリットのほとんどは何十年も先の未来にもたらされるという理由から発生する。

こうした二重のただ乗り問題は、気候科学や経済的コストに関して誤解を招くような分析を提示することで事態をややこしくする利益団体によって、さらに助長される。地球温暖化に対して懐疑的な人々は、例外的な事例や解明が進んでいない科学的事象を強調し、気候変動の基礎科学や今日の予測を裏づける有力な証拠から目をそらす。科学的な懸念が日増しに膨らむ一方で、イデオロギー的な対立が激化しつつあるアメリカでは、効果的な政策の導入を求めることは特に難しくなっている。

今日実行可能な三つのステップ

気候変動の問題に関心を寄せる人々が知りたいのは、地球温暖化を抑制するために今我々ができることは何かという点だろう。地球温暖化の抑制は、市民、経済、技術を巻き込んだ複雑なプロセスだ。ここでは、重視されるべき三つの具体的なポイントを挙げる。

(1) 世界の人々は、地球温暖化が人間界と自然界に与える影響の大きさを理解し、受け入れなくてはならない。研究者たちは、科学、生態学、経済学、国際関係学のすべての側面から徹底した調査を継続する必要がある。適切な対応を何十年も先送りするための口実を挙げ連ねる懐疑論者たちの大きな声に、人々は用心しなければならない。

(2) 政府は、二酸化炭素やその他の温室効果ガスの価格を引き上げる政策を打ち出さなければならない。苦い薬を口にしたときの不快感と同じで、そうした対処法には抵抗がつきものだ。しかし、二酸化炭素の排出量を抑え、低炭素技術を促進し、歯止めのきかない温暖化の脅威に対するワクチンを地球に接種する上で、炭素価格の引き上げは不可欠な要素だ。さらに、単に国内だけでなく、グローバルな取り組みにしなければならない。政治はときにローカルなもので、強力な地球温暖化政策に反対する声はナショナリスト的な姿勢から生じるが、気候変動の抑制には地球規模の協調的な行動が欠かせない。

（3）エネルギー部門における急激な技術革新が、低炭素経済への移行の鍵を握っていることは明らかだ。今日の低炭素技術が化石燃料に取って代わるためには、二酸化炭素の排出に対して相当の経済的ペナルティーが科される必要がある。安価な低炭素技術が開発されれば、より低いコストで気候目標を達成できるようになる。さらに、ほかの政策が失敗に終わった場合、低炭素技術は気候目標を達成するための最後の砦となる。そのため政府と民間は、低炭素、ゼロ炭素、さらには減炭素技術について徹底的に研究を進めなければならない。

人々の意識の向上、二酸化炭素やその他の温室効果ガス排出に対する価格の設定、経済の脱炭素化に向けた技術研究の促進。この三つは、本書で何度も取り上げられるテーマである。

気候変動、影響、政策の循環フロー

本書の議論は、図表1－1のように図式化できる。これは、二酸化炭素の排出から始まって影響に移行し、やがて排出に戻るという閉鎖的循環を、論理的な流れとして示したものだ。

地球温暖化の問題は左上の囲みから始まる。経済成長と市場からの歪んだ価格シグナルによって、大気中に排出される二酸化炭素の量が急増する。次に矢印は右上の囲みへと移動し、二酸化炭素濃度やその他の要因が気候システムに大きな変化をもたらす。

図表1－1　地球温暖化の科学、影響、政策の循環フロー

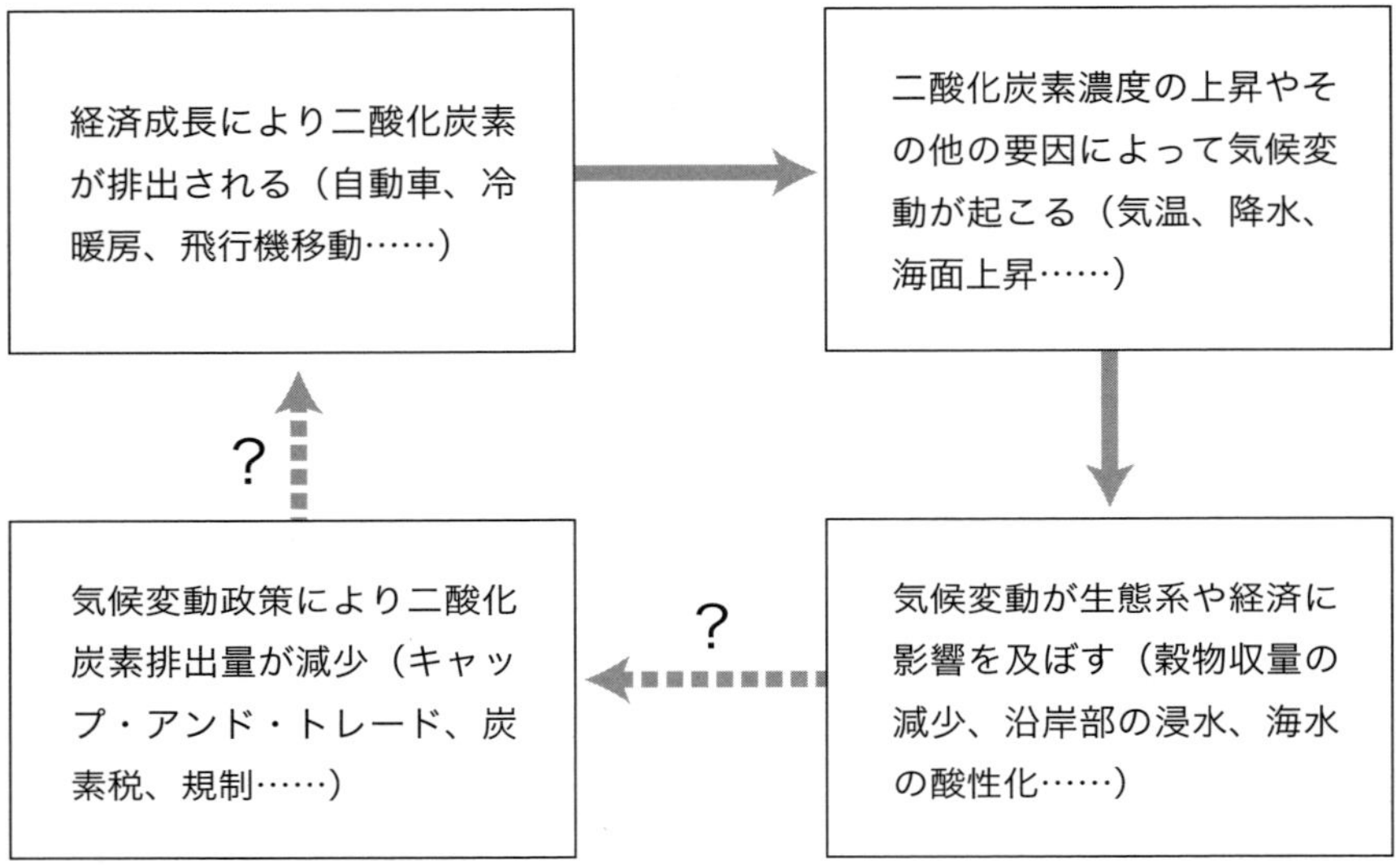

気候変動は、やがて右下の囲みにあるように、人間システムと自然システムに影響を与える。そして最後に、左下の囲みが示す通り、気候変動の脅威に対して社会が対策を講じる。

図表1－1の矢印は、経済─気候─影響─政治─経済の連鎖において、異なるパーツ同士の関連性を表している。しかしながら、最後の二つの矢印は、クエスチョンマークを伴った点線で示されている。その理由は、これらのつながりがまだ存在していないからだ。現在、二酸化炭素やその他の温室効果ガスを制限する効果的な国際協定はない。我々がこの事実上無策の道を今後も歩き続けるならば、点線の矢印は徐々に姿を消し、地球は歯止めのきかない温暖化に向け、危険な行路を突き進むことになるだろう。

第2章

二つの湖のエピソード

この世界は巨大で、人間の傍若無人なおこないにはびくともしないように思える。しかし、地球上の生命は実のところ非常に繊細なシステムだ。たくさんの生物が、複雑に交錯する関係の中で互いに結びついている。そうした生命の営みを可能にしているのが、太陽の熱と大気による保護だ。地球のシステムが偶然の産物であるということを実感するには、月を見ればよい。月は毎年、地球とほぼ同じ量の太陽放射を受けている。大気がなければ、地球は月のようになっていただろう。おそらく宇宙のほかの場所にも生命システムは存在する。しかし、植物、動物、人間、人類文明など、我々の地球がもつような生命システムは、きっとどこを探しても見つからない。地球の生命が見せてくれたドラマは、たった一度きりしか上演されないことだろう。(注1)

地球の生命がいかにもろいかを証明するために、二つの湖のエピソードを紹介したい。一つめは、アメリカのニューイングランド地方の南に小さく連なる塩湖で、私が夏に訪れたいと思う場所だ。(注2) 2万年前の最終氷期のころ、ニューイングランド地方は厚い氷河に覆われていた。この塩湖は、氷河が後退してできた入り江だった。今日では、フエチドリ、アメリカコアジサシ、カブトガニ、そしてカラフルな色をしたクラゲたちの棲みかや中継地点となっている。海に面した岸は沿岸州になっている。

この湖は被害を受けやすく、あちこちから破壊の手が伸びてくる。開発業者、ハリケーン、モーターボートなどが、こぞって繊細な岸辺を傷つけていく。自然保護活動家、生態学者、環境団体がそれに対抗する。最近は、保全側と開発側の膠着状態が続いている。

100年後、この湖はどうなっているのだろうか。答えは今後の我々の行動にかかっている。人間が気候変動を阻止することに成功すれば、湖は100年後も今と変わらぬ美しさを保っているだろう。しかし、二酸化炭素の排出がこのまま放置されれば、気温上昇、海洋の化学的性質の変化、海面上昇の三つが相まって、湖を生き物の棲まない死の塩性湿地に変えてしまうかもしれない。

死はすでに別の湖に忍び寄っている。中央アジアのアラル海は、かつて世界で四番めに大きな湖だった。しかし6万7000平方メートルあった面積は、この半世紀で10分の1ほどに縮小した（ニューヨーク州がコネチカット州の大きさに縮んだのとほぼ同じだ）。[注3] 一体何が起きたのだろうか。ハリケーンや戦争、あるいは暴走した資本主義下での乱開発といった、ドラマ性を伴った出来事ではない。主な原因は、歪んだインセンティブに後押しされたお粗末な経済計画だった。中央集権的な「社会主義」国家だった旧ソビエト連邦が、限界耕作地に水を引き入れるために、アラル海に養分を運んでいた河川の流れを変えたのだ。[注4] 今日湖は、栄養失調に陥った子どものように、ゆっくりと死を迎えている。

この二つの湖のエピソードは、本書が言わんとしていることを最も端的に伝えている。我々人間は、生命に満ち溢れた湖や森や海を含め、この星の将来をコントロールしている。生命を抱えた地球には、多くの天敵が存在する。本書のテーマは地球温暖化だが、それは、野放し状態の市場、戦争、政界の茶番劇、貧困といったさまざまな問題の一つに過ぎない。まず我々は、どのような破壊的な力が働いているのかを理解しなければならない。その上で、「科学的分析」「綿密な計画」「すぐれた制度」「市場との適切なチャンネルづくり」の四つを通じて、自分たちを取り巻く唯一無二の遺産を守るのだ。

本書では、この世界を保全するために克服すべき課題の一つである、地球温暖化の問題について考える。何世紀もの間、人間は地球の気温上昇にわずかに寄与してきた。しかし今世紀は、化石燃料に起因するものをはじめ、温室効果ガスの際限なき増加を食い止めなければならない非常に重要な時期だ。我々が21世紀末までに温室効果ガスによる影響を大幅に軽減できなければ、地球環境には厳しい未来が待っている。

個々の視点

本書は、地球温暖化を広い視野から捉えることによって、この問題に関心をもつ人々が理解を深め、情報に基づいた判断ができるようになることを目的としている。私はこの本の中で、地球温暖化問題の一部始終、つまり気温上昇が我々一人ひとりのエネルギー利用によって発生するところから、社会が温暖化のリスクを低減するために対策を講じるところまでを論じている。

地球温暖化問題を科学や経済学の側面から見てみたいという読者にとって本書は、特に興味深いと思う。ここで重要なのは、柔らかな頭をもつことだ。もしあなたがすでに、地球温暖化は我々の生活を細部まで管理したい人々によってでっちあげられた左派的な陰謀に過ぎない、と固く信じているようであれば、この本はあなたの考えを変えることはできないだろう。逆に、あなたが現時点で、世界は気候のハルマゲドンに向かって突き進んでいると結論づけてしまっているなら、あなたは本書が脅威の深刻さを過小評価していると感じ、途中で読むのをやめてしまうかもしれない。

しかし、ほとんどの人の見解はこの二者の間のどこかに位置している。対立する主張によって右に引っ張られたり左に引っ張られたりしながら、そうした論争を、法廷での弁護士と検事のやりとりのようだと感じているかもしれない。本書では、両者の主張に耳を傾け、できる限り不偏不党な視点で証拠を検証し、科学と経済学が示し得る最善のものを紹介する。

ご覧の通り、私はこの節のタイトルを「個々の視点」とした。科学的な研究で扱われるほかのテーマと同様に、地球温暖化問題にも揺るぎない事実は存在する。だが我々は、当然ながら、そうした事実を異なった視点から見る。一人ひとりがこの身近な問題についてじっくりと、独自の視点で研究し、自身と他者の知識を合体させることで、我々の理解はさらに完全なレベルに到達することができるのである。

私の視点とは何か。私はイェール大学の経済学者だ。これまで環境経済とマクロ経済を中心に、経済学のさまざまな領域で教鞭をとり、論文を発表している。現在第19版まで重版されている経済学の入門テキスト『サムエルソン 経済学』の共著者で、その経験から、新たな知識と必死に格闘する人々の気持ちが理解できるようになった。

また、これまで30年以上にわたり、地球温暖化の経済学に関する研究や執筆活動をおこなっている。実際私は、温暖化が深刻な問題として取り上げられるようになった当初から、全米科学アカデミーが支援する数々の学術研究に参画してきた。また、3冊の著書を出版し、地球温暖化の経済学に関する何十もの論文を専門学術誌で発表した。学部生たちにはエネルギーと地球温暖化の経済学を教えている。加えて、地球温暖化をめぐる論戦は私にとってなじみの土俵である。経済学のほかの領域や政府の予算編成でも、似たような争いを目にしてきたからだ。私の経験から言えば、我々は一度冷静になり、根本にある問題を理解すべきだ。

地球温暖化に関する本がこれ以上世に出る必要が本当にあるのかと思っている人もいるかもしれない。必要だとしても、なぜ経済学者が書いた地球温暖化の本を読むべきなのか。事実、地球温暖化は科学の問題ではないのか。

確かに、気候変動が起きるメカニズムを理解し、変化のスピードと地域的広がりを予測する上で、自然科学は不可欠な存在だ。地球科学者による基礎調査結果を研究せずに温暖化の問題を理解することは、明らかに不可能である。

しかし、地球温暖化は人間の活動に始まり、人間の活動に終わる。それは、作物を栽培する、部屋を暖める、学校に通うなどの経済活動の意図せぬ副作用として始まるのである。経済活動と地球温暖化の関係性を知るには、社会システムの分析が必要になる。そして社会システムとは、経済学をはじめとした社会科学の管轄なのだ。

さらに、気候変動を抑制する、あるいは阻止するための効果的な対策を打ち出すには、二酸化炭素を支配する物理法則を理解するだけでは不十分だ。より流動性の高い経済学や政治学の法則、すなわち人間の行動に関する法則についても知る必要がある。地球温暖化政策は、科学的に十分な根拠を伴ったものでなければならない。しかし、世界最高峰の科学でさえ、それだけでは、人々による収入の消費パターンや、部屋を暖める際の手段を変えることはできない。経済成長の進路を低炭素社会に向けて修正するには、人間行動に関する確かな知識に基づいた政策が欠かせない。つまり、科学的知識を正しく身につけることは、人間が未来の気候をどう変えようとしているかを把握するための第一歩ではあるが、問題の解決方法を考えるためには、経済的、政治的側面を理解することが不可欠だ。

私はこの本を、特に若者たちに向けて執筆し、私の3人の孫に捧げた。彼らの世代は、この世界を継承し、おそらく21世紀を通じて生きることになる。今世紀末の地球は今日とはまったく違ったものになっていることだろう。どうなっているかは、我々がそれまでにどのような策を講じるかにかかっているが、おそらく地球温暖化政策は自然界にとって最も重大な意味をもつことになる。数十年後、孫たちが過去を振り返ったとき、今日の世代がこの危険な道のりから引き返す決断をしたと言ってくれていることを願っている。

第3章
気候変動の経済的起源

たいていの人は地球温暖化を、主に熱波、氷床の融解、干ばつ、暴風雨を引き起こす自然科学の問題として捉えている。温暖化に関する巷の議論を見ても、確かに科学的な議論が中心となっている。しかし実は、温暖化の究極の原因も解決策も、社会科学の領域にある。

なぜ気候変動は経済問題なのか

一歩引いて基本的な質問から始めよう。なぜ地球温暖化はそれほどまでに特別な問題なのだろうか。なぜそれは国内や家庭内の問題ではなく、グローバルな問題なのだろうか。なぜそれほどまでに厄介なのだろうか。

気候変動の経済学は非常にシンプルだ。人間の活動のほぼすべては、直接的あるいは間接的に、化石燃料の燃焼につながっている。その結果、大気中に二酸化炭素が排出される。二酸化炭素は長年にわたって蓄積され、地球の気候を変え、深刻な被害をもたらし得るさまざまな変化を引き起こす。

問題は、二酸化炭素を排出する人がその特権の対価を支払うことも、排出によって害を被った人がその代償を受けることもないという点だ。たとえば我々はレタスを買うとき、生産の過程で生じたコストを支払い、農家と小売業者は労働の対価を得る。

しかし、レタスを生産する過程で、畑に撒く水を汲み上げる、あるいは運搬用トラックに燃料を供給するといったかたちで化石燃料を燃焼しなければならない場合、ある重要なコストがカバーされていないことになる。排出された二酸化炭素によって生じる損失だ。こうしたコストは市場取引の外にある（すなわち市場取引に反映されない）ため、経済学者たちの間では「外部性」と呼ばれている。外部性は、第三者に損害を与える、経済活動の副産物だ（経済学書では公共財と呼ばれることもあるが、外部性という言葉のほうがより直観的であるため、本書ではそちらを使用する）。

我々の生活には多くの外部性が存在する。誰かが川にヒ素を垂れ流したために魚が死ぬといった、有害なものもある。逆に、研究者がポリオワクチンを開発するといった、有益なものもある。しかし地球温暖化は、あらゆる外部性の中でも特に強力だ。というのも、そこには非常に多くの活動が関係しているからだ。おまけに、その影響は地球規模で、何十年、ときには何百年も続く。そして何より、我々が個々に行動を起こしても、変化を抑制することはできない。

地球温暖化が特に厄介な外部性である理由は、それが地球規模だからだ。地球温暖化とオゾンの減少、通貨危機とサイバー戦争、オイルショックと核拡散など、今日人類が直面する深刻な問題の多くはどれも本質的に地球規模で、市場も各国政府もそれを制御することはできない。影響が全世界に一律に拡散するこうした地球規模の外部性は、まったく新しい現象ではないものの、急激な技術革新とグローバル化の進行により、その重要性を増しつつある。

つまり、地球温暖化が特別な問題なのは、主に二つの理由からだ。一つはこの問題に地球規模の外部性が存在し、それは、化石燃料の使用など世界の人々の日々の活動から生じるということ。もう一つは、この問題が将来にわたって暗い影を落とし、何十年、ときには何百年先まで、地球や人類、自然システムに影響を与えるということだ。

経済学は、外部性についてのある重大な事実を指摘している。それは、市場で生じた歪みを市場が自動的に解決することはないという点だ。二酸化炭素のような負の外部性の場合、規制のない市場は二酸化炭素の排出による外部費用に価格を設定しないため、過剰排出につながる。ジェット燃料の市場価格には二酸化炭素の排出によって生じるコストが含まれておらず、その結果我々は、飛行機を頻繁に利用するのである。

経済学者は、コストと欲求の間でバランスのとれた価格を設定する、いわゆる市場の「見えざる手」に言及する。しかしながら、重大な外部性が存在する場合、規制を受けない見えざる手は誤った価格調整をおこなう。そのため、政府が介入し、大きな負の外部性を伴った経済活動に対して規制や課税などの措置を取らなければならない。この点では、地球温暖化もほかの外部性と同じである。損失の拡大を抑えるために、政府が積極的に関与することが欠かせない。

地球規模の外部性が大きな問題を引き起こしているのは、それに対応できる有効な市場や政治のメカニズムが存在しないためだ。地球上のすべての人に、解決に向けた取り組みへの参画を義務づけられる世界政府は存在しない。世界政府の不在が、クジラの乱獲や危険な核技術、地球温暖化の抑止を難しくしている。気候変動を抑制し、危機を回避したいと願う政策決定者が乗り越えるべき最大の壁は、気候変動が市場の外にある地球規模の問題であるという事実だ。

なぜ二酸化炭素排出量は増えているのか

地球温暖化に関する話は、たいていの場合、二酸化炭素やその他の温室効果ガスの大気中への排出と蓄積から始まる。しかし、本当の出発点は人間とその日常生活にある。ここでは、中規模都市在住のアメリカ国民である私自身の経験に基づいて話を進めるが、実際は、ナイジェリアの油田労働者やドイツのビール醸造者、インドネシアの織工でも構わない。

私が、自宅のあるコネチカット州ニューヘイブンから約80キロメートル離れた州立コネチカット大学に、講演に招かれたとしよう。移動に最も便利な手段は、自家用車による往復だ。総走行距離は約160キロメートル。渋滞に巻き込まれたり、都市部を運転したりすることを考えると、1リットル当たりの走行距離は8・5キロメートルといったところだろう。つまり、およそ19リットルのガソリンを消費する。これにより、約45キログラムの二酸化炭素が生成され、排気管を通じて大気中に排出される。目に見えないし、音も聴こえないし、においもしない。普通なら意識にのぼることもない。私がたいていの人と同じ感覚をもった人間なら、おそらく自分の移動が世界の気候に影響を与えることはないと判断し、それによってもたらされる結果から目を背けるだろう。

しかし、世界には70億の人間がいて、日々、幾度となく似たような判断を下している。仮に地球上のすべての人が、暖房、照明、料理といった活動のために、私の移動に要したのと同じ量の化石燃料を週2回、消費しているとしたら、毎年約300億トンもの二酸化炭素が大気中に排出される計算になる。これはまさに、2012年に世界が排出した二酸化炭素の量だ。我々の活動で、その過程に二酸化炭素が含まれていないものはないと言っても過言ではない。自転車に乗っていれば二酸化炭素を排出していないと思うかもしれない。

しかし、その自転車を製造する過程では少量の、そして道路や歩道を整備する際には大量の二酸化炭素が、大気中に排出されている。(注1)

我々はなぜ、それほど大量の化石燃料を使うのだろうか。車を運転する。飛行機で移動する。自宅や学校を暖める。コンピューターを使う。こうした活動のすべてに化石燃料は使われている。我々が消費するエネルギーの90%近くは化石燃料で、化石燃料の燃焼が二酸化炭素を発生させている。

そのような量のエネルギーが消費されていることに我々がショックを受け、使用を控えたいと考えたとしよう。地球温暖化が認識された以上、単に化石燃料の使用をやめれば済む話ではないのか。この問題については第Ⅲ部で論じるが、非常に重要なポイントなので、ここで少しだけ説明しておきたい。要は、代替燃料のほうがお金がかかるので、気軽にスイッチを切り替えてほかのエネルギー源に乗り換えるというわけにはいかないのだ。再生可能エネルギー（太陽光など）を使って人々の暮らしを支えるには、より多くのコストがかかる。低炭素エネルギーの利用には、新たな発電所や工場、異なるエンジンや暖房器具など、既存のものとはまったく別の資本ストックが必要になる場合もあり、経費を大幅に増やすことにつながる。

ガソリン車でコネチカット大学を訪問する例に話を戻そう。仮に私が電気自動車を購入する決心をしたとしよう。これなら二酸化炭素は排出されない。しかし、今度は天然ガスによってつくられた電気を使うかもしれず、その発電の過程ではやはり二酸化炭素が排出される。同様に、我が家の暖房器具は天然ガスでしか動かない。これを太陽光で動くようにするには、相当な投資が必要になる。その上、当然ながら太陽は我が家を常に照らしてくれるわけではなく、夜になれば沈んでしまう。

そういうわけで、今のところ私は、多くのアメリカ国民と同じく、なかなか化石燃料から離れられずにいる。さらに言えば、私は今の生活スタイルに満足している。自分の車も、コンピューターも、携帯電話も気

図表３-１　世界の二酸化炭素排出量（1900～2010年）

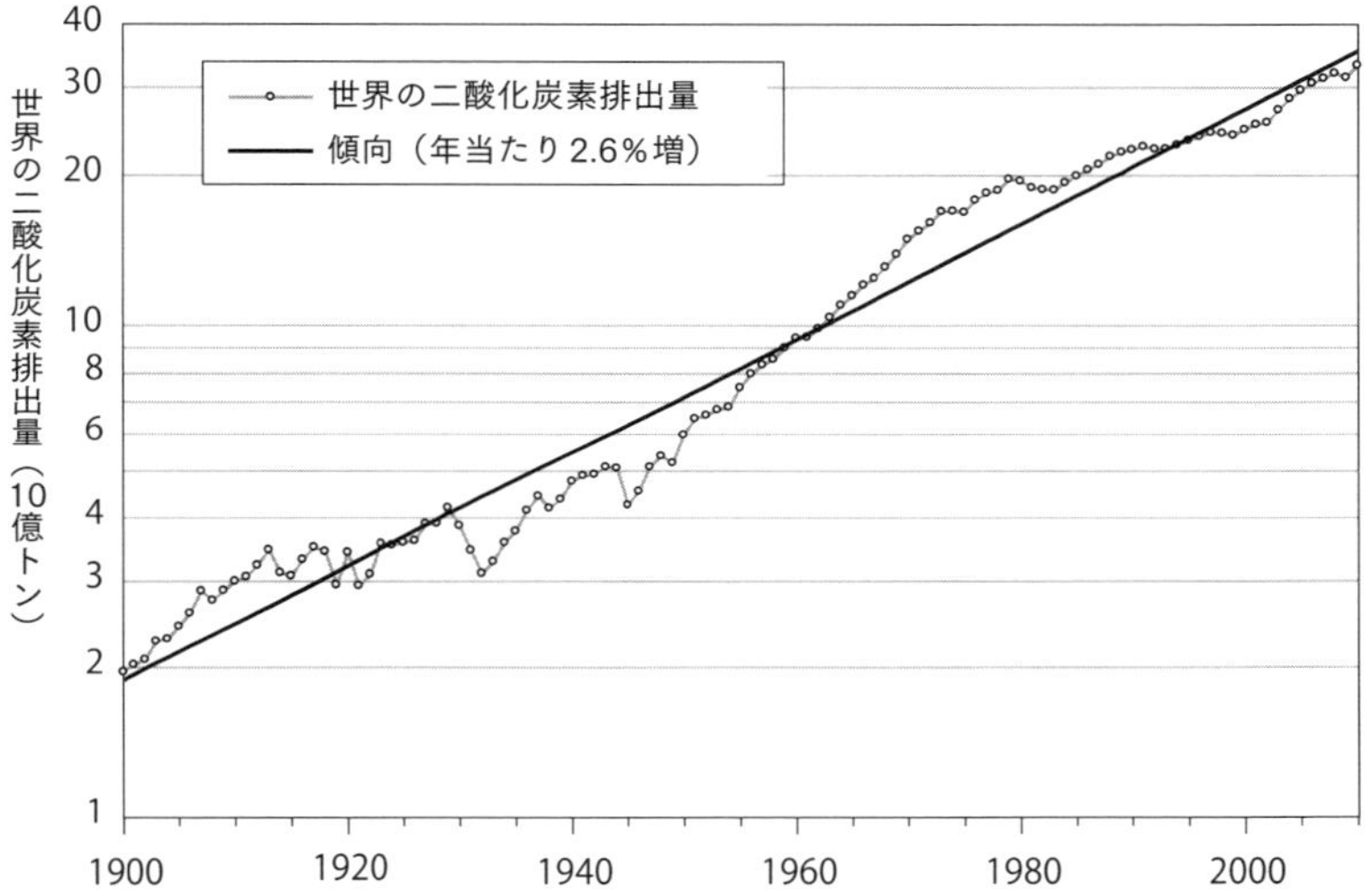

に入っている。冬は暖かく、夏は涼しい家にいたいと思う。洞窟に住んでいた時代のような暮らしには、何があっても戻りたくない。

図表３－１は、世界中で下されるこうした決断による正味の影響を示している。１９００～２０１０年における世界の二酸化炭素排出量の長期傾向（注2）だ。急増した時期もあれば、緩やかに増えた時期もあるが、平均すると、排出量は年２・６％の割合で増加している。心配の種は、この右肩上がりの傾向だ。排出量の増加は大気中の二酸化炭素濃度を上昇させ、気候変動を引き起こす。

このグラフについて、一つ説明しておきたいことがある。このグラフと、本書に掲載されているほかのいくつかのグラフの縦軸には、比例尺度（訳注＊数値の差だけでなく比にも意味がある尺度）を用いている。たとえば２００と４００の目盛の間隔は、４００から８００のそれと等しい。比例尺度のよいところは、直線（一定勾配の線）が決まった割合で増加あるいは減少することだ。図表３－１を見れば、ある特定の増加率はグラフのどこであっても同じに見えることがわかるだろう。

ここで世界全体の数字について伝えておこう。世界の二酸化炭素排出量は、グローバル経済の成長に伴い増加している。１９００年にはおよそ20億人だった世界人口は、２０１２年には70億人を上回った。ほとんどの国では、１人当たりの財やサービスの産出額（国内総生産）も増加している。幸運にも、いわゆる脱炭素化のおかげで、二酸化炭素排出量の伸び率は世界総生産ほど急激ではない。これは単純に、時代の移り変わりとともに、我々が二酸化炭素含有量の多いエネルギーを以前ほど使うことなく、ある一定量の生産を実現していることを意味している。このことは、経済活動の「炭素強度」、つまりＧＤＰに対する二酸化炭素量排出量の比率から見て取れる。

脱炭素化の傾向にはさまざまな理由があるが、中でも次の三つが最大の要因だ。第一に、今日ほとんどの製品で、１単位当たりの生産に必要なエネルギーの量が、かつてより減っていることが挙げられる。この傾向は、生産されるものがシャツであれ、牛乳であれ、電話による通話であれ、当てはまる。脱炭素化のもう一つの要因は、ＩＴや製薬・医療関連など、今日最も急成長している経済部門において１単位当たりの生産に使われるエネルギーの量が、成長速度の遅い、あるいは縮小に向かっている部門に比べて少ないということだ。言い換えれば、この国の経済構造は、エネルギー集約型の産業や活動からそうでないものに移行しつつあるのだ。脱炭素化の最後の要因は、炭素強度の高い燃料（石炭など）から低い燃料（天然ガスなど）へ、さらには再生可能エネルギーや非化石燃料（原子力や風力）へと、エネルギー転換が進んでいることだ。

図表３－２はアメリカ経済の炭素強度の低下を示しているが、これに関しては１００年以上前からの比較的信頼性の高いデータが残っている。このグラフは非常に興味深い。アメリカ経済の炭素強度は１９１０年代ごろまで増加傾向にあった（当時は石炭が中心だった）。しかし１９３０年以降、ＧＤＰに対する二酸化

図表3-2　アメリカ経済の炭素強度（1900～2010年）

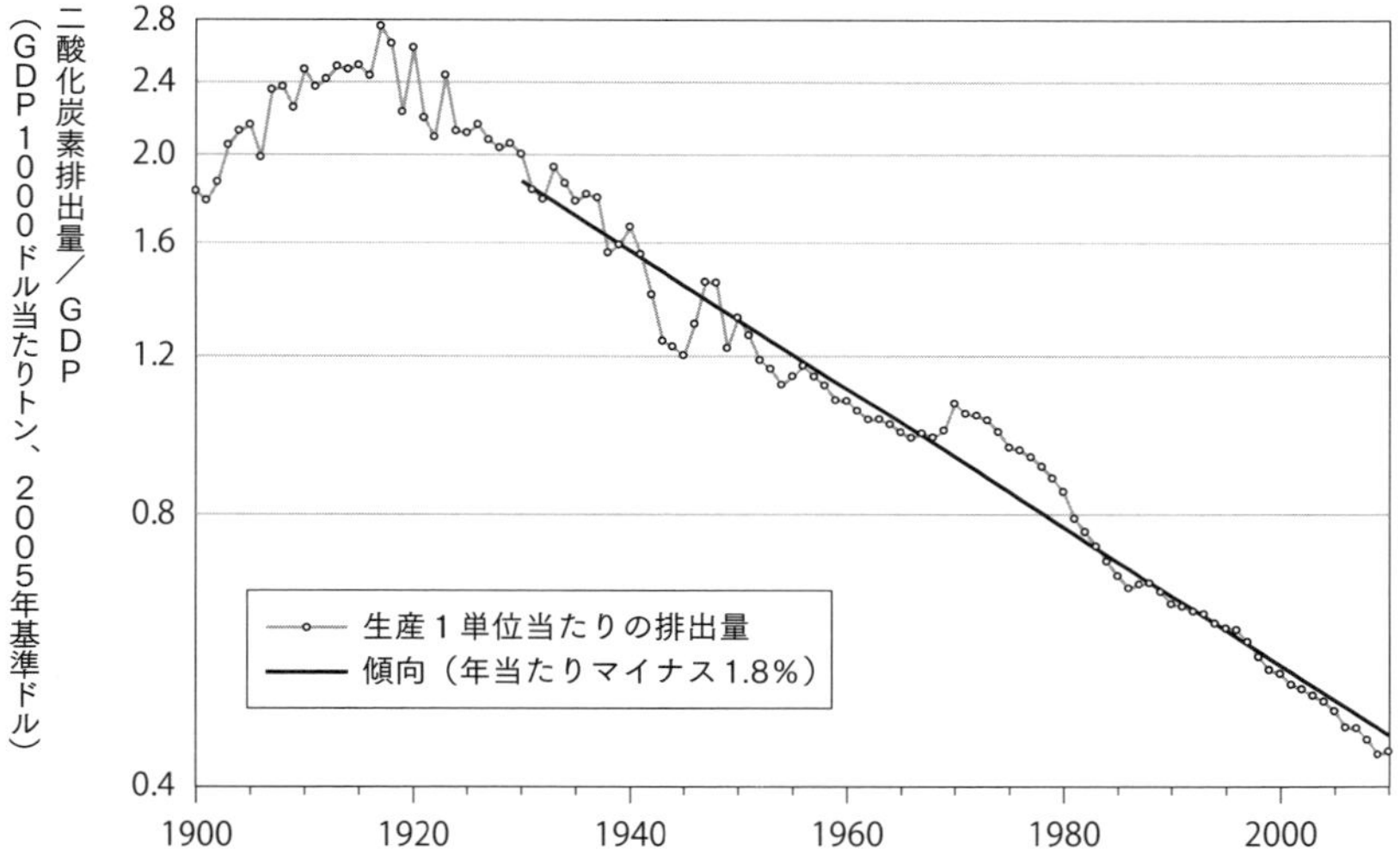

炭素排出量の比率は、年平均1・8％の割合で減少している。

経済の炭素強度が低下しているとはいえ、そのスピードは二酸化炭素の総排出量を減少させるには十分ではない。これは世界についてもアメリカについても言えることだ。この80年間、アメリカの実質排出量は年平均3・4％の割合で増加しているが、炭素強度の低下率は年1・8％であり、二酸化炭素排出量は毎年1・6％（＝3.4％－1.8％）ずつ増加している。世界全体に関する信頼性の高いデータの入手は難しいが、最良推定値によれば、世界の総排出量はこの50年間、年3・7％の割合で増えている。それに対し、脱炭素率は年1・1％であるため、二酸化炭素の排出量は年2・6％ずつ増加していることになる。

二酸化炭素問題を一言で説明するとこういうことだ。世界の国々は（慢性的な経済不振にあえいでいる国があったり、景気後退などで一時的に経済が停滞することはあるものの）、経済的に急成長を遂げている。成長の主要原動力は、石炭や石油などの化石燃料の使用によって生み出される。エネルギー効率は時代とともに向上しているが、そのスピードは排出量の増加を食い止めるには不十分だ。そのため、二酸化炭素の総排出量は増加の一途を辿っている。

モデル──理解するためのツール

一歩引いて、全体を見渡してみよう。ここまでで我々は、経済成長と化石燃料の使用量の増加を背景に、人間がかつてないほど大量の二酸化炭素を大気中に排出しているということを学んだ。二酸化炭素濃度の上昇は、世界中の科学的モニタリングを通じて確認されている。我々は、温室効果ガス濃度の上昇がもたらす結果を知っておく必要がある。しかし、膨大な量の計算式を人間の頭の中で解くことは難しい。そこでコンピューターモデルを使い、過去と将来の経済成長が二酸化炭素排出量や気候に、そして最終的には人間システムや自然システムにどのような影響を及ぼすかを予測する。

では、経済学者や自然科学者は、どのようにして将来の気候変動を予測するのだろうか。予測は常に二つのステップから成る。第一ステップは、二酸化炭素やその他の主要な温室効果ガスの将来の排出量を推定するというもので、本章で詳しく説明する。第二ステップは、そうした排出量の推定値を気候モデルやほかの地球物理モデルに入力し、二酸化炭素濃度や気温などの重要な変数が将来どう変化するかを予測する。この第二ステップについては、第4章で説明する。まずは、モデルの使用という、現代の自然・社会科学の重要要素について論じるところからスタートしたい。

将来の気候変動の全体像を把握するには、経済、エネルギー利用、二酸化炭素などの排出量、さまざまな気候変数、そしてあらゆる部門への影響に関する予測が必要になる。「予測」とは条件的、つまり「もし〜なら……である」という文で表されるものだ。「ある一連の入力イベントが起きたなら、結果として以下の出力イベントが起きると予測される」という言い方をする。経済学者は、「現在の財政金融政策とユーロ危機の影響を考慮すると、来年の実質生産高は2％増となることが予想される」という具合に、しばしばこの種の予測を立てる。これと同様に、科学者や経済学者は将来の気候変動に関する予測を利用する。必要となる主な入力データは、二酸化炭素やその他の温室効果ガスの年間排出量の推移などの変数だ。これらの入力データと、関連する物理学、化学、生物学、地学の知識を用いて、気候科学者たちは、気温や降水、海面の高さ、海氷など、多くの変数の時間的な変化を予測できる。

人間が頭の中でそうした計算をするのは難しいため、すべての工程はコンピューターモデルを使っておこなわれる。モデルとは一体どのようなものだろうか。鉄道模型《モデル》から設計模型《モデル》、さらには科学的モデルまで、世の中にはさまざまな種類のモデルがある。基本的な考え方で言えば、モデルとは、複雑な現実を簡略化したイメージのことだ。経済学者たちは「マクロ経済モデル」を使い、生産や物価上昇、あるいは金融市場に影響を与える一連の複雑な関係性を表そうとする。マクロ経済モデルは、国家予算の策定などさまざまな場面において、政府や企業が将来の見通しを立てる手伝いをする、数理的なコンピューターエンジンだ。

同様に、気候モデルも、代数方程式や数値方程式を用いて、大気、海洋、氷床など関連するシステムの変化を表している。(注3) つまり気候モデルとは、幾層もの大気と海洋を含めた地球を数理的に表現し、分単位から時間単位という短い時間ステップでシミュレーションするものだと考えてもらえばよい。気候モデルは非常に大規模で、さまざまな国の複数の科学者チームによってつくられた何十万行ものコンピューターコードを使っている。どのようにモデルが開発されるかに関するわかりやすい説明は、さまざまな書籍やウェブサイ

トで見ることができる。(注4)

気候モデルは本当に簡略化されていると言えるのかと、疑問に思うかもしれない。実は、それこそがモデルのねらいなのだ。簡略化するが、しすぎてはいけない。何しろ現実の世界はとてつもなく複雑だ。アメリカ経済を例に挙げるならば、そこでは3億を超える人々が、日々数えきれないほどの決断を下しながら生活している。このようなシステムを、文字通り「正確に」表すことなど不可能だ。気候・経済統合モデルの開発に求められるのは、そのときの目的に合わせて実態を簡略化することだ。必要なのは関連のある詳細であり、すべての詳細ではない。

図表3－3は簡略化されたモデルと完全な現実の違いを示したものだ。上の写真は、電力会社から顧客に電気を送るための高圧送電線だ。こちらが「現実」である。下は、GAMSというプログラム言語を使った、エネルギーシステムと経済に関するコンピューターコードだ（これはのちほど紹介するDICEモデルである)。モデルは、電力部門やその他のエネルギーシステムの複雑な相互作用を概念的に表している。あなたならどちらを選ぶだろうか。建築家であれば写真を選ぶかもしれないし、気候変動の研究に興味がある人ならばコンピュータープログラムを好むのではないだろうか。

高圧送電線に関するものであれ、経済に関するものであれ、地球の気候に関するものであれ、すぐれたモデルというのは、余計な情報で利用者を惑わせることなく、プロセスの本質を伝えるものでなければならない。経済学で言うと、たとえば我々は、生産と所得のモデルを構築し、政府が歳入と支出を予想する手助けをしたり、政府債務の状況を判断する際の情報に基づいた根拠を提供したりする。今日の財政状況に関するすぐれたモデルには、二酸化炭素排出量に関する情報は必要ない。二酸化炭素の排出量が今日の予算に及ぼす影響は、ほんのわずかだと思われるからだ。一方で、気候変動について考えるには、将来の二酸化炭素排

図表3-3　高圧送電線と、エネルギーおよび経済システムに関するコンピューターモデルの比較

コンピューターモデルは、傾向やさまざまな政策の効果を理解するのに欠かせないツールだ。

```
* This is an excerpt from the DICE-2013 model, version DICE2013_042913.gms

parameters
** Economic parameters
        elasmu   Elasticity of marginal utility of consumption     /  1.45   /
        prstp    Initial rate of social time preference per year  / .015    /
        gama     Capital elasticity in production function         /.300    /
        pop0     Initial world population (millions)               /6838    /
        popadj   Growth rate to calibrate to 2050 pop projection  /0.134490/ ;
parameters
** Modeling parameters
        pbacktime(t) =pback*(1-gback)**(t.val-1);
        cost1(t) = pbacktime(t)*sigma(t)/expcost2/1000;

VARIABLES
        MIU(t)           Emission control rate for CO2
        TATM(t)          Increase atmospheric temperature (deg C from 1900)
        YGROSS(t)        World output (trillions 2005 USD per year)
        UTILITY          Welfare function;

EQUATIONS
        CCACCA(t)         Cumulative carbon emissions
        MMAT(t)           Atmospheric concentration equation
        TATMEQ(t)         Temperature-climate equation for atmosphere
        YGROSSEQ(t)       Output gross equation
        UTIL              Objective function ;

** Equations of the model
ccacca(t+1)..  CCA(t+1)        =E= CCA(t)+ EIND(t)*5/3.666;
mmat(t+1)..    MAT(t+1)        =E= MAT(t)*b11 + MU(t)*b21 + (E(t)*(5/3.666));
tatmeq(t+1)..  TATM(t+1)       =E= TATM(t)+c1*((FORC(t+1)-(fco22x/t2xco2)
                                   *TATM(t))-(c3*(TATM(t)-TOCEAN(t))));
ygrosseq(t)..  YGROSS(t)       =E= (al(t)*(L(t)/1000)**(1-GAMA))*(K(t)**GAMA);
util..         UTILITY         =E= tstep*scale1*sum(t,CEMUTOTPER(t))+scale2;

** Model definition and solution
model  CO2 /all/;
solve CO2 maximizing UTILITY using nlp ;
```

出量や、それが大気中の二酸化炭素濃度に与える影響、そしてそこから生じる気候の変化を推定するためのモデルを構築する。その際、政府の財政赤字に関する情報が気候モデルに組み込まれることはない。財政赤字が気候変動に与える影響は、二次的、三次的なものだからだ。

すぐれたモデルを構築するということは、科学であり、同時に芸術でもある。科学である理由は、それが正確な観測データと信頼性の高い科学理論を必要とするからだ。たとえば、地球とすべての生命は1万年前に誕生したという発想に基づいてモデルを構築することも、できなくはない。しかし、その説ではニューヨーク州ロングアイランドの歴史を説明することができない。ロングアイランドの大部分は、1万年以上前の氷期のころの岩石でできているからだ。50万年以上前の氷紋を含んだ南極の氷床コア（訳注＊南極やグリーンランドなどの氷床を掘削して得られた筒状の氷のサンプル。過去の気温や温室効果ガス濃度、太陽活動などを知る手がかりとなる）についても、どう考えればよいのかわからなくなってしまう。

その一方で、モデルは芸術でもある。本質的なディテールをつかむための簡略化が必要だからだ。モデルの中には、全米の発電所と送電線に関する情報を含んでいるものもある。しかし、そんな大規模なモデルも、他国における発電や電力の輸出入、ほかの経済部門との関連性、炭素循環を表すことはできない。レオナルド・ダ・ヴィンチがよく言っていたように、「簡素であることは究極の洗練」だ。物理学の偉大な公式は、意外なほどシンプルである。

気候変動の核を成す概念もまた、驚くほどシンプルだ。それは、大気中の二酸化炭素の相対濃度に応じて地球の平均気温が変化するというものだ。二酸化炭素濃度が倍になると、平均気温は3℃前後上昇すると考えられている。濃度がそこから倍増した場合、気温はさらに3℃前後上昇するとされている。だが残念なことに、この点に関して引力の法則との類似性は成立しない。第一に我々は、二酸化炭素濃度が倍増するに従って気温が何℃上がるのかを正確につかんでいない。おまけに、影響はほかの要因、とりわけ上昇にかかる時間スケールによって変わる可能性がある。

最後に、地図がさまざまな用途（ハイキング用か航海用か、あるいはドライブ用かフライト用か）に応じて描き分けられているように、モデルもまた、それぞれの目的に合わせて構築されている。気候モデルの多くは極めて詳細で、目当ての要素の予測を算出するにはスーパーコンピューターを使わなければならない。片や簡易なモデルは、農業生産高や海面の高さ、あるいはマラリア蚊の地理的分布への影響という具合に、特定の変化の予測に的を絞っている。問題が違えば、必要なモデルも違う。

統合評価モデル

気候変動を分析する際によく用いられるのが、統合評価モデルと呼ばれるものだ。統合評価モデルは、気候だけでなく、気候変動の科学や経済学のほかの側面も含んだ包括的なモデルである。経済成長に始まり、二酸化炭素の排出、気候変動、経済への影響、そして気候変動政策の効果予測に至るまでの一連のプロセスが、一つのパッケージにまとめられている。

統合評価モデルには、極めて簡易な気候モデルも含まれている。図表3－3のコンピューターコードと同様に、統合評価モデルは不要な構成要素を盛り込むことなく、二酸化炭素の排出量と気候変動の相関関係を捉えようとする。統合評価モデルの最大の長所は、プロセス全体の始まりから終わりまでを表せることだ。一番の短所は、複雑なモデルではより詳細に分析される一部のプロセスを簡略化してしまう点だ。

統合評価モデルは大小さまざまだが、その多くは世界中のモデル開発チームによって構築され、気候変動政策の有効性を理解するのに大いに役立っている。本書でも、気候変動の経済学的側面について説明する中で、統合評価モデルの力をたびたび借りる。

また、本書はイェール大学で開発されているモデルの結果もしばしば参照する。このモデルは私自身や学生、ほかの研究者たちによって構築されたもので、DICEモデルと呼ばれている。DICEとはDynamic Integrated Model of Climate and the Economy（気候と経済の動的統合モデル）の略だ。RICEモデルと呼ばれる、より複雑な地域分割バージョンもある。(注5)

DICEモデルは、図表1－1の循環フローに似た論理構造をしている。経済・エネルギーモジュールは、さまざまな地域における将来の経済成長や二酸化炭素排出量を算出する。小規模な炭素循環モジュールと気候モジュールは、世界平均気温を推定する。DICEモデルは損失の計算も含んでおり、その額は経済の規模と気温上昇の程度によって変化する。また、政策モジュールでは、国々は二酸化炭素排出量を制限するか、二酸化炭素に価格をつけることで、排出量を削減できる。

非常に簡易な世界バージョンでは、モデルはわずかな方程式によって構成されており、比較的理解しやすい。他方で、アメリカ、中国、インドなど12の主要地域から成るRICEモデルは数千行のコンピューターコードを含んでおり、より難解だ。簡易なDICEモデルを見てみたい読者は、オンライン版を参照してほしい（DICE－2012）。パラメータ（訳注＊プログラムなどの実行にあたり、特定の値を与えられる変数のこと）や前提条件（世界人口の長期推移や気候感度など）を変えることで、統合評価モデルがどう機能し、基礎を成す前提条件の影響をいかに受けやすいかを感じることができるはずだ。(注6)

予測──基本的な考え方

将来の気候変動の分析は、気候モデルに入力するための一式の予測データから始まる。それは主に、二酸化炭素やその他の温室効果ガスの推移だ。わかりやすいよう、ここでは温室効果ガスの代表格である二酸化炭素に的を絞るが、正式な評価の場合にはほかのガスも含まれる。実際の予測について考える際、私は二酸化炭素換算（CO_2－e）を用いる。二酸化炭素換算とは、すべての温室効果ガスの寄与を合計し、それを二酸化炭素相当量による影響として表したものだ。

統計学者や経済学者たちはどのようにして予測を立てるのだろうか。彼らはまず、過去のデータや基本的な物理法則、そして経済的関係から、統計的関係を推定する。その結果を踏まえ、人口統計学者や経済学者が将来の傾向について統計的な予測を立てる。統計学的手法のよいところは、再現したり更新したりできる点だ。つまり、ステップの一つひとつが誰でも利用可能なデータやコンピューターソフトを使っておこなわれるため、ほかの研究者による推定結果の検証や指摘が可能だ。

前述の通り、二酸化炭素排出量は三つの要素によって決定される。人口、1人当たりGDP、GDPの炭素強度だ。数理的には、二酸化炭素の増加率はこの三つの増加率の和に等しい。図表3－4は、世界とアメリカに関する2010年のデータと2050年の予測だ。(注7) 2050年の予測は、国々が排出削減策を実施しないという前提条件に基づいている。推定値はイェールDICEモデルによるものだが、ほかの研究で示されている値と大きくは変わらない。

まず上半分にある、アメリカに関するデータを見てほしい。この表が示す通り、人口は年0・6％の増加、1人当たりGDPは年1・7％の増加、GDPに対する二酸化炭素排出量の比率は年1・6％の減少と予測されている。これらの前提に基づくと、二酸化炭素排出量は年0・7％の割合で増加し、今世紀半ばまでに

図表3-4　排出削減策を実施しなかった場合のアメリカと世界の二酸化炭素排出量の予測（2010年、2050年）

	2010	2050	増加率（年%）
		アメリカ	
1人当たりGDP（2005年基準ドル）	42,300	83,700	1.7
GDP 1単位当たりの二酸化炭素排出量（トン／100万ドル）	432	226	-1.6
人口（100万人）	309	399	0.6
二酸化炭素総排出量（100万トンCO2）	5,640	7,550	0.7
		世界	
1人当たりGDP（2005年基準ドル）	9,780	22,400	2.1
GDP 1単位当たりの二酸化炭素排出量（トン／100万ドル）	522	278	-1.6
人口（100万人）	6,410	9,170	0.9
二酸化炭素総排出量（100万トンCO_2）	**34,900**	**57,600**	**1.3**

およそ1・3倍に増えると予想される。

同じように別の地域についても計算できる。ほとんどの経済モデルには、さまざまな構成要素のためのモジュールが含まれている。各燃料の利用可能性と消費量を予測するための複雑なエネルギー部門モデルを備えたものもある。それによって算出される予測結果は、設備資本、ソフトウェア、技術革新などの要因を踏まえたものかもしれない。しかし、基本的な考え方についてはこの例から理解することができる。

図表3－4の下半分には、世界に関する予測が示されている（産業部門による排出量に加え、土地利用変化によって排出される二酸化炭素も含まれる）。排出削減策が講じられなければ、世界の二酸化炭素排出量は今世紀半ばにかけて年におよそ1・3％の割合で増加すると予測されている。アメリカと世界の予測値に開きがあるのは、主に開発途上国がアメリカよりも急成長すると予想されているためである。

図表3－4を見ると、排出削減には三通りの方法があることがわかる。人口増加率を下げること、生活水準の

上昇率を抑えること、そして炭素強度を低下させること（脱炭素化）だ。人々はときに、この表に示された二酸化炭素の増加率を、経済政策によって変えることなどできないものとして捉える。あるいはもっと悲観的に、二酸化炭素の排出量を減らすには、生活水準の向上を厳しく制限するか、人口増加に容赦ない規制を設けるしか方法がないと考える。

そうした捨て鉢な考え方は、データと政策の両方を誤って解釈している。二酸化炭素の増加は、脱炭素化をより迅速に進めることで食い止めることができる。しかもそれは、賢明な取り組みによって、比較的低いコストで実現可能だ。二酸化炭素を今ほど出さずに、あるいはまったく出さずに、製品やサービスを生産する技術は世の中に数多く存在する。たとえば、低炭素エネルギー（天然ガスなど）や非炭素エネルギー（原子力、太陽光、風力など）を使った電力の生産や、今よりエネルギー効率のよい電化製品や自動車の開発、住居の断熱性向上などだ。将来は、排ガスや大気中の二酸化炭素を低コストで除去することさえ可能になるかもしれない。そのため経済学者たちは、経済成長に痛みを伴う制限を課すことに焦点を絞るよりも、むしろ低炭素技術に向けて経済の舵を切ることに重きを置いている。

図表３－４が示すのは、二酸化炭素排出量の標準的な予測とその決定要因である。ベースライン、つまり二酸化炭素の排出が規制されない場合に辿ることになる「対策なし」経路は、重要な出発点だ。経済が標準的な成長を遂げ、かつ二酸化炭素排出量を規制しなかった場合、今後世界がどうなっていくのかを知ることは、対策を考える際の基準や手がかりになる。基本的にこの推定は、経済成長予測に、先ほど紹介した脱炭素化の基本的な傾向を組み合わせ、二酸化炭素排出量に何の制限も設けなかったものだ。

ほかの統合評価モデルではどのような結果が得られるのだろうか。これに関しては、スタンフォード大学エネルギー・モデリング・フォーラム（ＥＭＦ）による後援のもとで研究されたさまざまな統合評価モデル

図表3-5　ベースライン排出量の予測

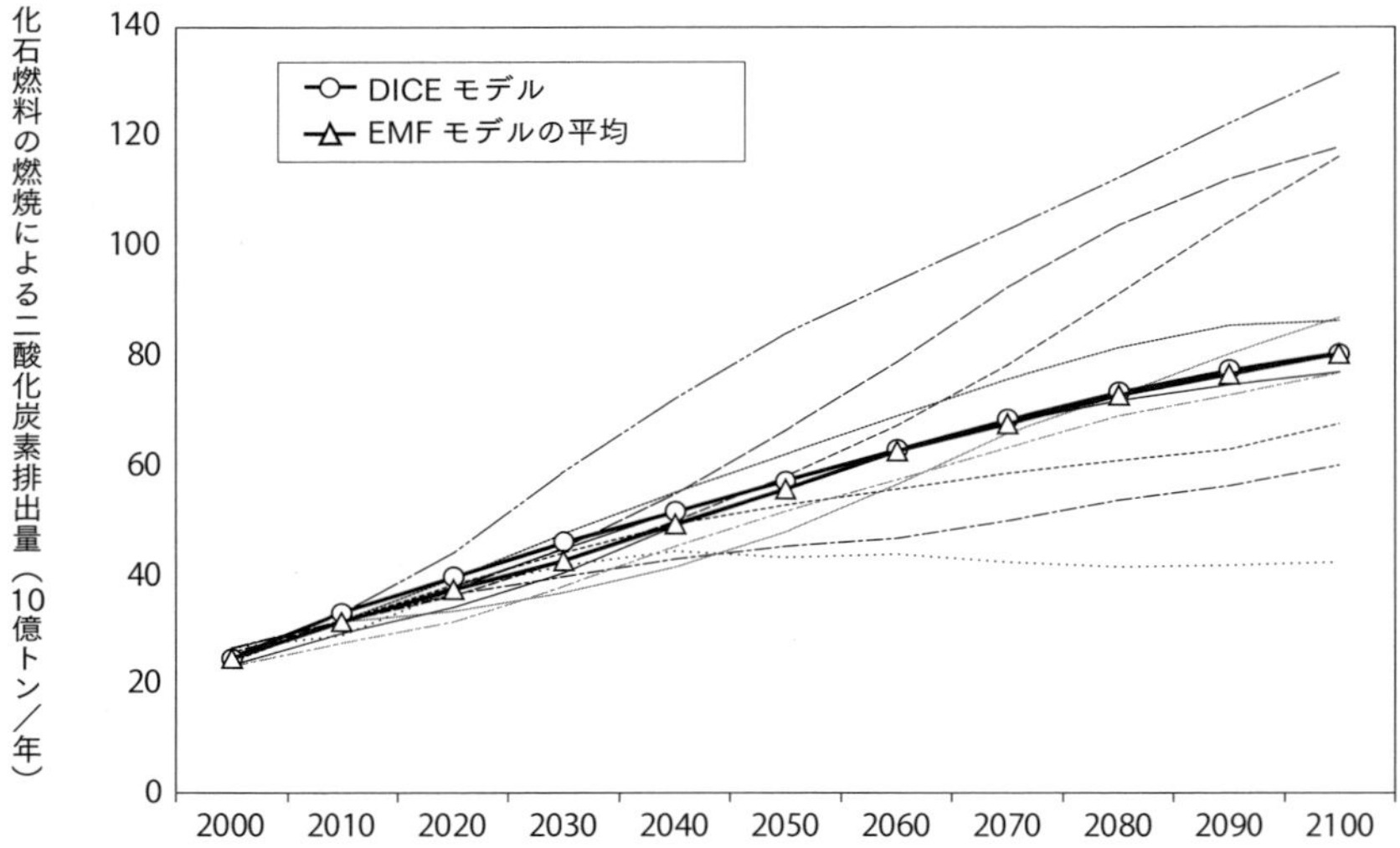

を参考にすることができる。(注8) ＥＭＦ－22と呼ばれるこのプロジェクトには、世界中のモデル開発チームが参加した。内訳は、アジアとオーストラリアから6チーム、西欧諸国から8チーム、北米地域から5チームだ。このうちの11チームが、２１００年までの二酸化炭素排出量のベースラインシナリオに関する予測結果を提供した。これを示したのが図表３－5である。

さらに私は、同じグラフの中に、ＥＭＦモデルの平均値と、本書でたびたび登場するイェールＤＩＣＥモデルによる予測結果を、２本の太線で示した。ＤＩＣＥモデルが推測した今後１００年間における世界の二酸化炭素排出量の増加率が、ＥＭＦ－22で研究されたモデルの平均値とほぼ一致している点に注目してほしい。

三角形を伴った太線が、ＥＭＦ－22プロジェクトにおいて研究された11のモデルの平均値である。円を伴った太線が、イェールＤＩＣＥモデルによる予測結果である。8本の細い線は、各ＥＭＦモデルに

よる個別の結果を表している。（注9）

気候カジノにおける二酸化炭素排出量予測の不確実性

図表3－5が示しているのは、ゲーム進行中の気候カジノの例だ。ここからわかる一つめのポイントは、文字通りすべてのモデルが、二酸化炭素排出量の継続的な増加を予測しているということだ。2000～2100年にかけての増加率は、年0・5～1・7％である。一見小さな数字だが、これは増幅効果によって、時間の経過とともに大きな累積的変化をもたらす。たとえば、増加率を年1・2％とすると、排出量は100年間で3・3倍にもなる。これらのモデルは、今日の経済・エネルギー分野における専門家たちの最高の英知を結集したものだが、ここからわかるのは、二酸化炭素の問題が今後消えてなくなることも、規制のない市場の力によって魔法のように解決されることもないということだ。

二つめのポイントは、将来の二酸化炭素排出量の不確かさだ。経済システムや技術システムの惰性により、短期的な予測にはほとんど違いが見られない。しかし、時間が進むにつれて、モデル間の予測の差は拡大している。これは、図表3－5のスパゲティ状のグラフに表れている。各モデルが予測する2100年の二酸化炭素排出量は、2000年を基準に1・6～5・4倍の範囲に広がっている。この差異は、排出量増加の決定要因にまで話を巻き戻し、将来の経済成長や技術革新、エネルギー利用に関する推定値がモデルによって異なることに起因している。

差異の原因をさらに正確に突き止めることは可能だろうか。詳細な分析によれば、最大の未知数は世界経済の今後の発展に関する不確実性にあるという。世界の経済はこれから先も、1950～2005年のような力強い成長を見せるだろうか。それとも、技術革新の減速、繰り返される財政危機と不況、世界的流行病の蔓延、時折勃発する大規模な武力衝突によって、活気を失うのだろうか。これらの重大な疑問が、二酸化炭素排出量の推定値の差異に表れている。

こうした根本的な問いへの答えを現時点で知ることは、本質的に不可能だ。それはまるで、気候カジノに置かれたルーレット盤の回転のようだ。ルーレット盤や株式市場、未来の技術革新を、確実に予想できる人はいない。近年の深刻な不況は、ほぼすべての経済学者たちにとってまったく想定外の出来事だった。将来の経済成長に関する大きな不確実性を考えると、図表3-5に示された排出量予測の差が、次の2、3年で急激に縮まることは期待できそうにない。

そうなると疑問なのは、我々は気候変動政策について考える中で、こうした巨大な不確実性とどう向き合えばよいのかということだ。100年後というのはまだまだ先の話ではある。そういうわけで、対処法の一つは、行動を先送りにすることだ。要は、状況が不確実なので、もっといろいろなことがわかるまで待とうという発想である。確かに、賭け金が小さく、かつ正解がすぐに明らかになる場合には、ルーレット盤が止まるまで待つことも、ときには賢明なアプローチだ。

しかし気候変動に関しては、正解がわかるまで待つというのは非常に危険な選択だ。霧の深い夜に車のヘッドライトを消して時速160キロメートルで走行し、カーブがないよう祈っているようなものである。不確実性がすぐに解消されるとは考えにくい。経済や気候システムには、我々の行動に対して遅れて応答する性質があるため、対策を何年も先送りにするというのは高くつくやり方だ。霧が晴れ、行く手に大惨事が見えた時点で一気にすべての費用をつぎ込むよりも、長期間にわたって少しずつ投資をしていくほうが、少ないコストで済む。

不確実性への対処に関する経済研究の結論は、次の通りである。ＧＤＰ、人口、排出量、気候変動に関する最も有力なシナリオからスタートし、この最有力ケースの損失と影響に最も有効に対処できる政策を選択せよ。次に、気候カジノにおける、低頻度大規模リスクの可能性について検討し、危険な結果に備えて保険をかけるべく、追加の策を講じよ。だが、それらの問題が消えてなくなると絶対に期待してはならない。

第4章
将来の気候変動

気候変動の危険性を理解するための第一歩は、気候科学にしっかりとした足場を築くことだ。一般的な新聞しか読んだことがない、あるいはテレビでの議論しか聞いたことがないという人は、気候変動を、科学界で最近はやり始めた話題だと思っているかもしれない。革新的な科学者がほんの数年前に言い出したことだろう、と。だが、実際はそうではない。二酸化炭素起因の地球温暖化に関する科学が誕生したのは、100年以上前のことだ。それは現代の地球科学による最大の功績の一つである。科学者として大量の論文に目を通し、問題の政治的側面には見向きもせずにこのテーマを追究してきた人にとって、気候変動は重要かつ難解な科学の専門分野だ。

ここで強調したいのは、本書が主に気候変動問題の社会的側面、すなわち問題の経済的ルーツや費用と損失、気候変動の抑制に向けた政策、国際社会による協調と交渉を取り上げたものだということだ。さらに幅広い知識を得たい人は、気候変動の科学的側面について書かれたさまざまな良書が出ているので、理解をより完全なものにするためにそれらを参照してもらいたい。(注1)だが、社会的側面について話をする前に、まずは気候変動の科学的基礎に目を向け、のちの章に向けた土台づくりをおこなうことが欠かせない。

気候変動の科学

本題に入る前に、用語の解説から始めよう。気候変動とは、具体的に何を意味しているのだろうか。話を始めるにあたり、この4文字は非常に重要だ。

「気候」とは通常、数カ月から数千年までのさまざまな期間における、気温、風、湿度、雲量、降水量などの統計的平均や変動性として定義される。「気候変動」とは、長期的に見た際の、こうした統計的性質における変化である。気候（climate）は、一時的な気候プロセスの状況を示す「気象（weather）」とは異なる。気象と気候の違いについては、気候は予期するもの（厳冬など）、気象は実際に起きるもの（一時的な吹雪など）と考えることができる。

本書では、基本的に「地球温暖化」と「気候変動」を同義語として使用する。正確に表現しようと思えば、「二酸化炭素およびその他の関連するガスや要因の増加による影響」という、だらだらしたおかしな文章を書かなくてはならなくなる。海面の上昇、干ばつ、暴風雨の強度の増大、健康への影響など、この問題が単なる気温の上昇にとどまらないことを考えると、「気候変動」という用語のほうがより近い意味をもつかもしれない。しかし、気候変動という言葉でさえ、海洋の二酸化炭素濃度の上昇という影響を捉えてはいない。「地球変動」という用語を提唱する人もいるが、非常に曖昧な表現だ。そこで私は、「地球温暖化」と「気候変動」がどちらも二酸化炭素やその他の温室効果ガスの蓄積の結果生じる複合的な影響力を指すという理解のもと、この二つの用語を使いたいと思う。

私は普段、科学界の風習に倣って摂氏（℃）を使っている。アメリカで生活する人々がいつも耳にするのは華氏（°F）だ。おおよその目安としては、摂氏で表された温度変化に2をかけて出た値が、華氏による変化になる。100％正確な値を出したい場合には、5分の9をかければよい。

排出から蓄積まで

第3章では、過去と将来の二酸化炭素排出量について分析した。だが実は、この排出量そのものが問題なのではない。排出されたものがあっという間に消えてなくなるか、無害な岩石などに変わってくれるのであれば、この本を書く必要はないし、人々はほかの難題に目を向けることができる。

科学者たちが問題視しているのは、二酸化炭素やその他の温室効果ガスの排出量ではなく、大気中の濃度だ。そのため、第4章では排出と気候変動の間にもう1ステップ追加する。排出と濃度のつながりだ。

排出された二酸化炭素が地球全体に運ばれていくプロセスを、「炭素循環」という。これは研究が盛んな分野であり、多くの炭素循環の専門家たちが、二酸化炭素がどのように複数の炭素貯蔵庫の間を移動していくかを解明しようとしている。気候変動科学の評価をおこなう国際機関「気候変動に関する政府間パネル（IPCC）」のためにおこなわれた研究では、21世紀に排出される二酸化炭素のおおむね50～60％が世紀末の段階で大気中に滞留していると推定された。ただし、この推定値に関してはモデルや排出増加率によって大きな違いが見られた。（注2）

詳しい説明に入る前に、簡単な質問から始めよう。人間活動が地球の気候を変えるほどの力をもつことな

図表4-1　ハワイのマウナロア観測所で測定された大気中の二酸化炭素濃度（1958～2012年）

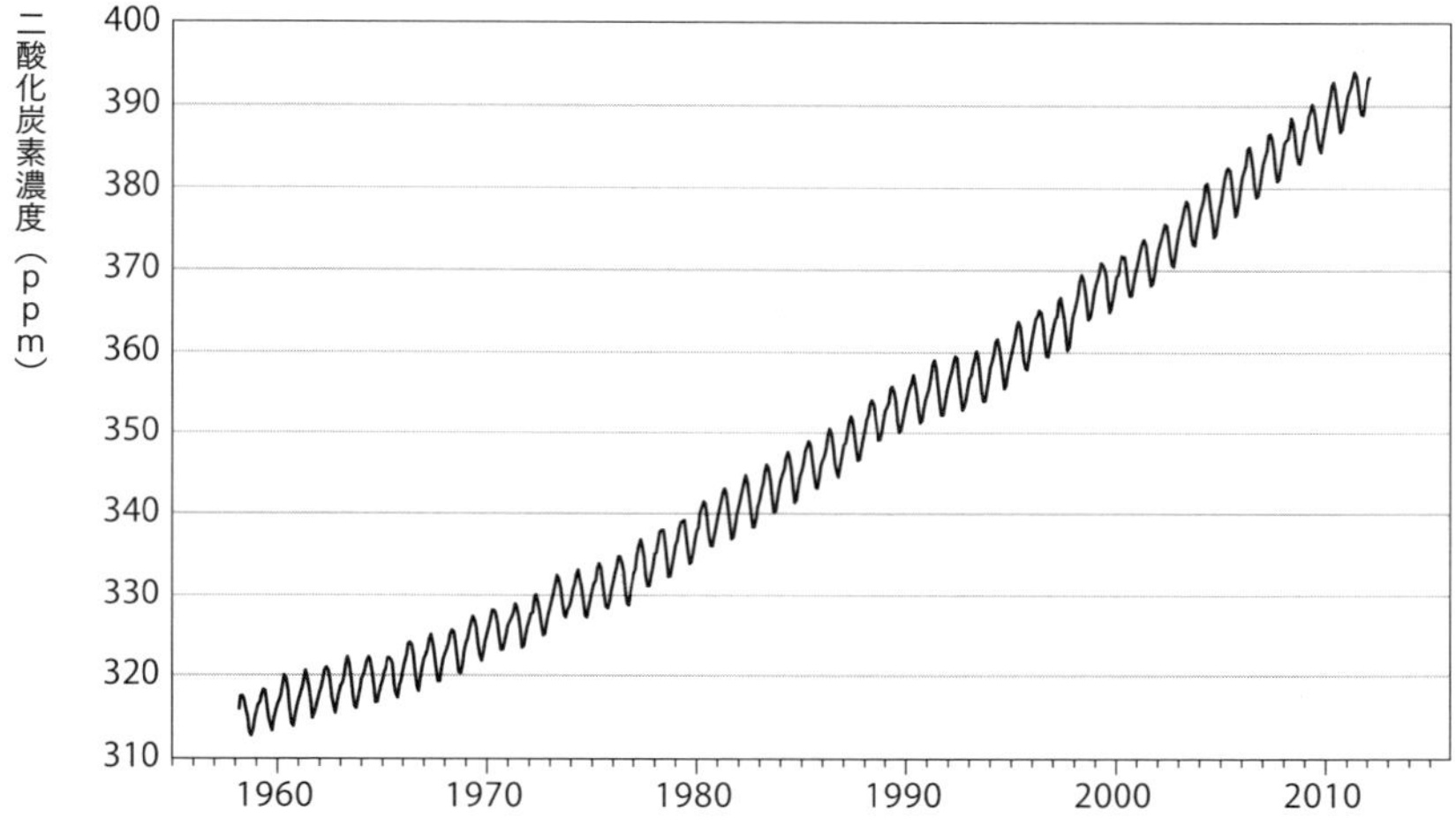

ど、本当にあるのだろうか。人間が地球の活動に占める割合は、ほんのわずかではないか。この質問に答えるにあたっては、十分な証拠が存在し、かつ最も重要な事象に焦点を当てる。大気中の二酸化炭素濃度の上昇だ。

大気中の二酸化炭素濃度が上昇していることは疑いようもない。先見の明をもった科学者たちが、1958年にハワイの大きな島で大気中の二酸化炭素濃度のモニタリングを開始してくれたおかげで、我々には50年以上にわたる測定値がある。図表4-1に示されているのは、マウナロア観測所における2012年までの毎月の測定結果だ。大気中の二酸化炭素濃度は、この半世紀で25%も上昇している。(注3)

だが、二酸化炭素濃度の上昇が人間活動のせいであると、本当に言い切れるだろうか。自然変動による可能性はないのだろうか。これについては、モデル実験も、過去のデータの評価も、図表4-1に示された濃度の上昇が人間活動に起因するという見解を強力に支持している。ある興味深い事実を教えてくれるのが、氷床コアだ。氷床コアを用いた科学者たちの研究によれば、二酸化炭素濃度はこの100万年ほどの間、190ppmから280ppmの範囲で推移していた。ところが、今日の濃度は390ppmを超えている。このことから、今の地球は、ホモ・サピエンスが出現した時代に見られた二酸化炭素濃度の範囲を大きく逸脱していることがわかる。

排出された二酸化炭素の半分強が、今世紀末もなお大気中に残っていると推定されていることについては、先ほど説明した。では、残りの二酸化炭素はどうなるのだろうか。一部は生物圏（樹木や土壌など）に移動する。つまり、世界中の植物によって吸収される。また、徹底的な測定とモデル実験の結果、科学者たちは、大気から移動した二酸化炭素のほとんどが最終的には海洋に行きつき、徐々に深海へと拡散していくと考えている。だが、それは非常にゆっくりとしたプロセスだ。

海洋拡散のゆっくりとした動きをイメージするために、読者自身でできる実験がある。まず、透明のコップいっぱいに水を入れる。次に、上から食紅を数滴垂らす。その後、目視できる量の食紅がコップの底に辿り着くまでにかかる時間と、それが均一に拡散するまでに要する時間を計測する。最後に、コップの深さが2キロメートル弱だった場合を想像してみてほしい。二酸化炭素が深海に吸収されるまでにどのくらいの時間がかかるのか、イメージがつかめるだろう。

こうした科学的研究結果から導き出される重大な結論は、大気中に排出された二酸化炭素が長期間にわたってそこに滞留するということだ。これは、我々が気候変動の問題をどう考えるかにも大きく関わってくる。滞留時間が長いということは、すなわち今日の我々の行動が将来に影響を与えることを意味している。数日あるいは数カ月で消えてなくなるというものではない。そういう意味では、二酸化炭素やその他の温室効果ガスは、一般的な汚染物質というより、むしろ核廃棄物に近いとも言える。この滞留時間の長さは、費用と

便益の割引の問題を考える際に、再び我々を困らせることになる。(注4)

二酸化炭素濃度の上昇は気候をどう変えるのか

二酸化炭素やその他の温室効果ガスの濃度の予測と、それ以外の必要なデータが揃ったら、気候学者はそれらを気候モデルに入力する。気候モデルは、大気や海洋の循環を数理的に表現したものだ。モデルの原点は、コンピュータープログラムに書き込まれた基本的な物理法則と地球の地理に関する詳細情報なのだが、それについては大気と海洋の動態を表した方程式だと考えることができる。したがって、気候モデルを理解するには、その方程式の根底にある基礎科学を理解する必要がある。

我々が太陽から感じている熱は放射エネルギー、あるいは放射熱と呼ばれるものだ。顔を太陽に向けると、放射熱が皮膚に届いているのが感じられる。太陽光には、さまざまな波長(周波数)がある。太陽から届くエネルギーの大半は光として目に見えるが、それは「高温」で波長が短い。この高温放射の約3割は宇宙に跳ね返される。残りのエネルギーは大気と地表に吸収され、それによって地球が温められる。地球が受け取るエネルギーと地球から出ていくエネルギーはバランスが保たれ、地球はエネルギーを宇宙に放出する。しかし、地球は高温というよりも温暖なので、宇宙に出ていく地球放射は、宇宙から入ってくる太陽放射よりも波長が長い。

ここからが興味深いところだ。二酸化炭素やメタン、水蒸気など、大気中に存在する一部のガスは、地球が受け取る高温の放射熱よりも、地球から出される温かい放射熱を多く吸収する。この選択吸収は、寒い冬の夜に、人体から出た熱の一部を閉じ込めて温かさを保つ毛布に似た働きをする。大気が自然の「温室」と呼ばれるのは、水蒸気や二酸化炭素といったガスが熱を閉じ込めるからだ。放射熱が地表付近で留め置かれるため、地球の平衡温度は上昇する。これは「自然の温室効果」と呼ばれる。科学者たちの計算によれば、人間による排出が始まる前にすでに大気中に存在していたガスによる自然の温室効果は、大気がない場合に比べて、地球を33℃も温めているという。要は、今日地球の平均地表温度は14℃だが、温室効果ガスがなければマイナス19℃になってしまうということだ。この関係を使って月の表面温度を実際に計算してみると、その結果は月の実態にかなり合致する。

人類が登場し、温室効果ガスを追加的に排出することで起きるのが、「温室効果の強化」だ。今日大気中に存在する温室効果ガスは、宇宙に出される長波放射の一部を吸収するが、すべてではない。温室効果ガスがどんどん追加されることで、大気によって吸収される長波放射の割合が増え、やがて地球の平衡温度が押し上げられる。つまり二酸化炭素起因の地球温暖化プロセスとは、追加の二酸化炭素という「毛布」を人間が大気に掛け続けた結果生じる、地球の平均地表温度の上昇のことなのだ。大気中の二酸化炭素濃度が、ほんのわずかに思える比率で増加する（約280ppmから560ppmへ）だけで、地球の平均地表温度はおよそ3℃上昇すると予測されている。

だが、温室効果の強化には収穫逓減の法則（訳注＊一定の土地から得られる収穫は、資本や労働の投入量を増やすほど高まるが、収穫の増加は次第に小さくなるという法則）が当てはまる。つまり、二酸化炭素が宇宙に放出される放射をブロックすればするほど、二酸化炭素がさらに追加されることによる影響は減少していく。地球から出される放射を吸収する能力は、徐々に飽和状態になる。したがって、大気中の二酸化炭素が倍増することにより起きる気温上昇は3℃かもしれないが、その状況からさらに同じ量の二酸化炭素が増えた場合の気温上昇幅は、たった1・8℃かもしれないということだ。

二酸化炭素起因の温暖化が、特に数十年後以降、どのようなペースでどこまで進むのかは、極めて不透明だ。だが、人類が過去数千年間で前例のない大規模な地球物理学的変化を引き起こしていることは、科学的に見てほぼ間違いない。科学者たちは、各方面でそうした変化による影響を確認している。温室効果ガスの排出量と大気中濃度の上昇については、これまでに見てきた通りだ。平均地表温度も上がっている。海水温の上昇、氷河や氷床の融解、極域での温暖化の増幅、成層圏の寒冷化、北極海における氷帽の縮小など、ほかの「指紋」もくっきりと表れている。(注5) こうした影響のほとんどは、自然変動ではなく、温室効果ガス由来の温暖化に連動している。

二酸化炭素による温暖化は、真夏の炎天下に置かれた黒い車と白い車に置き換えて考えることができる。白い車はより多くの日光を反射し、車内は比較的涼しいままだが、黒い車はより多くの日光を吸収して非常に暑くなる。大気中に二酸化炭素を加えるということは、時間をかけて車を暗い色に塗り替えていく、目に見えない妖精の集団を抱えているようなものだ。また、この例えはいみじくも、寒冷な気候の中で暮らしている場合など、一部の人が黒い車を好む可能性があることも示している。しかし、アリゾナ州やインドのような暑い地域に暮らす人にとっては、自分の車が暗い色に、そして高温になっていくのは、ちっとも好ましいことではないだろう。(注6)

将来の気候変動予測

前段では、気候変動科学の根底にある基礎概念について説明した。実用的な観点から言えば、我々は、気温上昇に加え、降水や海面上昇といったあらゆる影響がいつ、どのくらいの規模で起きるのかを知っておく必要がある。まず手始めに、大気中の二酸化炭素濃度が倍増した場合の影響について考えてみよう。この問題は、100年以上も前から気候科学者たちによって研究されている上、標準化された計算式だ。にもかかわらず、科学の複雑さゆえに、実際のところ我々の理解はいまだ不完全である。

図表4－2は、近年の気候モデル比較実験から得られた気候感度（訳注＊産業化以前の水準に比べて二酸化炭素濃度が2倍になったときに起こると考えられる気温上昇）の推定値を示している。(注7) モデルが絶えず改良され、精度を上げていく中で、二酸化炭素の増加に対する気候感度の推定値は、この30年間ほとんど変わっていない。(注8) この図が示す標準的なモデル比較では、同一のシナリオを使って複数の気候モデルを走らせた。最初に、大気中の二酸化炭素濃度が増加しないというシナリオのもとで各モデルを実行した。次に、大気中の二酸化炭素が緩やかな増加を経て70年後に倍になり、長期間その水準で安定するというシナリオを実行した。架空の状況だが、モデルの比較には有効だ。

モデルは二つの重要な計算をおこなう。一つは70年後、つまり二酸化炭素が倍増する時期の気温上昇を意味する「過渡応答」の推定である。グラフの左側の曲線は過渡応答の分布を示しており、その平均値は1・8℃だった。

また、モデルは、二酸化炭素濃度が安定した段階で見られる長期的な気温上昇である「平衡応答」も計算した。平衡応答の結果は、グラフの右側の分布に示されている。すべてのモデルの平衡気温の上昇（つまり長期的な気温上昇）の平均は3℃強で、短期的な気温上昇（過渡応答）の2倍弱だった。

この理想化実験の結果を、二酸化炭素やその他の温室効果ガスの濃度予測と対照してみよう。ほとんどの経済・気候統合モデルは、2050年ごろまでにCO_2－e（すべての温室効果ガスの二酸化炭素換算値）が産業化以前の水準に比べて2倍になるという結果を示している。つまり、排出量の最良推定に基づけば、

図表4-2　IPCC 第4次評価報告書におけるモデルの気温応答

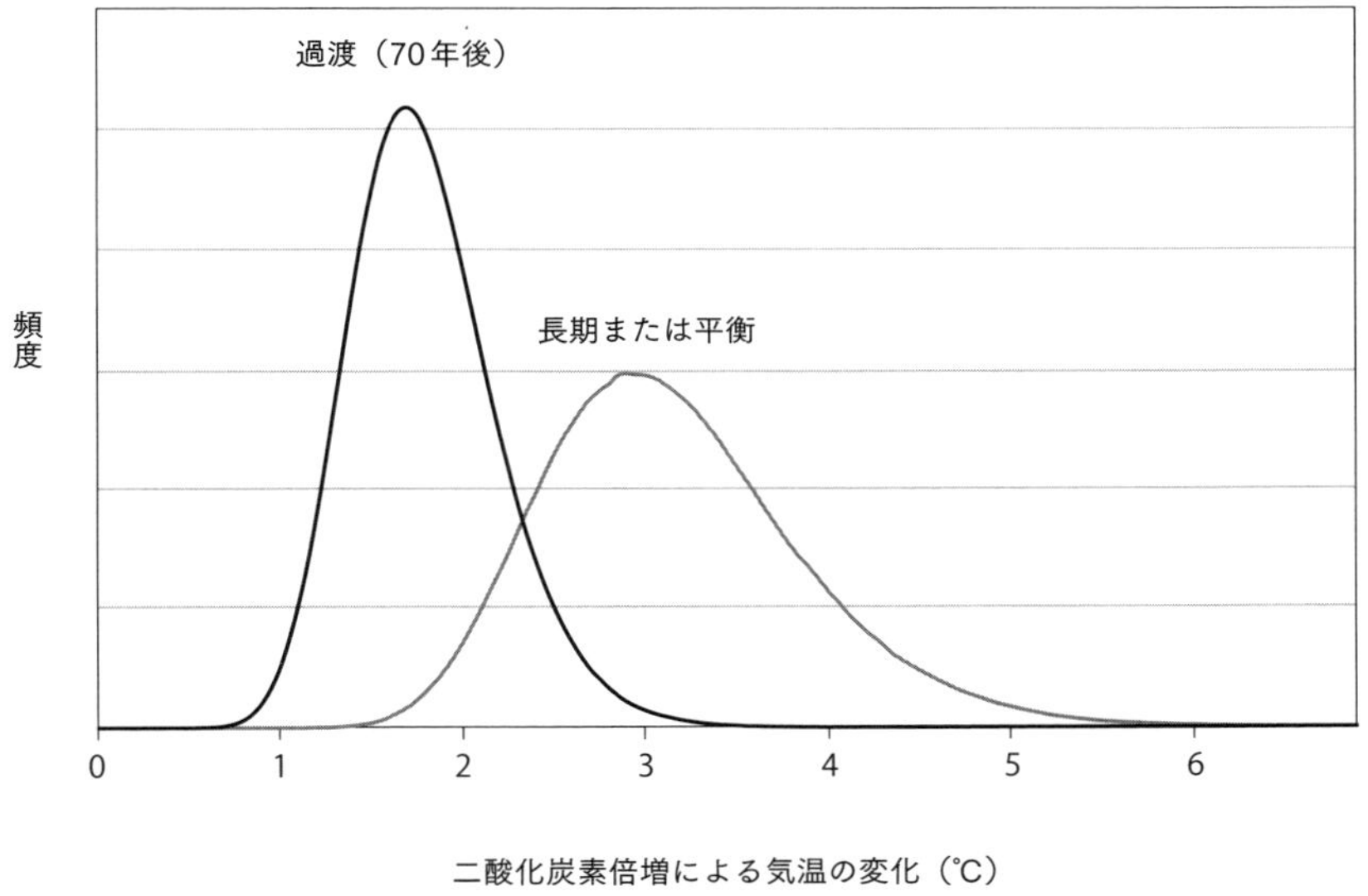

曲線は、18のモデルによって計算された、過渡応答の平滑化分布（左側の濃い色の線）と平衡気温（右側の淡い色の線）の上昇を示している。

グラフの左側の濃い色の曲線は、2050年ごろにおける気温の応答の大まかな推定ということになる。経済モデルを見ると、それらは左側の曲線の中点に近く、2050年の気温上昇幅を1・8℃と推定している。

この推定値を、これまでに発生した状況と照らし合わせることもできる。観測記録を見ると、世界の気温はこの100年間で0・8℃上昇している。したがって、モデルは今後40年の間に気温があと1℃上昇することを示唆している（ただしモデル間で大きな差異がある）。

それでは次に、図表4－2の右側に淡い色で描かれた長期的な気温上昇、いわゆる平衡気温の上昇幅を示す曲線を見てみよう。各モデルが予測する長期的な気温上昇幅の平均は3℃強で、過渡応答のほぼ2倍だ。平衡状態への移行はゆっくりと、何百年もかけておこなわれる。(注9) 長期的な気温上昇が極めて緩やかなのは、深海の水温の上昇に時間がかかるためだ。この巨大な慣性は、気温上昇と気候変動の予測を難しくする要因でもある。喫煙と同じで、影響を確認できるようになるまでには長い時間を要する。幸運なことに、この応答の遅れにはよい面もある。深海はまだ温められていないため、今日の二酸化炭素濃度の上昇を比較的早い段階で抑制できれば、気温上昇も食い止めることができるのだ。

一般の人たちの多くは、気候モデル間に生じる差異を見て、なぜこうした不確実性を解消できないのだろうと疑問に思う。経済学者に関するこんな冗談がある。「5人の経済学者に尋ねたら、六つの答えが返ってくる」。この件に関して、それは真実だ。気候モデルの中には、時代を経て改良されるたびに、違う答えを導き出すものもあるからだ。

こうした差異が生じるのには、しかるべき理由がある。前述の基本的な温室効果については解明が進み、不確実性は比較的小さい。気温上昇幅に関する主な不確実性は、この基本的な温室効果を抑制または増幅させ得る追加的要因が、モデル開発者によって組み込まれることで生じる。たとえば、地球の気温が上昇して雪や氷が溶けると、地面や海面の露出が進み、地球が暗色化する。暗色化した表面はより多くの日光を吸収して温められ、温室効果を増幅させる。これは「アルベド効果」と呼ばれるもので、より暗い色に塗り替えられた車の中のほうが日の光で暑くなりやすいのとまったく同じ理屈である。

温室効果を増幅させる最大の要因は、気温上昇に伴う水の蒸発量の増加で、それにより大気中の水蒸気量が増加する。水蒸気が強力な温室効果ガスであることを思い出してほしい。雲は不確実性を高める重要な要因だ。モデル開発者にとって雲が頭痛の種なのは、それが地球を冷やしも温めもするからだ。つまり、太陽光を宇宙に跳ね返す際に地球を冷やすことも、地表からの放熱を閉じ込める際に地球を温めることもできる。雲の形成をモデル化することは極めて困難な作業で、モデル間で大きな差異を生む要因となっている。

気候学者たちは、こうしたフィードバック効果がなければ、二酸化炭素濃度の倍増による気温上昇幅は比較的小さく、1・2℃程度と推定している。しかし、気候変動のプロセスでは非常に強力な増幅装置が働いており、それが図表4－2に示されたような推定範囲にまで気温を押し上げている。

今後100年間の気温予測

我々はすでに、未来の気候変動を予測するための二つの土台を手にしている。第一に、エネルギーの専門家たちが今後の二酸化炭素排出量を予測し、その排出量を将来の二酸化炭素やその他の温室効果ガスの濃度に置き換えるということを学んだ。第二に、気候モデルの開発者たちがこうした濃度の予測を使って、気温、降水量、海面上昇といった気候変数の今後数十年間の経路を推定することを知った。

次のステップは、この二つを統合し、気候変動の予測を立てることだ。こうした推定では、気候対策を講じなかった場合、すなわちベースラインシナリオの経路を導き出す。言い換えれば、二酸化炭素やその他の温室効果ガスの排出量を抑制するための対策を国々が講じなかった場合、どのようなことが起きるのかを検証する。それを適切な方針として支持する人はいないだろうが、国々が悠長に気候カジノでサイコロを振っていた場合の、気温をはじめとした気候変数の動きを予想する重要な手がかりになる。

まずは観測記録を見てみよう。図表４－３は、三つの研究機関が観測し、まとめた、19世紀後半以降の世界平均気温の基本的な傾向だ。(注10) 全体を通じて上昇傾向にあることは明らかだ。しかし、１年ごとの動きは不規則で、ときに説明が難しい（株式市場のようだ）。

それでは、将来の気候の予測に話を移そう。一連のベースライン予測では、標準化されたIPCC－SRESシナリオが用いられる。SRESシナリオは『排出シナリオに関する特別報告書』（SRES）で発表されているもので、分析の際の入力データを統一する手段として、気候モデル開発者たちの間で広く使われている。温室効果ガス濃度の経路に基づいて作成されるIPCCのベースラインシナリオに更新されてはいるものの、予測はこの10年間でほとんど変わっていない。標準化されたシナリオは最も正確な予測とは言い難いが、航空機の試験に風洞を用いるように、さまざまな排出量の経路を提示し、モデルをテストしている。

二つめの手法は、第3章で紹介した統合評価モデル（IAMs）を用いる方法だ。統合評価モデルは、炭素循環モデルや気候モデルだけでなく、人口、技術、エネルギー部門、経済成長に関するモデルを結合しており、言わば将来の気候変動に関する総合的最良推定を導き出す。この計算には、図表３－５にあるそれぞれのEMF－22モデルから得られた二酸化炭素濃度の平均値を用いる。(注11) また、比較対象として、標準化された排出シナリオに基づきIPCCが評価した気候モデルの気温予測も示す。

図表４－４はその推定結果だ。(注12) 中心にある2本の太線は、EMF－22モデルの平均（点線）とRICEモ

図表4-3　三つの研究機関がまとめた世界平均気温の傾向（1850～2012年）

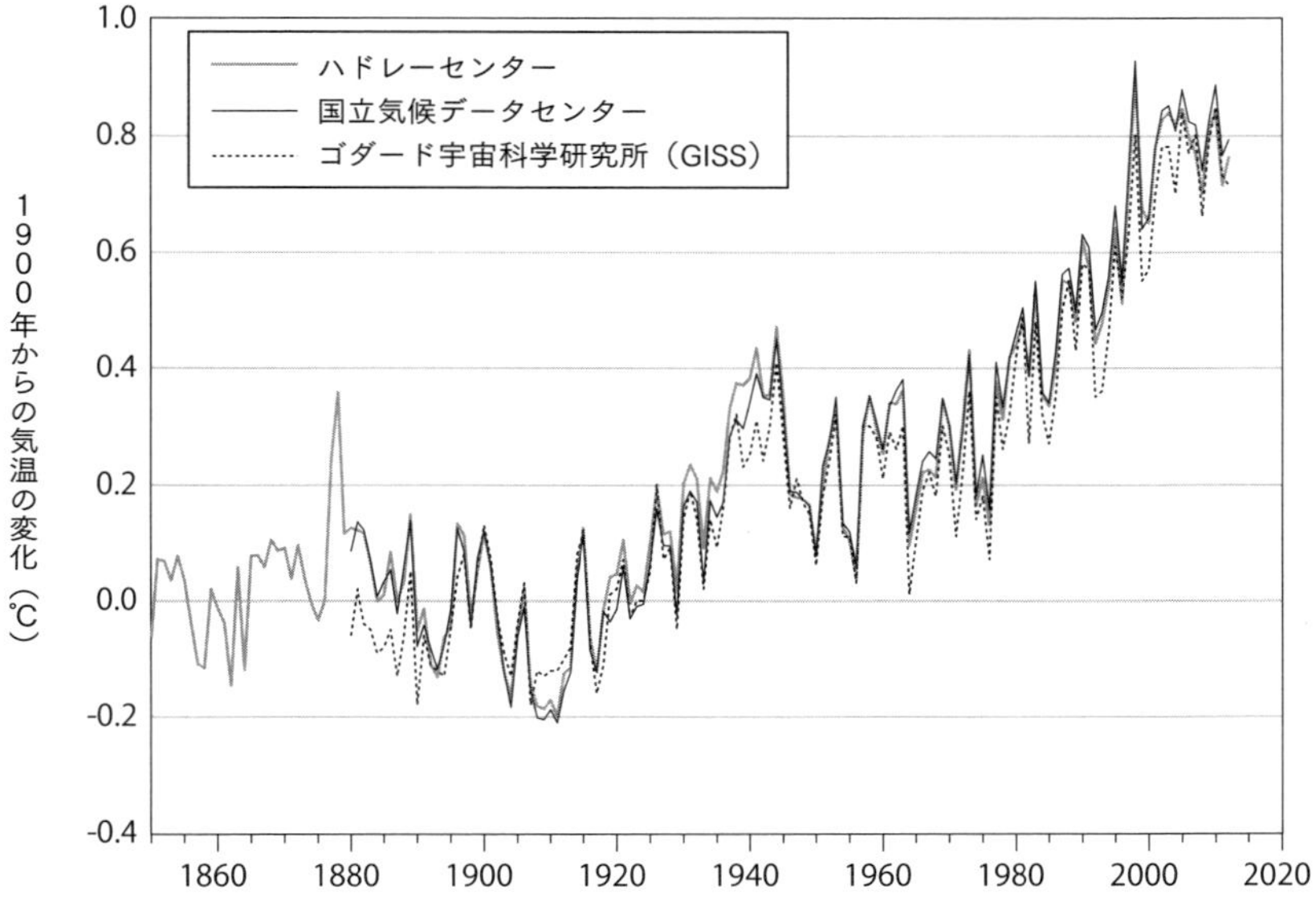

図表4-4　IPCC シナリオと統合評価モデルによる世界平均気温上昇幅の予測

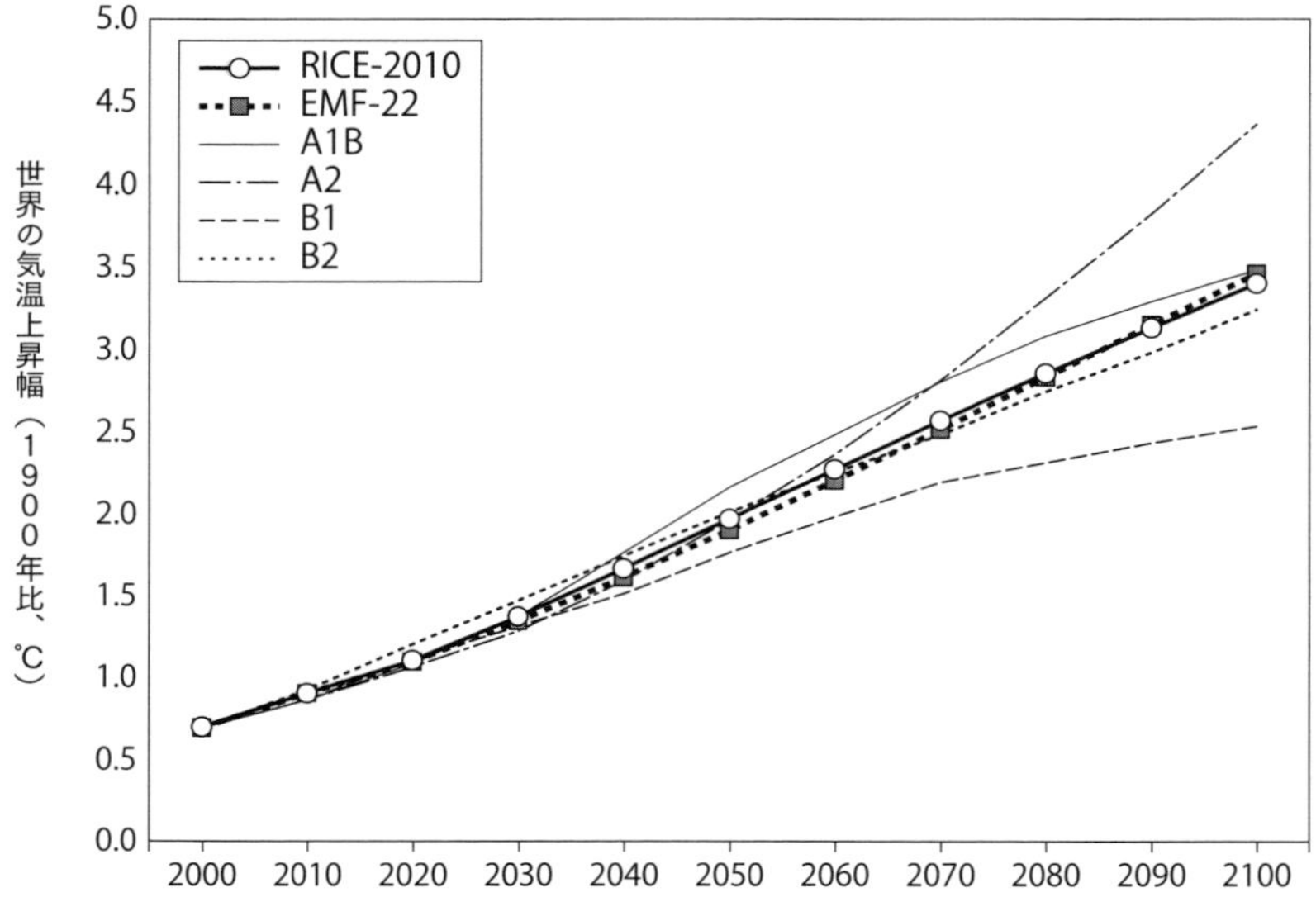

IPCC シナリオに基づいた四つの予測結果を、地域版 DICE（RICE）モデルの予測や EMF-22経済統合モデルの平均と比較している。「A1B」「A2」「B1」「B2」という表記は標準化された排出シナリオを表している。

デルの結果（実線）を表している。このグラフは、世界の複数のモデル開発チームによって推測された将来の気候変動に関するさまざまな可能性を、わかりやすくまとめている。

ＥＭＦ－22とＲＩＣＥモデルは、経済成長、人口、エネルギー部門、技術革新、炭素循環に関して異なる前提条件を有しているにもかかわらず、今後１００年間にわたって非常によく似た気温の推移を示している。ＥＭＦモデルもＲＩＣＥモデルも、２１００年にわたって平均気温上昇幅を１９００年の平均気温から３・５℃と予測している。

重要な結論

気候モデルは極めて詳細であるため、数々の興味深い結果を導き出す。そしてそれは、影響に関する研究において評価され、使用される。以下は、最新の包括的評価に加え、情報のアップデートや最近の科学文献から得られた重大な結論だ。

- 現在の二酸化炭素濃度は、少なくとも過去65万年間で地球が経験した基準を大きく上回っている。
- 1900～2100年の世界の平均気温上昇幅は、シナリオによって、1・8～4・0℃である。
- 21世紀における海面上昇の推定は、シナリオによって、18～60センチメートルである。ただし、これは巨大氷床の影響を除いた数字である。
- 陸地では、気温が世界平均を上回る速度で上昇する。北極圏ではそれがさらに加速すると予想される。
- 北極海では、21世紀末までに広範囲で夏季に氷が消滅する現象が起きると予想される。もっと早い時点で起きる可能性もある。
- ハリケーンの強大化が予想される。
- 大気中の二酸化炭素濃度の上昇が、海洋酸性化の直接的原因になると考えられる。
- 多くの地域では暑い日が増え、寒い日が減ることになるが、それ以外の極端な現象については、今のところ明確な兆候がつかめていない。
- 多くの予測が抱える不確実性の一つは、大気中を浮遊するエアロゾルと呼ばれる微粒子の作用と影響である。エアロゾルは地球を冷やすと考えられているが、この冷却効果の程度や地理的範囲を判断することは難しい。(注13)

今後100年間の気温上昇幅や地域的影響に関する予測は、モデルによってまちまちだ。しかし、たとえモデル間で差異があったとしても、すべてのモデル開発チームが21世紀末にかけて大規模な気候変動が起きると予測しているという、最も重要な結論を忘れてはならない。これは現代の気候科学の最先端における結果であり、その重大なメッセージが差異の中に埋もれることがあってはならない。

気候モデルは我々に、気温上昇の影響をはじめ、さらに多くのことを教えてくれるが、その話はもう少しあとの章までとっておきたい。

気候ルーレット

図表4－2と図表4－4は、気候システムに対する人知の限界について警鐘を鳴らすものだ。大気中の二酸化炭素濃度が倍増した場合の気候の応答という、気候変動科学の中でも最も詳しく研究されているテーマでさえ、最大の不確実性は依然として、気候システムがどう機能するかにある。

気候変動に関する不確実性は、マサチューセッツ工科大学の気候科学者たちによって、わかりやすいかたちで表現された。彼らはただ自分たちの研究成果を発表する代わりに、潜在的な影響を示したルーレット盤を使って記者会見を開いた。その調査結果では、2100年までの気温上昇幅はほかの推定値の1・5倍だった。図表4－4に示された中位推計が3・5℃であるのに対し、彼らは5・25℃と推定したのである。この結果はほかのモデル開発チームによる推定からは大きく乖離しているが、科学者たちが予測を立てる中で直面する大きな不確実性を浮き彫りにしている。(注14)

本章で言いたいことは、地球温暖化政策が実施されなかった場合、中位推計では、2100年までに世界の平均気温は1900年の水準を3・5℃上回り、この予測に関しては大きな不確実性があるということだ。

しかし、すべての経済モデルとすべての気候モデルが完全なる間違いを犯しているのでない限り、地球温暖化は今後数十年間で加速し、気候の状況は近年経験したことのない水域にあっという間に達してしまうだろう。

第5章
気候カジノの臨界点

ここまで説明してきた気温の傾向がどのくらい危惧すべきことなのか、疑問に感じる人もいるかもしれない。2、3℃の変化であれば、それほど危機的なことには思えない。だいたい、その程度の気温の変化なら、朝の1時間ほどの間にしょっちゅう起きている。それに、予想されている気温の変化は、人々が移動を通じて体感するものに比べれば大したことはない。今日人々は、豪雪地帯から太陽が降り注ぐ地域に喜々として移動し、温暖な環境での生活スタイルを満喫している。ミネソタ州ミネアポリスからアリゾナ州フェニックスに行った場合、13℃も高温な地域に移動したことになる。

しかし、この記述は真のリスクを看過している。問題は単なる平均気温の上昇ではなく、むしろその変化によってもたらされる物理的、生物学的、経済的影響であり、さらに言うなら潜在的な閾値《しきいち》や非線形応答（訳注＊非線形性とは、原因と結果の間に単純な比例関係がないプロセスのこと）である。36・6℃の体温が41・5℃に上昇しても温度変化の幅は5℃程度だが、致命的な感染症の兆候である可能性もある。

閾値の重要性は、次の例を通じて簡単に説明することができる。濡れた路面を車で走行中に起きることを想像してほしい。路面温度がプラス1℃からマイナス1℃に下がったとしよう。その途端、濡れた道路は、命に関わる危険をはらんだ場所へと変わってしまう。

もう少し穏やかな例で言えば、我が家の庭に植えられたバジルに毎年起こる出来事がある。バジルはパスタに添える葉を次々とつけてくれる。しかし、秋も深まったある夜、気温が零下を割った途端に状況は一変する。私が葉を摘みに外に出てみると、バジルたちは黒ずんで枯れてしまっている。

日常生活で見られるこうした身近な例は、地球規模でも現れる。科学者たちは、気候変動がきっかけとなって、地球システムが重大な閾値を超えてしまうことを危惧している。だが、気をつけてほしい。こうしたプロセスは、ここまで説明してきた一連の現象に比べて解明されていない部分が多い。我々は今、比較的研究が進んでいるシステムの領域を離れ、はるかに複雑で不案内な領域に足を踏み入れようとしている。我々はそうした領域を曇ったレンズを通して見ているが、そこには、気候変動がもたらす最も危険で恐ろしい影響も含まれている。

過去の気候変動

現代の地球科学による偉業の一つは、地球の気候史を解き明かす技法を確立したことである。氷床からコアサンプルを発掘したり、樹木の年輪の幅を測定したりするのはその例だ。科学者たちはこうした代理変数を用いて、過去の気候や海面の高さ、植生、大気中のガスの濃度を推定している。

こうした調査から導き出される重大な結論の一つは、過去の気候が今日我々を取り巻いているものとは大きく異なっていたということだ。研究によれば、地球はこれまで寒冷期と温暖期とを繰り返してきた。ある時代には地球のほぼ全体が氷床で覆われ、またある時代には地球上からすべての氷が消失した。大規模な気候変動の多くは、地球の軌道の変化が原因だった。短期的変動がなぜこれまでのようなタイミングで発生したのかについてはいまだ解明されていないが、そうした事象が起きたことは確かだ。地球のエネルギーバランスのほんのわずかな変化が、氷、植生、動物、生息地域の分布を大きく変える力をもっているのである。

二つめの結論も同じくらい驚くべきものだ。地球はこの7000年間、稀に見る安定した気候に恵まれている。それを確かめるにはさまざまな方法があるが、その一つが、グリーンランドの氷床コアサンプルを使って気温を推定するというものだ（図表5－1参照）。この復元作業では、重水素と呼ばれる水素の同位体の量を指標として使用する。(注1)

図表5－1に示された過去の気温の変化を見てほしい（右から左へ行くほど年代が古くなる）。この7000年前から現在までの期間に、気温が非常に安定していることがわかるだろう。これとは対照的に、それ以前の3万3000年間は、氷期と間氷期とを行ったり来たりしながら、気温は激しい変動を繰り返している。ほかの長期的な記録も、この7000年間は、過去10万年以上にわたる歴史の中で最も気候が安定した時期であるという結果を示している。

これは目の覚めるような発見だ。というのも、この7000年間は、文字言語や都市、人類文明が誕生した時期でもあるからだ。安定した気候は、農業や都市が生まれるための前提条件だったのだろうか。仮にシュメール人たちが不安定な気候システムに直面していたとしたら、彼らは人類史上初の文字を発明していただろうか。ギリシャの都市国家が突然の氷期に見舞われていたとしたら、ギリシャ人たちは哲学や文学を発展させることができただろうか。その答えを知るすべはないにせよ、人類学者たちの多くは、過去7000年間の安定した気候が、人間社会を今日の姿に進化させる大きな要因だったと考えている。

しかし、未来がこの7000年間と異なるであろうことは、ほぼ間違いない。人口増加・経済発展・技術

図表5-1 代理変数に基づいて推定したグリーンランドの過去の気温

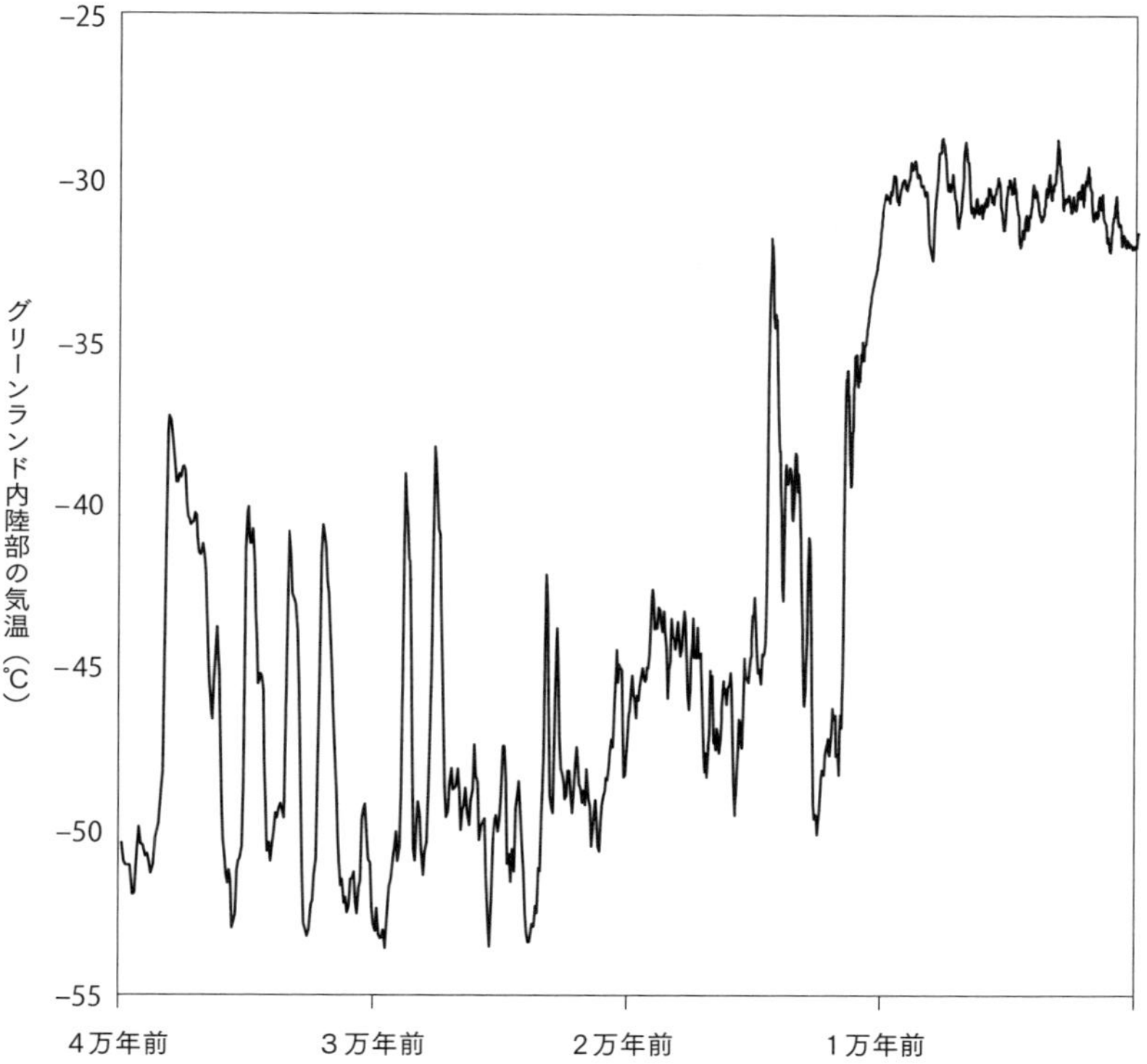

革新と二酸化炭素の関係は、地球の気候を変えつつある。これは生態系や土地利用、そして水流に、かつてない規模の変化をもたらす。人間活動が原因で、地球の気温が今後100年ほどの間に図表5－1の目盛の最大値を超えて上昇することは確実と言ってよい。その際、おそらく人類は、文明の発展と繁栄を可能にしてきた生物物理的限界を超え、地球システムを変えてしまうだろう。(注2)

これまで私は、主に気候モデルについて説明してきた。しかし、この分野の最新モデルはいまや大気以外のさまざまな要素を含んでおり、海洋、陸域システム、氷床などのモデルを結合している。これまで見てきた大規模なモデルに加え、より詳細なモデルが、巨大氷床の変動やハリケーンの発生、河川流量のパターンといった要素について予測している。こうした研究のすべてが、科学者たちが気温の傾向のみならず、降水や干ばつ、積雪、そして次に説明する地球システムの潜在的な「臨界点」について知るのに役立っている。

不安定なカヌーと気候

図表5－1に示されたのこぎり刃のような気候の歴史を見た人は、なぜ地球がそれほど不安定に、寒冷期と温暖期の間を行ったり来たりしているのか疑問に思うかもしれない。地球は滑りやすい坂道の上にいるのだろうか。我々は、誤って薄氷を踏み破るかもしれない、凍った池の上のスケーターのようなものなのだろうか。

ここから先は「臨界点」の領域だ。気候変動が地球のさまざまなシステムに内在する不安定性の引き金となるかどうかを探るための分析である。臨界点は、システムの挙動が著しい不連続性に陥るポイントであり、我々の日常生活にも存在する。たとえば、カヌーに乗ってどちらか一辺に重心をかけると、やがて臨界点を超える。カヌーは転覆し、漕ぎ手は水中に投げ出される。私がカヌーから落ちるという恥ずかしい経験をしたのは、一度や二度ではない。だが、今こうして当時の話ができるのは、悲劇的な結果に至らずに済んだからだ。

金融の専門家たちも、やはり臨界点の問題に精通している。よく研究されている事例の一つが、銀行の取り付け騒ぎだ。これは初期アメリカ史特有の現象だった。ある銀行に対してあまりにも多くの人が信用不安を抱くと、人々はその銀行に押しかけて預金を引き出そうとする。通常、銀行には顧客から預かった現金(貴金属本位制の時代であれば金や銀)のほんの一部しか保管されていないため、すべての預金者の要求に応えられるとは限らない。人々が「取り付け騒ぎが起こるかもしれない」と思い込んだ瞬間、それは自己成就的な予想となる。預金者たちは一斉に銀行に走り、我先に預金を引き出そうとする。そして銀行ではあっという間に現金が底を尽く。1946年の映画『素晴らしき哉、人生!』を観れば、ストーリーを楽しみながら取り付け騒ぎについて知ることができる。

何年もの間、取り付け騒ぎは経済史の中だけの話になっていた。しかし、2007〜2008年に財政危機が電子資金取引のスピードで波及した際、我々はその現象を再び目にすることとなった。アメリカの投資銀行であるベア・スターンズ(2008年3月)とリーマン・ブラザーズ(同年9月)に対して何らかの問題を感じ取った投資家たちが、一夜にして巨額の資金を引き揚げたのだ。信用不安が臨界閾値を超えると、2社は1週間以内に破綻を迎え、そこから生じた金融市場の混乱は2008年以降、アメリカを苦しめている深刻な景気後退をもたらした。これと似た現象は、2012年にギリシャで、また2013年にキプロスで発生した。ギリシャとキプロスの銀行にユーロを預けていた人々が、その価値が暴落することを恐れ、預金を引き出して安全な場所に移したのだ。

近年の財政危機から得られる最も重要な教訓の一つは、誰もそのシステムのもろさを認識していなかったことだ。金融パニックによる経済損失があれほどまでに甚大なものであることを予想していた人は、一人もいなかった。我々はこのことを念頭に置きながら、気候を変化させることで超えてしまうかもしれない臨界点について考えるべきである。

不安定なシステムを示す変わったボウル

図表5－2は、底が二つある変わったかたちのボウルに入った球を用いて、臨界点を説明している。ボウルの垂直の高さはシステムの健全性を表している。システムとは銀行かもしれないし、生態系かもしれないし、氷床の高度かもしれない。パネル（a）では、球は高位均衡、つまり好ましい均衡点にある。やがて何らかの負荷（気候システムの温暖化や金融システムの信用不安など）が加わり、ボウルの右側が押し下げられる。負荷が小さければ球はわずかしか移動せず、しかも負荷がなくなった途端に最初の位置に戻り、再びパネル（a）の状態になる。

しかし、負荷がそれよりも若干大きいと臨界点に達し、パネル（c）のように、球はもう一つの底に向かって勢いよく転がっていく。この新たな球の位置は好ましくない特性を有しているため、「低位均衡」である。好ましくない特性というのは、銀行の破綻かもしれないし、原発のメルトダウンかもしれないし、氷床の融解かもしれない。問題は、球が低位均衡にとどまり続けるということだ。一度低位均衡に入ってしまうと、負荷が取り除かれたとしても、パネル（d）のようにそこから抜け出せなくなってしまう。このシステムには、局所的に安定した均衡点が複数存在することが明らかになる。(注3)

図表5-2　臨界点——高位均衡から低位均衡へのシフト

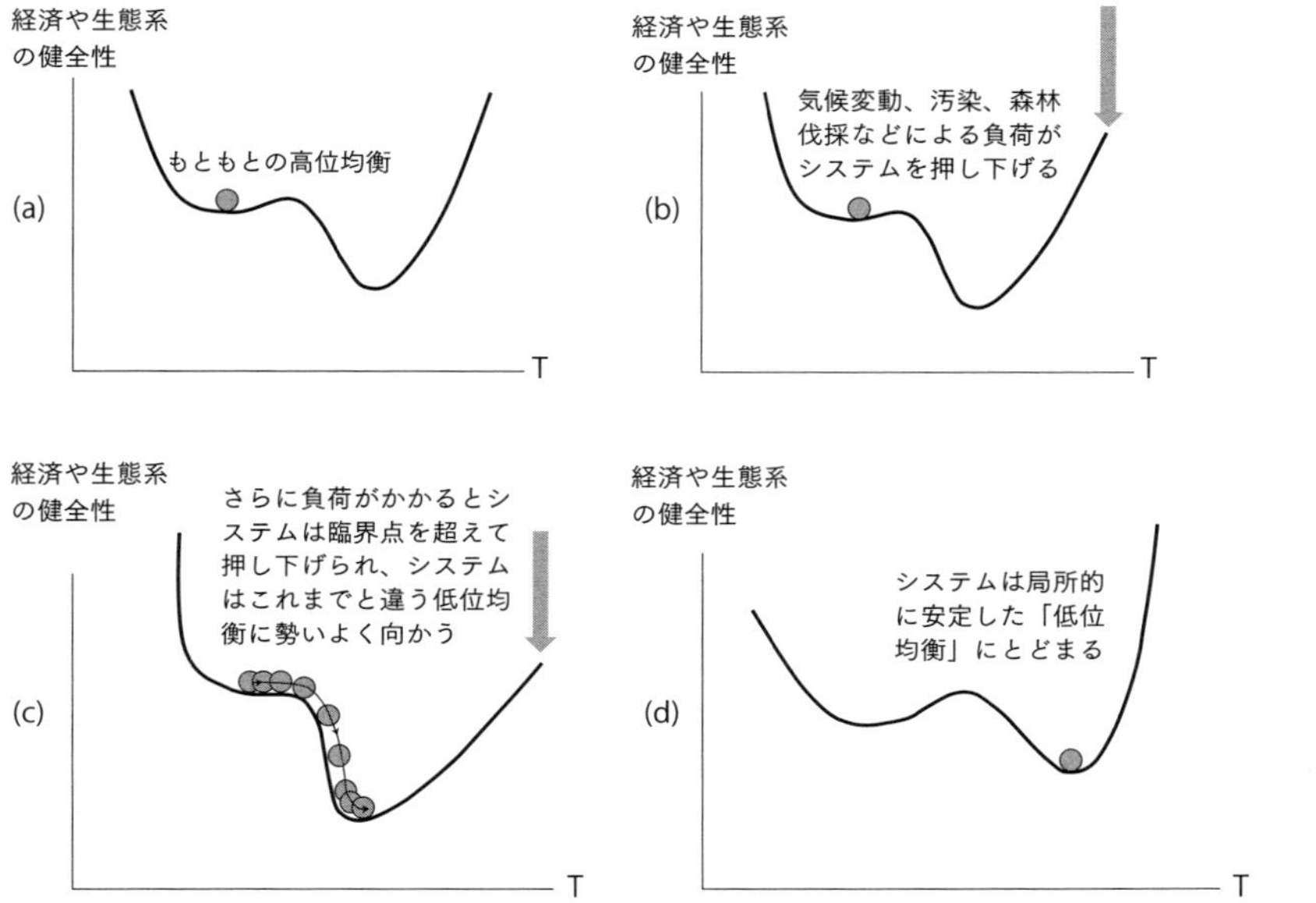

二つの底をもったボウルは、負荷によってシステムの状態がゆっくりと変わり、やがて臨界点に達する様子を示している。臨界点に達すると、急激で大きな損失をもたらす恐れのある変化が起きる。(a)の高位均衡、(d)の低位均衡という二つの均衡点が存在することに注目してほしい。

なぜこのような異常な挙動が起きるのだろうか。根本的な原因は、曲線を伴ったW字型のボウルからもわかる通り、負荷に対する非線形的な反応だ。システムがこのような非線形挙動を示すとき、そこには臨界点と低位均衡が存在する可能性がある。

臨界点には多くの興味深い特性がある。第一に、臨界点は複数の結果、つまり均衡点を有していることが多い。たとえば、不安定なカヌーや銀行の取り付け騒ぎには、好ましい結果（カヌーに乗ったり、支払い能力のある銀行に財産を預けたり）と好ましくない結果（池に落ちたり、預金の価値がゼロになったり）がある。

第二に、システムは急激かつ突然に、好ましくない結果に陥ることがある。実際、急激な気候変動は、その誘発原因よりもはるかに速いスピードで生じる気候状態の変化と定義されることもある。(注4) 聡明な経済学者ルディ・ドーンブッシュは、財政危機について、「到来するまでには思った以上に時間を要するが、想像を大きく上回る速さで進行する」と述べている。臨界点や急激な現象が抱える最大の危険性の一つは、その予測不可能性にあるのだ。(注5)

気候変動の危険な臨界点

気候変動でいう「不安定なカヌー」とは一体何なのだろうか。ここで強調しておきたいのは、財政危機と同じで、そうした現象のタイミングや規模を正確に予測することはたいていの場合、不可能であるということだ。ある日突然、とんでもないスピードで発生するかもしれない。あるいはまったく発生しないかもしれない。

そう前置きした上で、特に懸念される地球規模の特異事象を四つ挙げたい。

・巨大氷床の崩壊
・海洋循環の大規模な変化
・温度上昇がさらなる温度上昇を引き起こすフィードバックプロセス
・長期間にわたる温暖化の増幅

一つめの事象は、グリーンランドや西南極における巨大氷床の急激な融解や崩壊だ。こうした現象は、地球全体、とりわけ人口密集地を多く抱える沿岸コミュニティーに深刻な影響をもたらすとされている。海面上昇は急激な現象を伴わず、じわじわと起きるかもしれない。しかし、現在の氷河崩壊モデルはその動態を完全にはつかんでおらず、海面上昇は予想以上の速さで進行する可能性もあると専門家の多くは考えている。科学者たちはこうした変化のモデル化に懸命に取り組んでおり、氷床融解の速度と規模に関しては今後さらに解明が進むと見られている。(注6)この臨界点については、のちほどさらに詳しく説明する。

二つめの重大な特異事象は海洋循環の変化、特にメキシコ湾流と呼ばれる大西洋の熱塩循環（訳注＊水分や塩分濃度の違いにより生じた海水の密度の違いによって起こる海洋の大規模な循環）への影響だ。今日、メキシコ湾流は北大西洋に温かな表層水を運んでいる。このおかげで、北大西洋地域は緯度から想像するよりもはるかに温暖だ。たとえば、スコットランドは極東ロシアのカムチャッカ半島と同じ緯度に位置するが、平均気温はカムチャッカ半島に比べて約12℃も高い。

メキシコ湾流の流れはこの数千年間安定しているものの、大昔、具体的には氷期だったころ、大規模かつ急激な変化が発生していたようだ。海流の向きが変わったことさえ、何度かあったらしい。メキシコ湾流の流れが変わると、温かな海水が北に運ばれなくなるため、北大西洋地域の気温は大幅に低下する。

現在、メキシコ湾流の温かな表層水は北に向かって流れ、北大西洋地域で熱を放出するため、その一帯は人間やほかの生物にとって恵まれた環境となっている。海水は北上するにつれて温度が下がり、密度が高くなる。冷却された高密度の海水は、ある時点で海底に向かって沈み込み、ベルトコンベアに乗せられたように南へと還っていく。

メキシコ湾流の循環の変化は、何が原因で起きるのだろうか。温暖化が進んだ世界では、ベルトコンベアが壊れる可能性があるのだ。その原因は、高緯度地域における気温の上昇と降水（淡水）の増加だ。塩水は淡水よりも密度が高いため、こうした変化は表層水の密度を低下させる。それによって沈み込む力が弱まり、ベルトコンベアはスピードダウンする。それどころか、停止し、逆流する恐れさえある。このプロセスは、世界のほかの地域に比べて北大西洋地域を冷涼化させると考えられている。

最新の研究は、メキシコ湾流が今後100年間で弱まることを示唆している。しかし、専門家の評価によれば、次の100年で急激な変動や崩壊が起きる可能性は低い。メキシコ湾流の弱化を示すモデルでさえ、海流が減速することで引き起こされる冷却効果は地球温暖化の影響そのものよりも小さいため、ヨーロッパ北西部では今後も温暖な気候が続くとしている。

三つめの懸念事項は、気候、生物圏、炭素循環の間に存在するさまざまな正のフィードバック、すなわち変化を増強する作用だ。これに関しては、標準的な気候モデルに関する予備知識があると理解しやすい。多くの気候モデル実験では、産業部門による二酸化炭素やその他の温室効果ガスの排出量に関し、所定の経路を考慮に入れている。二酸化炭素は大気圏、海洋、生物圏（自然の植物、作物、土壌による吸収）を含むさまざまな炭素貯蔵庫を通じ、徐々に拡散される。標準化されたシナリオでは、二酸化炭素は化石燃料の燃焼など人間活動によってのみ追加される。

より温暖な気候や高濃度の二酸化炭素は、産業部門からの排出量増加の影響を増強し得る重大なフィードバック効果をもたらす。フィードバック効果の一つの例が見られるのが海洋だ。地球温暖化が進み、海水が二酸化炭素で飽和状態になると、海中で複雑な化学作用が起き、海洋による二酸化炭素吸収量が減少する。フィードバック効果を考慮しないシナリオと比べると、この海洋―二酸化炭素間のフィードバック効果は、今世紀中に大気中の二酸化炭素濃度を約20％も増加させると推定されている。(注7)

それを超えるフィードバックは、地中などに固定されている二酸化炭素やメタンの放出に温暖化が与える影響だ。メタンは、時間をかけて安定した炭素化合物に変化する、強力な温室効果ガスである。地球にはとてつもない量のメタンが、メタンハイドレートという氷の結晶に包まれたメタン分子として蓄積されている。メタンハイドレートのほとんどは海底堆積物中に存在するが、それ以外にもかなりの量が、寒冷地の永久凍土層の中に眠っている。科学者たちは、気温の上昇によってこの二つの貯蔵庫から大気中に放出されるメタンの量が増加し、それが引き金となって温暖化のプロセスがさらに加速する恐れがあると考えている。放出のタイミングについては、いまだに答えが出ていない。

最後となる四つめのメカニズムは、人間活動に対する気候の中期的応答と超長期的応答の違いに関係がある。今日の気候モデルは基本的に、温室効果ガス濃度の上昇による直接的影響と、それに関連して短期間で表れるフィードバック効果（水蒸気、雲、海氷の変化など）を含んだ、「速いフィードバックプロセス」を推定するために設計されたものだ。速いと言っても、こうしたプロセスは数分あるいは数カ月という単位ではなく、何百年という年月をかけて発生するため、経済学者の目から見ればゆっくりだが、地球科学者的尺度ではあっという間だ。

だが地球には、温暖化による影響を増幅させる「遅いフィードバックプロセス」も存在すると考えられている。遅いフィードバックプロセスには、氷床の崩壊、植生の変化、土壌やツンドラ、あるいは海底堆積物から放出される温室効果ガス（前述の凍結メタンなど）の増加、植物の腐敗などが含まれる。たとえば、氷河や氷床が融解したり、雪解けの時期が早まったりすると、地球は暗色化する。これによってアルベド（反射率）が低下し、温暖化がさらに進行する。

遅いフィードバックプロセスを考慮した場合、気候感度は今日多くの気候モデルが算出している値の2倍になると予測するモデルもある。つまり、二酸化炭素濃度の倍増による長期的な気温上昇は、今日ほとんどのモデルが示す3℃ではなく、6℃近くになるかもしれないのだ。(注8)

これは非常に恐ろしい見通しではあるものの、現時点では複数のモデルによって裏づけられているわけではない。それに、何百年から何千年というタイムスパンの話である。おそらく我々には、こうした遅いフィードバックプロセスを理解し、それに対処する時間があるため、想像するほど懸念すべきことではないかもしれない。こうした遅いフィードバックプロセスが気候政策に関する議論の中でどのくらい重視されるべきかを判断するには、経済モデル、排出モデル、長期的気候モデルの慎重な構築が不可欠だ。

ここまでで説明した四つの地球規模の臨界点は、容易にイメージすることができ、強烈なインパクトを与えやすい。しかし、多くの海洋科学者たちは、それほど目立たないが同じくらい重大な臨界点を、我々がすでに超えていると考えている。二酸化炭素濃度の上昇と温暖化という組み合わせがサンゴ礁に壊滅的な被害を与え、それに依存するシステムに深刻な影響を及ぼす恐れがあるというのだ。

サンゴ礁は海洋のほんの一部を占めるに過ぎないが、ありとあらゆるかたちで海洋生物たちの命を育んでいる。科学者たちは、生息環境の破壊、汚染、過剰な漁、温暖化、海洋酸性化が原因で、世界のサンゴ礁の5分の1ほどがすでに死滅したと推測している。サンゴ礁にとって今後数十年間における最大の脅威は、大気中の二酸化炭素の増加によって生じる海洋の二酸化炭素濃度の上昇だ。これは海洋酸性化と呼ばれる現象である（詳しくは第9章で説明する）。

今日の二酸化炭素濃度では、サンゴ礁はおそらく長期的減少傾向に突入することになる。英国王立学会の科学者たちによって構成された専門家委員会の報告書によれば、二酸化炭素濃度が４５０ｐｐｍに達した時点で（30年以内にそうなることが見込まれている）、サンゴ礁は「海水温の上昇による白化と海洋酸性化の二つが原因となり、世界中で急激かつ回復不能な減少に直面するだろう」（注9）

地球システムの臨界点に関する体系的な調査は、これまでに何度かおこなわれてきた。エクセター大学のティモシー・レントンと彼の研究チームによる特に興味深い研究では、重大な臨界点の検証と、発生のタイミングについての予測がおこなわれた（注10）。そのリストには、先ほど説明した四つの事象に加え、モンスーンの変化、ブラジル熱帯雨林の枯死などいくつかの点が含まれている。彼らの見解で最も重大と判断される臨界点に到達するには、閾値まで3℃以上の気温上昇（アマゾン熱帯雨林の消失など）か、少なくとも３００年の時間スケール（グリーンランド氷床や西南極氷床）が必要だという。彼らの研究によれば、世界の平均気温が最低3℃上昇しない限り、地球が３００年以内に危険な臨界点に達することはない。しかし、気温上昇幅が3℃になった時点で、いくつかの重大な臨界現象の危険水域に突入する。もっとも、臨界現象の危険性と発生時期を推定することの本質的な難しさから、この結論はあくまで暫定的なものだ。この点について興味のある読者は、巻末の脚注にある説明を参照してほしい（注11）。

グリーンランド氷床の融解

臨界点のメカニズムとなぜそれが深刻な問題なのかを説明するために、グリーンランド氷床という具体的な臨界点について考えてみたい。この話から、気候科学が知の最前線で何に立ち向かおうとしているのかが見えてくるはずだ。

170万平方キロメートルの面積をもつグリーンランド氷床は、西ヨーロッパとほぼ同じ大きさを誇る、南極氷床に次いで世界で二番めに巨大な氷床である。氷の厚さは平均2000メートル。体積は290万立方キロメートルで、それがすべて融解した場合、世界の海面は7メートル上昇すると考えられている。(注12)

グリーンランド氷床の測定結果を見ると、氷床は20世紀のほとんどの期間を通じて安定していたが、最後の20年で縮小を始めたことがわかる。現在の融解率は海面上昇換算で年間0・75ミリメートルと推定されている。最近の推定では、グリーンランド氷床の融解が今後100年間で海面上昇にわずかに影響するという結果が示されている。急激な気温上昇が生じた場合の中位推計は7センチメートルだ。より詳細なモデルによると、図表4－4のベースライン予測で見られたような極端な気温上昇が起きた場合の海面上昇は、グリーンランド氷床の融解分だけでも300年間で1・5メートル、1000年間で約3メートルとされている。(注13)

こうなると、臨界現象が見えてくる。地球温暖化によってグリーンランド氷床は温められて融解、縮小し、高度が低くなる。高度が下がると気温は上昇するため、縮小した氷床の表面温度は今よりも高くなり、それが原因で融解が加速する。また、氷床は温度が上がると暗色化する傾向があることから、より多くの太陽放射熱を吸収するようになり、温度はさらに上昇する。温暖化が進む世界で氷床がひとたび閾値を超えると、そのほとんどが溶けてなくなる可能性もある。

これはずっと先のことのようではあるものの、一部の科学者たちは、グリーンランド氷床が図表5－2のボウルのような不安定なシステムであることを危惧している。冷たくて真っ白で高度が高い氷床と、温かくて緑色で高度が低く、ほとんどの氷が消失したグリーンランドという、二つの異なる均衡点が存在するかもしれない。(注14)

ある特定の気温で複数の均衡点が存在し得るのは、一体なぜだろうか。仮に、数百年にわたる温暖化ののち、残った氷床が緑色で高度が低い均衡点にいるとしよう。そのとき世界の気温が再び下がり始めたとする。しかし、氷床は温度が上がって暗色化しているため、高度の低い均衡点にとどまったままになる。このような臨界点が存在するならば、長期間にわたって温暖化した気候は、グリーンランド氷床の不可逆的な融解と、海面の不可避的な上昇を引き起こすことになる。

図表5－3は、簡易な氷床モデルを使って、グリーンランド氷床が巨大氷床から小さな氷床に変わる際の動きを示したものだ。(注15)この図には二組の線が描かれている。上方の実線は、今日の温度と体積を起点に、世界平均気温別の氷床の平衡体積を示している。矢印を辿って、温度上昇がどう進行するかを見ていきたい。世界の平均気温が1℃上昇すると、グリーンランド氷床は約2％縮小する。2℃では4％縮小する。5℃まであれば、縮小量は15％ほどだ。ところが、気温上昇幅が閾値である5℃をやや上回ると、温度上昇、高度の低下、暗色化、融解という不安定性が負のスパイラルに陥り、6℃で氷床は完全に融解する。言い換えれば、均衡点はある段階で、それまでとは異なる状態の、ずっと小さな体積に向かって急勾配の坂を転がり落ちる。この転落が一瞬にして起きると、短期間で何メートルもの海面上昇が起きる可能性もある。

興味深いのは、このモデルが「ヒステリシスループ」、または経路依存性の特徴を示していることだ。図表5－3の下方に描かれた点線は、もう一組の安定した氷床体積を表している。氷床は、高度が低く温度が

図表5-3　グリーンランド氷床の臨界点

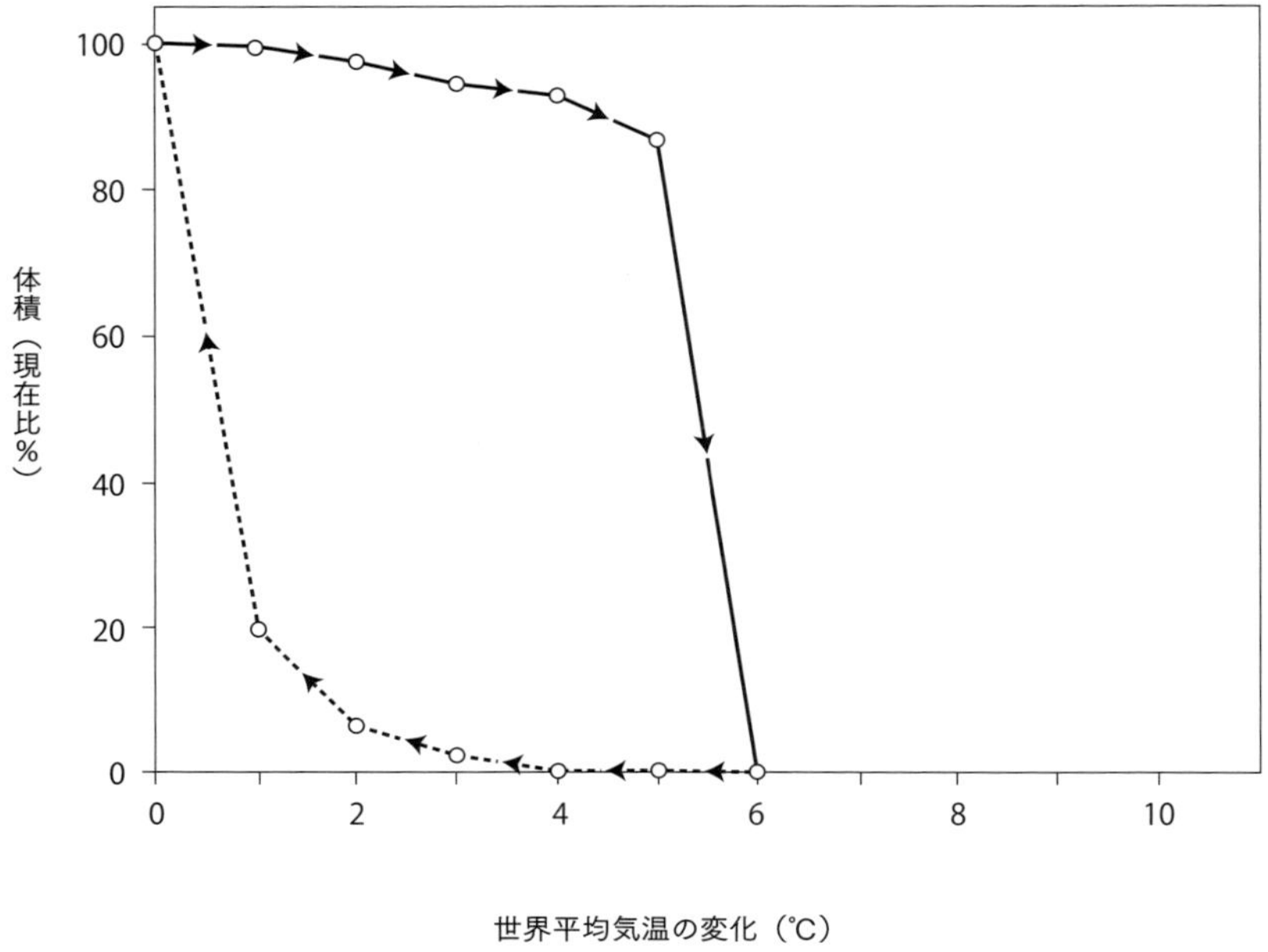

GRANTISM モデルによる、気温上昇幅別のグリーンランド氷床の応答に関する推定を図示したもの。

高い状態を起点に、気温が上がるにつれて異なる応答を示している。今度は下の矢印を追いながら見ていこう。スタート地点は、世界で6℃以上の温暖化が生じ、氷床が縮小した状態である。世界の平均気温上昇幅が6℃から5℃に縮小しても、氷床の体積にはほとんど変化が見られない。事実それは、気温上昇幅が3℃を下回った時点でようやく回復の兆しを見せる。今日との気温差が1℃前後になっても、氷床の規模は現在の5分の1程度だ。もとの体積に戻るのは、地球が十分に冷却されてからである。

図表5－3は、科学者たちが懸念している不安定性の驚くべき例だ。この図表には、複雑性と変動性に富んだシステムが、臨界点を境にまったく異なる状態に移行する様子が描かれている。その挙動は、超スローモーションで傾いていくカヌーに似ている。ただし、それは不安定なカヌーよりもはるかに恐ろしく、地球規模の重大性を有している。

ここで強調しておきたいのは、図表5－3はグリーンランド氷床に関する詳細なコンピューターモデルから得られた結果ではあるものの、極めて単純化されているということだ。ほかのモデルでは異なるパターンが見られる。この図が示すような急勾配の坂はあるのか、ないのか。危険な坂道が始まるのは2℃なのか、4℃なのか、6℃なのか。危険な坂道や、実践と点線は、複数存在するのか。科学者たちにも確かなことはわからない。しかし、憂慮すべき結論は、図表5－2と図表5－3に示された異常な臨界挙動が地球システムのさまざまな部分で確認されているということだ（注16）。

グリーンランド氷床の例は、いくつかのポイントを示している。第一に、臨界点に関する分析の対象となっているシステムが厄介なのは、そこに解明が進んでいない動態や非線形応答が絡んでいるからだ。臨界点はどこにあるのか。それを超えるのはいつか。がんばって再び臨界点までよじ登り、高位均衡に戻ることは可能なのか。こうしたことが我々にはよくわかっていない。図表5－2のW字型のボウルの例で言えば、我々は、ボウルの縁がどのくらい急なのか、ボウルがどの程度傾いているのか、二つめの底である低位均衡がどのくらいの深さなのかを正確に把握しなければならない。現状では、我々は地球温暖化と関わりのある主な臨界現象のこうした特徴をまったく知らないのである。

たとえ地球システムの動態を理解したとしても、我々には影響の規模を突き止めるという別の課題がある。これは、グリーンランド氷床と海面上昇についてさらに分析を続けることで明らかになる。地球上のほぼすべての場所の標高は把握されており、海面上昇が各地にどのくらい深刻な脅威をもたらすのかに関する合理的な推定もある。

しかし、海面が何センチ上昇するかという知識は、その現象が社会経済に及ぼす影響を理解する上ではあまり役に立たない。海面が上昇するのが今から200〜300年後であれば、影響の推定は困難だ。そのとき人々がどこに住んでいるのか、海面上昇の発生を見越した上で我が家を守るための適応策をとっているのか、さらにはどんな住居で暮らしているのかさえ、我々にはわからないからだ。今日と18世紀の住宅の違いを想像すれば、海面上昇のような将来の変化が今から200〜300年後の人間社会に与える影響を推定することがいかに困難かがわかるだろう（海面上昇については第Ⅱ部で改めて考察する）。

ほかの臨界点はさらに評価しづらい。夏季の北極海氷の融解の規模や時期については、科学者たちの力で推定可能だ。しかし、この融解が経済や野生動物や生態系に与える影響に関しては評価が難しい。ロシアやカナダの北部の港が1年の半分にわたって使えるようになれば、それは二国にとってどのような意味をもつだろうか。アマゾンの熱帯雨林やアフリカのサハラ地域で起こっている大規模な変化も、同様に難しい問題だ。我々は今日の世界に適応しているため、いかなる変化も望ましくないと考えがちである。しかしそれでは、サハラ砂漠で緑化が進むことが、あるいはアマゾンの熱帯雨林がサバンナに変わることがどれほど深刻な問題かを理解することはできない。

臨界点に関する研究はいまだ発展途上の段階にある。私がこの本の初稿を書き上げてからも、科学者たちはすでに新たな臨界現象の可能性を発見している。こうした境界線を超える確率を減らすべく対策を講じることは可能であり、それについては本書の後半でも説明する。だが、ここで強調したい最大のポイントは、複雑システムでは危険をはらんだ不連続性が発生し得るということだ。銀行もそうだし、凍った池もそうだし、地球の気候プロセスもそうだ。最近の研究では、世界の平均気温上昇幅がひとたび3℃を超えると、およそ100年以内に多くの分野や地球システムが脅威にさらされる恐れがあると指摘されている。

私が大げさに言っているだけではないかと訝しんでいるかもしれない。恐竜が栄えた温暖な時代も、ニューイングランド地方が氷で覆われていた時代も、気候変動は地球の歴史の一部である。今回は本当に何かが違うのだろうか。

確かに大きな気候の変化は過去にも見られたし、そのうちのいくつかは極めて短期間で発生した。約1万2000年前のヤンガードリアスと呼ばれる時期には、地球はたった数十年間で氷期の3分の1を経験した。言い換えると、北米の大部分を巨大な氷床で覆い隠した大幅な気温低下の3分の1が、数十年間の急激な気候変動の中で起きたのだ。原因はよくわかっていないが、こうした急激な気候変動はさらに前の時代にもあった。

しかし今回がこれまでと違う点は、今世紀以降、人間によって引き起こされる気候変動のペースだ。気候学者たちは、今日我々が、人類文明史上（過去5000年間ほど）類を見ない速度と規模の気候変動を目の当たりにしていると結論づけている。20世紀よりもはるか前の時代の気温の観測記録については信頼性の高いものが存在しないものの、氷床コア、樹木の年輪、大昔の植物の花粉、試錐孔などから代理指標データを採取することはできる。最も有力な説によれば、今後１００年間で人々が直面するであろう世界の気候変動のスピードは、この５０００年間で人類が経験してきたあらゆる変化の約10倍だという。したがって今日の温暖化は、地質年表上では初めてのことではないものの、人類文明史においては前例がない。

以上が気候変動の広範な概念の紹介だ。第Ⅰ部では、地球温暖化の根源が、経済成長と技術、とりわけこの社会を動かすための化石燃料の利用にあることを見てきた。そして、二酸化炭素のような目に見えない温室効果ガスが、地球のエネルギーバランスを大きく変えていることを学んだ。それは地球温暖化、降水量の増加と不安定化、内陸部の干ばつ、海洋酸性化、極域における温暖化の増幅など、数々の予測可能な変化を引き起こすと、気候科学者たちは説明する。

しかし、我々の行く手には予測不可能な出来事も待ち受けており、しかもそのいくつかは深刻な結果を招く恐れがある。おそらく北半球の冬は、今より多くの雪に見舞われることになるだろう。おそらくハリケーンははるかに強度を増し、進路にも変化が見られるだろう。巨大なグリーンランド氷床は急激に溶け始めるだろう。海に着底している西南極氷床は、急速に崩壊し、海洋になだれ落ちるだろう。

第Ⅱ部以降では、気候変動が下流へと移動し、人間システムや自然システムを直撃した場合の影響や、我々がとり得る気候変動対策、そして科学と経済学に基づいた気候政策の総合的分析について考察する。

最後に、我々には、気候変動の科学と政策は純粋な自然科学の域を出るべきという認識をもつことも必要だ。気候政策には勝ち組と負け組、コスト負担の配分、交渉が絡んでいる。こうした問題は、国家間の協調をはじめ、政府による行動を必要とすることから、政府の役割や規模に対する人々の強い政治信条にも関係する。そしてこうしたものはどれも、カネ、結果ありきの分析、政治団体や市民運動団体からの影響を受ける。気候変動はもはや地球物理学や生態学だけの問題ではない。経済学や政治学の問題でもある。したがって本書の最後では、気候変動を取り巻くエピソードや懐疑論、そしてこの問題に関心をもった市民が地球温暖化論争をどう見るべきかについて論じたい。

第 II 部

気候変動による人間システムなどへの影響

あらゆるものが証明している。神が実は相当のギャンブラーだったということを。宇宙は壮大なカジノであり、そこでは常にサイコロが振られ、ルーレットが回されているということを。

——スティーヴン・ホーキング

IMPACTS OF CLIMATE CHANGE ON HUMAN AND OTHER LIVING SYSTEMS

第6章 気候変動から影響まで

第I部では、人間が地球の気候を変えているということを科学者たちがいかにして突き止めたかについて説明した。車を運転する、部屋を暖める、ピザを焼くといった日々の行動が、周囲の世界に甚大かつ永続的な変化をもたらしている。第II部では、こうした変化が人間社会や自然システムにどのような影響を及ぼすのかについて詳しく見ていきたい。

ここから話の中心は、地球物理学的な変化の特定から、人間をはじめとした生物システムにもたらされる影響の予測へとシフトする。我々にとってより身近なテーマであるため、気候科学の難解な物理的現象や化学作用に比べて簡単そうに見えるのだが、真実はその逆だ。実際には、影響を予測するというこの作業こそが、地球温暖化に関連するあらゆるプロセスの中でも最も難しく、最も大きな不確実性を伴っている。

影響分析では、どのような問題が出てくるのだろうか。地球温暖化、経済、政治の相互作用を表した図表1－1を改めて見てみよう。第I部では、一つめの囲みから二つめの囲み、つまり温室効果ガス濃度の上昇から一連の地球物理学的変化まで駒を進めた。

第II部では、こうした変化がもたらす結果に目を向ける。気候変動は、さまざまな地域の経済や暮らしにどのような影響を与えるのだろうか。食料は高騰するのだろうか。また、自然界にとってはどのような意味をもつのだろうか。気候パターンの変化によって、生態系は破壊されてしまうのだろうか。一部の生物種は絶滅に追いやられてしまうのだろうか。海洋の酸性化が進むと、そこに棲む生き物たちはどうなってしまうのだろうか。

気候変動がもたらす負の影響についての評価報告書を読むと、その問題の幅広さに思わず圧倒される。影響についてまとめた最新の報告書は、非常に中身の濃い、976ページから成るものだ。主なトピックには、淡水資源、生態系、食料、繊維、林産物、低地や沿岸域の状況、産業、居住、社会、健康に関する調査結果が含まれており、熱帯アフリカから氷に覆われた極域に至るまで、世界のすべての地域で予想される問題に言及している。(注1)

当然のことながら、本書の中でそうしたテーマの一つひとつを取り上げるわけにはいかない。だが、いくつかの主要な問題を論じることはできる。多くの人にとって一番の関心は、重大な影響が何なのか、それは人類が直面しているほかの課題と比べてどのくらい大きな問題なのかということだ。財政危機や長引く不況、アフリカの貧困と比べて、地球温暖化はどのくらい重要な問題なのだろうか。主な自然システムは、温暖化が進んだ世界を生き抜くことができるのだろうか。

以降の章では、気候変動に関する最大の懸念事項のいくつかを分析するとともに、予測を立てることの難しさについて考察する。第7章と第8章では、農業と健康という、人間社会にとって最も大切な二つの分野に光を当てる。いずれも、気候変動の潜在的影響に関する議論の中では中心的な存在だ。二者にはある共通点がある。どちらも今後数十年の間に、技術や社会の急激な変化による影響を受けるだろうという点だ。さらに、人間による意思決定や技術がもつ重要性の高まりを考えたとき、これらの分野で気候が果たす役割は、時代とともにどんどん低下することになりそうだ。したがってここでは、気候変動と人間による適応という二つの力のせめぎ合いに焦点を当てながら、話を進めたい。

第9章から第11章では、海面上昇、海洋酸性化、ハリケーンの強大化、野生動物や自然生態系への被害など、人間による管理がより難しい部分に視点を移す。これらが大きな問題なのは、人間の適応策や先進技術をもってしても、抑制したり阻止したりすることが難しいからだ。

そして最後は、こうした一つひとつの撚糸を束ね合わせ、気候変動の総合的な影響について考察する。

人為システムと非人為システム

気候変動による影響を解明する際に重要な基準となるのが、人間による管理を受ける「人為システム」と、そうでない「非人為システム」の違いだ。管理という概念は生態学から生まれたものだが、より幅広く、あらゆる複雑システムに適用できる。

「人為システム」とは、資源の効率的かつ持続的な活用を確実にするため社会が策を講じているもののことである。一部のぶどう農家が土壌の水分を最適な状態に保つために、配水管を使った点滴灌漑を導入するのはその例だ。別の事例を挙げよう。驚くべきことに、アリゾナ州の砂漠では酪農業が盛んになっている。暑夏に日陰と冷却水を提供できる環境があれば、生産性の高い牛が育つことがわかったからだ。逆に、悪影響をもたらす誤った管理によって傷つけられているシステムもある。たとえば、人間が燃料として利用するためにマングローブ林を伐採したところでは、マングローブの根の間を繁殖場所とするエビの養殖が大きな打撃を受けている。

屋内での生活は、人為システムのもう一つの例だ。人間は、すぐれた設計と技術でつくられた建物、設備、モニター装置を用いて屋内環境を変化させた。その結果、南極から熱帯、さらには宇宙空間に至るまで、ほぼすべての場所で暮らせるようになった。

これとは対照的に、ここでいう「非人為システム」とは、人間の介入をほとんど受けずに機能しているシステムのことを指す。非人為システムの中には、人間が手を加えないでおくことを選択したために管理を受けていないものもある。野生動物保護区はその例だ。あるいは、システムが大きすぎて人間によるコントロールが難しく、管理が不可能な場合もある。たとえば、今日の技術で考えたとき、猛烈なハリケーンや海面上昇は管理が不可能だ。同様に、人間が衣服を身につけずに屋外を歩くというのも管理を受けない非人為的な環境のよい例ではあるが、ほとんどの気候帯においては得策とは言えない。人間が衣服も住居もなく、屋外で暮らすことを余儀なくされていたとしたら、地球上のほとんどの場所で生存が難しいという事実は、人為的環境の重要性を物語っている。

地球温暖化による影響において特に重要となる次の例は、人為的エコシステムと非人為的エコシステムの違いだ。エコシステムとは、微生物、菌類、植物、動物といったさまざまな生物に加え、そうした生物と相互作用の関係にある物理環境を指した言葉である。人間にとって最も重要なエコシステムの一つは農業だ。一部の農業形態は極めて人為的だ。たとえば、水耕栽培は土を使わずに、制御された環境で水と栄養剤を用いて植物を育てる農法である。水耕栽培施設は本質的に食品工場だ。適切な材料と環境があれば、このエコシステムは、暑さや寒さ、干ばつや豪雨に対する耐性をつけることができる。

その対極にあるのが、1万年ほど前まで事実上すべての人間によって実践されていた、狩猟採集文化と呼ばれる食料システムだ。このシステムは気候パターンに大きく依存していた。人為的な管理が加わるとすれば、それは主に森林伐採や、魚や鳥獣の乱獲といった誤った管理だった。人類史において数々の文明が衰退や消滅の道を辿ったのは、ひとたび干ばつや厳冬、あるいは地域資源の不適切な管理が発生すれば枯渇するという非人為的な食料供給に、当時の人々が頼っていたからだ。

過去の社会がどのような経緯で衰退していったかについては、ジャレド・ダイアモンドによる2005年の著書『文明崩壊——滅亡と存続の命運を分けるもの』（楡井浩一訳、草思社、2005年）に、非常に興味深い説明がある。(注2) グリーンランドのノース人、イースター島の人々、ピトケアンのポリネシア人、北米のアナサジ族、中米のマヤ族。こうしたさまざまな人間社会によってもたらされた森林伐採、土壌侵食、水資源の誤った管理、鳥獣や魚の乱獲といった危機を、ダイアモンドは詳しく解説している。経済学的観点から言えば、衰退や崩壊の原因は、人為的に管理されていない、あるいは適切に管理されていないシステムに過度に依存し、他地域からの供給を可能にする交易ルートをもたない不安定な経済構造にあった。経済活動のほとんどを周辺地域での狩猟採集に頼り、気候と人間活動の相互作用によって食料供給が途絶えてしまうような状況では、そのシステムに回復力はほとんどなく、民族は移動するか、減少するか、滅びるかしかない。

生物や人間社会が自身と周囲の環境を管理し、ショックに直面した際の回復力を高める策はいくつもある。一つは移動だ。鳥や動物は食料供給源を求めて移動する。もう一つの管理の方法は、周囲の状況に適応するための技術を発明するというもので、人間が特に好むアプローチである。人間は、暑さや寒さ、雨風を凌ぐための建物をつくり、環境を操作するための装置を開発する。地球上に生命が誕生して以来、40億年の間に起きたすべてのショックを生き抜いた生物はほとんどいない。しかし、多くの生物が適応策によって、いわゆる温室期からスノーボールアース時代まで幅広い気候に順応してきたことには驚嘆させられる。

人為的に管理されていないシステムと、人為的な管理が不可能なシステムとを区別する際には、気をつける必要がある。ハリケーンが現時点で人為的な管理を受けていない理由の一つは、それが管理不可能だからだ。しかし将来、技術が発展するにつれ、国々はハリケーンを弱体化させたり、被害が少ない進路へと誘導したりできるようになるかもしれない。現に、マイクロソフト社のビル・ゲイツは、2008年、ハリケーンの強度を弱める技術の特許を出願した。気候変動による影響の中でも特に疑いの余地のない現象の一つである海面上昇についても、ひょっとすると人工降雨や、さらには海水をポンプで汲み上げて南極大陸の上に戻すという何とも現実離れした装置の開発によって、人為的に管理できるようになるかもしれない。極端なところでは、地球の反射率を高めることで気温上昇を相殺しようという、「気候工学」的手法を提唱する人もいる。こうしたアプローチの可能性については、第Ⅲ部で論じる。人間の技術がもつ最大の強みの一つは、特定の小さな領域の環境をコントロールできるという点にある。人は、肥料や灌漑の利用を通じて農業を、木材やその他の林産品の再循環を通じて森林を、新たな養殖技術を通じて漁場を、次第に管理するようになっている。養殖された魚や、地下街につくられたショッピングモール、遺伝子組み換え生物に抵抗を感じる人は多いが、こうした技術は、ある意味、非人為システムの危うさへの反応として捉えられるべきだろう。

人間の営みを管理する最も重要な例は、現代医学の進歩だ。ほんの200年ほど前まで、病や死はしばしば悪霊や神によってもたらされると考えられていた。子どもが幼くして死んでも、テーブルの席が空くのを待っているほかの子どもたちがいた。今日、医療はアメリカのGDPの16％を占める、国内最大の経済部門となっている。我々の体の大部分は、複雑な生物学的メカニズムによって動かされているという意味で自然のものだが、未来の人体は次第に人工パーツによって構成されるようになるかもしれない。このような話はSFファンタジーのようにしか聞こえないだろう。しかし、1000年前の時代からタイムスリップしてきた人の目に現代社会がどう映るかを想像すれば、100年後の人間社会がどれほど異質な世界に見えるか、

図表6-1　人為システムから非人為システムまでのスペクトル図

包括的人為システム	部分的人為システム	非人為システム
ほとんどの経済部門：	脆弱な経済部門：	ハリケーン
製造業	農業	海面上昇
医療	林業	野生生物
ほとんどの人間活動：	非市場システム：	海洋酸性化
睡眠	浜辺や沿岸の生態系	
インターネットサーフィン	山火事	

直観的に感じてもらえると思う。

この話をする上で、人為システムと非人為システムを区別することがなぜそれほどまでに重要なのか。それは、こうした分類から、人間が気候変動に適応できるかもしれない部分と、気候変動が最大の懸念となる部分とを特定できるからだ。

図表6-1は、主なシステムをリストアップし、包括的人為システム、部分的人為システム、非人為システム（人為的な管理が不可能なものを含む）に分類したものだ。(注3) 経済の大部分は包括的人為システムに属しており、気候変動による直接的影響は比較的少ないと考えられている。その対極には、人為的に管理されていない、あるいは現在の技術では管理が不可能な自然システムが挙げられている。本書の論点の一つは、非人為システムがもたらす大きな懸念についてである。人為システムのほうは、社会が適切な適応策を講じる限りリスクは限定的なものにとどまる。

気象と気候

さまざまなシステムにもたらされる影響について論じる前に、影響分析に関して、ある重要な注意事項を伝えておかなければならない。それは、気候による影響と気象による影響を区別する必要があるということだ。前述の通り、気候とは、何十年あるいはそれ以上の期間における、気温や降水量といった変数の統計的平均や変動性のことである。それに対し、気象は、特定の日や年など短期間における実際の気候プロセスを指す。

人々は影響を推定する際、しばしば気象と気候を混同する。信憑性の高い一連の証拠によれば、異常な酷暑はアメリカの作物収量の低下を招く。しかし複数の研究では、わずかな温暖化はアメリカの作物収量を増加させる可能性が高いという結果が示されている。農家は、管理方法を変えることで温暖化した気候には適応できるが、一連の作付け判断をしたあとに発生する深刻かつ想定外の夏の干ばつには容易に適応できない。このように、「気象災害」の話と気候変動の影響は、まったく別のものだ。もちろん、洪水やハリケーン、干ばつといった気象災害は、さまざまな負の影響をもたらす。しかし、我々が明らかにすべきなのは、温暖化が進んだ世界ではこうした気象災害が増えるのかどうか、そして人々がそれに備えることができるかどうかという点だ。

つまりここで覚えておいてほしいのは、我々は分析の際、講じられるであろう適応策を考慮に入れ、かつ日々の気象イベントによる変動と気候の影響を区別するなど、十分に注意しながら気候の影響について考える必要があるということだ。

影響分析の全体像

影響の問題について考える際に我々が通常気にしているのは、単なる気候の変化ではない。地球の平均地表温度そのものは、大した懸念ではない。むしろ憂慮しているのは、気候変動が物理システムや生物システム、さらには人間社会に及ぼす影響だ。これは、気候変動が人間システムや自然システムに与える大小さまざまな影響を我々がどう評価するかによって政策の合理性が決まることを示唆する、重大なポイントである。

これに関連して重要なのがコストである。気候変動政策や被害軽減策について研究してきた経済学者や技術者によれば、地球温暖化対策にはコストがかかる。見方を変えれば、二酸化炭素排出量を減らし、影響を緩和するには、よりコストの高い技術や対策が必要となるため、実質所得は減少する。たとえば我々には、自動車の燃費を改善することで二酸化炭素の排出量を抑えるという選択肢がある。実際、今日の自動車技術をもってすれば、燃費効率を向上させることは可能だが、その分自動車の製造コストは上昇する。電気とガソリンを併用するハイブリッド車の場合、二酸化炭素排出量を20%削減できるかもしれないが、その一方で、電池やその他のシステムにより、コストは3000ドルほど増加する。同様に、建物の断熱性を向上させれば、冷暖房にかかるエネルギー消費量を削減できるが、それには資材や設置のための先行投資が必要だ。こうした問題については第Ⅲ部で説明するが、基本的なポイントとして押さえておいてほしいのは、排出量の削減に向けた取り組みには、将来の気候被害を軽減するために今日の貴重な財やサービスを犠牲にすることが求められるという点だ。

そこからつながる三つめのポイントは、よりとらえがたいものだ。合理的な地球温暖化政策には、コストと便益の間である種のバランスが求められる。つまり、経済学的に好ましい政策とは、最適な方法で——除去費用を追加投入してもそれに見合った効果が得られなくなるレベルまで——排出量を削減する手段のことだ。この点については、極端な例を想像すればかなり直観的に理解できる。たとえば我々には、地球温暖化を今すぐ阻止すべく、すべての化石燃料の利用を直ちに禁止するという選択肢もなくはない。しかし、その政策は大変なコストを伴うため、支持する人はいない（「経済破壊」アプローチ）。それとは対照的に、未来永劫、もしくは少なくとも当面の間、何もしないという選択肢もある。実際にこれを支持する人もいるが、私から見ればそうした提案は無謀なギャンブルだ（「地球破壊」アプローチ）。

こうした極端な例を見れば、合理的な政策というものは、経済破壊アプローチと地球破壊アプローチの間のどこかに位置していることがわかるだろう。経済と環境という両立の難しい二つの要素を比較する際の一般的な方法についてはのちほど説明するが、今の段階では、ある種のバランスが必要だという基本的なポイントを押さえておいてほしい。

コストと便益について慎重に比較した上で、我々が最後に考えるべきことは、具体的な政策目標が明確になるかという点だ。私はこれを「焦点設定型《フォーカル》政策」と呼んでいる。人々の認識とめざすべき点を一致させることができる明確な政策だからだ。エイズや天然痘、あるいは財政破綻や核戦争の根絶など、いくつかの分野は本質的にフォーカル政策を用いている。

気候変動の場合にも、めざすべき目標を設定することに対する大きな誘惑が存在する。それによって、分析や政策を著しく単純化できるからだ。重大かつ危険な現象が現れる閾値が存在する場合、厳格な目標を設定することは理にかなったアプローチだ。第5章の臨界点に関する考察では、世界の平均気温上昇幅が3℃に達した段階で重大な臨界点に達するという結果が示されている。一方、国際的な会議では、世界の平均気温上昇幅の上限を2℃とすることで合意している。さらに一部の科学者たちは、気温上昇が1・5℃を上回った時点で危険な現象が起きるかもしれないと強く主張している。(注4) つまり我々にとって最大の問題の一つは、今日の知識に基づいてこうした数値のいずれかに確証を与えることができるかどうかという点にある。

第7章
農業の行く末

気候変動がもたらす経済的影響の考察を、まず農業から始めよう。農業はあらゆる主要部門の中でも特に気候に敏感であるため、気候変動による影響を最も受けやすい。サハラ砂漠ではほとんどの植物が繁殖しないことを考えると、今日の農地の何割が温暖化によって砂漠と化してしまうのかという点は我々にとって当然の関心事だ。さらに農業は、気候変動がもたらすほかの影響ともつながりがある。たとえば、第8章で出てくる栄養失調と下痢性疾患という気候変動による二大健康被害は、一般的に貧しい食生活と低所得が原因で起きるものだ。また、干ばつや飢饉をきっかけに紛争が勃発したり、その結果、大量の難民が発生したりする可能性もあることから、気候変動が国家安全保障に与える影響を危惧する人もいる。

気候変動と農業の相関関係は、気温の変化による穀物収量への影響という単純なものにとどまらない、もっと微妙なものだ。一つの大きな要因は、とりわけ高度な技術と豊富な情報を有した経済において、農業は極めて人為的な活動であるという点だ。第6章では、不安定な降雨を補うための灌漑システムや、砂漠の太陽から牛を守るための家畜小屋など、管理の例をいくつか挙げた。農業システムにおける人為的管理の可能性は、数々の重要な疑問を提示している。気候変動は複数の社会によってどのように管理されるのだろうか。

人々は、生産性の向上さえ可能にするような適応策を講じるのだろうか。遺伝子組み換え種子や新たな情報システムがこれだけの発展を遂げる中で、農業技術は今から100年後にどう変化しているのだろうか。

さらに、気候変動と経済成長の相互作用に関するさまざまな疑問も頭をもたげる。次の節では、気候変動による影響の規模は経済成長のスピードに大きく左右され、そのスピードによって、農業が社会の中に占める割合も決まるという点を見ていきたい。

経済成長、気候変動、そして気候被害

気候変動が農業にもたらす影響について論ずる前に、まずは気候変動と経済成長の関係に関する二つの重要なポイントを理解しておくことが大切だ。気候変動の程度や、農業のようなシステムが受ける被害の規模と深刻さは、主に今世紀以降の経済成長のペースによって大きく変わってくる。しかし、これは裏を返せば、将来、地球温暖化による危機に直面するころの社会は、今よりずっと豊かになっていると予想されることだ。

こうした関係性を確かめる一番の方法は、「経済が成長する場合」と「経済が成長しない場合」という二つの未来を比較することだ。そこで、この二つのシナリオ下での気候の変化と被害の見通しを、標準的な統合評価モデルを使って調べてみたい。

「ベースラインシナリオ」は、二酸化炭素排出削減策やその他の気候変動政策が実施されない前提で、経済成長、排出量、気候の変化を予測したものだ。本書では、このシナリオを標準の政策なしベースラインとして用いる。また、今回の分析では、第3章で紹介したイェールDICEモデルを利用する。ベースライン予測では、1人当たり消費支出は今後数十年間、急激な増加を続ける。世界の1人当たり生産高の成長率は、

21世紀で年２％弱、22世紀では年１％を若干下回る水準と予測されている。２００年にわたる成長ののち、世界は今日の基準から見て豊かな場所になっている。たとえばアメリカの１人当たり消費支出は、今日の３倍に近い水準となる。ベースラインシナリオに見られる急速な経済成長は、世界の気温にも急激な変化をもたらす。こうした予測は、第Ｉ部で述べた気候・経済統合モデルの間では標準的なものだ(注1)（特に図表４－４を参照）。

次に、この標準経路を経済成長なしシナリオと比較してみたい。本書では「経済成長なし」という言葉を、開発または改良された製品およびプロセスがないという意味で用いる。経済学的な言い方をすれば、全要素生産性の成長率がゼロということだ。こうした停滞論者的シナリオ（非現実的だが、分析には有用）では、ＩＴ、医療、電子機器など、ここ数十年間で急成長を遂げている分野でのたゆみない進歩が、今後社会に恩恵をもたらすことはない。技術の奇跡に満ちた時代は、ｉＰｈｏｎｅ５をもって終わりということだ。

図表７－１は二つのシナリオをグラフにしたものだ(注2)。これらは標準化されたシナリオではあるが、所得と気候変動に関するポイントを明確に表している。上のグラフには、経済成長ありと経済成長なしという二つの経済シナリオが示されている。見ての通り、二者の軌道は著しく異なっている。経済成長なしシナリオでは、２００年後の世界の１人当たり消費支出は１万ドル前後だ。これは今日の高所得国の水準に遠く及ばない。一方、経済成長ありシナリオでは、世界の１人当たり消費支出は13万ドル超にまで増加する。何とも非現実的な話に聞こえるが、これは生活水準の大幅な向上による賜物だ(注3)。

それでは次に下のグラフを見てほしい。こちらは、経済成長ありシナリオと経済成長なしシナリオにおける気温上昇の違いを示している。経済成長ありの場合、世界の平均気温は２１００年までにおよそ３・５℃、２２００年までに６℃上昇する。これは科学者たちにとって悪夢のシナリオだ。

経済成長なしシナリオでは、気温の変化ははるかに小さい。経済成長なしの未来における2200年までの平均気温上昇幅は、二酸化炭素排出抑制策を一切実施しなくても2・5℃程度だ。一部の環境保護主義者には、経済成長なしシナリオの結果は理想的なものに映るかもしれない――これからもずっと貧困や病の中に取り残されることになる、何十億もの人々のことを考えるまでは。

ここでの重要な結論は、気候変動問題が基本的に、排出削減策のない社会で経済が急成長したために生じる副産物であるということだ。しかし、生産性の継続的な成長を謳ったシナリオはまた、将来の世代が総じて今より裕福であることを示唆している。言い換えれば、国々は、気候変動を抑制したり、負の影響に適応したりするための策を講じる経済的余裕を、今以上に手にしていることになる。

つまり我々はパラドックスに直面している。排出削減策が実施されない社会における急速な経済発展は、急激な気候変動と甚大な被害を引き起こす。他方で、緩やかな経済成長は我々を豊かにすることはできないが、気候変動による損失は少ない。しかし、大きな損失を被ってもなお、経済成長ありの未来における消費支出は、経済成長なしの未来よりもはるかに大きい。気候変動による損失を差し引いたとしても、経済成長ありの世界のほうが、人々はずっと高い生活水準を享受できるのである。

将来の世代が今より豊かになっている可能性があるからといって、今日気候変動を放置してよいということにはならない。しかしそれは、我々が孫たちに、悪化した気候条件とともに、より生産的な経済を残すということも意味している。図表7－1の二つの経済シナリオが示す、2100年と2200年の生活水準を比べると、とてつもない規模の温暖化被害がない限り、将来の生産性の向上が我々の生活水準にもたらす便益を帳消しにはできないことがわかる。

この例から我々はどのような結論を導き出すべきなのだろうか。問題は過度の経済成長にあるということ

図表7-1　経済成長ありシナリオと経済成長なしシナリオにおける生活水準と気候変動

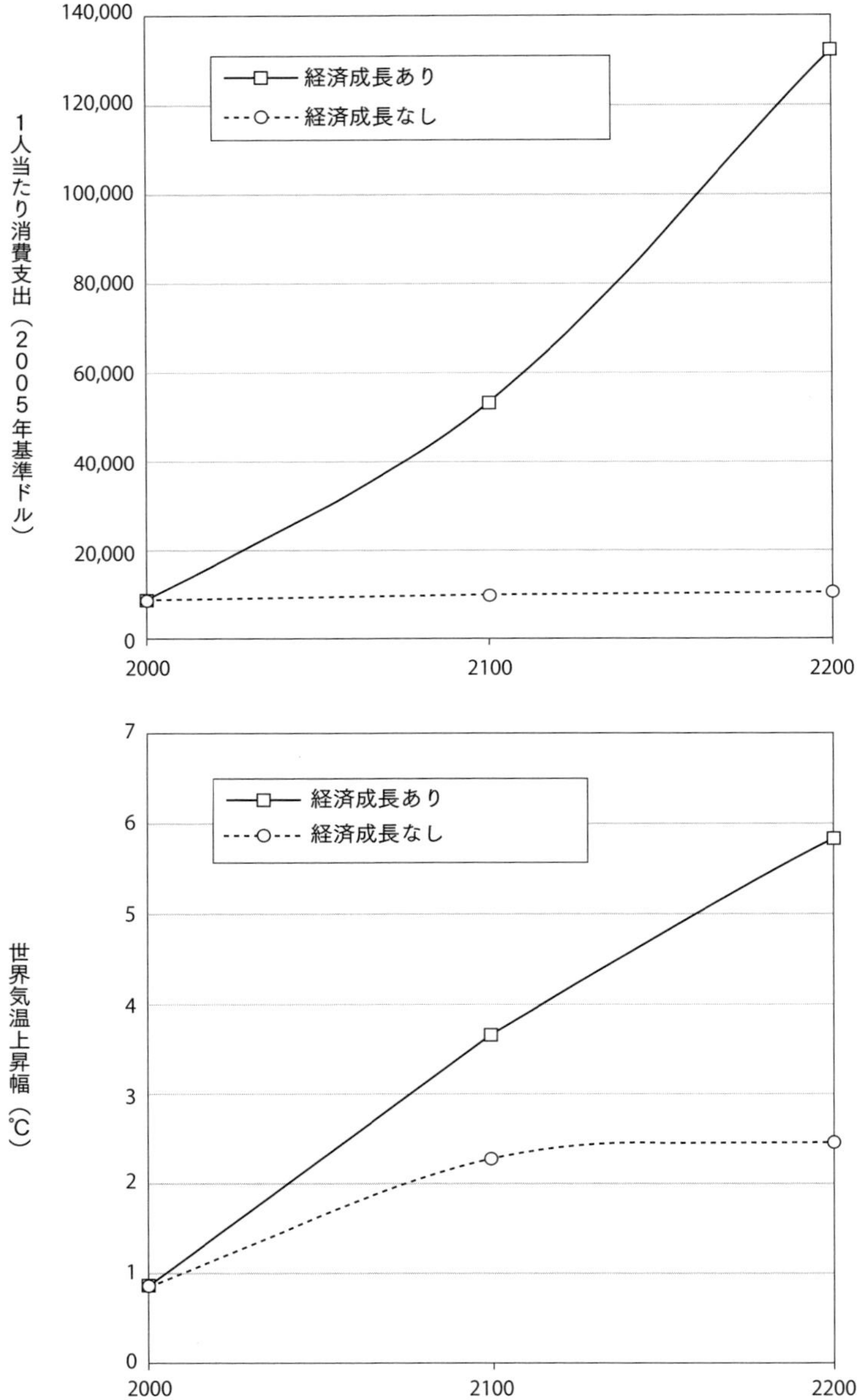

だろうか。人類はゼロ成長をめざすべきなのだろうか。今日このような結論を下す人はほとんどいない。(注4)ミルクが傷んでいるからと言って、すべての食料品を捨ててしまうようなものだ。とるべき対応は、気候変動に関連する負の経済外部性を是正し、市場の失敗を修復することだ。傷んだミルクを捨て、不良品の冷蔵庫を修理するのである。その具体的な方法を理解することは、第Ⅲ部と第Ⅳ部の課題としたい。

気候変動が農業に与える影響

我々は毎日のように、世界の飢餓や10年越しの干ばつ、危機に直面している地域について書かれた文章を目にしている。たとえば、ニューヨーク・タイムズ紙は、「温暖化が進む地球、食料確保困難に」と題した長文記事を掲載した。記事はさまざまなエピソードについて詳しく述べたのち、次のように締めくくられた。「過去10年間における凶作の多くは、アメリカの洪水、オーストラリアの干ばつ、ヨーロッパやロシアの猛烈な熱波といった気象災害によってもたらされた。科学者たちは、こうした事象の一部が人間活動を原因とした地球温暖化によって発生または悪化したと指摘している」(注5)

英国の経済学者ニコラス・スターンが気候変動政策について分析した有名な報告書『スターン・レビュー』では、さらに陰鬱な予測結果が示された。「穀物収量の低下によって、特に世界の最貧困地域では、何億もの人々が、十分な食糧を生産または購入できなくなる。……平均気温の上昇幅が3℃に達した時点で、さらに2億5000万〜5億

右のグラフは考え得る二通りの未来を示している。一つは「経済成長なし」の未来で、生産性の成長は直ちにストップする。もう一つの「経済成長あり」シナリオは、ほとんどの統合評価モデルに組み込まれている生産性の成長予測を示している。上のグラフは、1人当たり消費支出の経路の比較である(「1人当たり消費支出」は、食料、住居、教育などに消費される平均支出額を表している)。下のグラフは、気候政策が一切実施されない状況下で、経済成長ありシナリオと経済成長なしシナリオが辿る気温の推移の違いを示している。急激な気候変動は、排出削減策が実施されることなく経済が急成長したことによる、意図せぬ副産物である。

5000万人がリスクにさらされる。その半分以上は、アフリカと西アジア地域の人々である」(注6)

気候変動が農業に与える影響は、影響分析の中でも特に詳しく研究されている部分である。果たしてこれらの見解は、最新の評価結果を正確に反映しているのだろうか。それを確かめるには、この分野の専門家たちによる詳細な分析がまとめられた『IPCC第4次評価報告書』の要約を見るとよいだろう。

世界全体では、地域の平均気温が1~3℃の幅で上昇すると、食料生産能力が増加すると予測されるが、これを超えれば減少すると予測される。干ばつと洪水の頻度の増加は、地域の作物生産、特に低緯度地域における地元での自給作物生産に悪影響を与えると予測される。小規模な温暖化に対しては、栽培品種や播種時期の変更のような適応で、低~中緯度から高緯度地域における穀物収量を基準の収量またはそれ以上に維持することが可能である(注7)(訳注＊環境省翻訳『気候変動に関する政府間パネル　第4次評価報告書に対する第2作業部会の報告――政策決定者向け要約』から引用)。

驚きなのは、この科学的根拠の要約が、いかに巷で声高に叫ばれている内容と異なるかということだ。穀物生産性(収量)とは、1エーカー当たりの作付面積における生産量のことだ。ここに書かれている結論によれば、一般的に局地的気温上昇が3℃以内であることを意味する「小規模な温暖化」の場合、多くの地域では生産性が向上するという。図表4－4の気温予測を見ると、地球の気温上昇は2075年ごろまでこの範囲内にとどまる見込みだ。

だが、こうした予測には、気候モデルと農業モデルがもつ不確実性という「但し書き」が添えられなければならない。その上、勝ち組がいれば負け組も存在することは間違いない。さらに心配なのは、今日のモデルが臨界点による潜在的な影響、すなわち世界の気象パターンの大規模な変化を含んでいないことだ。とはいえ、こうした不確実性を考慮したとしても、穀倉地帯がサハラ砂漠に変わるという類いの描写は、慎重な学術研究から導き出された結論ではなく、単なるプロパガンダポスターのようでしかない。

地球温暖化が農業に与える影響に関する悲観的な評価報告では、根拠として主に二つの要因が挙げられている。第一に、気候変動は、気候がもともと耕作限界に近い地域の大半に、土壌水分量の低下を伴う気温上昇を招く恐れがある。イェール大学の研究者仲間であるロバート・メンデルソンの調査によれば、ラテンアメリカ、アフリカ、アジアの多くの地域は、すでに食料生産に適した気候よりも温暖であり、さらなる気温上昇は農業生産性の低下を引き起こしかねない。(注8)

第二に、気候変動は「水循環」、つまり農業に水を供給するシステムに、負の影響をもたらす可能性がある。山岳部の積雪の減少や河川流量の季節的変動がその例だ。こうした傾向が見られるようになると、灌漑に利用できる水の量が減り、やはり農業生産性が低下する。この二つの要因は、水モデルや穀物モデルを組み込んだ気候予測を使って詳しく研究されている。

適応策と緩和策

ほかのシステムと同様に、農業が気候変動から受ける影響については、わからないことが多い。しかし、農業には、二酸化炭素施肥（訳注＊二酸化炭素濃度が高まることにより植物の光合成が刺激され、成長が促進されること）、適応、貿易や経済における農業比率の低下など、気候変動被害の緩和につながる要素がいくつか存在する。農業分野における重要な緩和策の一つは、二酸化炭素施肥だ。二酸化炭素は多くの植物にとって肥料の効果がある。フィールド実験の結果を見ると、二酸化炭素濃度が上昇した環境（特にほかのインプットを適切に調整した場合）では、小麦や綿花、クローバーの収量が著しく増加している。また、複数のフィールド調査に関するある分析からは、大気中の二酸化炭素濃度が倍になると、米、小麦、大豆の収量が10〜15％増加することがわかった。その一方で、とうもろこしなど、いわゆるC4経路を通じて大気中の二酸化炭素を固定する一部の植物については、二酸化炭素による収量の増加の割合はこれよりも小さいと考えられている。二酸化炭素施肥がほかのストレスとどう作用し合うかに関しては不明な点が多い。しかし、気候変動による農業への影響分析の草分け的存在であるポール・ワグナー前コネチカット州農業試験場長をはじめ、専門家の間では、気温上昇と乾燥がもたらす負の影響の多くは二酸化炭素施肥によって補うことができると考えられている。

二つめの重要な緩和策は適応だ。適応とは、我々が管理と呼んでいるものを表すもう一つの用語で、人間システムや自然システムが環境条件の変化に応じておこなう調整のことを指す。気候変動による農産物収量の大幅な減少を予測する研究の多くは、適応をほとんど考慮していない。そのため、ほかと同様に、この関連において適応を理解することは非常に大切だ。

適応はさまざまなレベルで起きる。生物種が気候の変化に応じてより適した気候帯に移動するなど、人間の介入なしに起きるものもある。農業分野では一般的に、主な適応策は農家によっておこなわれるものと考えられている。短期的適応策には、播種や収穫のタイミングの調整、種子や作物の変更、施肥や耕作手段、あるいは穀物乾燥といった生産技術の変更などがある。

長期的には、農家の人々は不毛の地を捨てて別の地域に移動したり、乾燥や暑さに強い新たな品種を植えたり、土地利用法を変えたりすることができる。最も重要な適応策の一つは、水効率の高い灌漑システムの

利用だ。(注9)

農業に関する研究では、適応策を講じた場合と講じなかった場合の影響について詳しく分析している。ここでも具体的な事例について考えてみたい。図表7－2は、気候変動が低緯度地域（インドやブラジルなど）の小麦の収量に与える影響について、複数の研究から得られた結果を合体したものだ。(注10)横軸は低緯度地域における平均的な気温の変化を、縦軸は小麦の収量（1エーカー当たりの生産量）の変化を示している。また、下方の点線は二酸化炭素施肥や適応策がなかった場合の温暖化の影響を、上方の実線は二酸化炭素施肥やその他いくつかの適応策をおこなった場合の温暖化の影響を簡単に表したものである。

適応策も二酸化炭素施肥もなしのケースでは、収量は局地的な気温上昇幅がおよそ1・5℃になった段階で減少に転じている。対して、適応策と二酸化炭素施肥をありとしたケースでは、まったく異なる結果が示されている。適応策をおこなった場合の低緯度地域における小麦の収量は、気温上昇幅が3℃に達するまで増加するというのだ。3℃とは、今世紀後半に予想されている気温の変化だ。収量は気温上昇幅が3℃を超えたところで減少に転じ、5℃の段階では30％低下すると見られている。また、この研究は、低緯度地域における米の収量の分岐点となる気温上昇幅を4℃と推定し、4℃未満の温暖化であれば、適応策をとることで米の収量は増加すると予測している。なお、ほとんどの研究では適応策に関する想定が非常に保守的であり、図表7－2の適応曲線がもつ上方シフトの可能性をおそらく過小評価している。(注11)

気候変動のあらゆる側面に影響を与える重大な要素の一つは、技術革新だ。本章の冒頭で見てきた通り、技術革新は経済成長を助長することによって、二酸化炭素排出量の増加を引き起こす。また、我々が安価なコストで排出量を削減できるかどうかの鍵も握っている（第Ⅲ部を参照）。しかしここでは、食料価格の決定における、技術革新と気候変動の相互作用について考察したい。多くの人々は、気候条件の悪化は収量の

図表7-2　気候変動が低緯度地域の小麦の生産性に与える影響の推定

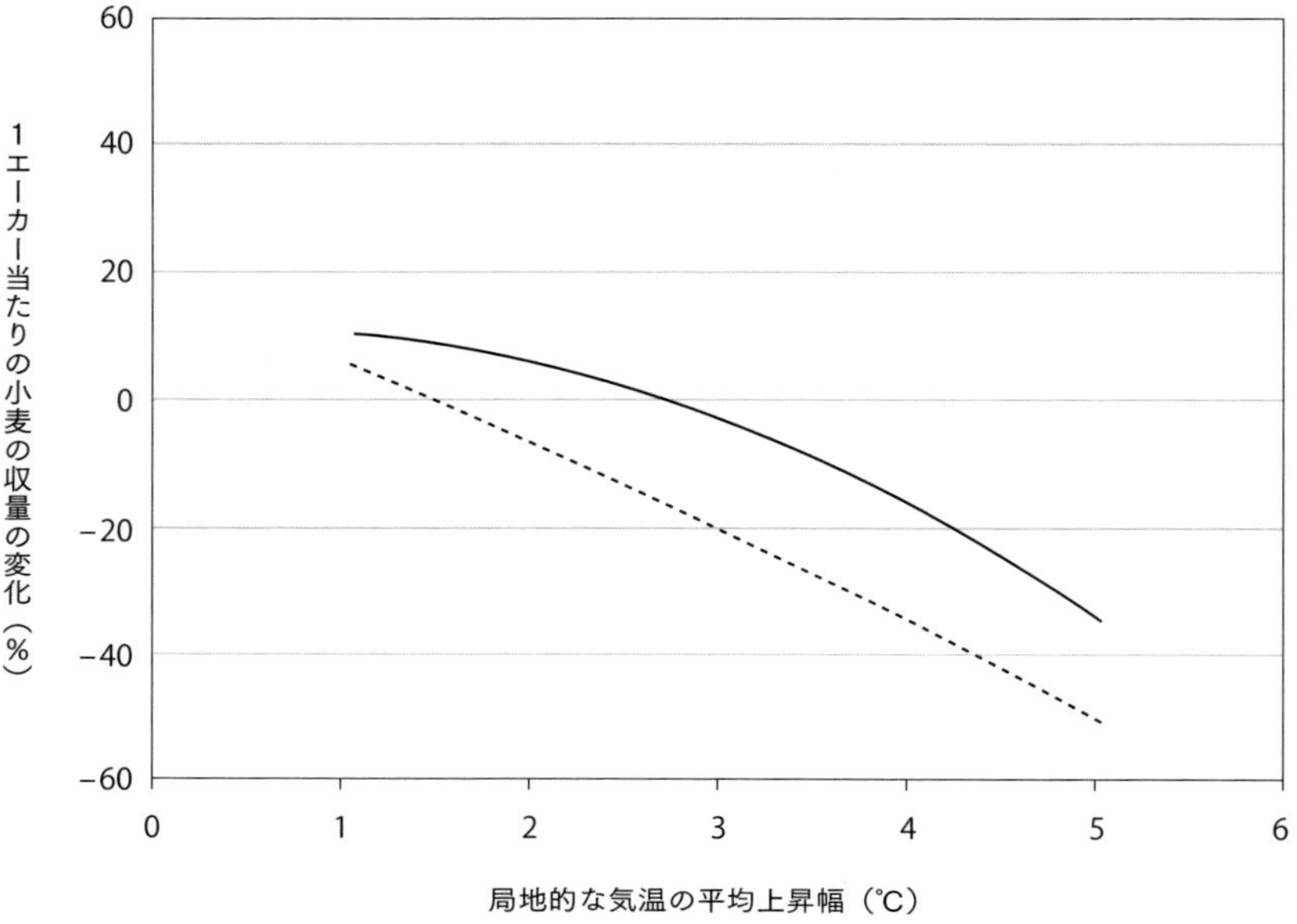

グラフは、複数の地点でおこなわれた約50の研究結果に基づくもので、地域の平均気温に応じた1エーカー当たりの生産量を示している。下方の線は適応策を講じなかった場合の収量の変化を、上方の線は二酸化炭素施肥やその他いくつかの適応策を講じた場合の収量の変化を表している。

低下を招き、食料価格を高騰させるのではないかと想像するだろう。経済学的な言い方をすれば、供給曲線の左方シフトである。

農産物価格の傾向と今後の見通しはどのようになっているのだろうか。図表7－3は、アメリカにおける過去60年間の農産物の実質価格の推移を表したものだ。(注12) 縦軸の目盛は、経済全体の価格に対する農産物全体の価格の比率を示している。農産物価格とは農家が受け取る代価のことであり、農業は気候変動に最も敏感な産業分野だ（農産物価格が食料価格とは別の動きをすることに留意してほしい。消費者によって支払われる食料価格には、包装、輸送、小売マージンなど、気候変動の影響をほとんど受けない要因が含まれており、こうした下流コストは農産物価格とは異なる動きをする）。過去数十年の間、農産物価格は年3％の割合で下落している。2011年の農産物の実質価格は、第二次世界大戦直後の水準の5分の1以下だった。農産物価格の長期的な下落傾向の背景には、農業における大規模な技術革新がある。

しかし、将来はどうなるのだろうか。こうした下落傾向が今後も続くのか、それとも反転するのか。それを教えてくれる水晶玉は存在しない。バイオ燃料の使用量が増加することで農産物の需要が増し、食料価格は高騰するかもしれない（第22章参照）。だが、ここでの焦点は地球温暖化が農業に与える影響だ。気候変動によって食料不足が発生すれば、図表7－3に示された価格の傾向は上昇に転じるだろう。

研究ではどのようなことが言われているのだろうか。『IPCC第4次評価報告書』における世界食料モデルの分析では、さまざまな結論が提示された。(注13) 適応策と貿易を考慮した研究は、気温上昇幅が3℃以下の場合、地球温暖化は「温暖化なしベースライン」に比べて世界の食料価格を低下させるという結果を示した。これは、図表7－2で見た、気温上昇幅が3℃以下であれば農産物収量は増加するという研究結果とも整合する。したがって、農業モデルから得られる非常に重要な結論は、地球温暖化によって食料価格は今後数十

図表7-3　アメリカにおける農産物価格の推移（1948～2011年）

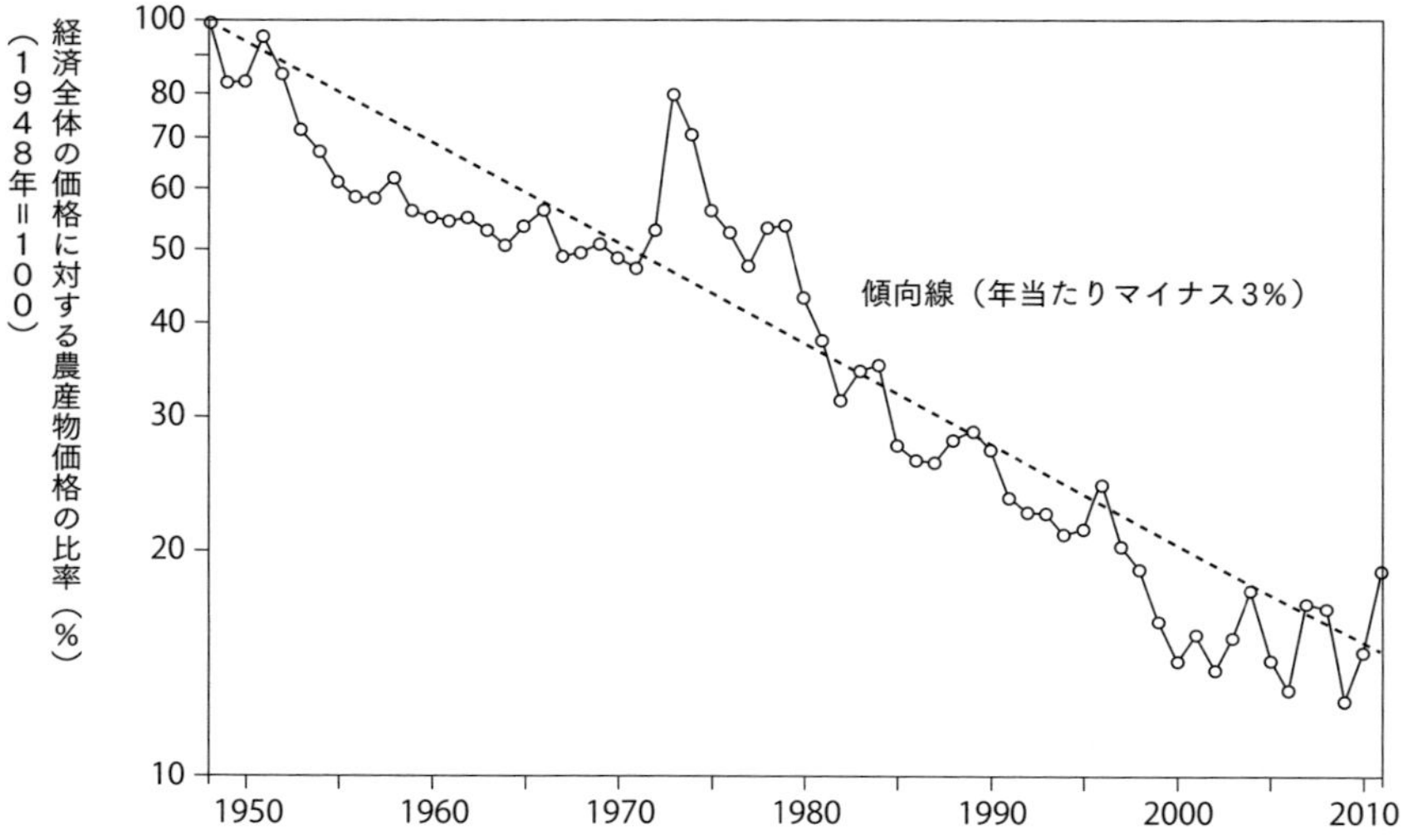

グラフは、経済全体の価格に対する農産物価格の比率の変化を示している。

年間、上がるのではなく下がると推定されるということだ。

これは三つめの緩和策である、農業部門における貿易の役割へとつながっていく。農業は、自給自足活動から次第に市場活動になりつつある。世界の市場では多くの農産物が取引されている。これは、ある地域の生産が打撃を受けたとしても、その衝撃は世界の市場によって吸収されることを意味している。たとえば、カンザス州の小麦の収量が気候変動の影響で10％減少したとしよう。マサチューセッツ工科大学の経済学者ジョン・ライリーをはじめとした研究者らの計算によれば、その差分の大半は、世界各地における小麦やその他の農産物の生産によって補われるため、食料価格や消費者への影響は事実上ゼロだという。(注14)

最後の緩和策は、経済や労働力に占める農業の比率を徐々に低下させるというものだ。アメリカの農業部門の規模を聞くと、たいていの人はびっくりする。農業は、１９２９年の段階でアメリカのＧＤＰのおよそ10％を占めていたが、２０１０年には１％未満にまで低下した。こうした傾向は今日世界中で見ることができる。最も顕著なのは東アジアで、１９６２年には40％だった農業の比率は、２００８年には12％にまで縮小した。サハラ以南のアフリカ地域では、経済全体に占める農業の割合はわずか13％で、ここでも急激な低下傾向が見られている。地方部の農場から、工業やサービス業が中心の都市部に雇用がシフトするという現象は、経済発展のプロセスにおける最も代表的で普遍的な特徴の一つだ。(注15)

こうした傾向が今後も続けば、気候変動による農業への打撃が経済にもたらす影響は、多くの地域において限定的なものとなり、しかも徐々に減少する。農業ショックに対する脆弱性の低下は、非常に重要なポイントだ。農業の比率が減少するということは、農業への打撃が人々の所得や消費に与える影響が徐々に緩和されることを意味している。考え方は非常にシンプルだ。たとえば我々が所得の20％を住居に、４％を食料に費やしていたとしよう。ところが（気候への影響かその他の要因により）それぞれのコストが25％ずつ上昇したとする。住居向けの消費支出を維持するには、住居以外の消費支出を5％（＝0・25×20％）減らさなければならないが、食料向けの消費支出を維持するには、食料以外の消費を1％（＝0・25×4％）変化させるだけで済む。このように、家計の中のある項目の比率が低下すると、価格への打撃が実質所得に与える影響もおおむね比例して減少する。

アメリカ経済における実際の農業比率を用いて、このポイントを説明しよう。1930〜40年代にまでさかのぼると、農産物価格の25％高騰は、消費者の実質所得を約2％減少させた。消費者の家計の中で農産物が大きな比重を占めていたからだ。ところが、経済活動における農業の重要性の低下により、1990年代や2000年代の世界では、同じ25％の価格上昇は消費者所得を0・3％低下させるにとどまる。このように、食料が我々の健康と福利にとって重要であることは疑いようがないとはいえ、社会が経済的な繁栄を大きく損なうことなく農業部門への大打撃を吸収することは可能である。(注16)

私が農業について詳しく説明してきたのは、農業が気候に最も敏感な産業分野であることに加え、気候変動と適応行動によるせめぎ合いをよく表しているからだ。そこでは強い力がさまざまな方向に働いているため、気候変動が農業にもたらす影響については、専門家の間でも意見が大きく分かれている。農業生産性が本質的に極めて地域的、不均一であることは間違いない。気候変動による影響が、地域の気候条件はもちろんのこと、土壌、管理の方法、市場の有効性によってまったく異なることも間違いない。いくつかの地域が、より温暖で乾燥した状態に直面することも間違いない。その意味では、特に適応策が限られている場合、一部の地域は確実に深刻な被害を受ける。

だが他方で、適応しようとする力もまた非常に強大だ。農業技術は多くの地域で格段に進歩している。この100年ほどの間に農産物価格は下落し、ほとんどの経済では農業の比重が低下している。農産物は次第に世界の市場で取引されるようになっているため、局地的な気候の変化が消費に与える影響は、市場の力と適応策によって緩和されると見られている。さらに人々は、地場産業が深刻な打撃を受けている場所から移動することができるし、現にそうしている。そして何より重要な点として、社会には、いざ状況の変化に直面した際にとり得るさまざまな適応策がある。

しかし、今後50年ほどの間に農業が受ける影響は限定的とする研究結果がある一方で、我々は長期的な懸念についても天秤に載せる必要がある。気候カジノでの勝算は、気候変動の規模が増すにつれてどんどん低くなり、世界の気温上昇幅が3℃を超えた段階で相当厳しくなる。長期的には、二酸化炭素の際限なき排出とそれに伴う変化によって、予測は今よりもはるかに不確実性を増し、モンスーンパターンの変化や海流の大規模変化といった臨界点のリスクも高まっていく。

気候変動が農業にもたらす影響についての評価を簡潔にまとめよう。気候変動が今後数十年の間に農業を通じて経済全体に与える影響はわずかというのが、最も有力な推定だ。国が発展し、労働力が農業部門からほかにシフトするにつれて、影響は軽減される。だが、長期的視点に立って考えたとき、特に気候変動が抑制されない状況では、今後の見通しは不透明だ。世界の気温が一気に上昇すれば、降水パターンの変化や急激な気候変動によって、食料生産はおそらく大きな打撃を被ることになるだろう。

第8章

健康への影響

地球温暖化がもたらす恐ろしい影響の一つは、深刻な健康被害の可能性だ。栄養失調、熱ストレス、大気汚染、そしてマラリアをはじめとした熱帯病の蔓延などが懸念されている。(注1)『スターン・レビュー』は、次のような暗い気持ちにさせる警告を発している。「世界平均気温が産業化以前の水準からたった1℃上昇するだけで、気候変動による年間死者数は少なくとも30万人に倍増する。……気温がさらに上昇した場合には、栄養失調で命を落とす人が毎年何百万人も増加するなど、死亡率は急激に上昇する(注2)」

これは極めて深刻なことのように思われる。しかし、農業と同様に、我々はこうした予測の基礎にある前提条件に注意深く目を向け、緩和策と適応策について吟味する必要がある。これらの推定は、経済成長に関してどのような前提に基づいているのだろうか。世界中で健康状態が改善しているという現状と比べたとき、気候変動が健康にもたらす影響の大きさはどのくらいのものなのだろうか。そして何よりも、経済発展と医療技術の進歩はこうした悪影響をどう緩和するのだろうか。

温暖化が健康にもたらす潜在的影響

気候変動が健康にもたらす影響を推定することも、やはり難しい作業である。まず、気候変動を地域ごと、年代ごとに推定しなければならない。その上で、気候条件の変化が健康に与える影響を、疾患別に推定する必要がある。これが難しい作業なのは、そうした変化が、所得や医療技術、健康状態が飛躍的に向上しているはるか先の未来の社会で起きるものだからだ。本章ではいくつかの推定に言及するが、ここで強調しておきたいのは、それらはあくまで今日の知識に基づいた最良の推定に過ぎず、ふたを開けてみれば、健康被害はゼロかもしれないし深刻かもしれないということだ。

健康への影響に関する最も詳しい評価は、健康科学者や気候科学者から成る研究チームが世界保健機関（WHO）のために実施した調査だ。(注3) 報告書では、健康への影響をもたらす二つのメカニズムが分析された。一つは、熱波や汚染、洪水の発生により、人間の受ける環境ストレスが増加するという、直接的な影響だ。もう一つは、地球温暖化によって起きるかもしれない生活水準の低下や、マラリアをはじめとした感染症の流行地域の拡大、あるいは栄養失調や下痢性疾患の深刻化などに起因する、間接的な影響だ。

研究チームはまず、さまざまな疾患と気候条件の関係性を裏づける証拠を分析した。次に、気候の変化による罹患リスクの増大について推定した。最後に、これらの推定を組み合わせ、気候変動がもたらす全体的な健康リスクを予測した。

より具体的に説明すると、研究チームはまず、温暖化なしシナリオにおけるさまざまな地域の健康状態を推定した。さらに、気候モデルで用いられている標準的な温暖化シナリオの一つを使って、再び健康状態を推定した。その上で、この二つの推定結果の差異を洗い出し、ある年の地球温暖化による影響を予測した。(注4)

研究チームは三つの重大な懸念分野を特定した。栄養失調（低水準の所得によるもの）、下痢性疾患（劣悪な衛生環境や不十分な医療システムによるもの）、マラリア（マラリア感染地域の拡大によるもの）だ。

報告書では、公衆衛生の分野で考え出された興味深い指標が用いられた。障害調整生存年数（Disability Adjusted Life Years＝ＤＡＬＹ）という概念だ。[注5] ＤＡＬＹはさまざまな病気によって失われた健康な年数を示すもので、余命損失年数（死亡が早まることによって失われた年数）と健康損失年数（病気を患ったために健康でない生活を強いられた年数）という二つの要素から成る。たとえば、70歳の高齢者の平均余命が10年だったとすると、70歳で心不全のため亡くなった場合、10ＤＡＬＹの損失となる。タンザニアの少女がマラリアに感染すると、彼女の想定される余命はおよそ33年減るので、33ＤＡＬＹの損失として表される。[注6]

さらに、健康に何らかの問題を抱えている場合、障害が計算で考慮されてＤＡＬＹに反映される。たとえば、河川盲目症（医学的にはオンコセルカ症）で失明した場合、この疾病は余命損失年数の62％に相当する。聴覚障害は、余命損失年数の3分の1として計算される。この手法は大きな物議を醸しているが、死や病を回避しようとする考え方そのものは理にかなっている。

気候変動による健康への影響を推定するための手法は非常に難解で、また批判がないわけではない。そのため、ここでは下痢性疾患に関するものを中心に、そうした推定について詳しく見ていきたい。ほかの話に比べてより専門的になるため、大局的な話に関心のある読者は読み飛ばしてくれてもよいが、詳しく知りたいという人には、分析上の難しさに関する予備知識を提供できると思う。

気候変動が下痢性疾患に与える影響を調査した世界的な研究は今のところ存在しないため、ＷＨＯの研究チームは独自の手法を構築しなければならなかった。研究ではまず、１人当たり所得が年間６０００ドル以上の国は気候変動による負の影響を受けないという前提条件が示された。次に、低所得国における下痢性疾

図表8-1　地球温暖化が健康に及ぼす影響の推定（2050年）

気候変動による健康リスクの増大	合計	下痢性疾患	マラリア	栄養失調
	1000人当たりのDALY損失			
アフリカ	14.91	6.99	7.13	0.80
高所得国	0.02	0.02	0.00	0.00
健康リスクの増大がベースライン死亡リスクに占める割合	**合計**	**下痢性疾患**	**マラリア**	**栄養失調**
	気候変動によるDALY損失が全DALY損失に占める割合			
アフリカ	2.92	1.37	1.40	0.16
高所得国	0.01	0.01	0.00	0.00

患の発生率について、高位推計では気温が1℃上がるごとに10％上昇、低位推計では変化なしという前提を置いた。こうした推定はペルーとフィジーでの限られた調査に基づくものだったが、より包括的な研究結果は入手不可能だった。さらに、これらの研究は、600ドルという閾値未満では栄養失調や下痢性疾患、マラリアに対する人々の脆弱性は、所得や医療技術の向上によって緩和されないことを前提とした。

図表8-1は、WHOチームの相対リスク推定値を使った、21世紀半ばにおける、気候変動起因の健康損失を簡略的に表したものだ。研究では気候変動によるDALY損失が推定された。ここで示しているのは二つの地域に関する結果だ。この推定が、健康への影響の上限であるということに留意してほしい。図表はアフリカ諸国と高所得国の2グループのみを示している。この二つの地域に注目するのは、予想される影響という点で二者が対極にあり、ここから全体的な影響や傾向をつかむことができるからだ。(注7)

図表8-1の上半分は、三大疾病によるDALY損失の推定を表している。1列めがアフリカだ。影響を過小評価しないよう、表はWHOが推定した健康への影響の上限を示している。下限では、影響はゼロと推定されている。ここではWHOによる気温の推定結果

を用い、2050年のものとした。この推定によれば、気候変動は、アフリカにおける1000人当たりのDALY損失を計15DALYほど悪化させる。言い換えれば、1人当たりの寿命が平均0・15年、すなわち5日ほど短くなるということだ。図表の下半分に示されたアフリカに関する結果を見てほしい。これは、気候変動によってもたらされる影響が、ベースライン死亡リスク（その年の予想死亡者数）に占める割合を表したものだ。これについても、合計と疾病別の両方の値が示されている。アフリカを見ると、気候変動に起因する推定DALY損失は、すべての疾病によるDALY損失の3％近くを占めている。したがって、気候変動がもたらす影響に関する上限の推定は、健康リスクのわずかな増大ということになる（さらに、下限の推定では影響はゼロとされていることにも留意してほしい）。

次に先進国（主にアメリカ、西ヨーロッパ諸国、日本）のケースを見てみよう。先進国で推定される健康リスクは、上限推定値を用いた場合でもごくわずかで、全DALY損失の0・01％に過ぎない。こうした国々が影響をほとんど受けずに済むのは、主に高い所得と適切な公的医療システムのおかげだが、一部には温暖な気候も関係している。

世界全体で見てみると、健康リスクの増大は特にアフリカと東南アジアで顕著であり、北米や西ヨーロッパなどの先進国では最小限にとどまっている。ラテンアメリカなどほかの地域は、その間に位置している。気候変動による世界の健康リスクのおよそ半分は下痢性疾患で、残りの25％ずつがマラリアと栄養失調となっている。図表8－1が洪水やほかの熱帯病、および熱ストレスなど多くの健康リスクを含んでいないことには留意すべきだが、WHOチームの推定では、こうしたほかの疾患のリスクを足し合わせた数字ははるかに小さかった。すべての地域と世界全体に関する結果は、巻末に掲載した。(注8)

経済成長下での健康リスク

この分野で長年にわたって試行錯誤を繰り返してきた私は、影響分析を、闘志を抱いた専門家が断片的なデータや不透明な未来に立ち向かう個人格闘技のように捉えている。中でも、将来の健康への影響は特に予測が難しい部分だ。だが健康は、人間の幸福にとって、また経済の成長にとって、非常に重要な要素だ。医療は世界経済の中でも成長著しい一大分野であり、新たな知識や医薬品、機材やＩＴ技術が産業全体に大きな変革をもたらし、急激な変化を遂げている。

低所得国における人々の健康状態は近年急速に改善している。たとえば、１９８０年時点で１人当たり所得が２０００ドル未満だった60の国々に注目してほしい。こうした国では、過去30年間で平均寿命が14年も上昇した。さらに、健康状態の改善が所得の向上と関係があることは疑いようもない。経済研究では、１人当たり所得が10％増加すると、平均寿命は０・３年延びるとされている。

低所得国における健康への最大の脅威について詳しく調べてみると、それは主に気候ではなくエイズである。ジンバブエ、ボツワナ、ザンビア、南アフリカなどの国々では、エイズの蔓延による影響が、それ以外の部分における健康状態の改善を上回り、感染が最も深刻な地域では平均寿命を20年も低下させている。(注9)

図表８－１で見た気候変動による健康リスクを、開発途上国全体における健康状態の改善と照らし合わせて評価してみたい。サハラ以南のアフリカを例に見てみよう。この地域では、過去40年間で平均寿命が10年延びている。図表８－１に示された気候変動による健康損失の上限値は、今後40年間で１人当たり約１年分の寿命だ。つまり、気候変動による健康リスクは、過去の比率でおよそ4年分の健康改善の損失に相当する。

ただし、ほかの地域における損失ははるかに小さいと推定される(注10)。また、次の節で説明する通り、こうした健康への影響は非現実的な前提条件を反映しているため、過大評価されている可能性が高い。

適応策と緩和策

図表8－1の数値が健康への影響を過大評価していると考えられる理由は、それが医療技術の進歩や所得の向上を考慮に入れていないからだ。第一に、この推定は、気温上昇やそこから生じる健康負荷への適応を最小限に見積もっている。たとえば、所得水準が向上するにつれて、人々はエアコンなどの道具を使い、自分たちの住まいや生活スタイルをより高温な環境に適応させるようになるはずだ。ただし、これは両刃の剣とも言える。

インドでのエアコン利用率の急速な高まりは、エアコンの稼働によってもたらされる電力需要と二酸化炭素排出量の増加という問題を浮き彫りにした。実際、こうしたエネルギー需要の増大は、前に分析したシナリオにあった二酸化炭素排出量の増加や急激な気温上昇の主な原因だ。しかし同時に、エアコンの利用が人間の幸福度を高めているという事実を忘れてはならない。インドや中国など、急成長を遂げる国の高温地域では家の中を快適に保ち、人々の健康状態と生産性を向上させている。

しかし、WHOの分析では、熱ストレスへの適応をまったく考慮に入れなかった。同様に、所得の向上はさまざまな適応策の実施を可能にするが、温暖化によるマラリア流行のリスクを回避するための適応策も考慮されなかった。さらに、栄養失調が増加するという予測は、農業分野における収量の安定化や価格の下落など、第7章で見てきた評価と矛盾する。

さらに根本的なところでは、ＷＨＯによる健康リスク分析は、医療サービスや平均寿命の大幅な改善を計算に入れていなかった。こうしたことは現実に起きている上に、所得の上昇を考えると今後も続くと考えられる傾向だ。前述の通り、所得と平均寿命の間には、豊かさが増すほど健康になるという、実証された強い因果関係がある。所得が増えれば、政府は公的医療サービスやその他の医療関連インフラを強化し、人々はより多くのお金を健康のために使うようになる。所得が増えれば、たくさんの医師や看護師に、たくさんの病院に、そして高水準の教育に、資源が回されるようになり、そのすべてがさらなる健康の増進に大きく寄与する。さらに、健康の増進は経済成長を助長するため、この因果関係は双方向に働く。

この点は、図表８－１で示された二つの国グループが受ける影響の違いを見れば明らかだ。表の下半分を見ると、気候変動によるアフリカの健康損失は、ＤＡＬＹ換算した全損失の約３％に当たる。それに比べ、高所得国における損失はほんのわずかだ。中所得国（巻末「注８」の表を参照）で予想されている影響は、アフリカ諸国よりもはるかに小さい。低所得国が急速な発展を遂げていることを考慮すると、こうした国々における影響も、やがては中所得国、さらには高所得国に近いものになるだろう。

だが、低所得国は本当に、気候変動が健康にもたらす負の影響を相殺するほどの勢いで発展するのだろうか。絶対とは言い切れないものの、これは気候予測の前提条件となっている。統合評価モデルの平均的な予測によれば、インドの１人当たりＧＤＰは、２０００～２１００年で40倍に増加する。低所得国における所得は、22世紀末までに今日の高所得国の水準に近づくと見られている。そもそも、急激な経済成長こそが温暖化シナリオの最大の特徴であるという点を思い出してほしい（図表４－４を参照）。

これは非常に大切なポイントなので、下痢性疾患という代表的な例を通じて詳しく見ていきたい。下痢性疾患は、アフリカにおける健康への影響の半分近くを占めている。前述の通り、ＷＨＯの研究は、下痢性疾患の影響を受けるのは1人当たりGDPが年間6000ドル未満の国であるということを前提にしていた。私はDICEモデルの基礎を成す予測を再度検証した。これには、サハラ以南のアフリカに関するさまざまな地域別推定値が含まれている。これを詳細な地域データと組み合わせ、閾値である6000ドル未満の所得で暮らすアフリカ人口の割合が、近年と将来でどのくらいにのぼるのかを推定した。すると、2000年にはアフリカ人口の9割以上が閾値未満の所得で生活していたのに対し、モデルの予測では、この数字は21世紀半ばまでに5割程度にまで減少するという結果が示された。さらに今世紀末には、閾値の6000ドルに所得が届かないアフリカ人口の割合は、1割を切る見通しである。(注11)

これらは単なる推定に過ぎないが、気温上昇の予測に使われている統合評価モデルの仮説と一致するという点で説得力がある。こうしたことから、気候—健康シナリオで示された、栄養失調などの関連疾患が増えるという推定は、温暖化の原因である二酸化炭素排出量が所得の向上によって増加するという推定と矛盾している。

WHOの研究における悲観的なバイアスは、マラリアの発生に関する予測にも表れている。『IPCC第4次評価報告書』では、アフリカにおけるマラリア罹患率が2100年までに16〜28%上昇するとされている。(注12)この割合は、図表8-1の推定で用いられたものよりもやや高い。しかし、この推定値は、将来の人々が社会経済的な適応策を何一つ講じないという前提に基づいている。この推測は、貧困がマラリア発生の大きな要因になっているとする公衆衛生学者たちの見解に相反するものだ。所得の向上とともに人口は、蚊が多く発生する地方部から都市部へと移動する傾向がある。また、殺虫剤処理を施した蚊帳や腎臓の治療、抗マラリア剤などにお金を回せるようになる。(注13)おまけに、今後100年間でおこなわれる医療研究によって、安価なマラリアワクチンや治療法が開発されたとしたら、こうした予測は完全な間違いということになる。

ビル・ゲイツが特許出願をおこなった、ハリケーンの勢力を弱める技術（第6章を参照）に対しては懐疑的な声もあるが、ゲイツ財団が推進するマラリア撲滅プログラムについては間違いなく真剣に受け止めなければならない。

こうした例から、所得が急速に増加している世界では、気候変動が健康に及ぼす深刻な影響のほとんどが人為的に管理可能であり、また実際に管理されている可能性が高いことがわかる。WHOやIPCCの報告書に見られるような予測の限界は、今日の経済状況のみに基づいて予測をおこなうのではなく、将来の経済、つまり気候変動シナリオを実際に引き起こすことになる社会に照らし合わせて影響を分析することの大切さを物語っている。

加えて、この議論からは、気候変動の影響評価における人為システムの役割という、より根本的なポイントが浮かび上がってくる。医療はあらゆる人間システムの中で最も人為的なものの一つだ。マラリアなど、気候変動によって深刻化するかもしれない病気のケースでは、政府が研究、予防措置、治療プログラムを通じて脆弱性を緩和させる対策を講じることが予想される。この分析は、過去10年間のマラリア感染率の傾向とも一致する。WHOによれば、感染リスクにさらされている人々の1人当たり死亡確率は、2000年から2010年までの10年間で33％低下した。（注14）

健康への影響についてのまとめは、前章の農業に関するものと似ている。我々は未来を予測する際、所得水準が上昇するにつれて人々が自らの生活や繁栄を環境条件から守ることに資源を割くようになることを、心に留めておかなければならない。これは、環境に適した住宅、暴風雨警報システム、高度な訓練を受けた医師や看護師の増加、公共医療インフラの改善など、人間活動のあらゆる部分に当てはまる。こうした傾向が今後も続き、それが常に功を奏するという保証はどこにもないし、想定外の出来事が人間の防御を超えないとも言い切れない。そのため、気候変動が人間の健康に与える負の影響を無視することは賢明ではないとはいえ、市場経済に与える影響の度合いという点では、次の第9章で論じる非人為システムとはまったく異なるようである。

第9章
海洋の危機

農業と健康に関する直前の2章では、極めて人為的なシステムについて考察した。とりわけ不適切に管理されている場合、こうした分野への影響は決して好ましいものではないものの、リスクは普段我々が経験する経済ショックの範囲内だ。本書が網羅していない分野を含めた包括的な分析では、農業と健康のほかにも、国家安全保障、森林、漁場、建設、エネルギー生産といった人為システムがリストに加えられる。しかし、地球温暖化に関する本当の懸念は、実はほかの部分、すなわち次第に人為的に管理されるようになり、環境条件がもたらす負の影響を受けにくくなっている経済部門以外のところにある。

以降の章では、そうした深刻かつ管理不可能な脅威の中から、四つの現象を取り上げる。海面上昇、海洋酸性化、ハリケーンの強大化、生態系の崩壊だ。これらは、前述の臨界点と同様に、間違いなく今後最も懸念される領域である。制御不能な力が働いており、特に甚大な被害をもたらすかもしれず、かつ大きな壁が適応を阻む恐れがある。

上昇する海面

気候変動によってもたらされる管理不可能な影響の分析を、まずは海洋から始めよう。一つめの問題は海面上昇だ。政策の前に立ちはだかる障害の一つは、海面上昇の進行の遅さである。農業や健康への影響が比較的短期間で表れるのに対し、海面は何百年もかけてゆっくりと上昇する。これは、海洋の熱慣性と、巨大氷床の融解にかかる時間の長さに起因している。こうした進行の遅さは大きな障害となる。それが我々に、遠い将来の地形や社会の姿を見通し、かつ便益の大半がもたらされるのが数百年後という政策を今日講じることを強いるからだ。

ぼやけた望遠鏡――将来の社会を予測する

少年時代の私は高倍率の望遠鏡が好きだった。一度、倍率20倍と書かれた安物を買ったことがある。それを受け取った私はひどく落胆した。はるか彼方のサンディアピークが見えはしたものの、その姿はぼやけ、歪んでいたからだ。

私はこれを「ぼやけた望遠鏡問題」と呼んでいる。この文脈では、今後の経済、社会、政治を予測しようと遠くを見れば見るほど、いろいろなものがぼやけて曖昧に映るという意味だ。そこで、海面上昇に関する本質的な議論に入る前に、一度立ち止まってぼやけた望遠鏡問題について考えてみたい。この問題は、我々が気候変動による社会への影響を考える際の障害となる。なぜなら、影響分析で求められるのは、今から数十年後、数百年後の進化した人間社会に気候変動がどう作用するかを考えることだからだ。

この作業の難しさを実感するために、自分が生まれた街の1910年ごろの様子を想像し、それ以降に起きたあらゆる変化を思い浮かべてほしい。私の故郷ニューメキシコ州アルバカーキでは、その当時、最初の鉄道が開通したばかりだった。アメリカには、中央銀行も所得税も飛行機も存在しなかった。最新鋭のコンピューター機器と言えば、1秒間に3回程度の演算能力をもったモンロー計算機で、現在私が使用しているコンピューターの1兆分の1の速度だった。国内の賃金は時給にして19セント程度で、ソーシャルネットワークは庭の垣根越しに築かれた。

次に、1910年当時の地図を見てほしい。ヨーロッパは、オスマン帝国、ロシア帝国、オーストリア＝ハンガリー帝国という、今は亡き三帝国の統治下にあった。アフリカ大陸は、そのほぼ全土がベルギー、フランス、英国、ドイツの植民地に分割されていた。原子核モデルはまだ発見されていなかった。科学者たちは、親の特徴がどのようにして子に受け継がれるのかを解明できていなかった。

2110年の世界に地球温暖化がどのような影響をもたらすかを予測することがどれほど困難な作業か、わかっていただけただろう。モデルが主に基本的な物理法則に基づいている分野では、我々はその推定結果にかなりの確信をもつことができる。たとえば、気温の予測に自信があれば、海洋の熱膨張による海面上昇についてもすんなりと予測できる。そして実際、この部分の影響に関しては、物理モデル間の答えは大方一致している。(注1)

その対極にあるのが、将来の社会経済構造に大きく左右される性質をもった潜在的影響だ。都市は将来どのような姿をしているのか。人や物資はどのように運ばれているのか。人々はどんな遺伝子組み換え食品を口にしているのか。どのような残忍な武器が発明されているのか。監視から金融市場に至るまでのすべてを、コンピューターに依存しているのか。

環境移住の例

まったく異なる社会が受ける影響を予測することの難しさは、「環境移住」の例を通じて理解することができる。環境移住は、気候変動の議論の中でしばしば登場する問題だ。ある報告書は、「強力な予防措置が講じられない限り、気候変動は2050年までに、世界の難民の数を少なくとも10億人にまで引き上げることになる」としている。(注2) 別の報告書は、「深刻化する貧困、増加する難民、上昇する失業率。これらは過激派組織やテロリストにとって、絶好の条件となるだろう」と強く主張している。(注3)

実際のところ、我々は、地球温暖化が将来人間の移動に与える影響についてほとんど何も知らない。今後100年間の人の動きを予測する上で、何を把握しなければならないかを考えてみてほしい。まず、国境、人口、主要な国々の1人当たり所得について知らなければならないだろう。欧州連合（EU）やユーロ圏の境界線はどうなっているだろうか。そもそもユーロ圏はまだ存在しているのか（個人的には、100年後に明確なユーロ圏が残っているとは思わないが、これについては未来の読者に答えを委ねたい）。アフリカの政治経済構造はどうなっているだろうか。移動コストは大幅に下がり、ややもすると、移住は国境をまたいで瞬間移動できる個人用飛行機でおこなわれているのではなかろうか。「マインドブック」という、非常に鮮やかな人工現実《シンセティック・リアリティ》を生み出すバーチャル・ソーシャルネットワーク装置が開発され、人々がもはや自分たちの住む場所を気にしなくなったとしたら、それは移住にどのような影響を与えるのだろうか。

加えて我々は、将来の移民政策と、そうした政策を実行するための技術についても予想しなければならない。今日に比べ、国境越えは多少易しくなっているのだろうか。どのような身元確認システムが使われているのだろうか。電子探知システムや監視システムの大きな進歩によって、陸海空用の新型ハイブリッド無人飛行機が国境を警備し、未知の恐ろしい装置を使って不法入国者を攻撃しようとするために、コヨーテさえも国境を越えるのをためらうようになっているのではないだろうか。

こうした疑問に当て推量で答えることはできなくもない。だが、それでも我々は、必要な作業の半分しか終えていない。人々が移住するのは、主に経済的豊かさのためであることを思い出してほしい。そこで今度は、地球温暖化が各国の将来の所得にどのような影響を与えるかを評価し、さらにこうした所得の変化が移民の動向にどう作用するかを推定する必要がある。現実問題として、地球温暖化が今日の世界や所得、国境、技術に及ぼす影響を推定することはできるかもしれない。しかし、こうした要素は次の100年間で劇的に変わる可能性が高いため、数年後より先の未来で地球温暖化が移住にどう影響するかを分析する際には、特に注意が必要だ。

環境移住は、気候変動がもたらす影響の予測がいかに難しいかを示すよい例だ。人間社会と経済は極めて人為的なシステムである。気候変動によって猛暑の期間が増加したり、海面上昇に対する脆弱性が高まったりした場合、社会はエアコンの利用や沿岸政策を通じて脆弱性を緩和するための対策を取る。さらに、ほとんどの国で今後も技術や生活水準の改善が続くようであれば、やがて多くの貧困国（現段階でそのような投資をする余裕がほとんどない国々）が、今日フロリダ州マイアミやオランダのロッテルダムでおこなわれているような、極端な気候から自国を守るための対策を講じるようになる。今までの傾向がこれからも続くことを保証する経済学の法則はどこにもないが、おそらく低所得国は今後高所得国と同じ道を辿り、国民や社会を環境ストレスからかばおうとするに違いない。

ここからわかるのは、予想される気候の変化を今日の社会に当てはめて考えてしまうと、経済的影響を過大評価する可能性が高いということだ。21世紀後半における気候変動の影響を考えたとき、たとえぼやけた望遠鏡越しであっても、二つのことが見えてくる。第一に、危機的な気候変動が生じるとされるシナリオのもとでは、ほとんどの国が今よりもはるかに豊かになっている。もちろん我々は、アフリカ諸国の所得が今日の北米の水準に達していると考えるべきではないが、多くの人々が引き続き遊牧民として、牛とともに大陸を横断しているとも推測すべきではない。

第二に、社会が次第に構成メンバーをあらゆる負のショックから守るようになるというのは、経済発展の一法則である。この傾向は、公的および民間医療システム、農業ショック、環境災害や環境の悪化、暴力といった場面で目にすることができる。将来の気候変動がもたらすリスクへの適応も、こうした近代国家の役割リストに追加されることになるだろう。

海面上昇と沿岸システム

次の数十年間から数百年間における主な懸念事項の一つは、海面上昇が沿岸部の社会や居住地に与える影響だ。予想される影響について論じる前に、まずは科学的な予備知識とさまざまな予測結果について触れておきたい。

最終氷期以降の海面の長期的変動には驚かされる。地球はおよそ2万年前に氷期最盛期を迎えた。当時の地球の平均気温は今日の水準を4~5℃下回り、海面は120メートル程度低かった。フロリダ州の東海岸から沖を見れば、当時の海岸線は今より160キロメートルも先にあったことになる。

海面上昇には主に二つの要因がある。熱膨張と、陸氷の融解だ。熱膨張は、水温、塩分、圧力に応じて海水の密度が変化することにより生じる現象である。基本的には、海水は温度が上がるにつれて膨張し、それによって海面が上昇する。海面上昇のこの部分については解明が進んでおり、正確にモデル化することができる。

最終氷期以降、海洋はゆっくりと上昇している。最新の推定による海面上昇率は、年3ミリメートルほどだ。標準的な気候変動予測のもとでは、熱膨張による2100年までの海面上昇量は0・2メートルと考えられている。この速度は、20世紀における海面上昇率を若干上回っている。(注4)

海面上昇のもう一つの大きな要因は氷河や氷帽の融解だが、これに関する推定には大きな不確実性がある。科学者たちにとって最大の懸念は、代表的な三つの氷床に固定された膨大な量の水だ。三つのうちの一つはグリーンランド氷床で、海面上昇量に換算した氷の量は約7メートルである。これは、グリーンランド氷床が全融解した場合、海面がおよそ7メートル上昇することを意味している。二つめの懸念は西南極氷床で、海面上昇量に換算した氷の量は約5メートルである。氷の体積という点では、残りの南極氷床のほうがはるかに大きいが、その部分の氷は非常に冷たい上に、安定しているため、今後数百年間における融解のリスクはほとんどないと見られている。

第5章では、グリーンランド氷床の融解に関するプロセスと臨界点の可能性について説明した。この分野の専門家によれば、氷帽のモデル化は極めて困難な作業だ。最近の推定では、氷河や氷帽の融解によってもたらされる2100年までの海面上昇量は、0・2メートルとされている。統計的手法を用いたほかの予測はこれを上回る推定を示しているが、氷床モデル実験によって実証されてはいない。(注5)この0・2メートルという数値は、陸氷が熱膨張と同程度の海面上昇を引き起こす可能性があることを示唆している。ただし、これは科学的調査が進められている最中の領域であり、我々は将来の「不可避のサプライズ」に備えておく必

要がある。(注6)

前述の通り、気候研究の主な目的は、経済に関する予測と環境に関する予測を結合させることだ。これは海面上昇の問題にも当てはまる。標準的な海面上昇シナリオは経済と切り離されてしまっており、その逆もまた同じことが言える。

経済・海面上昇統合モデルはどのような動きを見せるだろうか。その答えを探るために、私はDICEモデルを使って、さまざまなシナリオにおける今後数百年間の気候変動による影響を予測することにした。氷帽の動態には大きな不確実性があるものの、DICEモデルは海面上昇を引き起こすすべての要因を加味している。このモデルの予測結果は、標準的な海洋・気候モデルと一致しているだけでなく、経済モデルや排出モデルにも結合している。(注7)

この作業では、二つの排出量経路を考慮する。一方のシナリオではベースライン（排出抑制なし）排出量を用いる。ベースラインの概念については前の章で説明した。もう一方のモデル予測では、世界の平均気温上昇幅を1900年比で2℃に制限する。この目標値はコペンハーゲン合意に盛り込まれたもので、のちの章でさらに詳しく考察する。

図表9－1と図表9－2は、異なる二つの政策下での海面上昇量に関するDICEモデルの予測と、それに最も近いIPCCの予測（SRES－A1Bシナリオ）を示したものだ。図表9－1では、過去100年間における世界の海面水位の記録と、三つのシナリオに基づく21世紀の予測を見ることができる。(注8)排出抑制なしシナリオにおけるDICEモデルの推定は、それに相当するIPCCの気候シナリオに比べて高い値を示している。この差異は、DICEモデルがすべての氷床を加味していることや、通常のモデルに比べて気温上昇により敏感に反応するパラメータを用いていることに起因している。

図表9-1 海面水位に関する過去のデータと、排出抑制なしシナリオと気温上昇幅制限シナリオにおける海面上昇の予測（1900～2100年）

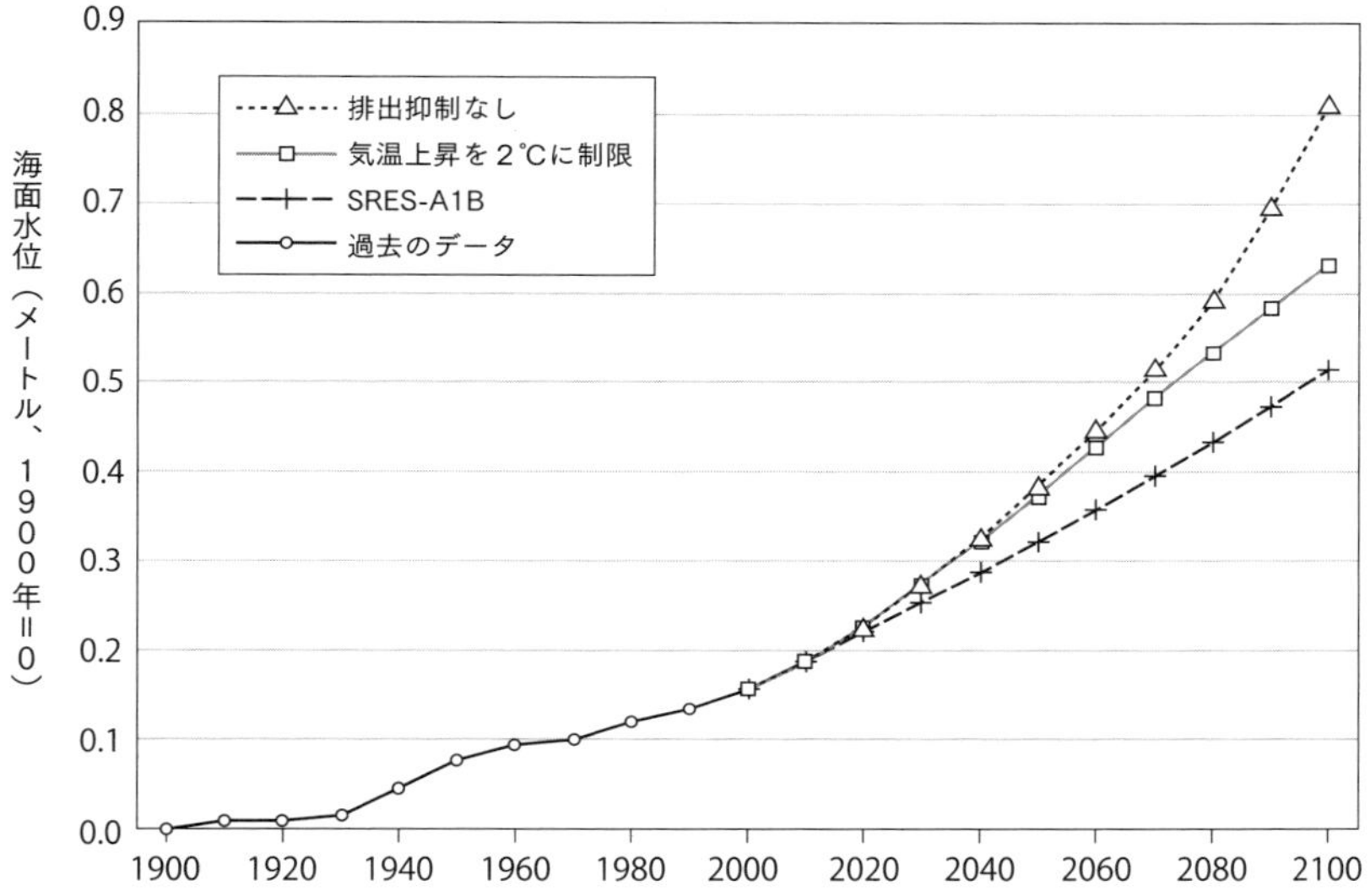

グラフは、過去のデータに加え、DICEモデルによる二通りの海面上昇予測（二酸化炭素排出量が抑制されない場合と、世界の平均気温上昇幅を2℃に制限した場合）と、排出抑制なしシナリオ（SRES-A1Bシナリオ）に基づくIPCCモデルの平均的な予測を、今後100年間にわたって比較したもの。気候変動政策を実施した場合でも、海面は大幅に上昇することに注目してほしい。

図表9-2　今後500年間の海面上昇に関するDICEモデル予測（2000年比）

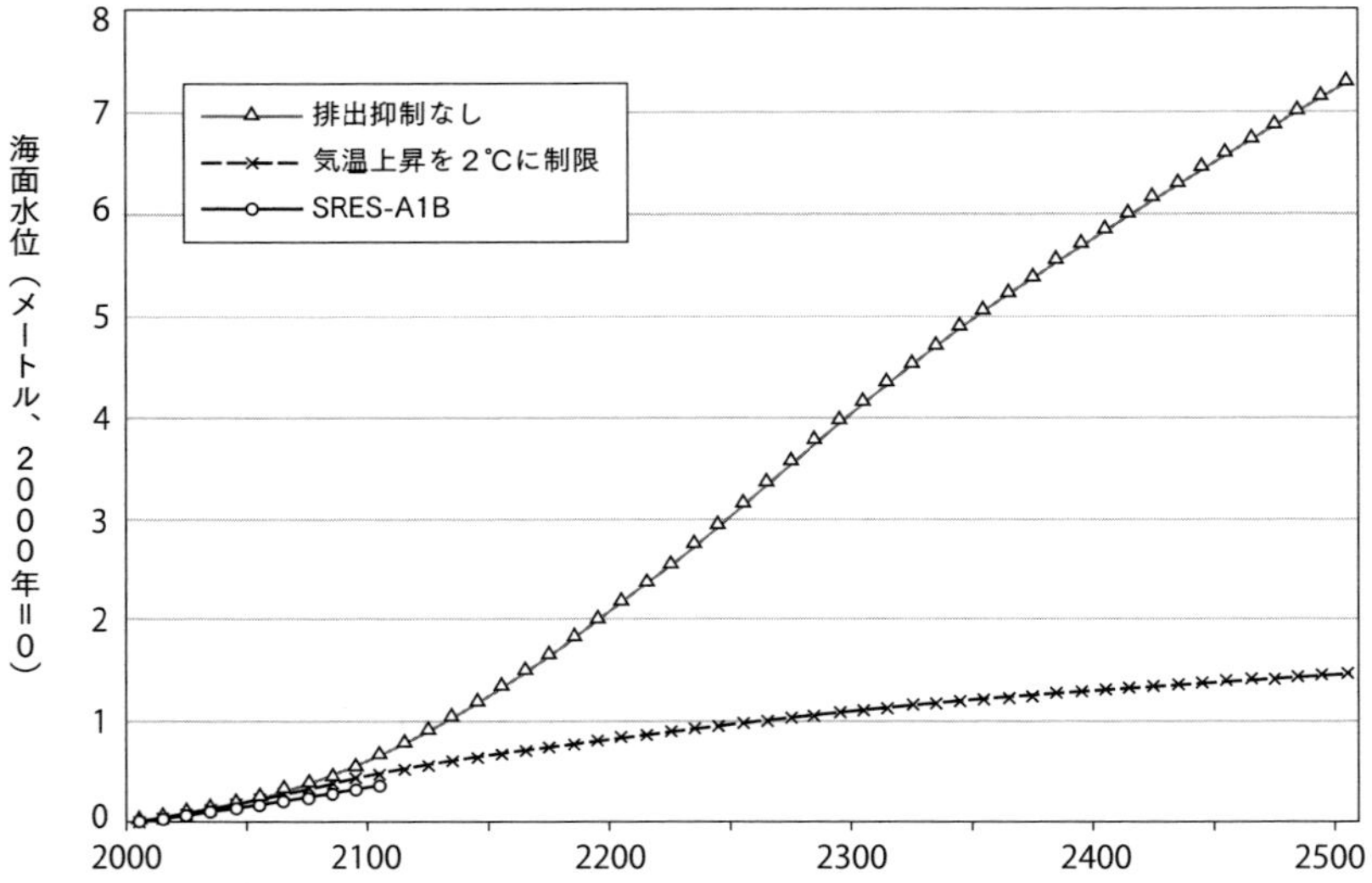

気候変動政策を実施した場合でも、海洋の応答がもつ慣性のために大幅な海面上昇が予測されている。

今後数十年間の予測については、モデル間、あるいはシナリオ間でほとんど差がないことに注目してほしい。今世紀前半の予測データの類似性は、多くの地球システムがもつ巨大な慣性を表している。これは、気候変動に関する議論でたびたび登場する論点の一つである。

一方、図表9－2では今後500年間の予測を示している。氷帽の応答をモデル化することの難しさから、こちらは図表9－1の予測よりも不確実性がはるかに高いが、最新の気候の推定と一致している。(注9) この予測結果を見ると、意外なことに、たとえ非常に意欲的に気候政策を実施したとしても、海面は次の数百年間で大幅に上昇する。気温上昇幅を2℃に制限した場合でも、海面は500年間で最終的に1・5メートル上昇し、その後も水位を上げ続ける。

しかしながら、最大の懸念は、排出抑制なしシナリオで予測されている影響だ。このシナリオのもとでは、次の500年間で7メートルを超える海面上昇が起きることが予測されている。その上、水位の上昇は、この予測に示されている時期以降も続くと見られている。この上限予測値を生み出しているのは、熱膨張、グリーンランド氷床の大規模融解、西南極氷床の崩壊という三つの現象の組み合わせだ。極めて簡略化された統合評価モデルによって算出された予測値ではあるが、より詳細なモデルを用いた研究における予測とも一致している。(注10)

海面上昇の影響

今世紀以降、海面上昇はどのような影響をもたらすと考えられているのだろうか。地質時代を通じて海面が上昇と低下を繰り返してきたことは知られている。たとえば、人類が初めてアメリカ大陸に渡ってきたころの海面は、今より少なくとも90メートル低かった（氷期の人類による新世界の発見は、環境の変化が革新的な行動を誘発することを示す例である）。逆に、地球の平均気温が今日と比べて1～2℃高かった最終温暖期には、海面は現在より3メートルほど高かった。さらに時代をさかのぼり、氷河がほぼ存在しなかった恐竜時代になると、今より180メートルも高かった可能性もある。

しかしながら、今世紀以降予想されている海面上昇の速度は、人類文明史上類を見ないものだ。復元データによると、この4000年間で起きた海面水位の変化は、1メートル未満だ。海面上昇は沿岸生態系と相互作用の関係にあることから、生態学者たちはこの問題に特に大きな懸念を抱いている。ただし、ここでは社会的側面に意識を集中したい。

私は先ほど、遠い未来の話になればなるほど影響の予測が難しくなる「ぼやけた望遠鏡問題」に言及した。この問題は、海面上昇の議論において特に顕著に表れる。多くの地域では、今後100年の間に都市が生まれ、発展し、衰退していく。そのため、海面上昇が今日の居住地にもたらす被害については簡単に計算することができても、100年後以上先の未来の話となると、まさにぼんやりとしたことしかわからなくなる。

しかし、現時点における海面上昇に対する脆弱性については、今日人々がどこで暮らし、どこで働いているかに着目して調べることが可能だ。世界の人口と経済生産の約4％が、海抜10メートル以下の地点に位置している。脅威にさらされる人口や経済生産の規模の過大評価となるかもしれないが、私はこのような地域を、海面上昇のリスクに直面している「レッドゾーン」と呼んでいる。人口や経済活動は海岸線近くに集中する傾向があるため、内陸よりもそうした場所のほうが、多くの人や生産拠点が存在している。

地域の脆弱性は単に海抜だけでは判断できない。ハリケーン、激しい暴風雨、洪水は、海抜の高い地域にも大きなリスクをもたらす。しかし、海抜10メートルを超える地域の大部分は、今後100～200年間は海面上昇の影響を比較的受けにくい。

人や生産拠点、生態系が世界中を自由に移動することができれば、世界全体としてはそれほど心配がいらないかもしれない。そうした非現実的な状況下では、バングラデシュで洪水に脅かされた人々は、インドかタイかほかの高地に移住し、新たな土地で生活を再開すればすむ。あるいは、中国の上海市にある浦東新区を例に挙げよう。浦東新区は三角州に位置しており、地質学者たちの中には、果たしてそこが中国一高いビルを建設するのに適した場所なのかを疑問視する声もある。それでも、１９５０年には30万人だった浦東新区の人口は、今日５００万人超にまで膨れ上がっている。海面が上昇したとき、人々はそのビルが浸水するのをただ黙って見ているのだろうか。それとも護岸を建設しようとするのだろうか。どこか遠くの土地に引っ越すのだろうか。

移住パターンに関する長期的な予測を立てることがいかに難しいかについては、すでに触れた。10年以内という短期間に関して言えば、国外移住はほぼすべての国で比較的小規模だ。では、（海面上昇にかかる時間を考えればおそらくあり得ない話ではあるが）人々が国外に出られない、もしくは移住に莫大なコストがかかるという、極端なケースを取り上げてみたい。この問題を考えるにあたり、レッドゾーンに住む人口の分布状況を国別に見てみよう。図表９－３はリスクにさらされている国々の一覧である。(注11) ２００５年時点で海抜10メートル以下の地点に住んでいた人口の割合を、国別に表したものだ。図表の上半分には、海面上昇によるリスクが最も高い10カ国が示されている。こうした国々では、人口や経済生産の半分以上が海抜10メートル以下のレッドゾーンに位置している。リスクにさらされている国のほとんどは比較的小さな国だが、オランダとバングラデシュの2カ国は多くの人口を抱えている。

図表の下半分は、世界で人口が最も多い11カ国と、そうした国々でリスクにさらされている人口、経済生

図表9-3　海面上昇によるリスクにさらされている国々

国名	リスクにさらされている割合 人口（2005年）	経済生産（2005年）	国土	総人口（2005年、千人）	リスクにさらされている人口（2005年、千人）
最も高リスクの国々					
バハマ	100.0	100.0	100.0	323	323
モルディブ	100.0	100.0	100.0	295	295
バーレーン	91.9	60.3	65.9	725	666
キリバス	91.8	91.2	9.0	99	91
オランダ	74.9	76.9	76.3	16,300	12,200
トンガ	69.0	58.1	17.5	99	69
ガンビア	63.2	62.9	30.5	1,620	1,020
バングラデシュ	60.1	58.0	50.6	153,000	92,100
クウェート	48.8	9.5	7.8	2,540	1,240
ギニア	48.2	48.2	29.2	1,600	770
最も人口が多い国々					
中国	9.0	14.4	1.8	1,300,000	117,000
インド	7.3	7.2	2.8	1,100,000	80,100
アメリカ	6.1	5.9	2.9	297,000	18,100
インドネシア	2.8	3.6	7.5	221,000	6,270
ブラジル	2.9	1.7	1.4	187,000	5,410
パキスタン	6.8	3.5	2.4	156,000	10,500
バングラデシュ	60.1	58.0	50.6	153,000	92,100
ロシア	1.8	1.0	2.4	143,000	2,520
ナイジェリア	3.7	12.9	2.3	141,000	5,170
日本	0.0	0.0	0.0	128,000	0
メキシコ	3.2	2.9	3.3	103,000	3,260

注：表は、2005年時点で海抜10メートル以下に位置する人口、国土、経済生産の割合を示している。

産、国土の割合を示している。バングラデシュを除けば、これらの大国でリスクにさらされている人口や経済生産の割合は10％に満たない。とはいえ、人口上位3カ国では、国民の5〜10％がレッドゾーンで暮らしている。

また、図表は、気候変動によってもたらされる被害の規模には地域間で大きな差があるということも示している。海面上昇によって甚大な被害を受ける国もあれば（バングラデシュ、オランダ、バハマ）、まったく無関係の国もある（内陸に位置するオーストリア、カザフスタン、ボリビア）。影響とGDP間の弱い相関関係は、農業、健康、国家安全保障、暴風雨の強度など、ほかの分野でも認められる。貧しい国ほど大きな影響を受けやすいと思われがちだが、海面上昇に関しては必ずしもそうではない。アメリカは脆弱性が非常に高いが、カナダはそうでもない。バングラデシュは脆弱だが、チャドは違う。データを注意深く見ると、海抜の低い地域はそうでない地域に比べて、1人当たり所得が高い傾向にあることがわかる。(注12)

世界遺産

浦東新区の住民たちはどこかほかの場所に移動できるかもしれないが、そこにある建物やスキー場はそういうわけにはいかない。これは、地球温暖化が数々の世界文化・自然遺産を危機に陥れているのではないかという問題提起へとつながっている。世界には、人々にとってかけがえのない場所がたくさんある。芸術家にとってのヴェネツィア、アメリカ国民にとってのイエローストーン国立公園、私にとってのニューメキシコ州のハーミッツピーク。これらの場所は、どのくらい脆弱なのだろうか。

この疑問に対する答えを見つけることはできる。ユネスコ世界遺産条約には、重要な遺産をリストアップするための体系的なプロセスがあるからだ。ユネスコによると、こうした場所は「一国にとどまらず人類全体にとって、貴重なかけがえのない財産」だ。リストには現在、1000件以上の宗教・自然・建築遺産が含まれている。

遺産が「世界文化遺産および自然遺産の保護に関する条約」で定義されるところの「重大かつ特別な危険にさらされている」状況に陥ると、ユネスコはそれを危険遺産リストに追加する。(注13)本書が執筆された段階では、35件が危険遺産リストに登録されていた。ある報告書では、主な脅威として、武力衝突や戦争、地震などの自然災害、汚染、盗難、規制のない都市開発、無秩序な観光開発が挙げられている。地球温暖化を原因に挙げている危険遺産は一つもなかったが、これはおそらく、優先順位の設定や脅威の特定における惰性の表れだろう。

だが、世界遺産条約の審議は今日の懸念を捉えつつある。最近では、気候変動がさまざまなタイプの遺産にどのような影響を与えるのかについての調査がおこなわれた。報告書によれば、重大な危機に直面しているのは、巨大氷河、海洋・陸上の生物多様性、考古遺跡、歴史的都市・居住区という、四つのカテゴリーの遺産だという。海面上昇に関係するものとしては、ロンドンやヴェネツィアの市街地と、低い海抜に位置するいくつかの沿岸生態系が、主な危険遺産として記載された。(注14)

経済的観点から言えば、ここでの大きな課題は、こうした唯一無二のシステムの経済価値をどう評価するかということだ。この経済価値評価という難題については、第11章の生物種の保存に関する議論の中で改めて取り上げるが、結論を先に言うと、自然・文化遺産のような代替のきかないシステムで生じた経済的損失を適切に評価することは、極めて難しい。しかしそうは言っても、我々は費用と便益を比較する中でそれを計算に加えなくてはならず、この分野の経済学者たちにとって検討すべき課題の一つとなっている。

気候変動によってもたらされる影響の中でも、海面上昇が特に大きな懸念の一つなのは、それが地球全体に被害を及ぼし、かつ一度始まるとなかなか止められない現象だからだ。多くの研究で推定されている海面上昇による経済的損失は、経済全体やほかの損失との比較で考えれば、それほど大きくはない(注15)。だが、地球規模で見たときの経済的、領土的損失がたとえわずかなものであっても、危機にさらされているのは、世界の自然・人類遺産の中でも特に代替がきかないものだ。そのため、銀行が不良債権化した住宅ローンを帳消しにするように、海面上昇による損失をなかったことにするわけにはいかない。

海面上昇を止めることは難しいが、被害を軽減するために社会が策を講じることはできる。上昇する海面に対し、「退避か防御か」を選択することはそのよい例だ。防御であれば、既存の建物や市街地を守るための堤防や護岸を築くというかたちをとることが多い。オランダではもう何百年も前からこの方法がとられている。オランダやマンハッタン島のように、人口密度や経済的価値が高い場所では、理にかなったアプローチだ。

そうでない場合には、退避を選ぶほうが長期的にはより合理的だ。海面上昇に対処するための最善の経済戦略については、ウェズリアン大学の経済学者ゲイリー・ヨーヒによる一連の先駆的研究の中で説明されている。退避は負け犬的な選択ではなく、賢明な戦略だ。自然の力に対抗するのではなく、それを受け入れることで、最終的には社会価値を守ることができるかもしれないからだ(注16)。自然のシステムは地質時代を通じ、今後数十年間、数百年間に予想されているよりもはるかに大きな海面の変化に適応してきた。海面上昇によって海岸はなくなるわけではない。移動するのだ。このような話をしたところで、内陸部の人々が思わぬ幸運を手にしている横で、自宅も保有資産の価値も失うことになると知った沿岸部の土地所有者には、何の慰めにもならないだろう。だが、数十年、あるいはそれ以上のスパンでは、すべての土地を死守しようと強固な防御壁を建てるよりも、浜辺や水たまりや砂丘の位置を変えようとする自然のプロセスを受け入れるほうが、土地や生態系の全体的な価値を守ることになるだろう。これは、気候変動がもたらす長期的なコストを緩和する上で、人や資本、この場合には砂浜や生態系の移動がいかに重要な役割を果たすかを示す、もう一つの例である。

海洋酸性化

気候変動の影響分析において、最も厄介な問題にはたいてい、人為的に管理されていない、あるいは人為的な管理が不可能なシステムが絡んでいる。生態学的見地から言えば、人間は自らを取り巻く環境をどんどん管理するようになっている。この1000年ほどの間に、野山を切り開き、洞穴から家屋へと住居を移し、物々交換を市場に集中化させ、住宅やオフィスの室温を管理する技術を導入した。

だが、管理が難しかったり、不可能だったりするシステムもある。デンマーク王クヌーズ1世（995～1035年）が上げ潮に向かって止まるよう命じたが、意のままに操ることができなかったという伝説がある。今日人間は堤防や護岸を建設する技術をもっているが、それでも海面はお構いなしに上昇を続けている。本章の海洋酸性化に関する考察でも、次の2章のハリケーンや生物種の消失に関する分析でも、我々はこれと同様の問題に直面する。

人間活動によってもたらされるこうした意図せぬ結果の一つひとつに、クヌーズ1世の嘆きをそのまま当てはめることができる。「すべての民に伝えよ。王の力がいかに虚しく、価値なきものか。その永久不変の法のもとに天地海さえも統べることができる神を除けば、全能と呼ぶにふさわしい者など存在しないのだ」。もしも我々が、二酸化炭素やその他の温室効果ガスという名の上げ潮を抑えるべく、有効な策を講じなければ、これは未来の世代の叫びとなる。

海洋中の二酸化炭素濃度の上昇と酸性化

大気中の二酸化炭素濃度の上昇によってもたらされる極めて管理が難しい影響は、ほかにもある。海洋中の二酸化炭素濃度の上昇と酸性化だ。これは、主に気温上昇ではなく二酸化炭素そのものによって引き起こされるという点で、地球温暖化とはまったく異なる問題である。大気中で増加した二酸化炭素は、海洋の表層水に急速に溶け込む。海洋への炭素移動は大気中の二酸化炭素濃度を減少させると同時に、海洋の化学的性質に変化をもたらす。

その化学反応は比較的シンプルだ。二酸化炭素が海水に溶け込むと、海洋の酸性度が増し、海水中に含まれる炭酸カルシウムが減少する。(注17) サンゴ、軟体動物、甲殻類、一部のプランクトンなど、多くの海洋生物の殻や骨格は炭酸カルシウムからできている。気候変動も海洋酸性化も、大気中の二酸化炭素濃度の上昇によってもたらされることから、海洋酸性化はときに「もう一つの二酸化炭素問題」と呼ばれている。

海洋酸性化にはいくつかの重要な特徴がある。第一に、海洋酸性化は主に炭素循環によるものであり、気候モデルに絡んだ不確実性は存在しない。その化学作用に異議を唱える余地がないからか、傾向がはっきりしているためか、海洋酸性化をめぐる論争はほとんど聞かれない。海洋酸性化はでっちあげだという文章を、私はこれまで一度も目にしたことがない。

第二に、この現象の全貌が明らかになったのはごく最近のことだ。主要な論文が世に出始めたのはここ10年ほどである。(注18) 実際、2001年発行の『IPCC第3次評価報告書』では、海洋酸性化がもたらす生物学的影響は認識さえされていなかった。これはいわゆる「不可避のサプライズ」の恐るべき例である。

第三に、海洋酸性化説が唱える主な予測は、世界中の海洋から得られる実測データによって立証されている。大気中と海洋中の二酸化炭素濃度と、海水中における水素イオン濃度指数(pH)の低下(すなわち酸性度の上昇)の間には、密接な関係が認められている。(注19)

海洋酸性化が海の生物や生態系にもたらす影響については、海洋科学者たちによる評価がようやく始まったところだ。サンゴの壊滅的な減少はすでに始まっており、今日の二酸化炭素濃度の傾向があと20～30年も続けば回復不可能になるという海洋生物学者たちからの警告については、第5章で説明した。

フィールド実験では、海洋酸性化に対するさまざまな応答が明らかになっている。二酸化炭素の濃度が高いところでは、研究対象になっている生物の多く(特にサンゴと軟体動物)に、石灰化や繁殖の速度の低下が見られる。これは高緯度地域で特に顕著だ。こうした影響は、石灰化生物の減少と非石灰化生物の増加など、生物分布の大きな変化につながると見られている。5500万年前、暁新世—始新世境界温暖化極大イベント(PETM)と呼ばれる現象があった時代にも、海洋中の二酸化炭素濃度が急激に上昇したことを示す証拠がある。そこから時代をさらにさかのぼり、PETMと同じく二酸化炭素濃度が急上昇した年代のデータを見ると、どうやらほとんどの生物が生き残ったようではある。しかし、今日の二酸化炭素濃度の上昇は、おそらく一部の生物を絶滅に追い込むことになるだろう。

人間や経済への影響が一番よく表れるのが漁場である。被害を受ける可能性が最も高い生物は、牡蠣、サンゴ、プランクトン、甲殻類だ。損失の規模や、それによって生じる食料供給量の減少を養殖やほかの食物での程度補えるかということについては、今のところわかっていない。いくつかの研究では、二酸化炭素濃度が現在の3倍以上になると、魚の死亡率が急激に高まるという結果が示されている。(注20)

海洋酸性化は二酸化炭素増加の最も厄介な特徴の一つであり、管理不可能なシステムの極端な例である。人類は2100年までに、少なくとも3兆～4兆トンの二酸化炭素を海洋の表層に送り込むことになりそうだ。この問題に対する単純な技術的解決策は存在しない。のちの章では、気候変動問題に対する気候工学的アプローチによって温暖化を抑制できるかもしれないという話を紹介するが、そうしたものも海洋酸性化の問題解決にはほとんど何の役にも立たない。

さらに、今日人類によって引き起こされているのと似たような二酸化炭素の急増がはるか昔の地球でも見られたという事実は、我々を安心させてくれるものの、当時の生物分布は今とは異なっていた。その上、それぞれの生物がどのようにしてその時代を生き抜いたかを示す確かな記録も存在しない。海洋は驚くほど複雑だ。そのため、たとえ最も有能で熱意あふれる科学者たちが影響の解明に取り組んでいようとも、実際に問題が起きるまでは、我々が海洋酸性化の影響を完全に理解することは難しそうだ。

第10章 ハリケーンの強大化

地球温暖化が熱帯低気圧に与える影響ほど、気候カジノをよく説明しているものはない。生まれたばかりの熱帯低気圧を見ても、我々にはそれがどのくらいの勢力なのか、どこを直撃し、どの程度の被害をもたらすものなのかがまったくわからない。最大の謎は、地球温暖化の影響によってハリケーンが今後数十年間でどれほど強大化するのか、発生パターンがどう変わるのか、そしてそうした変化がどれほどの被害をもたらすのかということだ。

海面上昇の場合、水位の変化は肉眼ではわからないほどわずかであるため、我々がその様子を捉えた映像を目にすることはおそらくない。ほとんどの地点では、今後１００年間で発生する海面上昇よりも、数時間で起きる潮の満ち引きのほうが変化は大きい。それとは対照的に、ハリケーンは、急激で、局所的で、街を破壊し住宅を大波で飲みこむなどの劇的な現象だ。ハリケーンの中心に飛び込んでいって観測をおこなう「ハリケーンハンター」に関するテレビ番組もあるし、ひょっとしたらハリケーン予報を専門に扱うチャンネルも近い将来できるかもしれない。だが、たとえ1万ものチャンネルが存在したとしても、海面上昇の情報に特化したチャンネルがつくられることはないだろう。

私が住んでいる地域は、これまで数々のハリケーンを経験してきた。1938年の巨大ニューイングランドハリケーンを記憶している人もいるのではなかろうか。ロードアイランド州南西部にあるナパツリーポイントを暴風雨が襲い、海抜の低い岬にあったコミュニティーは完全に破壊された。2012年に発生した大型ハリケーン「サンディ」は、ニューヨーク一帯を直撃し、少なくとも750億ドルの被害をもたらした。ハリケーンが特に厄介な問題なのは、それが地球温暖化による影響を確実に受ける、管理不可能なシステムだからだ。海面上昇や海洋酸性化と違い、ハリケーンは極めて局所的で、被害の規模もさまざまである。

地球温暖化がハリケーンに与える影響

ハリケーンは熱帯低気圧と呼ばれる驚異的な自然現象のうち、北大西洋で発生したものに与えられる名称だ。北大西洋熱帯低気圧からの風速が毎秒33メートルに達すると、その暴風雨はハリケーンに分類される（注1）。ハリケーンは、温められた海水から放出される熱を使って螺旋状の風にエネルギーを供給する、巨大なエンジンだ。風力が増して気圧が下がると、海水の蒸発と凝結が盛んになり、それによってさらに風が強まる。この正のフィードバックループを通じて、ハリケーンは勢力を増していく。ハリケーン発生の主な要因は、温められた表層の海水だ。ハリケーンが生まれるには、海面温度が最低でも26・5℃まで上昇する必要がある。地球温暖化が進むと、水温の高い海域が広がり、ハリケーンの発生地域の拡大と強度の増大につながる恐れがある。

地球温暖化がハリケーンに与える影響については、基礎物理と過去のデータから推定することができる。アメリカのデータが最も揃っているため、ここでは1900年から2012年までにアメリカに上陸した2

34のハリケーンの特徴と経済的損失に関する情報を収集した。データは1933年以前に発生した30件と、それ以降のすべてのハリケーンを網羅している。図表10－1は、1900年以降のハリケーンによる、正規化された年間被害総額（被害総額をGDPで割ったもの）の推移を表している。(注2)この期間におけるハリケーンの年間被害総額のGDP比率は平均0・05％で、最高値は2005年の1・3％だった（この急激な上昇は、主にハリケーン「カトリーナ」によるものだ）。

ある興味深い特徴として、ハリケーンによる被害額のGDP比率は、ほかの多くの自然災害と違って上昇傾向にあるようだ。統計分析を見ると、ハリケーンの件数と強度を調整したあとでは、ハリケーン被害額はGDP成長率を年2％ほど上回るペースで増加している。なぜこうした脆弱性の高まりが見られるのか、詳しい理由はわかっていない。しかし、地球温暖化が主な原因でないことは明らかで、もしかしたら人々が沿岸部に住みたがることに起因しているのかもしれない（実を言うと私もその1人だ）。

地球温暖化が熱帯低気圧に与える影響については詳しい研究が進められており、基礎物理も明らかになっている。地球温暖化は、発生頻度、規模、強度、期間、地理的分布など、ハリケーンのいくつかの側面に影響を与える。この五つのうち、基礎物理によって唯一つながりが明らかなのは、地球温暖化とハリケーン強度の関係だ。ほかの要因を保ったまま海面温度が上昇すると、ハリケーンの「潜在強度」（風速の上限）が増大する。最近の計算では、海面温度が4℃上昇すると、ハリケーンの平均強度がだいたい1段階上がる（カテゴリー2からカテゴリー3のハリケーンになる、あるいは風速が秒速7メートル程度増す）という結果が出ている。

ここでもう一つ疑問なのは、竜巻や雷雨といったほかの猛烈な暴風雨でも、やはり頻度や強度の変化が見られるのかということだ。これに関しては、（温められた海水がハリケーンに影響を与えるといった具合

図表10-1　アメリカで発生したハリケーンによる年間被害総額（1900～2012年）

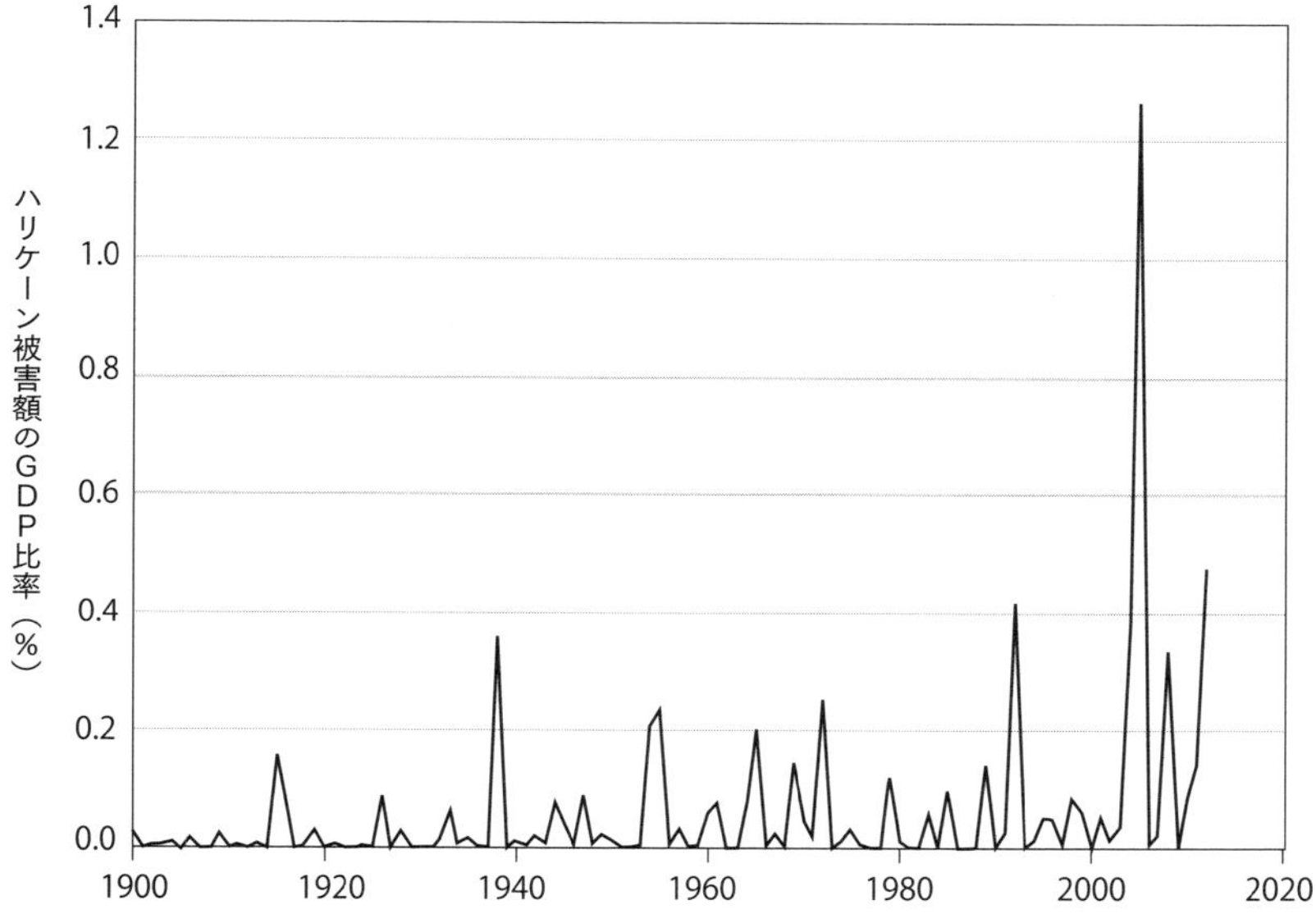

グラフは、それぞれの年に発生したすべてのハリケーンによる被害総額の GDP 比率を示している。被害状況には大きな偏りが見られる。甚大な被害がもたらされた年もいくらか見られるが、ほとんどの年では被害額はわずかか、ゼロだった。

に）根本原因が明快な答えを指し示していないため、ハリケーンほどはっきりしたことはわからない。雷雨の強度が増すと考える気候科学者もいるが、答えはまだ出ていない。

温暖化による影響

地球温暖化がハリケーンに与える影響に関しては、これまでにも何度か評価がなされてきた。海面上昇と同じで、物理的な影響であればモデルを使って推定できるが、社会経済的な影響に関しては、人々がハリケーンの強大化や海面の上昇にどう適応するかによって大きく変わる。私の推定では、人々が脆弱性を緩和するための策を何一つ講じなかった場合、今世紀末までの気温上昇による影響は、アメリカのハリケーン被害額を倍以上に増加させる可能性がある。これは、ＧＤＰの０・08％前後、あるいは現在のＧＤＰ水準で年１２０億ドルにのぼる。今後１００年間のＧＤＰに占める割合としては、決して大きなものではない。しかしその影響は、２０１２年にハリケーン「サンディ」がニュージャージーやニューヨークの一帯を直撃したときのように、極めて局地的で、個々のコミュニティーにとって壊滅的なものとなる。

地球温暖化がハリケーンに与える影響に関する気候科学者や経済学者の詳しい調査では、ハリケーンによる被害の程度が国別、地域別に推定された。図表10－２は主要地域ごとの影響を示したものだ。（注３）脆弱性が最も高いとされる地域は中米（カリブ海諸国を含む）で、次いで北米（主にアメリカ）となっている。一方で、ほとんど影響を受けない地域もある（西ヨーロッパと南米）。

国別データ（同研究の執筆者たちによって提供されたもの）を見ると、この研究は、ほかに比べて地球温暖化がもたらすハリケーン被害を低く見積もっていることがわかる。だが、この研究における興味深い結論

図表10-2　気候変動に起因したハリケーンの強度や地理的分布の変化によって各地域が受ける影響

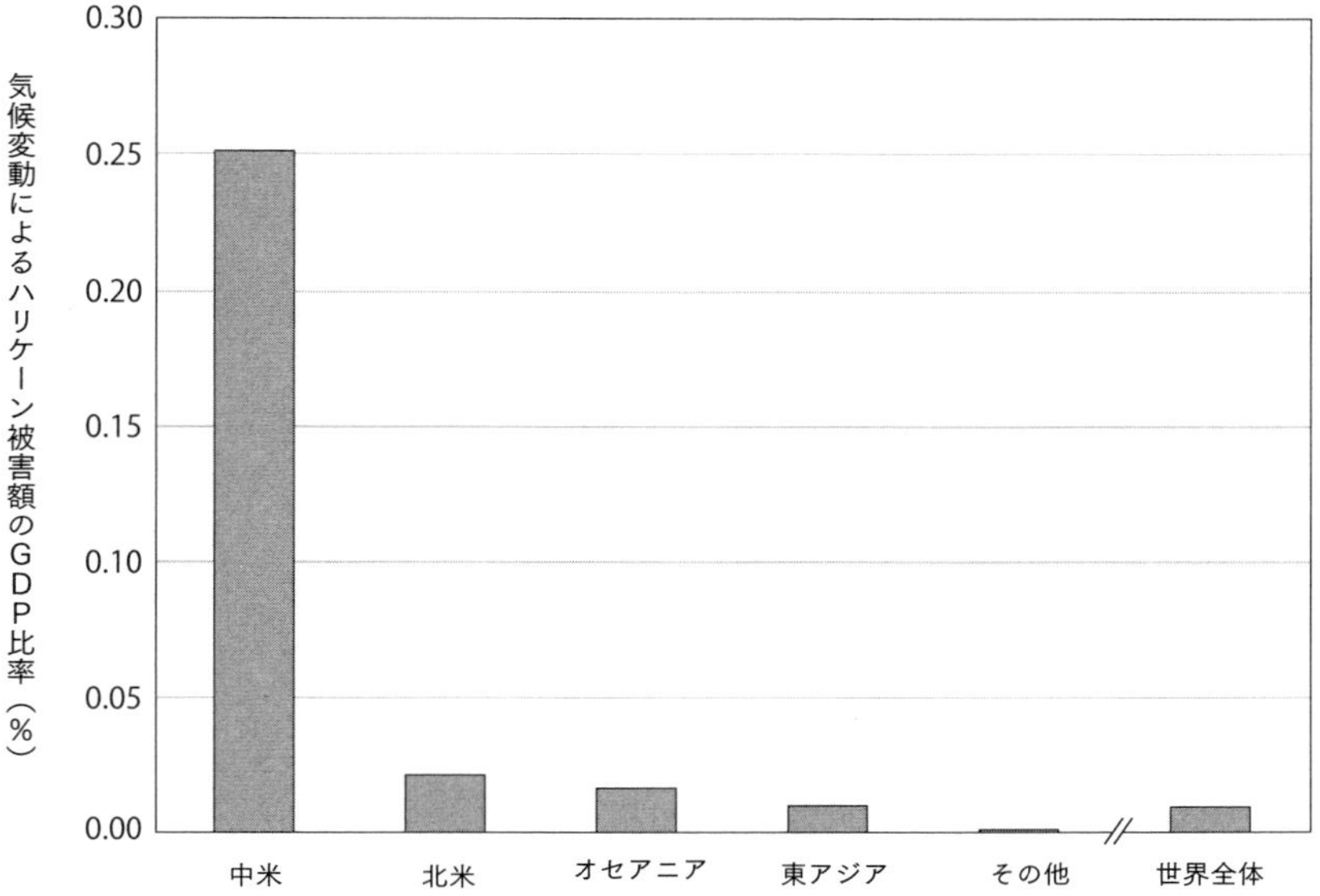

地球温暖化に起因したハリケーンの強大化により、最も深刻な被害を受ける地域はどこだろうか。この研究では、中米が突出して影響を受けやすく、次いで北米（主にアメリカ）となっている。

は、地球温暖化が進むと一部の主要国ではハリケーン被害が低減するかもしれないということだ。たとえば、バングラデシュではハリケーン被害が減ると推定されている。この一見矛盾した結果は、温暖化がハリケーンの強度だけでなく、地理的分布にも影響を与えることから生じるものである。

もう一つの興味深い発見は、ハリケーンによる被害規模と国の経済力との間には、弱い相関関係しか存在しないという点だ。これは、第9章にあった海面上昇に関する分析結果と同じである。アメリカは深刻な被害に直面するが、アフリカは基本的にハリケーンの強大化による影響を受けない。こうした結果からも、気候変動の影響がいかに広範囲に及び、かつ予測不可能なものかということを、改めて感じさせられる。

適応策

ハリケーンの強大化に対する脆弱性を緩和するために、社会はさまざまな策を講じることができる。たとえば、予報精度の向上によって、ハリケーンによる犠牲者の数はこの50年で劇的に減少した。だが、正確な予報が人々を守ることができるのは、人間に退避という選択肢があるからで、住宅など動かすことができない構造物は、予報によって守ることができない。長い目で見れば、移動できない脆弱な構造物の価値は下落するため、人々が建物をより安全な高台に移築するようインセンティブが付与されるべきである。

強大化したハリケーンによってもたらされる損失は、わずかな資本移動によって補うことができる。アメリカの資本ストックの約3%が、大西洋沿岸部にあるハリケーン地帯の、海抜10メートル以下の場所に位置している。最も脆弱なのは構造物だとすると、これは今日の資産価値で6000億ドル程度にのぼる。構造物の平均耐用年数は50年前後だ。わかりやすくするために、脆弱性の高い固定資産のすべて（住宅、道路、病院など）の価値が下落し、より安全な場所に移されたとしよう。唯一の費用は移転コストだ。移転コストが代替資本調達コストの5分の1だったと仮定すると、国の資本をハリケーンから守るためには、今後50年間にわたってGDPの0・01％程度を毎年拠出する計算になる。この費用は適応策を講じなかった場合の損失に比べてはるかに小さい。（注4）

これは、気候変動による影響に対し戦略的計画を実施することによって、コストを著しく軽減できることを示す例である。しかしそこには、合理的な計画の策定が勝ち組と負け組の壁によって阻まれるという、「但し書き」がついている。内陸部の人々は、海辺のしゃれたマンションに住む富裕層が脆弱な沿岸部の資産を失いかけていることに、それほど同情を感じず、高台の住民は、洪水に脅かされる人たちを守るための堤防や土手の建設に、自分たちの税金を使ってほしくないと考えるかもしれない。好景気に沸く街の人々は、税基盤が縮小しつつある街に貴重な資源を移すことに抵抗を感じるだろう。海辺の街のあらゆる施設をより安全な場所に移築することで脆弱性を緩和できると伝えたとしても、自分たちの住まいやコミュニティーに愛着を感じている人々にとっては、何の慰めにもならない。

ハリケーンであれ、海面上昇であれ、沿岸域のコミュニティーのことを考えて将来を見据えた戦略を立てることの必要性は、気候変動問題に対処する際の大きな課題の一つだ。合理的な計画づくりは最も危険な影響を大幅に低減するが、そうした適応のプロセスには政治的な対立が絡んでおり、一筋縄ではいかない可能性が高い。

第11章 野生生物と種の消失

最終的に、気候変動は、世界中の野生生物、より広義には生物種や生態系に、危機的な被害をもたらす。生態系には二つの興味深い特徴がある。一つは、その大部分が人為的に管理されていない、あるいは人為的な管理が不可能なシステムであること。もう一つは、それが経済的な意味で市場から遠く離れていることだ。生態系がもつこうした非市場的な側面は、影響分析に関する新たな問題を生む。生態系や絶滅危惧種の「価値」は、どのようにして計ればよいのだろうか。このシステムにおける損失を、農業などの経済部門で生じる損失や、二酸化炭素の削減にかかる費用と比較するには、どうしたらよいのだろうか。本章では、気候変動が種の絶滅や生態系にもたらす影響を説明したのち、それらの影響をいかにして経済的に評価するかという難しい問題に光を当てたい。

六度めの大量絶滅?

生物学者たちによれば、地球では過去5億年の間に、生物種の大量絶滅が5回発生している。保全生物学者たちは、気候変動とその他の人為的影響が組み合わさることで、今後100年間に六度めの大量絶滅が起きる可能性があると警鐘を鳴らす。(注1)

地球の生命の歴史はこれまでも数回、生物種の急増と絶滅を目の当たりにしてきた。図表11−1は、海洋生物の絶滅率の推定を表したものだ。(注2)折れ線が突出している部分は大量絶滅のあった時期で、科学者たちはそれらを小惑星の衝突や火山の噴火、氷期の到来や海面上昇といった出来事によるものと考えている。約2億5000年前のペルム紀—三畳紀絶滅の時代には、全生物種のおよそ90%が地球上から消えた。

図表11−1の海洋生物に関する年表を見ると、過去1万5000年間の絶滅率は比較的低いことがわかる。実際、最近発生した急激な絶滅の多くは、人為的な要因によるものだ。たとえば、かつてアメリカ大陸に生息していた大型哺乳類の半分以上が、最初の人類が移住した1万3000年前ごろに短期間で姿を消している。おそらく槍を持った我々の祖先によって、絶滅に追い込まれたのだろう。ほかの大陸や島々に暮らしていた生物種に関しても、人類が同様の破壊的影響をもたらしたことを示す証拠が残っている。昔は種の保存に関心をもつ人はいなかった。ドードー鳥のようにある生物種がいなくなったとしても、それを憂う人はおらず、気づかれないことさえあった。

気候変動と絶滅リスク

過去の急激な気候変動が、ときに大量絶滅を引き起こしてきたことは知られている。大量絶滅は、今後数十年間あるいはそれ以降に、再び起きるだろうか。これに関しては、特に推定が難しい。まず、現在の絶滅率の推定には大きなばらつきがある。絶滅が確認されている生物種の数はそれほど多くないが、理論計算に

図表11-1　過去6億年間における海洋生物の絶滅科数の推定

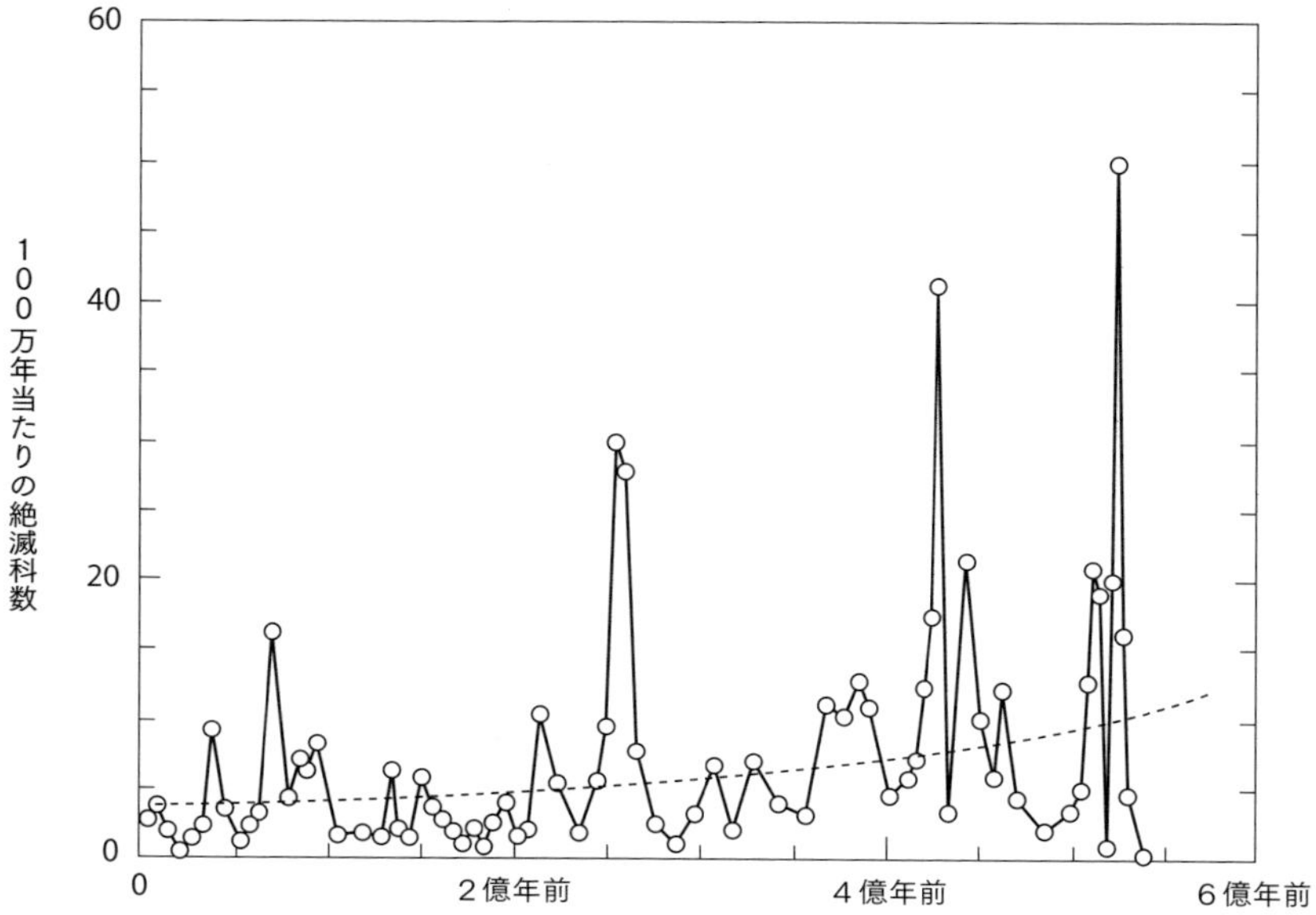

グラフは、既知の海洋生物の絶滅科数の時間的推移を示したものである。突出した折れ線は、大量絶滅イベントを示している。点線は時間的傾向を表している。

よる推定ではそれよりもはるかに大きな数字が示されている。(注3)

絶滅リスクについて調査している科学者たちは、急激な温暖化が悲劇的な結果をもたらすと予測している。図表11－2に示されている通り、分析によれば、多くの生物群の1世紀当たりの絶滅リスクは、今日の絶滅率である0〜0・2%から、およそ100年後には10〜50%にまで上昇する。(注4) 直近のIPCCによる報告書は、気候変動問題を放置した場合、全世界で約25%の生物種が絶滅の危機に瀕すると結論づけている。ただし、こうした計算には通常、海洋酸性化による影響が含まれていないため、我々はこの見通しに、海洋酸性化に起因した海洋生物の絶滅リスクを追加する必要がある。(注5)

これは恐ろしい数字ではあるが、こうした推定には数々の「但し書き」がついているということを強調しておきたい。詳しくはのちほど説明する。

非市場サービスの経済価値評価が抱える課題

詩人で劇作家だったオスカー・ワイルドは、かつてこんなことを口にした。「皮肉屋とは、あらゆるものの値段を知っているのに、一切のものの価値を理解しない人間のことだ」。これは、ときに経済学者に対し誤って使われる。経済学者たちが、主に株価や金利、食糧や住宅などの市場サービスについて研究しており、そうした領域ではすべてのものが金銭で評価されるからだ。

このステレオタイプがなぜ大きな間違いかを説明する前に、我々は、食料や住宅が人間にとって重要なものであることを認識しなければならない。近年の不況で我が家を失った、1000万世帯のアメリカ国民に尋ねてみればよい。2012年に食料配給券を受給していた4600万の人々でもよい。お金で幸せは買え

図表11-2　各生物群の過去と将来の絶滅率

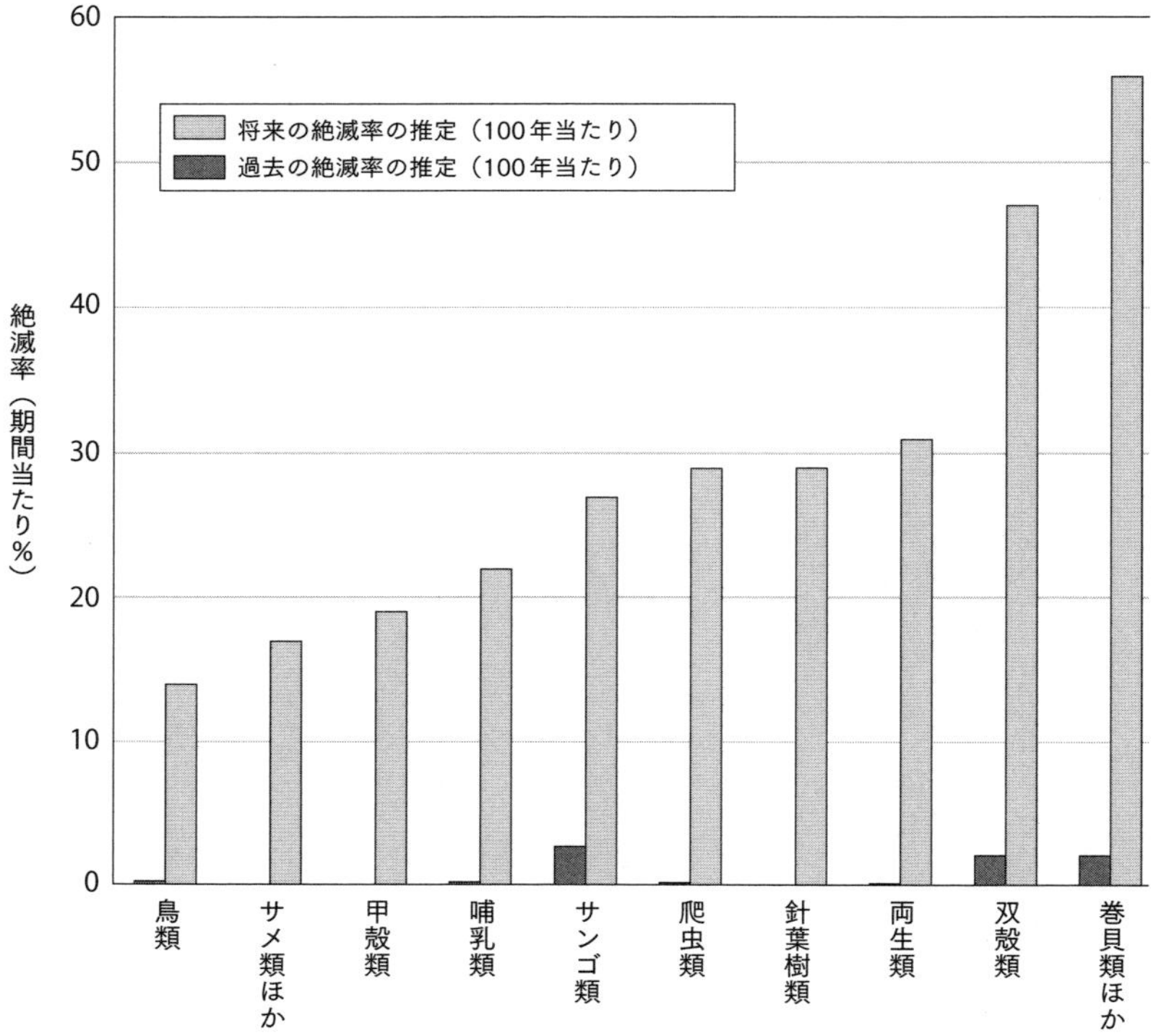

グラフは、主な生物群の過去と将来の推定絶滅率に関する最新のまとめである。過去の推定は野生絶滅種、将来の推定は絶滅危惧種に関するものである。

なくとも、食べ物を買うことはできる。

そうは言いつつも、経済学者たちは、人々がパンのみによって生かされているわけではないことをとうの昔に認識している。非市場活動には明らかな価値がある。人々にとってかけがえのないものの多くは、市場で生産され売られているものではない。家庭料理や日曜大工など、こうしたものの一部は市場に近いところにある。家族への愛情やグランドキャニオンを訪れることなど、本質的に非市場的なものもある。

この点を理解するには、次の実験をおこなってみるとよい。紙を1枚用意し、自分にとって最も大切な活動を10個書き出してみよう。終わったら、そのうちのいくつが近所の店やインターネットで手に入るものか、考えてみてほしい。通常、大切なものの多くは市場に流通していない。つまり、値札がついていないのだ。そしてこれこそが、我々がここで直面する大きな問題である。

非市場活動の経済学を理解することは重要だ。というのも、気候変動による影響の多くは市場の外にあるからだ。重大な懸念として挙げられている四つの現象を思い出してほしい。海面上昇、海洋酸性化、ハリケーンの強大化、生物種の消失。これらは基本的に市場サービスではなく、自然システムである。食料や住宅のように、企業によって生産されたり、市場でその価値を決定されたりすることはない。

気候変動によってもたらされる最も重大な影響の多くが市場の外で発生するというのは、決して偶然ではない。市場とは、天然資源やその他のシステムを社会が統制し、管理するためのメカニズムだ。建築家は、暑さや寒さ、洪水や地震、害虫や野生動物から居住者を守るために、住宅を設計する。農業専門家は、灌漑システムや農薬や種子を開発し、かつて農家に甚大な被害をもたらした天災から農作物を守ろうとする。堤防や護岸は、暴風雨による水害を防ぐために築かれる。人間が講じる策は高度だが、完璧ではないため、こうしたシステムはときとして完全な失敗に終わることもある。２０１１年に津波が日本を襲った際の護岸がそうだった。

気候変動が生物種や生態系に与える影響は、これまで見てきたすべての現象の中でも、市場から一番遠く離れたところにある。その結果、分析と経済価値評価に関する最も難しい問題が生じるのである。

生態系と生物種の経済価値評価

生物種や貴重な生態系が失われていくのを阻止すべきだという点については、ほとんどの人が賛同する。だが、こうしたシステムの経済価値を評価しようとした途端、大きな壁に直面する。野生生物や種の消失を食い止めるために、人々はどのくらいの費用や犠牲を払おうとするだろうか。ホッキョクグマのような象徴的な生き物の場合には、いくらだろうか。サンゴ礁だったらどうか。70万種にのぼると言われている、未発見のクモの仲間を保存することについては、どう考えるだろうか。

こうした質問をすること自体が露骨な物質主義の表れだと、異論を唱える人もいるかもしれない。生命とお金を天秤にかけるなど、モラルに反する行為だ、と。しかし、本当にモラルに反するのは、気候変動による損失を計算する際に、こうした生物の価値を除外することだ。生態系への影響こそ、我々がコストと便益を比較する際に秤に載せるべき最も重大な損失だと考える人もいる。

さらに、とりわけ二酸化炭素濃度の上昇や地球温暖化の問題が絡んでいる場合、生態系や種の消失を阻止することは決して容易ではない。のちの章で説明する通り、それにはエネルギーシステムの転換に向けた取り組みが必要となり、実行には莫大なコストがかかる。つまり、二酸化炭素排出量の削減コストと、生態系や種の消失リスクは、常にトレードオフの関係にあるということだ。

経済学者や生態学者は、このトレードオフをどのようにして評価するのだろうか。実のところ種の消失は、気候変動がもたらすさまざまな経済的損失の中でも、最も推定が難しい部分である。自然・社会科学は、生態系や生物種の保存がもつ経済的価値を正確に推定することに非常に苦労している。そこには二つのハードルが存在する。一つは、絶滅種数について精度の高い推定をおこなうこと。もう一つは、種の消失がもたらす損失を経済的に評価することだ。

一つめの問題から考えてみよう。時間の経過に伴う種の消失を正確に予測することの難しさについてだ。この点を説明するにあたり、生態学者のクリス・トーマスなどがおこなった、種の消失と地球温暖化に関する有名な研究に目を向けたい。この調査からは、最近の気候変動の傾向を考えると、18〜35％の生物種が「絶滅が避けられない」状態にあるという結果が得られている。(注6)

調査チームはどのようにしてこの結論を導き出したのだろうか。調査ではまず、ある地域に生息する生物種（哺乳類、鳥類、両生類を含む）の適応気候範囲に関する推定をおこなった。それから、特定のシナリオ下でこの適応気候範囲がどう変わるかを推定した。たとえば、気温上昇幅が3℃だった場合、南アフリカに生息するヤマモガシ科植物（美しい顕花植物の一種）がどのような影響を受けるかを調査するといった具合だ。

次に調査チームは、「種数面積関係」と呼ばれる手法を利用した。これは、生息域が拡大すれば生物種の数も増加するという経験則である。調査対象だった地域では、ほとんどの生物種の適応気候範囲が地球温暖化によって縮小すると推定され、生物種数の減少を示唆する結果となった。たとえば、南アフリカの気温上昇幅が前提通り3℃だった場合、ヤマモガシ科植物に適した気候範囲は縮小し、この科の植物の38％が絶滅に追い込まれるという。絶滅のリスクが最も詳しく研究されているのは、おそらく造礁サンゴだろう。(注7)

こうした調査結果はあちこちで引用される一方で、その手法には重大な限界が存在する。まず、ほとんどの研究では、絶滅の危機に瀕した生物種だけでなく、「脆弱性の高い」種までもが含まれている。それに、そうした生物種の一部は人間の介入を通じて保存が可能であるため、絶滅と言っても、それは一般的に野生種だけに言及したものである。さらに、こうした調査で用いられている手法には問題も多く、人間のつくりあげた環境に生物種が適応している場合には使えない可能性もある。また、そうした被害が、生息域の破壊、乱用や乱獲、汚染など、気候変動がなかったとしても起きる要因によってもたらされている場合もある。最後に、適応気候範囲の推定も統計的に偏っていることが多い。なぜなら、範囲は縮小することはあっても拡大はしないと想定されており、結果として生物種数の減少が前提となっているからだ。しかし現実には、適応気候範囲は移動することもあれば、おそらく拡大することもある。そして、範囲が拡大した場合の生物種数は、減少ではなく、増加が見込まれる。

もしかしたら、この一つめの問題は解決できるかもしれない。さまざまな生物種の絶滅リスクを正確に見積もることは可能かもしれない。だが、我々にはまだ二つめの課題が残されている。生態学者や経済学者は、生態系や種の消失を経済的に評価する方法を、いまだに確立できていない。生物種や貴重な生態系の価値を示す値札は存在しないのだ。

気候変動による影響で絶滅の危機に瀕している生物種を、具体的にいくつか挙げてみよう。ホッキョクギツネ、オサガメ、コアラなどだ。破壊が懸念される生態系にはどのようなものがあるだろうか。オーストラリアのグレートバリアリーフや、南アフリカのケープ植物区などだ。さまざまな気候変動政策のコストと便益を比較する際、こうした生物種や生態系の経済価値をどのようにして評価すればよいのだろうか。

前に説明した小麦生産量の低下による経済的インパクトと比べれば、この問題の難しさがわかる。小麦の生産量が減少した場合、経済学者たちは通常、小麦の市場価格に基づいて損失額を評価する。気候変動によって小麦の生産量が1億ブッシェル（訳注＊ブッシェルは穀物の計量に用いられる単位。小麦の場合、1ブッシェルは約27キログラム）減少し、小麦の価格が1ブッシェル当たり5ドルから変動しなければ、社会的費用は5億ドルと算出される（実際には、生産量の減少によって小麦が値上がりするかどうか、低所得世帯への影響が特に深刻かどうかなど、より精緻な分析が必要なのだが、ここでは割愛する）。

では、先ほど挙げたような自然システムの経済価値は、どのようにして評価すればよいのだろうか。研究者たちは、市場価値または周辺市場価値、そして「外部性」価値に着目している。まずは、市場価値や周辺市場価値から見ていきたい。専門的な文献ではしばしば「利用価値」と呼ばれるものだ。市場価値とは、ある商品が店頭やインターネット上で取引される価格のことである。周辺市場価値は、日曜大工による修理など、市場の外にあるものの価格のことだ。生態系や種の消失を懸念する科学者たちは、絶滅に伴って生じ得る利用価値、市場価値、周辺市場価値の損失を明示したいという誘惑に駆られている。その一例が、西洋医学で用いられる医薬品の大部分は熱帯雨林の植物に由来しているため、潜在的な損失は大きいという主張だ。(注8)これと似たもので、シダの仲間が姿を消すとき、ブラジルの森に隠されていた夢のエイズ治療薬をも失うことになるという主張もある。

だが、現実はそれよりも複雑だ。確かに新薬に関する最近の研究では、天然物が新しい薬の開発に欠かせない存在であることが確認されている。たとえば、過去60年間で新たに開発された癌の治療薬の半分近くは、天然物か、天然物由来のものだ。しかし、天然物と一口に言ってもさまざまで、研究室で発見されるものもあれば、中国古来の漢方薬もある。この30年間にジャングルから見つかった新薬はたった1種類（タキソール）で、しかもその出どころは熱帯雨林ではなく、温帯雨林だった。多くの医薬品は、系統図をずっとさかのぼっていけば天然物に辿り着くが、その後研究室で最適化され、ひとたび天然物の構造解析が進むと、しばしば合成されてきた。(注9)

何はともあれ、私は学生たちとともに、ひと夏かけてこの問題の研究に取り組んだが、重要な医学的財産が世界のジャングルの消滅とともに失われるという説を評価することは不可能だという結果に至った。単純に、なるほどと思える根拠を見つけることができなかったからだ。だが、我々には自信をもって言えることが一つある。絶滅に瀕した生物種や生態系の経済価値のほとんどは、市場で見つけることができない。種の保存は重要なはずだが、その価値は株式市場からはわからない。現代の市場経済において、生態系や生物種はただ単に大きな金銭的価値をもたないのだ。

だとすると、そうしたものの価値は一体どこにあるのだろうか。外部性、あるいは「非利用」価値にあるというのが、その答えだ。我々は外部性というと、好ましくないもの（汚染など）を思い浮かべがちだが、これは正の外部性の例である。正の外部性としてよく挙げられるのは灯台だ。灯台は、潜んでいる危険を船舶に知らせることで、人命や積み荷を守っている。だが、灯台守が海に出て、船から料金を徴収することはできない。できたとしても、灯台のサービスを利用した船に経済的見返りを求めることは、彼らの社会的目的にかなわない。相手の船が1隻でも100隻でも、付近の岩礁の存在を知らせるためのコストは変わらないため、無償で灯光を送るのが最も効率がよいのである。(注10)

生物種や生態系は、生物学版の灯台だ。ホッキョクギツネやグレートバリアリーフの価値は、人々から入場料や見物料を徴収することで表せるものではない。絶滅が危ぶまれるそうしたシステムを保護することの利益は、主に地球上に美しい動物や場所が存在するという、非市場的な喜びだ。北極圏のコミュニティーにとって、ホッキョクグマは観光資源として若干の金銭的価値をもつかもしれないが、それは外部性価値に比べれば微々たるものだ。

問題は、危機に瀕した種や生態系の外部性価値をどうやって評価するかである。空想の世界なら、ホッキョクギツネ観察やグレートバリアリーフ観光を可能にするための市場というものがあるかもしれない。私はホッキョクギツネ観察もグレートバリアリーフ観光もしたことがないが、将来そうした資源が残っているという確約を手に入れるために100ドルくらいなら払うかもしれない。だが、現実の世界ではそのような市場は存在しない。したがって、我々には、将来のためにそうした資源を残すことで得られる利益を評価するための確かな基準がない。

そのような中で、環境経済学者たちは欠如した市場をシミュレーションする手法をいくつか考案している。最も代表的なのが、非市場的な活動や資源の価値を推定する「仮想評価法」(CVM)だ。CVMは、母集団からサンプルを抽出して実施する調査で、ある財やサービスに対していくら支払っても構わないと思うかを、人々に尋ねるものだ。基本的には質問票に基づく聞き取り調査で、調査対象者に対し、「ホッキョクギツネの保護や保存のために、あなたならいくら払いますか」「将来グレートバリアリーフに行けるということは、あなたにとってどのくらいの価値をもっていますか」といった質問をする。

我々は、気候変動が生態系の健全性を損なう恐れがあるということを見てきた。CVMを用いた経済価値評価の具体的な例には次のようなものがある。(注11)アメリカ政府がダムの建設を判断する際には、魚の個体数への影響を評価することが義務づけられている。ワシントン州のダム建設事業について検討された際、問題の一つに挙がったのが、サケやスチールヘッドなどの回遊魚がもつ価値だった。スーパーに行けばそうした魚の市場価値を推定できるが、それは非利用価値を考慮していない。

ワシントン大学の経済学者デーヴィッド・レイトンと彼の調査チームによる研究では、さまざまなシナリオ下での魚の個体数の変化に対し、地域住民がどのような価値評価を下すのかを、ＣＶＭを用いて推定する過程が説明されている。具体的に言うと、レイトンらは、魚がどんどん減っていくのを放置する代わりに、20年後に個体数を現在の水準にまで回復させることの価値を、ＣＶＭを使って調査した。その結果、ワシントン州民たちは、回遊魚の増加のために平均で年７３６ドルを支払っても構わないと考えているという推定が導き出された。(注12) 影響を受ける人口を５００万人とすると、その合計額は年間37億ドルにのぼる。

ＣＶＭはさまざまな分野で活用されている一方で、これまでに、地球温暖化による影響を推定するのに必要な規模や範囲で実施されたことはない。失われた生物種や破壊された生態系の経済価値に気候変動が与えた影響を包括的に評価しようとすると、厄介で克服不可能とさえ思える壁が行く手を阻む。第一に、科学者たちは、経済価値評価を必要とする変化を特定するのに四苦八苦している。絶滅危惧種の数の推定に大きなばらつきがあるという点については前述したが、そこに絶滅のタイミングの問題が加わり、さらに話を複雑にしている。二つめの障害は、調査のスケールだ。ワシントン州内の回遊魚だけを見ればよいのではない。手がかりとなるデータがほとんど存在しない、世界の果ての生物種や生態系まで評価しなければならないのだ。

さらに、ＣＶＭの活用については経済学者の間でも意見が分かれており、広く受け入れられているわけではない。「どのような数値でも、ないよりはましだ」と言う人もいれば、信頼に足る評価方法がない以上、「当てにならない数値ならば、ないほうがよい」と言う人もいる。長年にわたる議論や研究の積み重ねにもかかわらず、この手法に関するコンセンサスはいまだ確立していない。(注13)

一部の専門家は、こうした問題について考えることの特有の難しさを考慮すると、人々から得られる回答の信頼性は低いと主張する。人々に投げかけられる質問は現実には起きていない状況に関するもので、質問される側はそのことについてよく理解していない可能性もある。また、調査対象者からの回答はあくまで仮の話であり、実際の行動に基づくものではない。加えて、人々の中でそのテーマに対する「温情効果」が生じた場合、彼らは危機に瀕した生物種や生態系を保護することの価値を過大評価することもある。たとえば、人々は、実際の魚とは一切関係のないサケが水面を飛び跳ねている、美しい光景を思い浮かべるかもしれない。克服せねばならない主観的バイアスは多い。

また、CVMに懐疑的な人々は、調査から得られる数字がときに信じがたいほど大きいという点を指摘する。先ほどの回遊魚に関する調査結果を例に挙げよう。調査を実施した当時、ワシントン州における家計所得の中央値は4万6400ドルで、したがって魚の個体数がもつ価値は所得の1・6%に相当すると評価された。これは大きな数字に思える。だが、ここでふと思うのは、住民はほかの環境問題に対してどのような回答をするだろうかということだ。仮に、ワシントン州の渡り鳥やほかの絶滅危惧種、地域の水質や大気汚染、州内に点在する核廃棄物処理施設のリスク排除についての調査を実施したとしよう。おそらく人々は、こうしたものに対しても同程度の価値を提示するだろう。さらに質問を続け、イエローストーン国立公園やヒマラヤ氷河などの遠く離れた場所や、ホッキョクギツネやホッキョクグマの価値について尋ねてみてもよい。こうしたさまざまな潜在的損失がもつ価値を足していくと、それはほぼ確実に家計所得を上回る。

さらに、我々が調査対象者のもとへ戻り、すべての環境問題を総括していくら払うかと質問したら、その額は、個々の回答の合計に遠く及ばない可能性が高い。あるいは、人々に税金に関する住民投票を依頼した場合、おそらく彼らは一銭も負担しないで済むほうに賛成票を投じるだろう。

ここでの私の個人的な見解は次の通りだ。CVMのような調査型手法は、説明には役立つものの、現時点では、二酸化炭素濃度の上昇や気候変動によって生態系にもたらされるコストを評価するには、あまりに信頼性が低い。絶滅リスクに関する不完全な科学的評価と、コンセンサスのとれていない経済価値評価手法という、これまで論じてきた二つの限界からわかるのは、野生生物や種、生態系にもたらされる損失の経済的インパクトに関する確かな推定を我々が手にし、地球温暖化による影響の推定に活用できるようになるまでの道のりは長いということだ。

だからといって、単に降参し、問題を放置してよいということにはならない。少なくとも我々には、今すぐ保護されるべき生態系や生物種と、より緊急性が低いものとを区別するためのより適切な方法が必要だ。単に絶滅危惧種の数を推定するというアプローチは、生物学的重要性の指標としては妥当ではないと言う生物学者たちもいる。

機能的、行動的多様性や、環境ショック後の回復力を重視する基準もある。こうした側面は、生物学者のショーン・ニーとロバート・メイによって分析された。彼らは、過去に起きた種の絶滅によって、遺伝的多様性、または遺伝子にコードされた情報――ダーウィンの言葉を借りれば「生命の樹」――がどのくらい失われたかを調査した。根本にあるのは、すべての生物種が等しく重要なわけではないという考え方だ。たとえば、ドードー鳥は遺伝子的に近い種をもたない。そのため、ドードー鳥の絶滅は、3000種いる蚊の1種が消失したのに比べ、多様性に大きな損失をもたらすことになる。彼らの研究結果で驚きだったのは、たとえ95%の生物種が絶滅しても、根本にある「生命の樹」のおよそ80%は生き残るということだ(注14)。

ハーバード大学の経済学者マーティン・ワイツマンをはじめとした学者たちは、それぞれの生物種の「重要性」の指標を考案した(注15)。これは非常に重要な作業だ。現代の生物学は、種や生態系の重要性を評価するためにさらに適切な基準を確立し、世界の気候変化という文脈の中で我々が種の保全にどう取り組むべきかを示す必要があるだろう。

さらに我々は、生態学者と経済学者が手を携えて、失われた種や生態系の価値に関するより包括的な推定を提示するよう働きかけねばならない。たとえそれが、彼らにとって骨の折れる作業であったとしてもだ。

生物種や生態系にもたらされる損失の経済評価について簡潔にまとめよう。こうした影響の推定は最も難しい作業の一つだ。我々はそのリスクを十分に理解しておらず、それどころか今日世界にいくつの生物種が存在しているのかさえ把握していない。我々は、生態系の経済的価値を正確に評価することもできなければ、重要性という観点から種をランクづけすることもできない。

さらに、多くの人は、種の消失には大きな倫理的問題が絡んでいると感じている。この星の管理人である人類には基本的責任があると、たくさんの人々が思っている。六度めの大量絶滅が目の前で起きるのを放っておくことはモラルに反する。我々は危険性についてそれなりの警告を受けており、「知らなかった」「うっかりしていた」と言い訳をすることはできない。ホッキョクグマ、オオカバマダラ蝶、ニジマス、南アフリカプロテア、そしてもちろん小さな体で癪に障る蚊でさえも、自然界の奇跡だ。そうした遺産の大部分を100年の間に消し去るというのは、許されざる行為である。哲学者アルトゥール・ショーペンハウアーは次のように書いている。「動物には何の権利もないという思い込みや、人間による動物への扱いが道徳的重要性を有することなどないという勘違いは、西洋社会の残酷さと野蛮さを示す許しがたい例だ」(注16)

気候変動によってもたらされる特に深刻な影響についての議論はここで終わりだ。これらは、人間からすれば必ずしも破壊的な影響ではないかもしれないが、ほかの生物種や貴重な自然のシステムにとって、悲劇的な結果をもたらす恐れがある。最大の問題は、人間がこうしたシステムで発生した影響をうまくコントロールできないという点だ。もしかしたら人類は、いつの日かクヌーズ王がなし得なかったことを達成し、潮を押しとどめるすべを手にするかもしれない。もしかしたら未来の生物学者たちは、大昔のドードー鳥を再生し、たとえホッキョクギツネが絶滅したとしても、それを蘇らせることができるかもしれない。しかしその日まで、気候変動や二酸化炭素濃度の上昇は広範囲にわたって自然のシステムに甚大な影響を与える。そして自然界に、歓迎されない危機的な変化をもたらすことになるだろう。

第12章
気候変動がもたらす損害の合計

　ここまでの数章では、気候変動がもたらす主な影響について詳しく分析してきた。私はそれを科学の個人格闘技と表現した。それぞれのシステムには、独自の動態や気候変動との関係性がある。農業にとっては土壌水分量が問題であり、ハリケーンにとっては海面温度が問題であり、海洋酸性化においては大気中の二酸化炭素濃度が問題となる。

　これまでは個々の事象について考察してきたが、今度は一歩引いて全体を眺めてみよう。現時点で我々が描ける影響の全体像とは、どのようなものだろうか。これまでの考察では五つの重要な論点が浮かび上がっている。それらについてここで改めて確認しておきたい。

・気候変動被害は、経済と密接につながっている。気候変動による影響は、急激な経済成長から生じる意図せぬ副産物、または外部性だ。ゼロ成長の社会では、温暖化による脅威は大幅に軽減される。
・人為システム（たとえば工業経済）と非人為システム（たとえば海洋酸性化）には重大な違いがある。我々の関心は、主に人為的に管理されていない、あるいは人為的な管理が不可能な影響に向けられるべきである。

・高所得国の市場経済は、気候の変化をはじめ、自然の異変による影響を受けることが少なくなってきている。これは、農業など自然を基盤にした産業分野が、サービス業に対して縮小したり、自然の大きな力に依存しなくなったりしているためである。

・この点は、影響に関するさらなる難題へとつながっている。実際、我々の社会が今後数十年間で、あらゆる経済モデルや気候モデルが予測している通りの急速な進化と成長を遂げたとしよう。我々は、100年以上先のまったく異なる社会が受ける影響を、どのように予見すればよいだろうか。農業、医療、移住といった分野では急激な技術革新が進んでいるため、評価が難しい。はるか先の未来における経済状況を推定し、精度の高い影響分析をおこなおうとすることは、ぼやけた望遠鏡を通して風景を眺めているようなものだ。

・最後のポイントとして、最も厄介な影響は、市場から、つまり人間による管理から遠く離れたところに存在する。この点は、人類・自然遺産、生態系、海洋酸性化、生物種などに特に当てはまる。こうした損失を経済的に評価しようとすると、影響を推定することの難しさと、信頼に足る影響評価手法の欠如という、二重の壁に直面する。経済学は、最も必要とされているところで最も力を発揮できていない。

経済部門ごとの脆弱性

こうした個々のシステムについての考察を念頭に置きつつ、全体像を見てみよう。まずは、1948〜2011年のアメリカの市場経済に目を向けたい。アメリカの産業構造は今日の高所得国の典型であり、おそらく中所得国も今世紀半ばまでにこれと似た構造をもつだろう。

分析では、アメリカの産業を「重度の影響を受ける部門」「中程度の影響を受ける部門」「軽度の影響あるいは影響ゼロの部門」という三つのグループに分類した[注1]（図表12－1）。影響に関する詳しい研究によれば、重度の影響を受ける、つまり脆弱性の高い部門は、農業と林業だ。極端なシナリオのもとでは、この2部門における生産性は著しく低下する可能性が高い（第7章の農業に関する議論や、図表7－2の収量に関するグラフを思い出してほしい）。

二つめのグループには、気象や気候による影響を受けるものの、適度なコストで適応することが可能な産業が含まれている。その一つが運輸業だ。雪や洪水などの異常気象は遅延を引き起こし、コストを発生させるが、気候変動が陸や空の移動にもたらす影響は比較的小さく、今後100年間の損失は最大でもGDPの数％と考えられている。

三つめのグループに属しているのは、気候変動による直接的な影響をほとんど、あるいはまったく受けない可能性が高い部門である。ここに分類されるのは、主に医療や金融、教育、芸術などのサービス業だ。たとえば、医療分野での神経外科手術を想像してみてほしい。外来診療や手術は高度にコントロールされた環境でおこなわれるため、気候変動がその活動に重大な影響を与えるとは考えにくい。サービス業が経済全体に占める割合は、1929年の25％から今日52％にまで増加しており、市場経済が気象や気候の影響を受けにくくなってきていることを示している。

図表12－1に示された数字は、過去60年間におけるアメリカ経済の脆弱性の変化に関する驚くべき事実を伝えている。一つめのポイントは、今日、気候変動によって重度の影響を受ける部門が国内経済に占める割合は、わずか1％であるということだ。沿岸域の不動産業、運輸業、建設業、公共事業など、中程度の影響

を受ける部門は、全体の10％にも満たない。２０１１年時点で、市場経済の90％は、気候変動による影響を最も受けにくい部門によって占められていた。

近年の傾向に見られる二つめの重要な特徴は、気候変動に対して最も脆弱な部門の急激な衰退だ。重度の影響を受ける部門の割合は、１９４８年の９％から今日１％にまで減少している。この傾向は、主にアメリカ経済における農業比率の低下に起因している。２０１２年の段階で、農業従事者が労働人口に占める割合は、わずか１％だった。

図表12－１が示す傾向は、世界のほぼすべての地域で目にすることができる。経済が成熟するにつれ、人々は、地方部の農業から都市部の工業やサービス業に移行する。すべての高所得国を合わせると、農業は経済生産の約１％と雇用の３％を占めるのみだ。低所得国や中所得国でも、農業が経済全体に占める割合は、１９７０年から２０１０年の間に25％から10％へと減少した。近年の傾向にまつわるこんな衝撃的な事実もある。世界銀行が農業の対ＧＤＰ比率に関するデータを公表している１６６の国々のうち、この40年間で農業が拡大傾向にあるのは、コンゴ、シエラレオネ、中央アフリカ、ザンビアの４カ国だけだ。それ以外のすべての国では、農業は横ばいか、たいていの場合、縮小傾向にある。(注２)

気候・経済モデルの長期経済予測では、こうした傾向は今後も続くと見られている。各国のＧＤＰと排出量が、実際に、標準的な予測で想定されているような急激な右肩上がりを示した場合、経済活動の中心は、農業などの土壌に依存した産業から工業やサービス業へと移行し、それに伴って市場経済の脆弱性も次第に低下する。このパターンは約束されたものではない。しかし、これは時代や地域を超えて広く見られる傾向であり、気候変動経済学における最も重要な研究結果の一つとして捉えられるべきである。

図表12-1　気候変動に対するアメリカ経済の脆弱性（部門別、1948～2011年）

部門別影響度	各部門がGDPに占める割合（%）		
	1948年	1973年	2011年
重度の影響を受ける部門	9.1	3.9	1.2
農業	8.2	3.4	1.0
林業、水産業	0.8	0.5	0.2
中程度の影響を受ける部門	11.6	11.4	9.0
不動産業（沿岸域）	0.3	0.4	0.5
運輸業	5.8	3.9	3.0
建設業	4.1	4.9	3.5
公共事業	1.4	2.1	2.0
軽度の影響あるいは影響ゼロの部門	79.3	84.7	89.8
不動産業（内陸部）	7.2	9.3	10.8
鉱業	2.9	1.4	1.9
製造業			
耐久財	13.5	13.5	6.0
非耐久財	12.7	8.5	5.4
卸売業	6.4	6.6	5.6
小売業	9.1	7.8	6.0
倉庫業	0.2	0.2	0.3
情報産業	2.8	3.6	4.3
金融・保険業	2.5	4.1	7.7
レンタルおよびリース業	0.5	0.9	1.3
その他サービス業	10.5	14.0	27.2
公務	11.1	14.6	13.2
合計	100.0	100.0	100.0

総損害額の推定

経済学者たちは、長年にわたって気候変動による総損害額の推定に取り組んでいる。さまざまな国や部門に関する研究から、ありとあらゆる結果が収集される。農業、林業、漁業、エネルギー、海面上昇、健康など、市場領域や周辺市場領域に関する調査は、数多く存在する。また、当然ながら分析では、アメリカや西ヨーロッパ諸国などのデータが豊富な地域が中心となる。開発途上国や非市場領域に関する推定は、一部の国の一部の部門しか網羅していない。

図表12－2は、気候変動による総損害額を気温上昇幅ごとに調べた包括的研究の結果を表している。グラフ中の点は、この分野の第一人者リチャード・トールによってまとめられた、さまざまな研究の結果を示している。(注3)

これらの結果から、いくつかの興味深い点が浮かび上がってくる。まず驚きなのは、ここで分析されている気温上昇の範囲で見る限り、気候変動による被害の額はそれほど大きなものではないと推定されていることだ。推定損害額は、一番大きなものでも世界総生産の5％程度である。最も詳しく研究されたシナリオで示されている気温上昇幅は、2・5℃だ（我々の推定では2070年ごろの気温上昇幅である）。このレベルの温暖化の場合、推定損害額の中位推計は世界総生産の1・5％前後となっている。

さらに図表12－2には、DICEモデルによる推定が実線で示されている。この推定総損害額は、さまざまな分野（農業、海面上昇、ハリケーンなど）で算定された数字を気温上昇幅ごとにまとめ、世界全体の損害額として、世界総生産に対する比率で表したものだ。ただし、ここまでの章で説明した通り、絶滅種の経済価値や生態系への被害といった部分の影響を推定することの難しさから、こうした数値は大きな不確実性

図表12－2　地球温暖化が世界経済に与える損害の推定

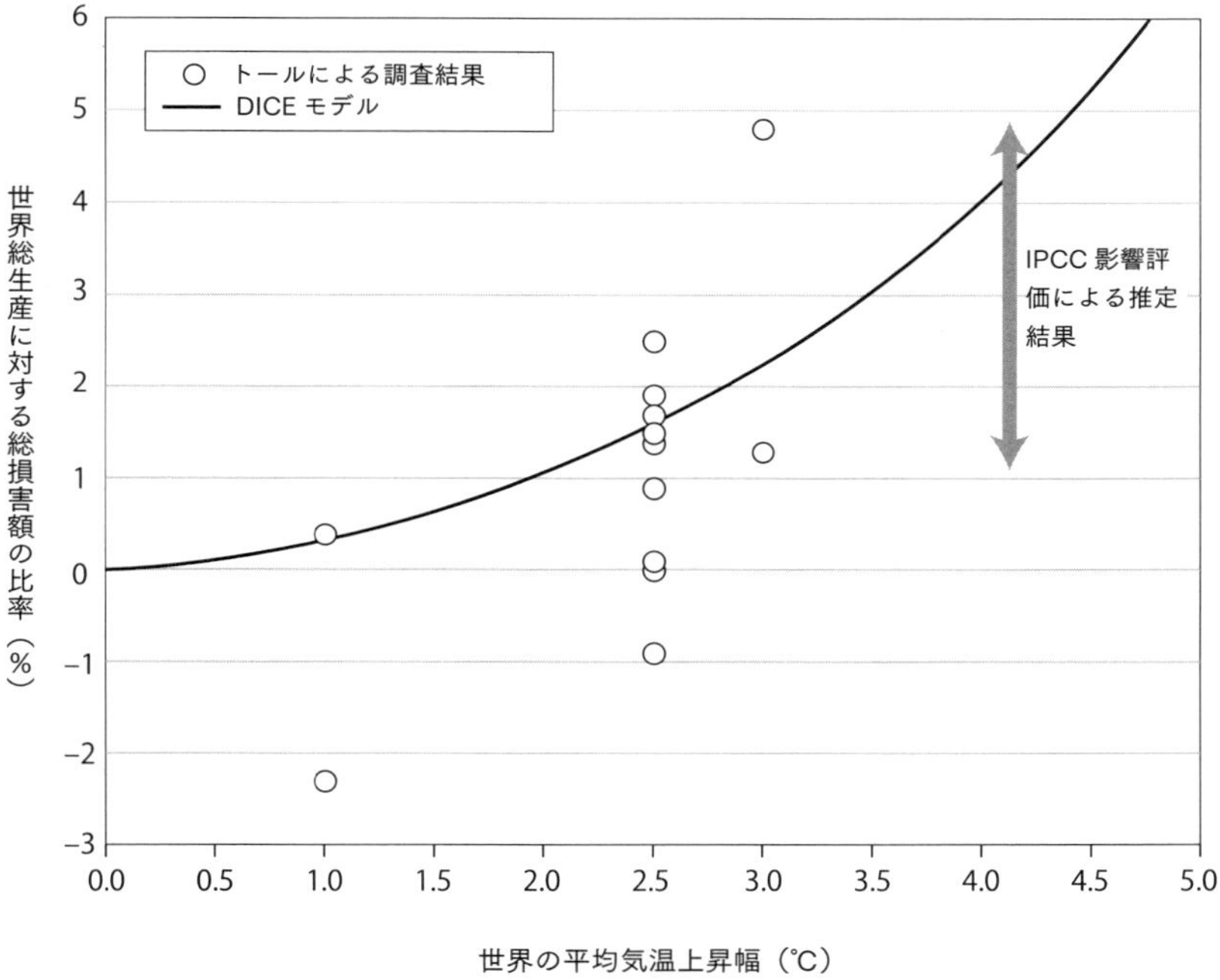

グラフは、地球温暖化による総損害額の推定を気温上昇幅ごとにまとめたものである。点は個々の研究が示す結果を表している。実線は、DICE モデルで使われている世界全体の損害関数である。矢印は、IPCC による直近の影響評価から得られた推定を示している。一般的に、こうした推定には、非市場領域にもたらされる損害の推定はほとんど含まれていない。

を伴っている。

気温上昇幅が4℃とされている箇所には、さらに別の推定が垂直の矢印で表されている。これは、『IPCC第3次評価報告書』に示されている総損害額の範囲だ。そのほとんどはトールが調査したのと同じ研究から引用されたものであり、したがって独自の推定ではなく専門家評価である。(注4)

最後に、総損害額の変化が湾曲した非線形(増加勾配)を示すと推定されている点に注目してほしい。一部の研究では、1℃前後の温暖化は経済的利益をもたらす可能性があるという結果が出ている(第7章の農業の例を参照)。ところが、ある段階を超えると総損害額は増加を始め、そのペースは徐々に加速する。別の言い方をすれば、気温が追加的に1℃上昇することで生じる損害額は、どんどん大きくなっていく。トールの推定によれば、最初の1℃の気温上昇は損失ではなく利益を生む。これは、主に農業分野の二酸化炭素施肥による効果だ。しかし、それを超えると影響は負に転じる。さらに、気温上昇幅が3℃のときの増分損害額は、2℃のときと比べて倍になっている。しかも、これらの研究は潜在的な臨界点を信頼できる方法で組み込んではいない。組み込まれた場合には、損害曲線はさらに急勾配になる可能性もある。(注5)

気候カジノにおけるリスク保険料

本書の主なテーマは、二酸化炭素やその他の温室効果ガスが増加し、気候が変化する中で、我々を待ち受けている未知の危険だ。温室効果ガスの増加に対する気候感度の不確実性など、こうした危険の一部については十分に認識されている。だが、科学者たちがこのテーマについて研究を重ねる中で、突然明らかになるものもある。グリーンランドと西南極の巨大氷床の未来。エアロゾルが世界や地域の気候に与える影響。凍結メタンの大量放出や永久凍土融解のリスク。北大西洋における海洋循環の変化。温暖化が暴走する可能性。海洋の二酸化炭素濃度の上昇と酸性化による影響。こうしたものについては、引き続き議論の余地がある。

これらの重大な地球物理学的変化とその影響を、我々の経済モデルに確実に組み込むことは非常に難しい。我々が気候カジノで直面するであろうリスクに備え、この星に保険をかけることを検討したほうがよいかもしれない。

気候カジノ内部の危うさを示すために、その巨大なリスクを地球のルーレットになぞらえて考えてみたい。人間は、毎年大気中に二酸化炭素を追加排出するたびに、地球のルーレットを回している。回転が止まった段階で、その結果が有益なものか、甚大な損失を伴うものかを知ることになる。最初の賭けでは、ボールが黒のポケットに入れば二酸化炭素排出量は緩やかに増加し、赤のポケットに入れば急激に増加する。次の賭けで、二酸化炭素濃度が倍になったときに何が起きるのかが明らかになる。二酸化炭素濃度の倍増は、地球の平衡気温を3℃上昇させるかもしれない。だが、この数字の推定には大きなばらつきがある。さらにゲームを続けると、農家が適切な適応策を講じ、世界の食料生産量には影響がないという結果が出るかもしれない。その一方で、赤のポケットにボールが落ちれば、現在の世界の穀倉地帯にとりわけ大きな負の影響がもたらされ、予想をはるかに超えた被害が生じる可能性もある。

だが、気候カジノでは、ボールはゼロやダブルゼロのポケットに入ることもある。ゼロに入れば、生物種や生態系、あるいはヴェネツィアのような文化的名所に重大な損失がもたらされる。ダブルゼロに入ると、そうした影響に加え、さらに深刻な被害が発生する。すなわち、西南極氷床の急激な崩壊、永久凍土の大規模な融解、今日、北大西洋周辺の地域を暖めている海流の変化、海洋酸性化の連鎖的影響による海洋生物の大量絶滅などが見られるようになるかもしれない。

また、おそらく我々は、気候カジノのルーレット盤がおかしなつくりであることにも懸念を抱くだろう。そこにどんな数字が書かれているのかさえわからないかもしれない。我々が臨界点の数を過小評価しているだけで、実はルーレット盤には思ったよりも多くの赤ポケットがあるかもしれない。そして数字は、前のゲームの結果次第で変わるかもしれない。さらに我々は、好ましくない結果が繰り返し出ると、物理システム特有の非線形性によって損失がどんどん膨らんでいくことに気づく。3回連続で赤ポケットに入ったあとにダブルゼロが出れば、もっと恐ろしい結末が待っているかもしれない。二酸化炭素排出量の急激な増加は、想定を超える規模の影響に加え、モンスーンパターンの変化を引き起こし、インド亜大陸にさらなる被害をもたらすからだ。気候カジノでは、気候変動による総合的な損失は、一つひとつの事象を足し合わせたものよりも大きくなる。

賢明な対処法は、このルーレット盤のリスクを回避するための保険をかけることだ。我々は、図表12－2で見た、すでに明らかになっている損害額に加えて、カジノのリスクを反映させるために、推定被害に対してプレミアムを加えるべきだ。気候感度や健康リスクのように十分に認識された不確実性だけでなく、未確認のものも含めた臨界点など、ゼロやダブルゼロのポケットに潜む不確実性をカバーするために、リスクプレミアムを織り込む必要がある。

では、どのくらいを見込んでおけばよいのだろうか。これについては今日専門家たちの間で徹底的な研究と議論がなされており、ごく少額でよいというものから、推定損害額の2～3倍というものまで、さまざまな意見がある。唯一自信をもって言えるのは、我々は気候カジノのリスクを無視すべきでないということだ。

推定に関する但し書き

本書で紹介されている気候変動の影響の推定は、現時点における最良のものであり、経済的に効率的な気候変動政策を考える上では欠かせない要素だ。しかし、使用する際には十分な注意が必要になる。

ここで紹介する「但し書き」のいくつかは、前章までの分野別の議論に関連している。第一に、これらの推定には定量可能な影響しか含まれておらず、しかもそのほとんどを農業、不動産、土壌、森林、健康といった市場領域や周辺市場領域が占めている。これまでに見てきた通り、経済の大部分は気候変動によるダメージに強い。そのため、市場を通じた損害額が、高所得国を中心にそれほど大きなものではないというのは、当然の結果と言える。

また、影響の推定に関する研究で何が除外されているかを理解することも重要だ。研究では、小さな負の要因と、正の要因がいくつか割愛されている。エネルギー支出額への影響（暖房の利用が減り、冷房の利用が増える）、冬用コートの支出減、発電プラントの冷却にかかるコスト、北極圏の港湾へのアクセス向上、スキー場における人工雪の製造コストの増加、冬季向け娯楽サービスの減少と温暖な環境での娯楽サービスの増加、水産業における所得減などだ。だが、小さな影響が積もり積もって大きな影響となる可能性は、ゼロではない。いわば、気候による無数の切り傷がもたらす経済的な死である。個人的にはそのようなことになるとは思っていない。しかし、想定されるすべてのシナリオにおける、すべての地域のすべての部門を考慮したとき、こうした無数の小さな傷がもたらす総合的な影響を確実に評価することは難しいという点を、肝に銘じておかなければならない。

さらに大切なのは、あまりに不確実性が高い、またはあまりに複雑で確信をもって推定することが困難な影響に関する但し書きだ。種の消失や生態系の破壊によって生じる経済的損失を推定することの難しさについては、すでに触れた。この場合、影響の推定には二つの壁が存在している。物理的影響の多くは非常に複雑で評価が困難であることと、経済学者たちが生物多様性消失のコストを高い精度で推定できないことだ。

だが、最も重要な但し書きは、臨界点、すなわち気候変動が潜在的にもつ不連続的で急激で破壊的な性質と、そこから生じる結果による影響を評価することの難しさにある。つまり予見が難しく、物理的影響は未知数で、損失は市場から遠く離れたところにあるということだ。そうした影響が、人間社会や自然界の生物学的、物理学的基盤を脅かしかねないという事実が、問題をより一層深刻なものにしている。そういった意味で臨界点の影響評価は、さまざまな戦略の費用と便益を評価することが難しいとされる、国家安全保障の議論と似ている。現時点では、大規模な臨界点の脅威が自然科学によって解明されるまでの道のりは長そうだ。しかしひとたび解明が進めば、我々は、そうした現象が社会システムや自然システムにもたらす危険について理解を深め、地球物理学においての取り付け騒ぎを回避するために必要な対策にも取り組むことができる。

将来の気候変動がもたらす影響の分析を終えるにあたり、強調すべき一つめのポイントは、影響を推定することの難しさだ。これは、排出量予測と気候モデルに内在する不確実性から来るものだ。たとえ将来の気候変動に関する不確実性に目をつぶったとしても、こうした変化に人間やほかの生物システムがどう反応するかについては、ほとんど何もわかっていない。反応の予見が難しい理由の一つは、社会システムの複雑さにある。加えて、人間は周囲の環境をだんだんと管理するようになってきており、気候変動が人間社会にもたらす影響についても、適応策へのわずかな投資によって相殺することができる。その上、気候変動はほぼ確実に、今日とはまったく異なる技術や経済構造の中で起きる。

しかし、我々は、ぼやけた望遠鏡を通じて、できる限りのものを見なければならない。二つめの結論は、特に現在や将来の高所得国を対象にした、精度の高い評価が可能な部門における気候変動の経済的影響の推定に関するものだ。気候変動がもたらす経済的影響は、次の50年から100年の間に予想されている経済活動の全体的な変化に比べれば微々たるものだと考えられている。我々は、気温上昇幅が3℃だった場合の損害額を総生産の1～5％程度と推定した。それに対し、同時期に予測されている低所得国や中所得国における1人当たりGDPの伸び率は、500～1000％だ。所得の損失は、ほとんどの国にとって1年間の成長分を数十年に分割したのと同じくらいだ。

この予測は多くの人にとって意外なことだろう。しかしこれは、適応のための時間と資源さえあれば、人為システムは気候変動に対して驚くべき対応力をもっているという研究結果に基づいている。そしてそれは、農業部門の比率が低い先進国の市場経済に特に当てはまる傾向だ。それでは貧困国が気候ショックの衝撃を受けることになるのではと心配する人もいるかもしれないが、そうした意見は、大規模な気候変動の予測の根底には経済成長があるという事実を見過ごしている。合計25億の人口を抱える中国とインドでは、この50年間で1人当たり所得が10倍に伸びている。（注6）次の50年間も同様の成長が続いた場合、インドと中国の1人当たり所得は5万ドル前後にまで増え、ほとんどの国民がサービス業に従事し、地方部で農業に携わる人はごくわずかという状況になる。21世紀が終わりを迎えるころには、今日の貧困国の気候変動に対する脆弱性は、著しく低下している可能性が高い。

三つめの重要な結論は、人為的に管理されていない、あるいは人為的な管理が不可能な人間システムや自然システムで起きる、気候変動の最も破壊的な影響が、一般的な市場から遠く離れているという点だ。私は、海面上昇、ハリケーンの強大化、海洋酸性化、生物多様性の消失という、特に懸念される四つの具体的な事象を挙げた。どれ一つをとっても、変化の規模は、現時点で人間がコントロールできる範囲を超えている。不安定な氷床や海洋循環の変化など、地球システムの特異事象や臨界点に対する懸念も、このリストに追加される必要がある。こうした影響は、経済的に評価したり、定量化したりするのが困難なだけではない。経済的、技術的観点から見て、管理が非常に難しいものだ。だが、定量化や管理が難しいからと言って、無視してよいことにはならない。むしろその逆で、人為的に管理されていない、あるいは管理が不可能なこれらのシステムこそが、長期的にはおそらく最も危険であり、したがって何よりも詳しく研究されるべきである。

この点を例示すると、融解の危機にある氷床の体積の合計は、約600万立方キロメートルの水に相当する。これは、人間が何かに詰め込んで、どこか都合のよい場所に保管できる量をはるかに上回っている。海面上昇やハリケーンの強大化による影響については、推定が容易である上、実際に人間社会は壊滅的な被害を受けることなくそうした問題に適応することができる。だが、海洋酸性化や大量絶滅がもたらす影響については把握しにくく、また信頼に足る経済評価も難しい。ビル・ゲイツによるハリケーン操作技術の特許出願からもわかるように、未来の技術がこうした懸念事項に関する見通しを変えてくれる可能性もゼロではない。だが、我々が乗り越えるべき障害は、健康や農業のような人為システムに比べてはるかに大きい。そして慎重な見方をするならば、人間がこれらを管理できるようになるのは、100年以上先のことだろう。

最後に、影響についてわかっていることを踏まえて考えたとき、「ここを目標にがんばろう」と言えるような、合理的な上限は存在するのだろうか。気候変動政策におけるフォーカルポイント、つまり何らかの具体的な数値目標を掲げることができれば、政策はよりシンプルなものになる。2009年にコペンハーゲンでおこなわれた気候変動枠組条約第15回締約国会議において、科学者や政策立案者たちは、地球システムの安全域を考慮し、気温上昇幅の上限を産業化以前の水準から2℃以内に抑えることで合意した。この目標について、我々の影響分析からはどのようなことが言えるだろうか。

公正な視点から見れば、2℃という目標は厳しすぎるとも緩すぎるとも言える。先ほどの考察にあった、現時点で明らかになっている損失額や、第Ⅲ部で論じるような目標の達成にかかるコストを考えれば、2℃は厳しすぎる目標だ。だが、多くの地球科学者たちのように、地球がすでにいくつかの危険な臨界現象の閾値を超えていると信じるのであれば、2℃という目標は緩すぎるとも言える。

政策は厳しすぎるのか、緩すぎるのかというジレンマを、我々はどう解決できるだろうか。答えはコストの議論に隠されている。厳しすぎる目標か緩すぎる目標のどちらかを選ばなければならないジレンマに直面した際、我々がすべきは、気候変動を抑制するためのコスト、さまざまな目標を達成するために必要なコストについて考えることだ。第Ⅲ部では、こうした点について論じていく。それを完全に理解できれば、我々は費用と便益を比べ、推し進めるべき政策を提案することができるようになる。それは、未来のためにこの環境を守るという目標と、将来の生活水準におけるコストを最小化させるという目標を、バランスよく達成できる政策である。

第III部

気候変動の抑制——アプローチとコスト

ギャンブル——対価を払って何も得ないための確実な方法。

——ウィルソン・ミズナー

SLOWING CLIMATE CHANGE STRATEGIES AND COSTS

第13章
気候変動への対応——適応策と気候工学

第Ⅱ部では、二酸化炭素やその他の温室効果ガスの際限なき増加が、地球の気候システムに加え、人間システムや自然システムにも大きな変化をもたらしていることを説明した。長い貨物列車が徐々にスピードと推進力を増していくのと同じで、こうした変化のほとんどは少しずつ発生する可能性が高い。影響を正確に予見することはできないものの、それはよくて迷惑、最悪の場合には危機的なものとなる。そして、加速する貨物列車がそうであるように、一度走り出したら止めることは難しい。

第Ⅲ部の各章では、気候変動の脅威に立ち向かうための方策について検討する。アプローチは主に三つある。一つめは、適応策だ。これは、温暖化を阻止しようとするのではなく、そうした世界と共存することをめざす。適応策のみに頼るというアプローチは、コストの高い気候変動対策に反対する人々や、温暖化の影響そのものは大したことはないが、適応策はあらゆる戦略ポートフォリオの一要素であると考える人々の間で支持されている。

二つめのアプローチは気候工学で、冷却効果のある物質を利用し、二酸化炭素による気温上昇を相殺しようというものだ。気候工学には少なくとも部分的な効果があると思われるが、証明はされておらず、危険な副作用を伴う可能性もある。

三つめのアプローチは、しばしば緩和策と呼ばれている。これは、二酸化炭素やその他の温室効果ガスの排出量や、大気中濃度を低下させるための対策のことである。緩和策は国際的な話し合いの焦点であり、環境的な見地から考えたときに一番安全な解決方法だ。同時に、短期的には最も高くつくため、ほかに比べて実現が難しいアプローチでもある。

それぞれのアプローチに関する議論に入る前に、まずは結論の要旨を簡潔に述べたい。経済分析によれば、国際社会が効率的な対策を、適切なタイミングと、ほぼすべての国による参加のもとで実施できれば、気候変動の抑制は比較的低いコストで達成することができる。技術開発の促進や、二酸化炭素排出削減に向けたインセンティブとしての炭素価格の引き上げなど、そのために必要な政策は、長年にわたって世界中でうまく機能してきた経済メカニズムに基づくものだ。だが、すでに実証されている通り、これらの方法は必ずしも社会から歓迎され、実現されるわけではない。実際、第Ⅴ部で紹介する通り、そうした政策は激しい抵抗に直面している。

第Ⅲ部の大部分は、緩和策に光を当てている。ここでは、手法、全世界による参加の必要性、緩和策のコストの推定、先進技術の役割などについて詳しく論じる。だが、緩和策に関する本格的な議論を始める前に、まずは本章を使って、「適応策や気候工学に100％頼ってしまえばよいではないか」という誘惑の声について考えてみたい。適応策と気候工学という両極端なアプローチは、遠目には非常に魅力的に見える。我々の気候目標を低いコストで実現できる方法のように思えるからだ。だが、実際のところ、この二つは、被害を緩和することはできても、二酸化炭素の蓄積や気候の変化がもたらす破壊的な影響をゼロにすることはできない。リスク管理に向けた戦略の一つにはなるかもしれないが、たとえ最先端の気候工学技術や適応策を用いたとしても、地球にとって重大で致命的な危険を完全に取り去ることはできない。

適応策――気候変動との共存を模索する

気候モデルの予測が正しければ、世界は次の100年以降、劇的に変化する。我々はここまでの章で、数々の重大な影響について学んできた。海面上昇、海洋酸性化、氷床の融解、ハリケーンの強大化、穀倉地帯の変化、生態系の破壊。一部の人々は、こうした変化を食い止めるためにコストの高い対策を講じるよりも、むしろ共存に向けた道を模索すべきだと考えている。つまり、世界の気候の変化を阻止しようとするのではなく、まずはそれに適応しようという提案だ。

「適応」とは、人間システムやほかの生物システムにもたらされる気候変動の負の影響を、回避または緩和するためにおこなう調整のことだ。農家であれば、作物の種類や種播きのタイミングの変更、灌漑システムの導入が考えられる。熱波の頻度が増えれば、人々はエアコンを設置することができる。適応策は、実質的な影響をゼロにしてくれることもあれば、逆にほとんど何の効果もない場合もある。

だが、適応策にコストがかからないことは滅多にない。農家がより乾燥した気候に適応するために灌漑システムを導入し、稼働させるには、お金が必要だ。エアコンを設置し、使用するのにもやはり費用がかかる。とはいえ、少なくともアメリカに関しては、穏やかな気候変動（たとえば2～3℃の気温上昇）への適応策は、予想される人間や人間活動への被害の大部分を相殺できると推定されている。(注1)

一方で、海洋酸性化、海面上昇、危機に瀕した生物種や生態系など、人為的に管理されていない、あるいは人為的な管理が不可能なシステムを含むほかの分野では、必要とされる適応策は驚くほど高コストか、そもそも実施が不可能だ。海面上昇に関する少々非現実的な例を見てみよう。増加分の海水を南極大陸の上までポンプで汲んで海面上昇を食い止めるという適応策が、提案されたとする。ある計算によると、これには毎年303万立方キロメートルの海水を汲み上げる必要があり、天文学的なコストがかかる。(注2) 同様に、生物の再生技術が誕生する日に備えて絶滅危惧種のDNAを保存しておく案があったとしても、そのような技術が実現する保証はどこにもない。このように、人為的に管理されていない、あるいは人為的な管理が不可能なシステムのことを考えると、適応策は、ひいき目に見ても、今後数百年の間に起きる巨大な変化への不十分な解決策にしかならない。

専門家たちによれば、適応策には二つの基本的な特徴がある。第一に、防止策がグローバルなものであるのに対し、適応策はローカル、つまり局所的な取り組みだ。気候変動を防止するには、世界全体の二酸化炭素排出量や濃度を減らす必要がある。誰か1人が排出量を削減しても、ほかの人々がこれまで通りエネルギーを消費し続けたら、効果はない。それに対し、適応策が局所的であるというのは、コストを負うのも、恩恵を被るのも、策を講じた本人だからだ。ある農家が作物の変更や灌漑システムの導入をおこなった場合、その適応策に必要な費用を負担し、利益を享受するのは、農家自身ということになる。私がハリケーンのリスクを低減するために、海沿いにある自分のコテージを高台に移した場合、私がコストを負い、私が恩恵を得る。こうした例は極端に単純化されたものであり、現実は、政府による補助金や周辺への影響、市場の歪みが絡むなどより複雑なのだが、これらは基本的な費用便益パターンの応用知識だ。適応策がもつ局所的な性質は、必要な意思決定のほとんどがグローバルなレベルではなくローカルなレベル、ことによっては国単位でおこなえることを示唆している。

第二に、適応策は、緩和策や気候工学、あるいは二酸化炭素除去とはまったく別のものだ。これら三つのアプローチが気候変動の防止を重視しているのに対し、適応策は気候変動と共存することに重きを置いている。住宅火災の例に置き換えて考えるとわかりやすい。仮に私が、火災リスクの高いニューメキシコ州の人里離れた山小屋に住んでいたとしよう。近くには、いつ山火事が起きてもおかしくない森林がある。私は、防止策か適応策を検討することができる。防止策であれば、小屋の周りの木々を伐採する、金属屋根に取り替える、庭に可燃物を置かないようにするなどの手段が考えられる。こうした対策の目的は、小屋を火災から守ることにある。

その一方で、火事に備えるというアプローチもある。避難計画を立てる、貴重品を別の場所や耐火金庫に保管する、地域の火災情報をリアルタイムで得るようにするなどだ。この場合の目的は、火災が発生した際の状況に適応することだ。防止策も適応策も、ある特定の状況下での賢明な戦略であり、たいていの人はその両方を講じるが、二者は根本的に異なるアプローチである。

こうしたことから、適応策は、地球温暖化のリスク低減を目的とした対策の必要かつ有益な要素のようだ。ただし、その役割はあくまでも補完的なものであり、緩和策に取って代われるものではない。特に、医療や農業など、極めて人為的に管理されているシステムの場合、適応策は壊滅的な影響の大部分を取り除いてくれる。だが、注意深く見ていくと、最も重大な危険のいくつかは人為的な管理が不可能であり、そうしたリスクを適応策によって取り去ることは現実的に難しいことがわかる。海洋酸性化や生態系の消失といった影響はその例だ。こうした長期的な危険を確実に回避するには、二酸化炭素やその他の温室効果ガスの濃度を低下させる以外に道はない。

気候工学——人工的な火山噴火を通じた地球温暖化の抑制

気候変動への対処法として、適応策に100%依存するのは得策ではない。それでは、現代の技術を使って地球の物理的、化学的性質に干渉することで、地球温暖化を抑制したり、阻止したりすることは可能だろうか。そうしたアプローチは気候工学（ジオエンジニアリング）と呼ばれている。気候工学は、一般的に二つのカテゴリーに分類される。一つは、大気中から二酸化炭素を除去する技術。もう一つは、太陽の光や熱を反射させて宇宙に送り返す、太陽放射管理技術だ。(注3) 二酸化炭素除去という非常に魅力的な選択肢についてはのちの章までとっておくこととし、ここでは二つめに挙げた太陽放射管理技術に目を向けたい。

太陽放射管理技術とは、基本的に、地球のエネルギーバランスを変えることによって、温暖化を抑制または阻止しようという策のことである。地表に届く太陽光を減らすために、地球を「より白く」する、つまり反射率を上げるプロセスだと考えてもらえばよい。この冷却効果が、大気中の二酸化炭素濃度の上昇によってもたらされる温暖化を相殺してくれるとされている。

地球を白くするというプロセスは、大規模な火山噴火のあとに見られる変化によく似ている。1991年にフィリピンのピナツボ火山が噴火した際には、2000万トンもの粒子が成層圏に放出され、それによって世界の平均気温が約0・4℃低下した。気候工学とは、言わば火山噴火と同じ状況を人工的に創出することだ。二酸化炭素濃度の上昇による温暖化を相殺するには、ひょっとするとピナツボ火山が5〜10個噴火したのに相当する状況を毎年人工的につくり出さなければならないかもしれない。

近年では、太陽放射管理技術を活用した気候工学による数々の提案があった。文字通り地球を白くしようというものもある（屋根や道路を白くするなど）。おそらく一番イメージしやすいのは、鏡のような微粒子を地上30キロのあたりに大量に撒くという案だろう。これには、たとえば成層圏中の硫酸塩エアロゾルを人工的に通常レベル以上に増加させる方法がある。それによって地球のアルベド、つまり白色度が増し、入射太陽放射量が減少する。気候科学者たちの計算によると、約2％の太陽光を反射できれば、二酸化炭素濃度の倍増によって引き起こされる気温上昇を相殺できるという。太陽放射量を低下させ、地球を理想の水準にまで冷やすために必要なのは、適切な場所に適切な量の粒子を撒くことだ。

コストの見積もりを見ると、気候工学は、うまくいけば二酸化炭素の排出削減策よりもはるかに安価な対処法となり得る。最新の推定では、気候工学は、二酸化炭素排出削減アプローチの10分の1から100分の1のコストで、同等の冷却効果をもたらすことができる。経済的視点からは、気候工学は基本的にコストのかからない手法と捉えられる。しかし、このアプローチに関する最大の懸念は、その効果と副作用にある。

地球上で大規模な気候工学実験がおこなわれたことは、（本物の火山噴火を除いて）これまで一度もない。したがって、その効果と副作用に関する推定は、あくまでコンピューターモデル実験に基づくものでしかない。最大の問題は、気候工学が温室効果への根本的な解決策にはなり得ないということだ。温室効果が宇宙に放出される放射量を低下させている一方で、微粒子、つまり鏡が地球に届く放射量を低下させる。この二つは正味の気温上昇をゼロにするかもしれないが、物理的にはまったく別のものだ。

これは、猛暑の日に、自宅のエアコンのスイッチを入れるという例に置き換えるとわかりやすい。おそらく家の中は、平均すると普段と同じ温度になるが、部屋によって室温がほかより低かったり高かったりする上、間違いなくかなりの電気代を使うことになるのは間違いない。

二酸化炭素による気温上昇と、「小さな鏡」による冷却効果とを合わせたときの正味の効果とは、どのようなものだろうか。最近の研究結果をまとめると次の通りだ。第一に、地球のエネルギーバランスの変化は、大気中の二酸化炭素濃度にはほとんど影響を及ぼさない。そのため、この対処法が海洋酸性化の問題を解決してくれないことははっきりしている。次に、過去の気候モデル実験の結果によれば、反射性粒子の大気中への投入は、適正な量でおこなわれた場合、地球の気温を今日の水準にまで下げることができる。だが、モデル実験からは、いくつかの重大な副作用も明らかになっている。基礎物理を通じて予測され、モデル実験によって確認されている副作用の一つは、降水量の全体的な減少だ。つまり、二酸化炭素濃度が上昇する中で気候工学を用いても、現在の気温と降水パターンの両方を取り戻すことはおそらく難しい。成層圏におけるエアロゾルの増加が、アジアやアフリカ地域の夏季のモンスーンに影響を与えるとする研究結果もある。（注4）

加えて、積極的な気候管理は、これまで存在しなかった一連の政治問題を生む可能性もある。すべての人が温暖化に関与している今日の世界では、誰かがその責任を問われることはない。だが、特定の国々が積極的な気候管理に関わるようになると、何らかの望ましくない気象パターンが表れたとき、影響を受けた側はその国々を名指しで非難できるようになる。つまり、責任ある気候工学プログラムには、国家間の話し合いが求められる上、それによって一部の地域が損害を被る場合には、ある種の賠償制度が必要になるかもしれない。

これは、気候工学の戦略的側面に関する警告へとつながっている。気候工学には、建設的利用だけでなく、破壊的利用の危険性もある。地球を冷やすという悪意のない活用法がある一方で、他国の農作物に打撃を与えるという悪質な使い方もできる。この気候戦争に関する予言は、ゲーム理論の父ジョン・フォン・ノイマンによって、次のように述べられた。

気候管理の最も建設的な戦略を支える知識や技術は、今はまだ想像もつかない気候戦争というかたちでも利用されるに違いない。……有益な技術と有害な技術はいつも表裏一体で、このライオンを子羊から引き離すことはできない。これは、絶対に漏らしてはならない機密扱いの科学や技術（軍事）を、公にされるものから切り離すことに苦労している人なら、誰もが感じていることである。うまくいってもそれは一時的なもので、おそらく5年ほどしかもたない。同様に、すべての技術領域において、有益なものと有害なものの仕切りは、10年後にはおそらく消えてなくなっているだろう。（注5）

私にとって、気候工学は、医師たちの間でサルベージ療法と呼ばれているものによく似ている。サルベージ療法とは、すべての治療が失敗した際に用いられる、危険度の高い対処法のことだ。患者の症状が重く、より低リスクの治療法が存在しないとき、医師はサルベージ療法をおこなう。信頼できる医師ならば、治療可能な病気の初期段階と診断されたばかりの患者に対し、サルベージ療法を施したりはしない。それと同じで、信頼に足る国は、地球温暖化に対する最初の防御策に気候工学を用いるべきではない。

だが、気候工学が極めて重要なのも、まさしくそれがサルベージ療法だからだ。すなわち、もうあとがないというときに頼ることができる手段である。そうした意味では、気候工学は火災保険というより、消防車のようなものだ。気候工学という名の消防車が救助に駆けつけ、急激で危険な温暖化を弱めたり、食い止めたりしてくれる。だが、それは決して完璧な解決策ではない。消防車が火を消し止めたとき、我々の貴重な財産は水浸しになっており、しかも大掛かりな後始末が必要になる。このように、消防車や気候工学は最悪の緊急事態においては頼りになるが、初期段階の防衛手段には向いていない。

しかし見方を変えれば、地球物理学的末期症状への対処法のポートフォリオをもつのは、賢明なことだ。残念ながら、多くの人々は、気候工学について真剣に研究することに躊躇している。気候工学に目を向けることが「モラルハザード」（倫理の欠如）につながると懸念しているためだ。つまり、気候工学への依存が、二酸化炭素やその他の温室効果ガスの削減に向けた取り組みへのプレッシャーを弱めてしまうと危惧しているのだ。

モラルハザードは政府が実施する多くの政策の中で見られるが、我々はおそらくその影響力を過大評価している。社会が脆弱性を低下させるために講じるさまざまな対策が、逆にリスクテイキング行動を助長している可能性は否定できない。消防士、中央銀行、スキーヤー救助サービスは、どれもリスクに対する脆弱性を緩和するが、それによって人々がリスクをとることを恐れなくなるとの見方もできる。だが、全体的に考えたとき、私は間違いなく中央銀行やスキーヤー救助サービスが存在する社会に暮らすことを選ぶ。たとえそれが、銀行家やスキーヤーたちによるリスクテイキングを後押しすることになったとしてもだ。

このように、気候工学のバランスシートは複雑だ。費用と便益を慎重に比較すると、気候工学による備えは、気候変動によってもたらされる最も危険な影響のリスクを低下させることがわかる。だが、気候工学によって解決されない問題も多く、また危険な副作用の可能性も指摘されている。そのため、私ならば迷うことなく、二酸化炭素の排出量や濃度を低下させるアプローチから始めることを選ぶ。とはいえ、我々は、気候工学というサルベージ療法についても理解を深める必要がある。また、研究や実験に関する周到な計画も策定すべきである。そしてもう一つ重要な点として、国際社会は、気候工学を国際的な規制や管理のもとに置くための条約について検討し、特定の政府が国益のために戦略的な使い方をしないように取り決めなければならない（注6）。

第14章
排出削減による気候変動の抑制──緩和策

これまでの議論から判断する限り、適応策や気候工学は、いずれも地球温暖化の脅威に対する十分な解決方法にはならない。長期的視点に立って考えたとき、真の解決策はただ一つ、温室効果ガスの蓄積に歯止めをかけることだ。これは、一般的に緩和策、より正確には防止策と呼ばれている。

緩和策とは、温室効果ガスの濃度を低下させる方策のことである。最も代表的な温室効果ガスは二酸化炭素で、主に化石燃料の燃焼によって生成される。長寿命の温室効果ガスはほかにもある。メタン（住宅を暖める際に使用される天然ガス）はその一つだ。一方で、温室効果ガスには短寿命のものもある。粒子状物質（エアロゾルとも呼ばれる）はこれに含まれる。その一部は地球を冷却する性質をもっており、状況を一層複雑にしている。

ここで影響の規模について説明しておこう。科学者たちの推定によれば、大気中の二酸化炭素濃度が2倍になると、放射強制力（大雑把に言えば暖める力）は、地球の表面積1平方メートル当たり3・8ワット（W／㎡）にまで増加する。これは、地球が太陽から受ける放射量の約100分の1に相当する。1750年以降の人間起因の総放射強制力は、2011年時点で合計2・4W／㎡だった。

この値は、多くの正の数値といくつかの負の数値を足し合わせたものだ。2011年の段階で最も大きく寄与していたのは二酸化炭素で、その放射強制力は1・7W／㎡だった。そこにメタンなど、ほかの長寿命温室効果ガスの寄与分である1・1W／㎡がさらに加わった。二酸化炭素やその他の長寿命温室効果ガスの寄与については正確に推定することができ、我々もこの計算に確信をもっている。

それ以外の温室効果ガスの寄与度については、推定がはるかに困難だ。最も難しいのはエアロゾルである。人間起因のエアロゾルの大部分は発電所から放出されるか、バイオマス燃焼によって生成される。エアロゾルの放射強制力の最良推定値は2011年時点でマイナス0・7W／㎡だった。言い換えれば、エアロゾルは地球を冷やし、熱を遮断する力をもっている。

ほとんどの予測結果によれば、2100年時点で地球温暖化の最大要因は二酸化炭素だ。それ以外の物質、とりわけエアロゾルの影響については、極めて不透明である。エアロゾルに関する予測をおこなう際の問題の一つは、将来どのくらいの電力が石炭を使って生産されているのか、石炭火力発電所の排ガス処理技術がどれだけ進歩しているのかがわからない点にある。

話をシンプルにするために、ここでは二酸化炭素に的を絞って考察するが、それでも本質的な問題を押さえることはできる。その他の要因については、話に出てきた際に説明したい。(注1)

二酸化炭素の発生源

二酸化炭素の削減は、理屈の上では簡単だが、実行するのは難しい。排出量を抑制するには、「ただ単に」世界の国々が化石燃料の利用を減らすか、化石燃料を使い続けるのであれば排出された二酸化炭素を取り除く方法を見つければよい。図表14－1には、二酸化炭素の主な発生源が示されている。(注2)石炭と石油は、それぞれ世界のエネルギー起源による二酸化炭素排出量の35～40％を占めている。天然ガスの寄与度は全体のおよそ5分の1だ。アメリカにおける比率は、世界全体に関するものとほとんど変わらない。セメント製造など、二酸化炭素を排出する部門はほかにもあるが、ここでは便宜上、経済との関わりや温暖化への寄与度が最も高い化石燃料に焦点を当てる。

図表14－1からわかるのは、排出される二酸化炭素の物理的体積だ。我々は、排出される二酸化炭素の相対的経済価値についても調べることができる。これに関しては、二酸化炭素の発生源となる燃料に対して市場が設定している価格を参考にする。一部の燃料はほかに比べてコストが高い。たとえば、ガソリンを使って車を走らせる場合、1ドル当たりの燃料から排出される二酸化炭素の量はほんのわずかだ。それに対し、発電所が石炭を燃焼する際には、1ドル当たりの燃料から大量の二酸化炭素が排出される。

1000ドル当たりの燃料から排出される二酸化炭素の量の推定は次の通りである。

- 石油は、燃料1000ドル当たり0・9トンの二酸化炭素を排出する。
- 天然ガスは、燃料1000ドル当たり2トンの二酸化炭素を排出する。
- 石炭は、燃料1000ドル当たり11トンの二酸化炭素を排出する。

これは驚くべき結果だ。石炭は、1ドル当たりの燃料から排出される二酸化炭素の量が、天然ガスの6倍、石油の12倍にのぼる。石炭は、エネルギー単位当たりのコストで見れば非常に安価だが、1ドル当たりの燃料から大量の二酸化炭素が排出されるという難点がある。(注3)

右に箇条書きで示した二酸化炭素の経済的側面は、ある重要なポイントを示唆している。エネルギー起源

図表14-1　エネルギー起源別に見た二酸化炭素の排出量の比率（2010年）

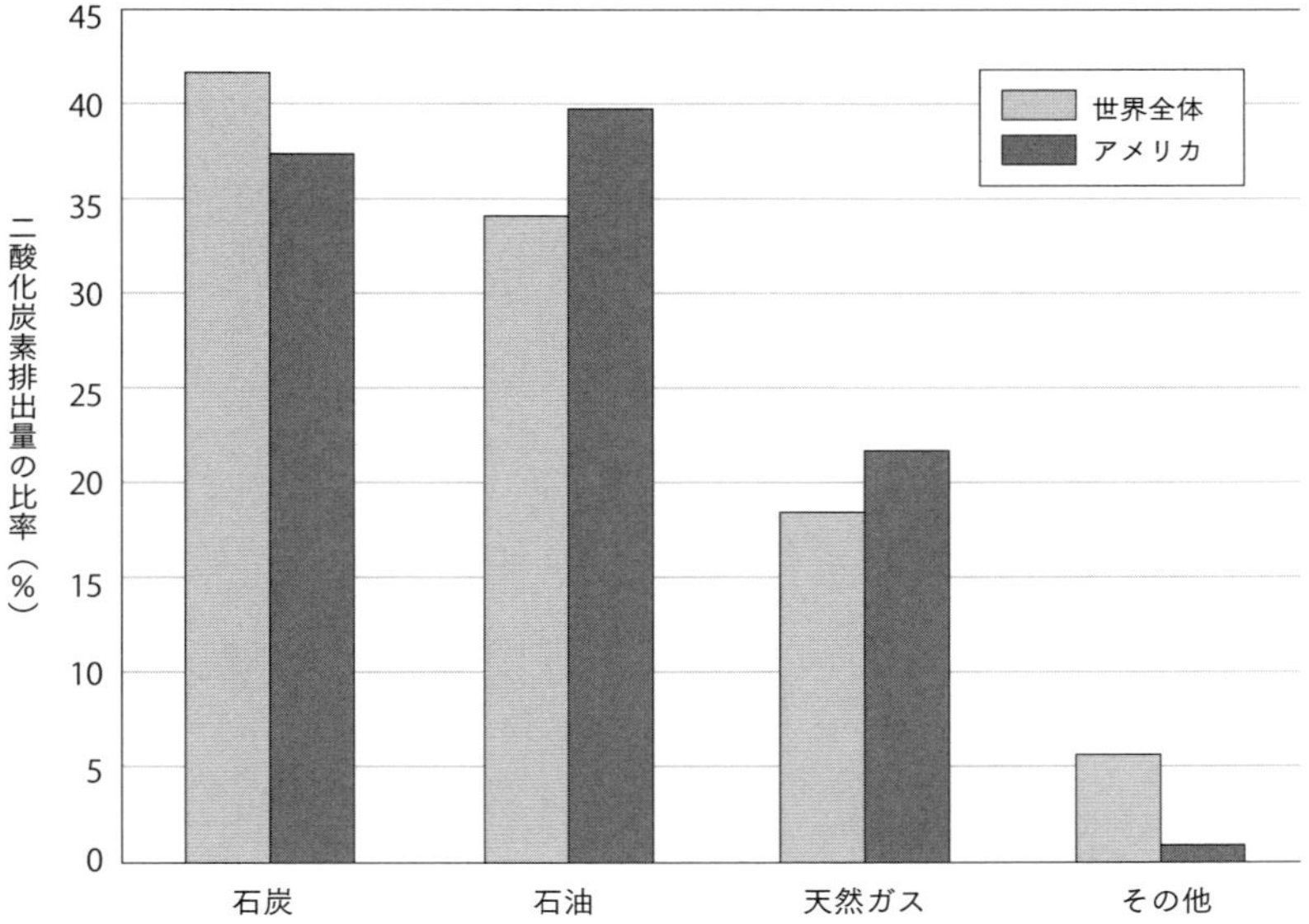

グラフは、2010年に世界全体（左）とアメリカ（右）で排出された二酸化炭素の内訳を示している。

による二酸化炭素を削減するための最も経済的なアプローチは、石炭使用量を減らすことだという点だ。これが真実かどうかを確かめるには、それぞれの燃料にかかる資本コストや労働コストを詳しく分析しなければならないため、箇条書きで示された数字だけでは判断できない。しかし、次に見ていく通り、この暫定的な結論は極めて詳細な分析にも耐え得るものだ。これは非常に重要なポイントなので、繰り返し述べておきたい。二酸化炭素排出量を削減する上で最もコスト効率がよい方法は、石炭の消費量を真っ先に、そして大幅に減らすことである。

家庭から見た二酸化炭素の排出

ここまでの話はどれも非常に抽象的だ。そこで、統計上平均的なアメリカの家庭を例に見ていきたい。アメリカにおける1世帯当たりの二酸化炭素排出量を知るには、国内の総排出量を1億1500万世帯で割ればよい。図表14－2は、1世帯当たりの二酸化炭素排出量を活動行為別に示したものだ。（注4）最大の排出源は車の運転で、その量は年間およそ8トンに及ぶ。冷暖房も大きな要因だ。表にあるすべての排出源を足していくと、1世帯当たりの年間総排出量は20トンになる。

しかし、これ以外にもまだ、「その他」から発生する約33トンの二酸化炭素が残されている。表中の「その他」は一体何を指しているのだろうか。実は、二酸化炭素の排出は、家庭生活のありとあらゆる面に関わっている。というのも化石燃料は、家庭で消費されるすべての財やサービスの生産の中で、直接的あるいは間接的に用いられているからだ。キッチンテーブルの材料であるスチールの生産には、石炭が使われている。救急医療サービスを提供する病院の暖房には、天然ガスが使われている。ベーカリーのパンの原材料である

図表14-2　さまざまな活動によってアメリカの家庭から排出される二酸化炭素の量（2008年）

最終用途	1世帯当たりの二酸化炭素排出量（トン）	排出量比率（%）
自動車移動	7.9	15.2
暖房	3.2	6.2
飛行機移動	1.6	3.0
冷房	1.3	2.5
給湯	1.3	2.5
照明	1.1	2.2
冷凍冷蔵	0.8	1.5
電化製品	0.8	1.5
掃除	0.5	1.0
コンピューター	0.1	0.2
その他（間接的な排出を含む）	33.4	64.3
合計	51.9	100.0

日常生活のどの活動が、二酸化炭素を最も排出するのだろうか。車の運転は最大の排出源だ。二酸化炭素の大部分は、燃料の直接利用ではなく、間接利用によって発生する。これは、家庭で消費される財やサービスを生産する際に出る、いわゆる「内包された」二酸化炭素だ。

小麦を栽培するトラクターは、ディーゼル燃料を使っている。そしてそのすべてから、二酸化炭素は排出されている。

しかし、これらの活動行為の炭素集約度（訳注＊エネルギー消費量単位当たりの二酸化炭素排出量）は、どれも同じというわけではない。石炭火力発電はアメリカにおける最大の二酸化炭素排出源であるため、この電力に大きく依存した活動は炭素集約度が高いということになる。セメントや鉄鋼の生産も、大量の二酸化炭素を排出する活動だ。だが、気候に影響を及ぼす温室効果ガスは、二酸化炭素だけではない。動物の「消化管内での発酵」によって発生するメタンガスはその一例で、これは牛の消化管から放出されるメタンガスのことだ。一見無害なコップ1杯のミルクでさえ、実は将来の気候に影響を与えている。

二酸化炭素排出量が比較的少ない、あるいは1単位当たりのコストが気候に与える影響が最も小さい部門は何だろうか。経済生産1ドル当たりの二酸化炭素排出量が最も少ないのは、サービス業だ。医療、建築設計、会計、保険、金融、法律などのサービスによる生産1単位当たりの二酸化炭素排出量は、経済全体の5分の1程度である。したがって、いつも利用している銀行に対してよい印象を抱いていなくても、彼らには二酸化炭素をほとんど排出しないというよさがある。(注5)

排出削減のための技術

我々が、二酸化炭素の排出量と濃度を下げる決意をしたとしよう。どうすればそれを実現できるのだろうか。主なアプローチは次の通りだ。

・全体的な経済成長を抑制する。たとえば、2009年の不況のさなかには、アメリカの二酸化炭素排出量は7%減少した。しかし、景気を低迷させることで排出削減を達成するのは痛みを伴うアプローチであり、当然ながら推奨できない。

・エネルギー消費量を減らす。図表14－2にある通り、エネルギーを消費しているのは、車の運転や住宅の暖房など、利便性のための活動だ。これは可能なアプローチである。エネルギー消費の無駄をいくらか削れることは間違いない。しかし、多くの人は生活スタイルの劇的な変化に抵抗を感じる上、我々のエネルギー消費量を5割もしくは9割削減し、排出量をゼロにすることは、明らかに不可能である。

・財やサービスの生産における炭素集約度を低下させる。これは、生産プロセスの「中身」よりも「方法」を見直すことに関わってくる。たとえば、発電の際に石炭ではなく天然ガスを用いれば、二酸化炭素の排出量を半分に抑制できる。あるいはもっと踏み込んで、二酸化炭素をまったく排出しない風力発電を利用する手もある。複数の研究では、とりわけ低炭素技術が発展した場合、こうした生産技術やプロセスの革新こそが問題解決の鍵となる可能性が高いとされている。これまで聞いたことのない驚異的な技術が生み出され、二酸化炭素を排出しないだけでなく、現在の燃料よりももっと安価にエネルギーを生産できるようになるかもしれない。

・大気中から二酸化炭素を取り除く。最後のアプローチは、燃焼後の二酸化炭素除去である。これにはいくつか方法があるが、のちほど説明する通り、そのほとんどはコストが高く、壮大なスケールのものになることが予想される。

これらのアプローチに関する詳細な議論は割愛する。さまざまな専門家による分析が存在するので、詳しくはそちらを参照していただきたい。[注6]その代わり、本章の残りのページを使って、緩和策の具体例をいくつか紹介しよう。一つはエネルギー転換の短期的な例、もう一つは燃焼後回収を用いた例、そして未来の技術に関する例だ。その上で、最後の節では、将来の技術的大躍進が、気候カジノに関する考察でどのような役割を果たすかについて論じたい。

天然ガスは化石燃料の中で最もクリーンなエネルギーで、発電に用いられた際の1キロワット時（kWh）当たりの二酸化炭素排出量は、石炭の半分程度だ。天然ガス発電への転換を進めることは、二酸化炭素排出削減の重要なアプローチである。専門家の報告書によると（図表23－3を参照）、新設の天然ガス複合サイクル発電所は、新設の石炭発電所よりも低コストで電力を生産できる。発電の総コストに関する見積もりは、新設の従来型石炭発電所で約9・5セント／kWh、天然ガス発電所で6・6セント／kWhだ。また、1kWh当たりの二酸化炭素排出量を見ると、石炭発電所は天然ガス発電所のほぼ倍となっている。[注7]

石炭がそれほどまでに高コストならば、なぜアメリカでは発電に石炭が使われているのだろうか。答えは、短期コストで考えると、石炭は天然ガスよりもはるかに安いからだ。高効率な既設の発電所で比べた場合、天然ガスによる発電は、石炭に比べてコストが倍近くかかる。長期と短期でこのように違うのは、新設の石炭発電所の資本コストが、新設の天然ガス発電所に比べて高いことに起因している。アメリカ国内で新たに建設や計画が進められている発電施設のほとんどが、石炭火力ではなく、ガス火力によるものであるということは、想像に難くない。しかし、既設の発電所は今なお大量の二酸化炭素を排出しており、環境規制や税が課されない限り、今後も長年にわたって稼働を続けるだろう。

次に、大気中から二酸化炭素を取り除くという方法についてはどうだろうか。人間活動によって大気中に排出される二酸化炭素のほとんどは、自然のプロセスによって最終的に消えてなくなる。だが、このプロセスは非常にゆっくりとしたもので、何万年もの時間を要するため、急激な気候変動とその影響を阻止するには間に合わない。たとえば、国々が排出量の急増という道を辿り続けたのち、2100年ですべての排出を完全にストップしたら、どのようなことになるだろうか。二酸化炭素濃度については、産業化以前の水準を大幅に上回ったままの状態が、おそらく1000年ほどの間続く。世界の平均気温は、1900年比で最大4℃上昇する。この意外な予測結果は、炭素循環と気候システムがもつ大きな慣性を表している。(注8)

どうやら我々は、影響の緩和に向けてまったく異なるアプローチを模索したほうがよさそうだ。化石燃料を燃焼させたあとで、二酸化炭素を除去することは可能だろうか。二酸化炭素除去は、一貫したプロセスとして実施するか、大気中に排出されたあとにおこなうことができる。燃焼後回収プロセスの利点は、豊富な化石燃料をこれまで通り利用して経済を動かしつつも、気候への影響を軽減できるところにある。

今日最も有望な燃焼後回収技術は、二酸化炭素回収・貯留技術(CCS)と呼ばれるものだ。これは、化石燃料(天然ガスや石炭など)を燃焼させたのちに二酸化炭素を回収する技術だ。燃焼させるのは簡単だが、効率的に回収することは難しい。

CCSはどのように機能するのだろうか。次の記述は、マサチューセッツ工科大学(MIT)の技術者や経済学者のチームがおこなった詳細な研究に基づいている。(注9) 基本的な概念はシンプルだ。CCSは、燃焼の際に二酸化炭素を回収して別の場所に送り、何百年もの間貯留して、大気中に出さないようにする。

ここでは石炭を例に挙げるが、それは石炭が最も豊富な化石燃料であり、CCSの大規模利用の第一候補だからだ。技術者たちは、今日のアメリカ国内の天然ガス価格なら天然ガスとCCSを組み合わせたほうがより低コストだと考えているが、石炭を用いた説明で示される基本原理は、天然ガスの場合とよく似ている。ここでは説明をわかりやすくするために、石炭が純粋な炭素であると仮定する。その場合、基本プロセスは次のようになる。

炭素＋酸素→熱（エネルギー）＋二酸化炭素

このように、燃焼は有益なアウトプット（発電に利用される熱）に加え、有害な外部性である二酸化炭素を発生させる。

大切なのは、二酸化炭素分子が大気中に放出される前に回収することだ。二酸化炭素の分離は、今日油田や天然ガス田で実際におこなわれている。しかし、現在の技術は小さなスケールでのみ運用されており、大規模な石炭火力発電での利用には適していない。将来有望視されている技術の一つは、二酸化炭素の回収機能を備えた石炭ガス化複合発電である。石炭ガス化複合発電のプロセスは次の通りだ。まず、粉砕した石炭をガス化させ、水素と一酸化炭素を発生させる。一酸化炭素をさらに反応させ、高濃度の二酸化炭素と水素を生成する。その後、吸収液を使って二酸化炭素だけを取り出し、圧縮する。最後に、二酸化炭素を別の場所に送り、貯留する。複雑に聞こえるし、実際そうなのだが、今日石炭発電で使われている技術と比べて格段に複雑というわけではない。

ＣＣＳの最大の課題はコストと貯留だ。ＣＣＳ機能が加わると、排ガスから二酸化炭素を分離するためのエネルギーが必要となるため、発電コストは上昇する。ＭＩＴの研究によれば、二酸化炭素の回収によって、１ｋＷｈ当たりの発電コストは３～４セント増加する。従来技術の場合、ＣＣＳは発電コストを60％ほど上昇させるが、ＭＩＴチームの予測によると、先進技術の導入でコストの増大は30％程度に抑えられるという。(注10)

二酸化炭素の回収がＣＣＳプロセスの高価な部分であるのに対し、輸送と貯留はむしろ物議を醸す部分になりそうだ。問題の一つは、単純に、貯留されるものの規模にある。貯留場所の最有力候補は、枯渇した油田や天然ガス田など、地中の多孔質岩層だ。もう一つの問題は、漏えいのリスクである。これは（二酸化炭素が大気中に漏れ出すことで）プロジェクトの価値を低下させるだけでなく、健康や安全上の問題を引き起こす可能性もある。私が推奨する選択肢は、重さを利用した深海貯留だ。二酸化炭素は深海に貯留された場合、海水よりも重いため、何百年もそこにとどまる。(注11)

今日、ＣＣＳは多くの壁に直面している。コストが高い上に、試されたことがなく、しかも毎年何百億トンもの二酸化炭素を処理するために施設の規模を拡大しなければならない。地中貯留の機能性については不十分なデータしかないため、科学と世論の支持を確実に得るにはさらなる実績が必要だ。人々は、大量の二酸化炭素が突然放出され、未曾有の大被害がもたらされる可能性を危惧している。

資本集約型の大規模な技術の多くがそうであるように、ＣＣＳは悪循環に陥っている。企業はＣＣＳに対して巨額の投資をしたがらない。理由は資金面でのリスクが高いからだ。なぜリスクが高いかというと、ＣＣＳに対する人々の支持を得るのが難しく、大規模利用には数々の大きな障害が立ちはだかっているからだ。そして人々の支持を得られないのは、ＣＣＳに大規模利用の実績がほとんどないからだ。ほかの大規模な先進エネルギーシステムと同様に、この悪循環からの脱却は、ＣＣＳ関連政策にとって最大の難問となっている。

未来の技術

大気中から二酸化炭素を除去するためのその他の提案は、現実的な工学技術というよりも、むしろＳＦのようである。おもしろい例は、何十億本もの樹木を栽培、伐採し、固定された二酸化炭素ごと離れた場所に保管して、分解を防ぐというものだ。これを発展させた案が、著名な物理学者フリーマン・ダイソンによって提示されている。

我々がバイオテクノロジーを極めたとき、気候ゲームのルールは一変するだろう。バイオテクノロジーに支えられた世界経済では、低コストで環境にもやさしい二酸化炭素吸収装置が現実のものとなる可能性が高い。……（たとえば）今後20年以内、遅くとも50年以内には確実に、「遺伝子組み換えによってつくられた炭素を食べる木」が実現するだろう。炭素を食べる木は、大気中から吸収した二酸化炭素の大部分を化学的に安定した形態に変え、地中に貯留する能力をもっている。(注12)

このほかにも、科学者たちは、自然による二酸化炭素貯留プロセスを加速させるさまざまな技術を研究している。コロンビア大学のクラウス・ラックナーは、大気中から二酸化炭素を取り除く「人工樹木」を提案している。(注13)海洋を使って過剰な二酸化炭素を吸収する方法を提示している科学者たちもいる。

こうしたアイデアは、どれも二つの大きな壁に直面している。莫大なコストがかかると予想されることと、必要とされる除去のスケールが非常に大きいことだ。この二つの点は、今日確実に実現可能なある例から見ることができる。カナダのブリティッシュコロンビア州には、ほぼ手つかずの広大な森林地帯がある。仮に同州が、この森林地帯の半分にあたるおよそ30万平方キロメートルの土地を、二酸化炭素除去のために利用するつもりでいるとしよう。それには樹木を育て、成長したら伐採し、大気中に二酸化炭素が漏れ出さないよう保管する必要がある。州内にはあっという間に伐採された木々の山ができるだろう。しかし、森林地帯の半分をこのプロジェクトに充てたとしても、除去できるのは、その後数年間で世界が排出する二酸化炭素量の0・5％にも満たない。

大量の「炭素を食べる木」と、ブリティッシュコロンビア型の森林プロジェクトと、ラックナーが考案した人工樹木とがあれば、二酸化炭素濃度を低下させることは可能かもしれないが、それは壮大なスケールの事業になる。まったく別の、より効率的な二酸化炭素除去プロセスが見つからない限り、こうした取り組みはあくまで排出削減アプローチの補完策であり、代替策となることは期待できない。

第15章の計算からもわかる通り、二酸化炭素排出量の大幅削減に向けた選択肢のほとんどは、相当なコストを伴うようだ。今日の技術が気候変動に無関心な世の中で開発されたものであるため、我々は過度に悲観的になっているのだろうか。適切なインセンティブと多くの優秀な科学者たちをこのタスクに投入することで、温暖化問題があっという間に消えてなくなるようなエネルギー技術の進化が起こり、すべてが解決されるということは、果たしてあり得るのだろうか。

ここで改めて図表3－2を見てほしい。グラフは、アメリカ経済における炭素強度がこの80年間で毎年約2％ずつ低下していることを示しており、その傾向に大きな変動は見られない。エネルギー技術の大革命によって脱炭素率が年10～20％にまで上昇し、それによって排出量が急激に減少する可能性はあるのか。そのシナリオがどのように展開され、我々の地球温暖化政策にどう関わってくるのかについて考えてみたい。

未来の技術革新を見通すことは本質的に難しい。株式市場の今後の行方を占うこともそうだが、将来どのような技術が誕生するかを予見する能力をもっていたら、私は伝説の億万長者になれるだろう。しかし、ここではあえて技術的なSFの世界に目を向けよう。将来の動向を予想する多くの科学者や技術者は、技術的大躍進が高度な計算技術とロボット工学、そして新素材の融合によってもたらされると考えている。

発明家で未来学者のレイ・カーツワイルは、低炭素でありながらエネルギー豊富な未来の姿について語っている。カーツワイルは、分子ナノテクノロジーによって太陽光発電装置の製造コストが現在の水準から大幅に低下し、その結果、ビルや車、衣服にさえも、安価な太陽光電池が取り付けられるようになるだろうと考えている。さらに、エレベーターで宇宙に資材を運び込んで太陽光発電をおこない、つくられた膨大な量のエネルギーをマイクロ波を使って地球に送り込むという構想も描いている。[注14]

ほかの画期的発明に関する予想がそうであるように、こうした案をどれだけ真剣に捉えるべきかを判断することは難しい。そのような打開策が今後50年以内に実現する確率は、20%だろうか。２％だろうか。それとも０・００２％だろうか。

まず確実に言えるのは、こうした類いの急激な技術革新の可能性を排除すべきではないということだ。今日のインターネットや人工知能、ＤＮＡ配列決定法は、１００年前の社会では誰も想像し得なかったことだ。さらに、図表23－4を見ると、太陽電池のコストは確かにこの50年間で大幅に低下している。

しかし、少し考えてみると、技術革新の可能性は我々を地球温暖化の問題から解放してくれるわけではないことに気がつく。なぜなら、我々が保険を必要としているのは、好ましい結果ではなく、好ましくない結果に備えるためだからだ。火災保険に置き換えて考えるとわかりやすい。人々は、自宅が焼失した場合に備えて火災保険に加入する。家が無事なときや、家の資産価値が急上昇しているときのためではない。保険は、最善のシナリオではなく、最悪のシナリオに対してかけられるものだ。

このポイントを示す例を挙げたい。大気中の二酸化炭素を食べ、お腹がいっぱいになったら大気圏外に飛んでいくという奇抜な昆虫がつくられたとしよう。我々は、気候変動の抑制に向けた取り組みを緩めてよいものだろうか。少し考えれば、答えがノーであることはわかる。実際のところ、この昆虫は何も食べないかもしれないし、どこにも飛んでいかないかもしれない。そうなったとき、世界は歯止めのきかない気候変動に直面することになる。我々に必要なのは、昆虫が二酸化炭素を食べた場合を想定した政策ではなく、何も食べなかったときに備えた政策だ。このように、地球温暖化政策が、主に気候カジノにおける不確実だが非常に有害な結果を見越した保険であると考えたとき、将来の技術革新が問題を解決してくれるかもしれないという可能性は、地球温暖化による負の影響を補償する保険料を劇的に下げてはくれないのである。

我々は、緩和策に関してどのような結論を示せばよいだろうか。二酸化炭素やその他の温室効果ガスを削減する方法は、数多く存在する。発電の燃料を石炭から天然ガスのような低炭素資源に転換するなど、今日すでに実現可能なものもあれば、二酸化炭素の回収や隔離のように、どちらかと言えば理論上の存在に過ぎないものもある。また、炭素を食べる木や昆虫など、空想的な話もある。この問題について研究している経済学者たちの見解は、大方一致している。我々が緩和策を真剣に捉え、効率的に管理したならば、緩和策を通じて地球温暖化を抑制することは可能だ。驚くようなコストがかかるということもないし、市場と調和したアプローチを用いることで、費用だけでなく、我々の日常生活への政策介入を抑えることもできる。緩和策が効率的に管理されれば、次の半世紀で生活水準が被る影響は極めて限定的なものになる。これらはどれも単なる推測ではあるが、次の数章でさらに詳しく説明していきたい。

第15章
気候変動抑制のコスト

前章の結論は、気候変動を抑制するには、二酸化炭素やその他の温室効果ガスの濃度を低下させることに主眼を置く必要があるということだった。それには、基本的に四つのアプローチがあるということも学んだ。一つは、経済成長を抑え、我々の生活水準を下げるというものだが、これは実際のところ問題外と言える。ほかの三つは真剣に検討するに値する。まずは、世界中を飛行機で移動することをやめるなど、二酸化炭素排出量の多い活動を自粛し、生活スタイルを見直すというものだ。また、発電の燃料を石炭から天然ガス、あるいは風力に転換するなど、低炭素またはゼロ炭素の技術を使って財やサービスを生産するという方法もある。そして最後に、化石燃料を使いはするものの、燃焼させたあとで二酸化炭素を除去するという選択肢もある。

気候変動政策の主旨は、これら三つの行動のすべてを促進することだ。世界の何十億もの人々や、企業、政府の意思決定に影響を与え、彼らを低炭素消費や低炭素技術へと誘導する効果的で効率的な政策でなければならない。こうした技術には、石炭火力発電による正味の二酸化炭素排出量を抑えるなど、わかりやすいものもある。他方で、工場のエネルギー効率を改善するなど、目に見えにくいものもある。さらに、長期的に最も期待されるものとして、新技術の開発や改良の推進がある。

しかし、たいていの場合、これらはどれもコストを伴う。風力によってつくられる新たな電力は、高効率な石炭発電所で生産された電力よりも高くつく。ハイブリッド車は普通の車に比べて製造コストが高い。そして、幸福度という観点から言えば、ニューメキシコ州への旅行を楽しみにしていた人々にとって、計画を取りやめて家にいることの損失《コスト》は大きい。こうした代替的な選択肢には、安価なものもあれば、高価なものもある。だが、経済学は、気候変動政策が掲げる目標（とりわけ野心的なもの）の達成には巨額の投資が必要であるという、重要な真実を教えてくれている。

費用を表す尺度

この分野で費用を表す際によく用いられる尺度は、「二酸化炭素1トン当たりの削減にかかる費用」だ。一瞬首をかしげてしまいそうになるが、要はコストのことである。我々は、「ジャガイモ1キロ当たりの費用」ならば払い慣れている。ここでの違いは、何かを生産するためではなく、生産しないために費用を払うということだ。不用品を回収してもらうのに代金を支払うのと同じである。理屈は単純だ。仮に、1000ドルを支払うことで10トン分の二酸化炭素を削減できるとすると、二酸化炭素1トン当たりの排出削減費用は100ドル（＝1000ドル÷10トン）となる。

ここで具体的なケースを二つ挙げたい。

ケースその1――新しい冷蔵庫　我が家の冷蔵庫は旧式で、エネルギー効率のよい新型モデルを1000ドルで購入することを検討している。新旧どちらの冷蔵庫も耐用年数は10年で、サイズや冷却能力はまったく同じだ。新しい冷蔵庫のほうが電力消費量は少なく、計算したところ、年間50ドルの節約につながる。したがって、(割引を考えなければ) 新しい冷蔵庫の正味費用は500ドルになる。また、調べてみると、この新しい冷蔵庫の年間の二酸化炭素排出量は、古いものに比べて0・3トン少ないことがわかった。つまり私は、500ドルの費用を払って今後10年間で3トンの二酸化炭素排出を抑制できるわけで、二酸化炭素1トン当たりの排出削減費用は167ドル[=500ドル÷(0・3トン×10年)]になる。投資と同じように、費用に割引率を適用する場合、この値はもう少し高くなる。(注1)

ケースその2——天然ガス発電　旧式の冷蔵庫を買い替えた場合の排出削減費用が高くつくということはわかった。そこで、もう一つのケースを見てみたい。第14章で論じた、発電の燃料を石炭から天然ガスに転換することの利点に関する話の続きだ。仮に、既設の石炭発電所が非効率的で、1kWh当たりの変動費が新設のガス火力発電所に比べて1セント高かったとしよう。二酸化炭素排出量の差は、1000kWh当たりおよそ0・5トンだ。これらの値を割ると、二酸化炭素1トン当たりの排出削減費用は20ドル[(10ドル/1000kWh)÷(0・5トン/1000kWh)]になる。つまり、冷蔵庫を買い替えるよりも、こちらのほうがはるかにコストがかからずに済む。(注2)

二酸化炭素排出削減費用の算出

二酸化炭素の排出削減にかかる費用は、気候変動経済学における最重要テーマの一つである。基本的な考え方はシンプルだ。空間を照らす、部屋を暖める、車を運転するといった活動にはエネルギーが必要だ。排出削減はさまざまなかたちでおこなうことができる。安くてエネルギー効率が悪い電球でも、高価でエネルギー効率にすぐれた電球でも、空間を照らすことはできる。また、燃費の悪い車でも、ハイブリッド車でも、走行することはできる。

エネルギー消費量が少なければ使用する燃料も少ないため、排出する二酸化炭素の量も少ない。しかし、どんな場合も、省エネ技術の利用には、通常よりも若干多くの初期投資が必要になる。問題は、すべてを計算に入れたとき、一定量の二酸化炭素を削減するための正味の費用はどのくらいなのかという点だ。

エネルギー専門家たちは、二酸化炭素やその他の温室効果ガスの排出削減費用について、さまざまな研究をおこなっている。重要な研究結果のいくつかは次の通りだ。

- 経済には低コストの機会が数多く存在している。中には、エネルギーコストの削減額が初期投資を上回るという意味で、「負の費用」が発生するケースもある。
- 排出制限を厳しくすると、排出削減費用は急激に増加し始める。研究によれば、10~20%の排出削減であれば、世界の国々は比較的安価に、場合によってはコストをかけることなく、目標を達成できる。しかし、数年間で排出量の80~90%を削減しようとすると、おそらく莫大なコストが発生する。
- 今日、気候問題を一発で解決できる特効薬的な技術はない。その代わり、世界中の、ほぼすべての国のすべての産業分野には、限りない数の機会が存在する。
- 最後に、本書では化石燃料から排出される二酸化炭素に的を絞って話をしているが、政策の総合的なポートフォリオでは、化石燃料の燃焼以外の排出源を軽視すべきではない。温室効果ガスの中には、低コストで削減できるものがたくさんある。たとえば、オゾン層破壊の原因となっていたフロンの使用禁止は、大規模な温暖化を引き起こしていたかもしれない温室効果ガスの削減につながった。こうした対策はほかの

部分でも実施可能で、そのいくつかを巻末の原注「注3」に載せた。説明を簡略にするためにここでは割愛する。(注3)

地球温暖化に関する科学的研究の多くは、将来の技術シナリオについて非常に詳しく論じている。本書ではそのようなアプローチはとらない。理由の一つは、我々には実際のところその答えがわからないからだ。経済学者や政策担当者は、3億1500万のアメリカ国民や70億の世界の人々が使うエネルギーシステムを、事細かに管理するだけの情報をもっていない。経済はあまりにも複雑で、しかも急速に進化している。第V部で論じる通り、むしろ経済学者たちは、二酸化炭素の排出削減や先進的低炭素技術の開発に対する強力なインセンティブを付与する政策を立案すべきだと主張している。

たとえ温暖化政策の技術的側面を詳しく理解していなくとも、排出削減の鍵を握る最大の要因が何なのかに関しては、ここまでの学びからある程度想像がつく。ある政策提言に関する分析を使って、この点を説明しよう。ここで事例として挙げるのは、アメリカ国内の温室効果ガス排出量を、2030年までに規制なしベースライン比で40%削減することを掲げた提案だ。この際、提案の中身はそれほど重要ではない。代わりに注目したいのは、野心的な目標を達成するための効率的なアプローチがどのようなものかという点だ。

政策の分析には、アメリカのエネルギー情報局によって構築された非常に詳細なエネルギーモデルが使われた。図表15－1は、二酸化炭素排出削減の大部分が、石炭使用量の削減によっておこなわれると予測している。(注4)石油や天然ガスの消費量がそれぞれ約5%減であるのに対し、石炭消費量は90%減となっている。このような結果になったのは、石炭はほかの二つに比べ、燃料1ドル当たりからはるかに大量の二酸化炭素量が排出されるからである。また、本章前半の「ケースその2」で見てきた通り、天然ガスは電力生産におい

図表15－1　アメリカにとって最も経済的な二酸化炭素削減方法の予測（燃料別）

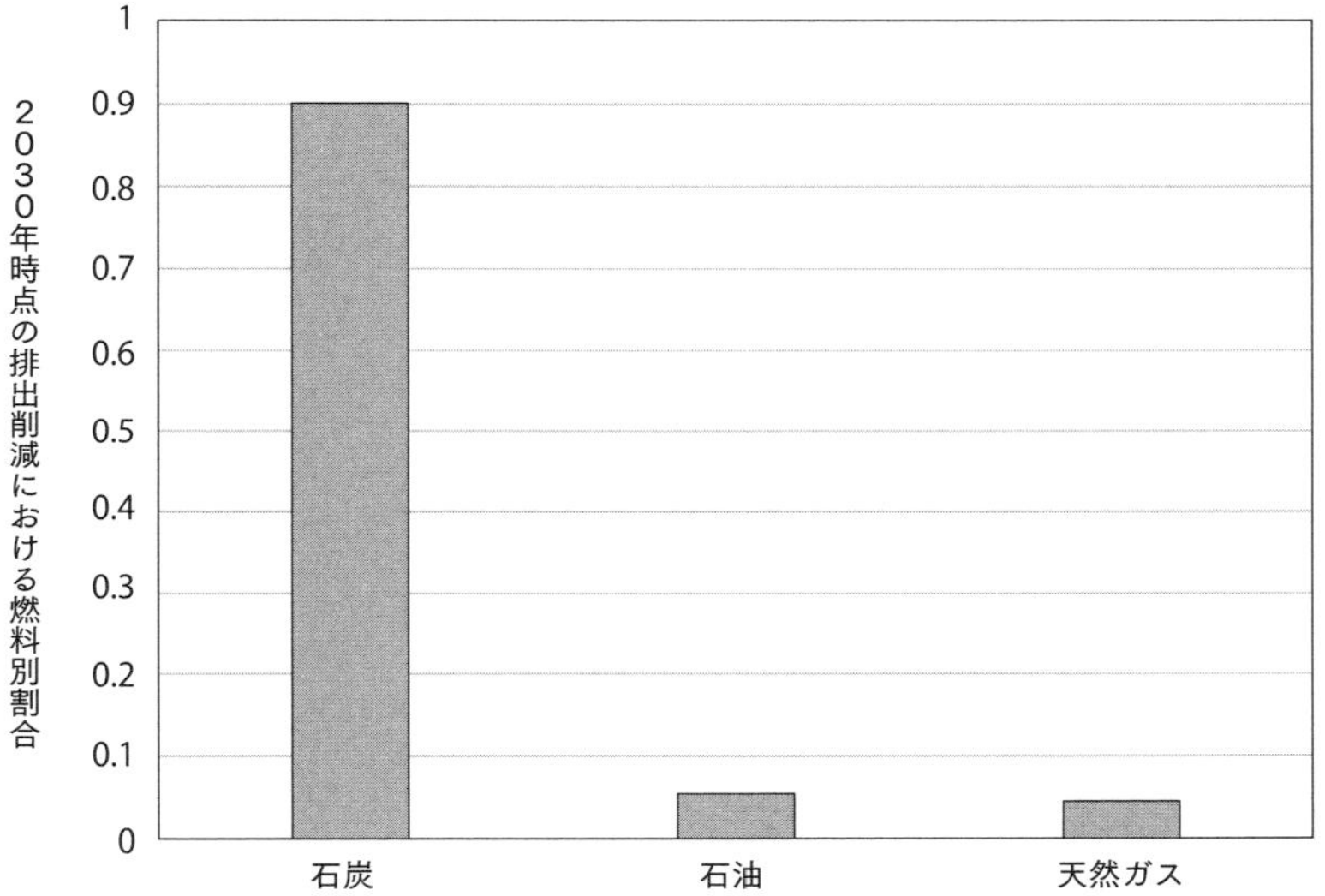

エネルギー情報局の分析によると、石炭使用量を最も大幅に削減する必要がある。ほかの経済モデルもこれと同様の結果を示している。

て、低コストで石炭に取って代わることができる。その上、天然ガスの価格は近年急激に低下しており、石炭使用量の削減によるコスト増を一層緩和している。

詳細なエネルギーモデルによる結果は、重要で厄介な結論を示している。今日多くの国で実施されている政策は、自動車、あるいは冷蔵庫などの電化製品に関する省エネ法だ。しかしそうした規制は、石炭を使った発電という、二酸化炭素を最も経済的に削減できる部分には影響を及ぼさない。省エネ法が政策立案者たちの人気を集める一方で、石炭使用量の削減というアプローチは、石炭の産地やそこで働く労働者たちからの激しい抵抗に遭っている。ところが、詳しい分析では、二酸化炭素削減への寄与という点で石炭の右に出るものはないという結果が示されている。

これはもう一つのポイントへとつながっている。二酸化炭素の排出削減費用は莫大な額になる可能性がある。今ある技術、あるいは大規模利用に向けた準備がすでに整っている技術では、大幅な排出削減を、簡単に、早く、安く実現することができない。排出削減を安価におこなう方法を編み出すことは、並大抵の創意工夫では難しいだろう。だが我々は、社会が最もコストの低いアプローチに頼れるようにする必要がある。冷蔵庫と発電所の比較に話を戻すと、二者の費用には10倍近くの開きがあった。何十億トンもの二酸化炭素を削減するという話になれば、経済的な影響は甚大だ。

総排出削減費用曲線

ここまでの議論では、家庭にとっての冷蔵庫選びや電力会社にとっての発電方法の選択といった、典型的な意思決定を例に挙げながら、二酸化炭素の排出削減費用について説明した。だが我々にとって最大の関心は、経済全体にとってのコストだ。専門家たちは長年にわたり、排出削減費用に関する問題を研究している。ここではその結果をかいつまんで説明するが、同時にそうした分析がもつ難しさや変動性にも注目していきたい。

排出削減費用に関する推定は山ほどあり、その数値には大きなばらつきがある。図表15－2は、技術アプローチ（またはボトムアップ方式）と経済モデルアプローチ（またはトップダウン方式）という、二つの異なるアプローチから得た結果を示している。(注5) まずはボトムアップ方式から見ていきたい。ボトムアップ方式では、車、溶鉱炉、発電所などで利用されているさまざまな技術に目を向けることによって費用を推定する。その上で、各部門の二酸化炭素排出量をどうやって、どのくらいの費用で削減できるかを調べる。先ほどの冷蔵庫や発電所のケースは、初歩的なボトムアップ推定だ。さまざまな製品やプロセスに着目し、それらにどう手を加えれば効率的に二酸化炭素を削減できるかを考えるという手法は、技術者がこの問題と向き合う際の典型的なアプローチである。

ここで図表15－2を見てほしい。縦軸は、二酸化炭素排出削減の平均コストを、世界総所得に対する比率で表している。また、横軸はある年（ここでは2025年）の二酸化炭素排出削減率を示している。たとえば、二酸化炭素排出量を30％削減した場合のコスト推定を見てみよう。どちらの方式も、このレベルの排出削減にかかる平均コストを、世界総所得の0・5％超と推定している。これを2012年のアメリカ経済に当てはめると、二酸化炭素1トン当たりの平均削減費用はおよそ15ドル、年間総費用は1000億ドル前後だ。より野心的な排出削減率をめざせば、この額はさらに大きくなる。

ボトムアップ研究から導き出される興味深い結論の一つは、世の中には負の費用、つまりコストを節約する手段が数多く存在するということだ。天然ガス発電所の利用や自動車の燃費改善は、その例だ。多くのボ

図表15-2　温室効果ガスの平均削減費用（2025年）

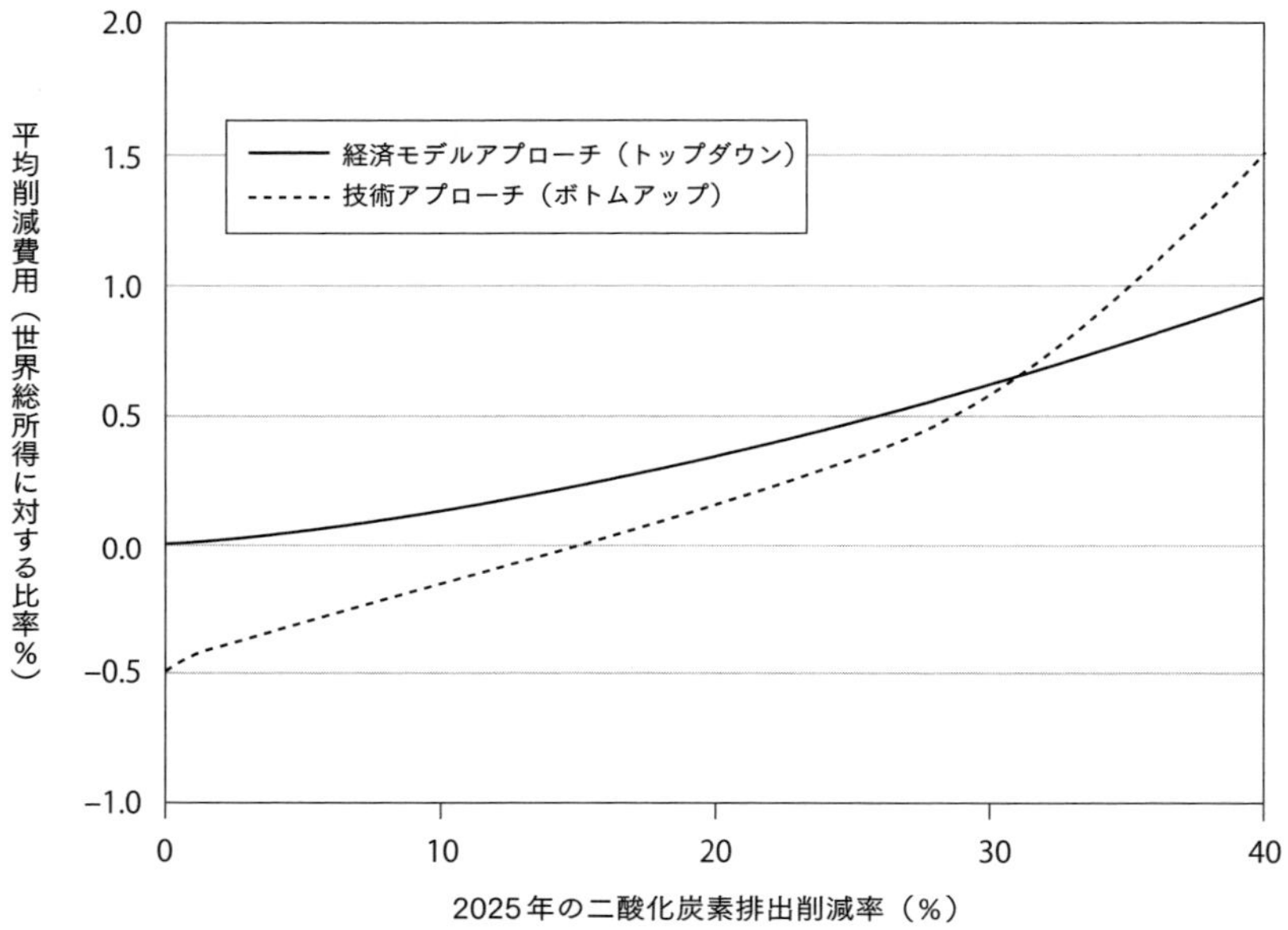

グラフは、二酸化炭素を最も効率的な方法で削減した場合の、世界全体の平均費用の推定を示している。アメリカに関する推定は若干異なるものの、曲線のかたちは同じである。

トムアップ研究では、我々は排出量を15％前後削減すると、実際に出費の節約につながるという結果が出ている。削減率をさらにもう15％ほど引き上げることは、比較的低いコストで達成可能だが、アメリカにとっての費用は1000億ドルにのぼる。

もう一つの曲線は、トップダウン方式、つまり経済モデルによるコストの推定を示している。トップダウン方式では通常、エネルギー利用や排出量を物価や所得と関連づける統計的推定が用いられる。このアプローチが「トップダウン」と呼ばれるのは、それが個々の技術に目を向けるのではなく、全体または集合体に着目するからだ。経済モデルは一般に、負の費用という選択肢は存在しない前提に立っている。負の費用となる技術があるとすれば、それはすでに導入されており、技術開発を促進するための気候変動政策は必要ないというのが、経済モデルアプローチの考え方だ。

二つの曲線の傾斜が異なる点に注目してほしい。技術アプローチ（ボトムアップ方式）による推定は、より低い、負の費用からスタートするが、経済モデルアプローチ（トップダウン方式）に比べて増加のスピードが速い。先ほど説明した通り、ボトムアップ方式のスタート位置がより低いところにあるのは、負の費用という技術的発見を反映しているからだ。また、この曲線のほうが急勾配なのは、ボトムアップ方式が通常限られた数の技術しか分析しないことに起因している。経済モデルでは、原則として考え得るすべてのアプローチが考慮されるのに対し、ボトムアップ手法では、すべてを分析に含めることは単に不可能だという理由から、排出削減に向けた選択肢の一部を見落としている可能性が高い。ボトムアップ推定のほとんどは、計算の際、数十の技術に的を絞っている（自動車、冷蔵庫、発電など）。しかし、技術の改良以外にも、二酸化炭素を削減する方法は山ほどある。一つは、我々の消費パターンを変えることだ。たとえば、長距離を飛行機で移動しなくても、私は満足のいく休暇を過ごすことができるかもしれない。この類いの排出削減策は、技術アプローチ（ボトムアップ方式）の計算には入らないが、経済モデルアプローチ（トップダウン方式）には含まれる。

どちらのアプローチが正解なのだろうか。私自身の研究では、経済モデルアプローチ（トップダウン方式）を用いることが多い。トップダウン方式は、多くの国やさまざまな時代に見られる政策を反映しているからだ。さらに、ボトムアップ方式はしばしば非現実的な前提を含んでいる。(注6) 負の費用の要素が数多く存在することは、私も認める。だが、負の費用のオプションがあることを認識しているからと言って、それを発見したり有効活用したりする知恵をもっていることにはならない。したがって、どちらかに一票を投じるよう言われたら、私は自らのモデルづくりに経済モデルアプローチを採用することを選ぶだろう。

しかし、私は同時に、この領域が、経済学者や技術者の間で情報に基づく白熱した議論のテーマとなっていることも認識している。どちらが正しいアプローチかの審判はいまだ下されておらず、実際もう何十年も棚上げされたままになっている。専門家たちが排出削減のコストをめぐって激しく対立しているという事実は、一般の人々を不安にさせるに違いない。だが、この意見の食い違いは、経済の非常に複雑な領域で根本的な変化を起こすには何が必要かということに関する、真の不確実性の表れだ。

こうした論争にもかかわらず、有効な削減費用の基本的な特徴は、すべてのモデルで共通している。少量の削減であればコストはそれほど大きくないが、削減率を上げ、時間軸を短縮した途端、一気に増加する。

国際的な温度目標を達成するための費用

ここまでは気候変動を抑制するための費用について論じてきたが、今度は実際に費用を推定してみたい。

この節では、具体的な気候変動目標を達成するのにどれくらいの費用がかかるのかについて考察する。費用を気候モデルに結合する必要があるため、この計算は費用曲線を推定するよりも難易度が高い。

ここではさまざまな温度目標の達成に必要な費用の推定を提示する。一つは、世界の平均気温上昇幅を2℃以内に抑えることをめざしたコペンハーゲン合意での目標だ。ほかの温度目標についても、同様の計算ができる。以降の推定はイェールＤＩＣＥモデルを使用したものだが、数字はほかのモデルを代表するものだ。

図表15－3はその結果だ。(注7) まずは、一連の政策が最も効率的に実施された場合の排出削減費用の推定から見ていきたい。曲線は、横軸に示されたそれぞれの温度目標の達成に必要な費用を表している。この図表中に実線で描かれている左側の費用曲線は、世界の国々による参加率が１００％、政策の効率性も１００％という、理想的なシナリオに基づいたものだ。この最小費用曲線は、すべての国々による参加に加え、政策が効率的なタイミングで一律に適用されることを前提としている。つまり、農家も、輸出業者も、政治的なコネクションをもった人々も、一切免除なしだ。費用が世界総所得に対する比率として算出されている点に留意してほしい（また、これらの結果は割引後の費用を用いているが、割引の概念については第16章で説明する）。

理想的な政策が描く曲線を見ると、政策が効率的に実施された場合、世界の気温上昇幅の上限を2℃とするコペンハーゲン合意での目標は、比較的低コストで達成できることがわかる。必要となる費用は世界総所得の１・５％、つまり平均所得の年間増加分くらいだ。しかし、より厳しい目標（たとえば気温上昇幅の上限を1℃に設定）をめざすとなると、コストは一気に増加する。よって重要なポイントは、政策がすべての国々による参加のもとで効率的に実施される場合、国際社会は野心的な温度目標をわずかなコストで達成で

図表15-3　さまざまな温度目標の達成に必要な世界全体の費用の推定

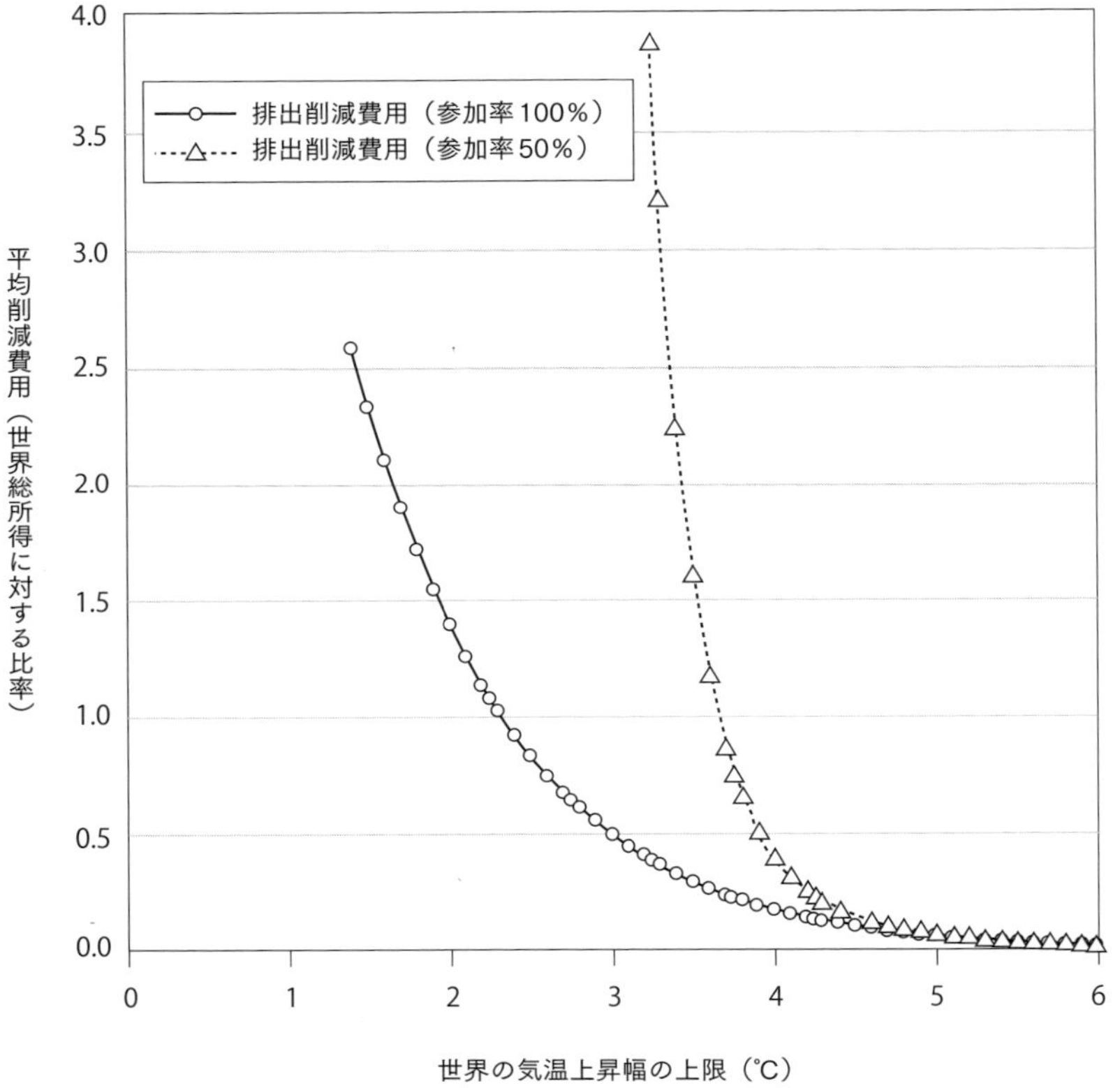

グラフは、ある温度目標を達成するために必要な費用を、世界総所得に対する比率で示している。左側の曲線は、世界のすべての国々による参加と効率的な政策設計を前提としている。また、右側の曲線は、世界の二酸化炭素総排出量の50%を排出する国々が参加することを前提としている。参加率が低いと、気温上昇を2℃以内に抑えることを目標とするコペンハーゲン合意は、事実上達成不可能となる。

きるということだ。

それでは次に、限定的な参加に目を向けたい。経済モデルの結果を見て直観的に感じることの一つは、排出削減プログラムへの全世界的な参加の重要性だ。言い換えれば、気候目標の達成にかかるコストは、どれだけ多くの国が取り組みに参加するかによって大きく変わる。効率性の実現には、すべての国に負の、あるいは低コストの削減手段の有効活用が求められるからだ。たとえば、インドが排出量をまったく減らそうとしない場合、ほかの国々はよりコストの高い削減策を活用して、国際的な気候政策目標を達成しなければならなくなる。

我々は、各国の行動に対して現実的になる必要がある。一部の国は取り組みへの参加を拒否するだろう。さらに言えば、2012年時点で京都議定書がカバーしていたのは、世界の総排出量のわずか5分の1だった。そのためここでは、取り組みへの参加を速やかに表明するのは、世界の総排出量の50%を占める国々にとどまると仮定する。これにはおそらくすべての高所得国と一部の中所得国が含まれるが、低所得国は参加していない。残りの国々は、来世紀まで参加を表明しないものとする。図表15－3の右側の曲線は、この限定的参加ケースにおける費用を示している。この二つめのケースも、一つめと同じく、農家も輸入業者もそれ以外のグループも特別扱いされることなく、政策が効率的に実施されるということを前提にしている点で、理想主義的な要素を残している。

限定的な参加を示す曲線にはどきりとさせられる。これを見ると、取り組みに参加する国々の排出量が世界の総排出量の50%にとどまる場合、いかなる目標の達成にもはるかに大きな費用を要することがわかる。温度目標が4℃以下になると、費用は一気に膨張する。理由は簡単だ。世界の総排出量の50%を占める国々が最大限の努力を払っても、残りの50%を排出する国々が何もしなければ、大幅な気温上昇は避けられないからだ。また、この計算は、世界の大部分の国々が遅れて参加することにより、コペンハーゲン合意で定めた2℃目標の達成は単に高くつくだけでなく、事実上不可能となることも示している。

最後にもう一つ、非効率的な政策のケースについて考えてみたい。効率的な政策がどのようなものかについてはあとの章で論じるが、基本的な考え方は、排出削減の限界費用をすべての国や部門の間で均等化すべきというものだ。何を言っているのかよくわからない方には、のちほど詳しく説明する。

この最後のケースは、どの国も、効率性という点においては合格点にほど遠いという点で重要だ。政策は通常、規制、エネルギー税、グリーン補助金によって構成されている。たとえば、アメリカでは自動車燃費規制が実施されているが、それが適用されるのは新車のみだ。また、アメリカ政府は、新設の発電所に対する排出規制案を打ち出す一方で、既設の発電所からの排出は取り締まっていない。ヨーロッパでは、多くの国が二酸化炭素の排出に税金を課しているが、輸出業や中小企業に対しては、免税や減税といった措置がとられている。

各産業に対する一貫性のない待遇によって、温度目標を達成するための費用は、図表15－3に示された効率的なケースよりも高くなる。このケースに関するグラフは掲載していないが、読者自身の手で簡単に描くことができる。一般的な研究結果によれば、非効率的な規制やアプローチは、環境目標の達成にかかる費用を倍増させる。これを、参加率50％という前提条件と組み合わせる。すると、図表15－3の費用曲線は2倍上方にシフトする。この新たな曲線を描き加え、「排出削減費用――参加率50％および非効率的な政策」というラベルをつければよい。3・5℃という目標を達成するために必要な費用は、世界総所得の1・5％から3％に、3・25℃という目標を達成するための費用は4％から8％に増加する。

この単純化された例は、政策を効率的に設計することの重要さを物語っている。非効率的な政策設計と限定的な参加は、費用を大幅に増加させ、目標を達成不可能なものにさえしてしまう。

ほかのモデル実験の結果に興味がある読者のために、第I部で紹介したEMF－22モデル比較研究に目を向けてみたい。この中の11のモデルを使って、図表15－3で示された二つと非常によく似たシナリオに基づいて予測をおこなったところ、結果はほぼ同じだった。全世界による参加ケースでは、半分のモデルが2℃目標は達成可能であるという結果を示した。限定的参加ケースでは、22のモデル予測のうち20で、2℃目標は達成不可能とされた。実際のところ「達成不可能」とは、深刻な経済不況が不可避という意味である。こうした結果は、ほかのモデル開発者によっても確認されている。

モデルは、ほかのさまざまなシナリオの費用も推定している。EMFモデルによって算出された費用は、図表15－3にあるDICEモデルの推定をおおむね上回っていた。また、各モデルの推定には大きなばらつきがあった。すべてのモデルで達成可能とされたシナリオを例に挙げると、目標の達成に必要な費用の最大推定値と最小推定値の間には、12倍もの開きがあった。(注8)

費用の不確実性がそれほどまでに大きいのは一体なぜだろうか。理由の一つには、それぞれのモデルが異なるコスト構造を用いていることがある。トップダウン方式もあれば、ボトムアップ方式もある。また、モデルによって、GDPの成長率や排出量の増加率が異なる点も挙げられる。高成長率を前提とするモデルでは、目標値まで気温を下げるのに莫大なコストを要する。三つめの要因は、エネルギー技術に関する見通しの違いだ。たとえば、あるモデルでは原発業界の縮小が前提となっているかもしれないが、それはコスト増加の一因になる。

だが、こうしたモデルの差異は、架空のこととしてではなく、現実として捉えられるべきだ。こうした違いは、モデル開発者を集め、「正しい」答えを見つけるよう迫ることによって解消されるものではない。費用の推定は、将来の経済・エネルギーシステムについて慎重に吟味した結果を反映したものであり、我々はそれを、世界トップクラスのモデル開発チームの目から見た将来の不確実性を表すものとして受け止めるべきである。

つまり費用に関する結論は次のようなものだ。仮に、我々が理想的な世界に住んでいたとしよう。国々が互いに手を取り合って、排出削減策を導入し、すべての国や部門に参加を促すとともに、効率的なタイミングで行動を起こす世界である。こうした状況下では、気候変動を抑制し、コペンハーゲン合意にある2℃目標かそれに近いものを達成することは、決して夢ではない。経済モデルの推定によれば、この目標の達成に必要な年間コストは、世界総所得の1～2％程度である。

だが我々は、国々の行動や政策の効率性に対して現実的になるべきだ。一部の国の参加拒否や、非効率的なアプローチやタイミングで政策が実施された場合、現実問題として、コペンハーゲンで採択されたような野心的な温度目標は達成できなくなる。このような状況下で達成できるのは、世界の気温上昇幅の上限を3℃に定めるなどのより緩やかな目標達成である。

このように、ほぼすべての国が速やかに、効率的に取り組みに参加しない限り、今ある技術や直ちに利用可能な技術を使って、コペンハーゲン合意の2℃目標を達成することは不可能だ。しかし、だからといって諦めるべきではない。我々はより効率的な技術の開発に向けて努力し、経済効率性と参加率を高める社会メカニズムを創出し、資源の限られた低所得国に支援の手を差し延べなければならない。そして、野心的だが実現不可能な目標を立てて挫折するよりも、達成可能な目標に照準を合わせ直す必要がある。

第16章
割引と時間の価値

気候目標の達成に必要な費用について考えるとき、我々は、あらゆる気候変動経済学の中でも最も難しい問題の一つに直面する。現在と将来の費用と便益を、どのように比較したらよいかということだ。この問題は少々複雑で、現代の最先端の経済理論にまで話は及ぶ。しかしそれは、時代を超えたトレードオフ、つまり今日の排出削減費用と、将来軽減される損失の社会的価値の間に生じるトレードオフを理解する上で、非常に重要だ。気候変動経済学を完全に理解するために避けては通れない問題、それが「割引」だ。

問題を端的に表すとこういうことだ。我々が二酸化炭素の削減に向けて投資をする場合、その費用のほとんどは今後短期間に支払われることになる。しかし、温暖化損失の軽減という便益がもたらされるのは、はるか先のことだ。たとえば、石炭火力発電から風力発電にエネルギー転換を図ったとしよう。風力発電所の建設から、二酸化炭素の排出量と濃度の低下、さらには気温の変化に至るまでの作用の連鎖を辿ると、風力発電所の建設と損失軽減の間には何十年という時差が存在する。

初めての住宅ローン

一般的に経済学者たちは、将来の便益を今日発生する費用に対して割り引くべきという考え方を支持している。他方で、現在世代に比べて将来世代の重要度を下げることは倫理に反していると信じる人々もいる。どうすればこの問題を解決できるだろうか。

人はみな、日々の生活の中でこの問題に直面している。ある人が人生初のマイホームの購入を検討しているとしよう。費用は20万ドルだが、手元には5万ドルしかない。したがって不足分の15万ドルを調達する必要がある。銀行に相談したところ、喜んで15万ドルを融資してくれるという。ただし、借入金に対して年6％の金利を支払うことが条件だ。ざっと計算したところ、15万ドルを30年間にわたって6％の金利で借りた場合、銀行に支払う額は32万3759ドルになることがわかった。

そこで真っ先に考えるのは、「そうか、だから銀行家たちはあんなに金持ちなのか」ということかもしれない。だが、熟考を重ねるうちに、上乗せされた17万3759ドルは利子であり、15万ドルの購買力を今すぐ手にし、何年も待たずに家のオーナーになれることの証しであると気づく。財は将来よりも今日のほうが高い価値をもつ。だから人や企業は、借入金に対して喜んで利息を払うのだ。

実質金利と名目金利

ここで少しだけ、金融に関する細かい説明をしておきたい。先ほどの住宅ローンの例で、私は金利を年6％とした。だが、物価が年2％の割合で上昇したらどうなるだろうか。物価上昇の影響により、借り入れた人が将来返済するお金の価値は今より低くなる。この事実をどう捉えるべきだろうか。

利息について考えるとき、通常思い浮かべるのは「名目金利」、つまりドル金利だ。利息はドルベースで見積もられている。つまり、今日借りたドルに対して将来のドルを返済するということだ。しかし、物価が年2％ずつ上昇したらどうなるだろう。借入金100ドルにつき金利を6ドル支払うが、翌年にはこの6ドルはより低い価値しかもたなくなる。物価は前の年から変わっているため、6ドルの将来財を犠牲にすることにはならない。

金融経済学者が物価上昇を扱う際には、「実質金利」という概念を用いる。将来手にする財の額を、今日放棄した財やサービスに置き換えて考えるものだ。年6％の名目金利と年2％の物価上昇率を使った先ほどの例では、実質金利は6－2＝年4％となる。我々はローンを組む際、今年借り入れた1ドル相当の財に対し、翌年には実際のところ4セントの財しか支払っていないのだ。物価上昇は計算をややこしくするため、これ以降我々が用いるのは実質金利とする。

割引の例

次の例は、割引によって生じる問題を示したものだ。仮に、信用力のある機関が、50年後に実質ベース（物価上昇率の修正を加えた額）で1000ドルを受け取れるという特別債を発行していたとしよう。あなたはこの債券に、いくらまでなら出してもよいと考えるだろうか。

あなたは信頼のおける財務コンサルタントに相談した。このコンサルタントのアドバイスによれば、現時点での妥当な購入額を知るには、適切な割引率を用いて、将来の1000ドルを現在価値に「割り引けば」

よいという。割引率は、同期間に同等の投資から得られる額を反映したものでなくてはならない。この1000ドルは物価上昇率の修正を加えた数字であるため、用いるべきは実質割引率だ。加えて我々は、投資が常に何らかのリスクを伴っていることを認識しなければならない。したがって、特別債のケースではリスクプレミアムを上乗せする必要があるかもしれない。この信用力のある機関が、安定した政府系組織ではなく、破綻したリーマン・ブラザーズやキプロスの銀行のようになる可能性はゼロではないからだ。

結局のところ、この1000ドルの債券は今日どのくらいの価値をもつのだろうか。この架空の投資シナリオでは、4%の割引率を使用する。この割引率を1000ドルの債券に適用すると、141ドルという現在価値が算出される。この値が正しいことは、141ドルを年4%の複利で50年間投資すると、最終的には1000ドルになることから確認できる。

利率の決定要因

利子の根本にはどのような経済的理由があるのだろうか。利子は、投資が利益を生むという事実を映し出している。言い換えれば、社会が資源を投資プロジェクトに投入した場合、そのプロジェクトは将来さらに多くの資源を生む。工場を建設する、子どもを学校に通わせる、省エネ家電を購入する、より高性能なソフトウェアを開発するといったことも、これに該当する。一般的に、新たな資本への100ドルの投資は、将来的に年4〜20%の財の増加を生むと言われている。収益率が4%であれば、翌年に1ドルを手にするには、今日1ドル÷1・04ドル＝0・96ドルあればよいということになる。

財は今日よりも将来のほうが価値が低いため、将来的に財は減る、または「割り引かれる」と言うことが

図表16－1　割引は遠くにある財の価値を小さく見せる

割引は遠近法と同じで、遠い将来の財やサービスの価値を小さく見せる。

できる。時間が価値に与える影響は、遠近法に置き換えて説明することができる。鉄道のレールは遠くになるほど小さく見える（図表16－1参照）。将来世代が手にする財は現在世代が手にする財よりも経済価値が低いという意味では、将来財もこのように見えるはずである。(注1)

今日の消費と将来の消費

割引は、現在財と将来財を比較するためのものだ。人々の最大の関心事は生活水準、つまり経済学者たちが言うところの「財やサービスの消費」にある。消費は経済活動の究極の目的であり、本書の議論の焦点である。

消費とは、人々が享受できるありとあらゆる財やサービスに言及した言葉であり、包括的な概念として捉えてほしい。消費には、自動車のような市場財も、家庭料理のような非市場財も、海水浴のような環境サービスも、すべてが含まれている。消費は、汚染によるコストを引いたり、国立公園の価値を足したりすることによって、標準的な尺度の欠陥を補正する。

気候変動政策の主なトレードオフは、将来の消費のために現在の消費を犠牲にするというものだ。我々が今日二酸化炭素の排出量を削減するためには、目の前の消費を放棄しなければならない。この投資に対する見返りは、未来の社会における温暖化損失の軽減と、それに伴う消費の拡大だ。現在の世代が飛行機を利用した旅行を減らすことによって消費を抑え、二酸化炭素を削減したならば、それは将来世代の休暇に必要な国立公園や野生動物の保護につながる。

割引がなぜそれほどまで重要かが見えてきただろう。仮に、現在の世代の消費を100単位犠牲にした気候政策への投資が、将来の世代の消費を200単位拡大させるとしよう。二つの数字を比較可能なかたちに換算し、これが有利な投資かどうかを見極めるには、どうすればよいだろうか。割引率を用いるというのがその答えだ。

割引の規範的アプローチと記述的アプローチ

割引をめぐる議論の主な争点は、割引率は規範的アプローチによって算出されるべきか、それとも記述的（機会費用）アプローチに基づいて設定されるべきかということだ。(注2)

まずは規範的アプローチから見ていきたい。このアプローチは、経済学者ニコラス・スターンが取りまとめた気候変動政策に関する研究報告書『スターン・レビュー』の中で、積極的に支持している。スターンをはじめ一部の人々は、将来世代の社会厚生を割り引くことはモラルに反すると考えている。そのため、将来温暖化がもたらす損失の現在価値を計算する際には、財の割引率を非常に低く設定すべきと主張している。

規範的アプローチ推進派は、財の割引率を年1％前後とすることをしばしば支持している。(注3) 持続可能性に基づく代替アプローチは、イェール大学の政治学者ジョン・ローマーによって確立されている。

これは興味深い主張である一方、重要な但し書きを伴っている。問題を分析する際、住宅やエネルギー消費に適用される「財の割引率」と、異なる時代や世代の人々の処遇に適用される「社会厚生の割引率」とを分けて考える必要があるということだ。すべての世代を平等に扱う一方で、将来の財についてはその価値を割り引くのである。将来の世代が今日よりも経済的に豊かである場合、我々は彼らの消費を現在世代の消費よりも価値が低いと考える（つまり割り引く）ことができる。このように、財に対して異なる価値をつけることと、人々に対して異なる価値をつけることとは別なのだ。

この点についてはほかの見方もできる。多くの哲学者や経済学者の間では、豊かな世代は貧しい世代に比べて、資源に対する倫理的要求が低いと信じられている。つまり、将来の世代が現在の世代よりも豊かだと考えるなら、我々は将来の消費の価値を現在価値に割り引くことになる。財の割引率が具体的にどの程度に設定されるべきかについては、将来の世代がどのくらい豊かになっているかということや、富裕世代と貧困世代の消費の相対的評価によって決定される。(注4)

もう一方の選択肢である記述的アプローチを支持する人々も、規範的アプローチの根底にある価値観には共感するかもしれない。しかし、記述的アプローチ推進派の間では、そうした哲学的な思想は、気候変動政策への投資に関する意思決定とはほとんど無関係だと考えられている。記述的分析では、割引率は、主に社会がほかのものに投資した際に得られる実際の収益に基づいて決定されなければならない。住宅、教育、予防医療、二酸化炭素削減、海外投資など、国々はさまざまな投資の選択肢を抱えている。特に、政府予算が逼迫し、財政が縮小傾向にある時期には、こうした投資に対する収益率は極めて高いかもしれない。そのような状況では、規範的アプローチが掲げる倫理重視の低割引率は、経済学的にまったく理にかなっていない。国際金融市場から5～10％の金利で借金をしている国家が、貴重な資金を風力発電につぎ込んでも年1％の収益しか得られないのでは、まったく報われない。割引率は主に資本の機会費用、つまりほかのものに投資した際の収益率によって決められるべきというのが、記述的アプローチの考え方だ。

割引率の推定

記述的アプローチの機会費用を見積もる際、経済学者たちはほかの投資の収益率に目を向けている。いくつか例を紹介しよう。アメリカにおける企業の設備投資に対する税引き後実質収益率は、過去40年間にわたり年6％と推定されている。人的資本への投資（教育）の実質収益率は、場所、時代、教育の種類によって、年4～20％に及んでいる。不動産投資については、２００６年の住宅バブル崩壊以降芳しくないが、それでも平均して年6～10％の実質収益率を維持している。省エネ投資（たとえば自動車の燃費向上や建物の改築を通じておこなわれたもの）の実質収益率はしばしば年10％超、ときには20％と計算される。（注5）

私自身の研究は、たいていの場合、記述的（機会費用）アプローチに基づいている。さまざまな推定を用いる中で、私はアメリカにおける資本の実質収益率を4％前後に、世界のその他の地域における資本の実質収益率をこれより少し高い値に設定している。私が記述的アプローチを採用する理由は、資本は不足しており、社会には貴重な投資の機会がほかにもあるということ、そして気候政策への投資は他分野の投資と競合すべきということなど、さまざまな現実を反映しているからだ。

政府は、道路、ダム、堤防、環境規制などへの投資に関する意思決定をおこなう際に、割引率を使用する必要がある。最近の規定では（行政管理予算局通達A－94）、アメリカ政府は各省庁に対し、基礎事例分析の際に年7％の実質割引率を用いるよう指示している。その論理的根拠は、記述的アプローチに関する先ほどの説明と基本的に同じで、「この割引率は、近年の民間部門における平均的な投資の税引き前限界収益率の近似値である」としている。加えて政府は、規範的アプローチの影響を受けたと思われるもう一つの手法も採用している。これについては次のように述べられている。「規制が根本的かつ直接的に民間消費に影響する場合……より低い割引率を用いることが望ましい。最もよく使われる代替案は『社会的時間選好率』と呼ばれるものだ。これは単純に、『社会』が将来の消費フローを現在価値に割り引く際の換算率のことである。平均的な預金者が将来の消費を割り引く際の換算率を、社会的時間選好率の基準として用いる場合には、長期国債の実質収益率が適正な近似値になると考えられる。この収益率は、過去30年間にわたり、税引き前の実質ベースで平均3％前後となっている（注6）」

残念ながら、行政管理予算局による説明はまったく支離滅裂である。7％というのが、借入によって資金調達をおこなう高リスクな企業資本投資の収益率であるのに対し、3％というのはリスク皆無のアメリカ連邦政府による資金調達金利だ。この差異は、投資か消費か、税引き前か税引き後かの違いから来るものではない。借入金を利用した企業資本投資のリスクプレミアム（株式プレミアムとも言う）によるものだ。幸運なのは、分析が誤りであるにもかかわらず、数値がおおむね理にかなったものであることだ。

割引と成長

機会費用アプローチは、アメリカやほかの国々が、過去100年間に見られたような成長を次の100年間も続けることを前提としている。そのため、生活水準は次の数十年間で急速に向上すると想定されている。この前提条件は本当に適切だろうか。それとも、技術革新は今後行き詰まりを見せるのだろうか。

当然ながら、こうした疑問に100%自信をもって答えることはできない。とはいえ、長期的な経済成長に関する研究のほとんどが、経済は今後も発展を続ける可能性が高いと結論づけている。そもそも、ITやバイオテクノロジーの進化は始まったばかりだ。その上、開発途上国は、世界中の成功事例に学ぶだけでも飛躍的な発展を遂げることができる。グローバル化の波は、低所得地域の生産性を大幅に向上させている。

だが、思い出してほしいのは、万が一、この見通しが誤りだったとしたら、そのときは気候モデル予測の根底にある経済予測もまた間違いであるということだ。今後100年間で急激な温暖化を予見しているモデルは、生活水準の急上昇と、それに伴う二酸化炭素排出量の急増を前提にしている。図表7－1を見返せば、経済成長の減速が、経済的にも気候的にも、標準的な予測とはまったく異なる未来へとつながっていることがわかる。

人々は、アメリカやほかの国々の経済成長が2007年以降低迷しているのを見て、景気の停滞を危惧している。しかし、低成長率の原因は不十分な需要であり、生産性の低下ではない。しかも、低所得国は高所得国に比べ、はるかに好調な伸びを見せている。東アジアの開発途上国における1人当たりGDPは、この10年の間に年8・5%の割合で増加し、サハラ以南のアフリカ諸国も同じ時期に年2・5%の成長を遂げた。(注7)

低成長シナリオは、世界にとって必ずしも理想的な未来予想図ではない。だがそれは、地球温暖化問題が堅調な経済発展と不十分な気候変動政策の産物であり、経済が停滞したり、生活水準が伸び悩んだりする場合には別の未来が待っているということを、改めて教えてくれる。(注8)

気候変動政策に向けた投資への適用

それでは次に、割引の概念を気候変動政策に適用してみたい。ここでは基本的に、今日の排出削減費用と、将来軽減される損失の価値とを比較する。仮に、今日風力発電に1000万ドルを投資することで、50年後、二酸化炭素に起因した温暖化損失を1億ドル軽減できるとしよう。ほかのさまざまな選択肢を考えたとき、これは果たして価値のある投資だろうか。

この疑問への答えを見つけるために、まずすべきことは、1億ドルの便益を割引係数「(1+r)のマイナス50乗」を使って割り引くことだ。rは割引率を表している。年4%の割引率の場合、割引係数は「1・04のマイナス50乗」=0・1407となる。計算すると、割引率が4%のとき、50年後に発生する1億ドルの将来便益の現在価値または現在便益は、1407万ドルとなる。便益の現在価値が、風力発電に要する1000万ドルの費用を上回ることから、この投資は経済的に妥当ということになる。

図表16-2は、異なる割引率での現在価値を示している。高い割引率が現在価値をどれだけ低下させるかに注目してほしい。政府が定める7%の割引率では、1000万ドルの投資の正味価値はマイナス660万ドル(339万4776ドルの現在価値-1000万ドルの費用)になるため、費用便益分析の合格基準をクリアできない。しかし、年1%のような低い割引率は、将来価値をほとんど減少させない。

この表からわかるのは、割引率が長期投資の価値を決定する最重要要因となり得るということだ。にもかかわらず、我々は非常に長期的な計算をおこなう際、直観に頼ろうとすることが多い。自分の直観を試すために、1492年にコロンブスが年6%の利率で100ドルを投資し、今日それを回収しに戻ってきたとしたら、彼の財産はいくらになっているかを当ててみてほしい。私は頭の中で計算しようとしたが、出した答えは実際の数字を大きく上回っていた。計算機を使って調べてみると、驚くべきことに、コロンブスが手にするであろう額は、世界のすべての富を合わせたよりも大きいことがわかった。

倫理と割引

多くの人々は、将来温暖化がもたらす損失の価値を割り引くことに抵抗を感じている。どうして人間は、未来に対してそれほど無関心でいられるのか、我々は未来の世代に損をさせていないだろうか、と。

将来の便益を割り引くのは、未来の社会に無関心だからではない。むしろ割引は、互いに作用し合う二つの大きな要因を表している。まず心に留めておくべきは、投資は利益を生み出すということだ。社会には、高収益な投資機会が数多く存在する。気候変動の抑制に向けた投資はその一つだ。だが、ほかの投資もまた価値が高い。先進的な低炭素エネルギー技術の研究開発。低所得国が温暖化の進んだ世界でも繁栄できるようにする技術。熱帯病を撲滅するための医療研究。労働人口が将来起こるかもしれない不可避のサプライズに対応できるよう、備えさせるための教育。我々はこうしたものにも投資をおこなう必要がある。これらはどれも、将来世代に収益をもたらす生産的な投資である。

二つめの要因は複利という、我々の直観を見事なまでに狂わせる力だ。複利による増加の威力は、投資という名の小さなどんぐりを巨大な財の木に変えてしまう。コロンブスに続き、もう一つの例を紹介しよう。1626年にマンハッタン島の売買で支払われた26ドルを、あのとき年6％の利率で投資していたならば、それは今日1520億ドルになっていただろう。これは、世界で最も価値の高いこの島の地価にほぼ匹敵する。

図表16－2　50年後に受け取る1億ドルの現在価値が、割引によってどう変わるか

割引率（実質年率）	50年後の損失軽減額1億ドルの現在価値
1％	60,803,882ドル
4％	14,071,262ドル
7％	3,394,776ドル
10％	851,855ドル

最後に、図表16－2に示された非常に低い割引率とその他の割引率の差に注目してほしい。最も低い割引率（1％）を用いて計算された、50年間にわたる気候政策への投資の価値は、4％の割引率で計算したものの4倍になっている。回収期間を100年、200年とした場合、この差はさらに拡大する。この点から、『スターン・レビュー』やその他多くの活動家たちによる費用便益分析の背景にある考え方を理解することができる。低い割引率を用いた場合、将来の損失がかなりの価値をもつため、早急に対策を講じるほうがはるかに有利になるのだ。

低すぎる割引率の重すぎる負担

我々は、自分たちの子や孫、そしてその先の子孫に対する責任を、どのように捉えるべきだろうか。いわゆる親心を例に挙げて、この点を説明したい。我々は親として、当然のように我が子のことをあれこれと心配し、子どもの安全、安寧、健康、幸せを気にかける。孫のことも非常に気にはなるが、その子の親、つまり我々の子どもが注意を払ってくれていることを知っているため、懸念は軽減される。同様に、ひ孫や玄孫《やしゃご》はさらに我々の意識から遠のいていく。ある意味、彼らには「懸念の割引」が適用されている。我々にはその世代がどのような状況で生活しているのかがわからない上に、彼らの面倒は、我々がいなくなったあとも子や孫が見てくれるからだ。

この点を数字で表すために、仮に我々の世代間懸念割引率が2分の1だったとしよう。懸念の重みは我が子の場合に1、孫の場合には2分の1、その次の世代では「2分の1の2乗」＝4分の1、といった具合に続いていく。懸念の合計は、$1+1/2+(1/2)^2+(1/2)^3+\cdots\cdots=2$ だ。この場合、我が子とその先の全世代に対する懸念には、ほぼ同程度の重みがつけられている。たとえ各世代に対して異なる重み係数を用いたとしても、将来世代に対して何らかの割引をおこなって、子孫のことを気にかけるのである。

それでは次に、割引がない場合を見ていきたい。これはときに、哲学者たちの間で支持される考え方だ。先ほどの家族の例の中で、仮に将来世代に対する我々の懸念割引がゼロだったとしよう。つまり我々は、我が子のことと同じくらい孫のことを心配し、また孫のことと同じくらい玄孫のことを心配している。数字で表すと、割り引かれることのない懸念の合計は無限大だ（$1+1+1+\cdots\cdots=\infty$）。この場合、我々の多くは、はるか先の世代に降りかかるかもしれないありとあらゆる問題を思い浮かべながら、懸念の海に溺れることになる。小惑星や戦争、制御不能なロボット、ファットテール現象、スマートダスト、その他の大惨事。我々はただ途方に暮れるしかない。割引率をゼロにすることは、我々の両肩に無限の重荷を載せるようなものだ。こうした主張は奇妙ないんちき数学のようにも聞こえるが、これはまさに、ノーベル経済学賞受賞者のチャリング・クープマンスがおこなった、ゼロ割引率に関する綿密な数学分析の核心である。(注9)

簡潔にまとめるとこういうことだ。我々は、市場の現実を無視した公平性という抽象的な定義ではなく、社会が向き合う実際の市場機会を反映した割引率を用いるべきだ。市場割引率の論理は、将来のことは将来世代で何とかすればよいという、単なる自己中心的な発想ではない。自分たちの財はすべて自分たちのために使い、地球や将来世代を守るための投資など必要ないという意味でもなければ、数十年先に起きる影響のことなど考えなくてよいということでもない。むしろ割引は、世の中には将来世代の生活水準を向上させる、高収益投資が数多く存在するという事実を反映している。我々は、投資資金が最も生産的な使途に投入されるよう、割引率を設定しなければならない。高効率な投資のポートフォリオに地球温暖化政策への投資が入っていることは間違いない。だがそこには、在宅医療システム、熱帯病対策、世界中の教育、さまざまな先進技術に関する基礎研究など、ほかの重要分野への投資も含まれている。

地球温暖化政策への投資はほかの投資と競合するべきであり、割引率はそうした投資を比較する際の物差しとなる。

気候変動の抑制に向けた取り組みに関するまとめ

第Ⅲ部で説明した、気候変動政策のコストに関する重要なポイントは次の通りだ。

第一に、経済分析や技術的分析によれば、気候変動のレベルを安全域内にとどめることは可能だ。世界が全員参加のもとで、精力的かつ効率的に取り組めば、気温上昇幅を2℃以内に抑えるとするコペンハーゲン合意は維持できる。たとえ取り組みが遅れ、いくつかの国が参加を拒んだとしても、世界は気温上昇を3℃にとどめることができる。経済研究によれば、政策がある程度効率的に実施された場合、気温上昇を2・5～3℃に抑えるための費用は、割引後の世界総所得の1％以下だ。

第二に、この楽観的な見通しには、協調的で効率的な対策が不可欠という強い警告文がつけ加えられる必要がある。対策が協調的であるためには、ほとんどの国々が、20年以内をめどに比較的早い段階で参加することが求められる。低・中所得国の参加拒否や、とりわけアメリカが今後も傍観者的立場を取り続ければ、野心的な温度目標の達成費用は一気に膨れ上がり、コペンハーゲン合意は達成不可能となる。

第三に、対策が効率的であるためには、ほぼすべての国の参加だけでなく、コスト効率も求められる。排出削減の限界費用は、すべての国や部門でほぼ一律でなければならない。プログラムに効率性をもたせるためには、部門や国ごとの限界排出削減費用にあまりにも大きな違いがあってはならない。

このまとめは多くの疑問を積み残したままだ。各国政府は気候変動問題に関してどのような目標を設定すべきなのか。それらはコペンハーゲン合意で定められた目標とどう関連するのか。排出量の増加を食い止めるような意思決定を市民や企業に促すには、どのような仕組みが必要なのか。第Ⅳ部では、こうした疑問に目を向けていく。

第Ⅳ部

気候変動の抑制 ――政策と制度

一番よいサイコロの投げ方は、投げ捨ててしまうこと。
――英語のことわざ

POLICIES AND INSTITUTIONS FOR SLOWING CLIMATE CHANGE

第17章
気候政策の変遷

第Ⅲ部までは、気候科学、気候変動による影響、二酸化炭素の排出削減費用など、気候変動問題のさまざまな側面について考察してきた。その結果我々は、危険な気候変動を確実に回避する唯一の方法は、二酸化炭素やその他の温室効果ガスの濃度を低下させることだという結論に至った。しかし、特に国々が協調的に行動し、効率的な抑制メカニズムを用いようとしない場合、そのようなアプローチには莫大なコストが見込まれる。次は、そうしたすべての断片をつなぎ合わせる番だ。

・政府はどのようにして気候変動政策に対する妥当な温度目標を設定すればよいのか。これは、温室効果ガスの排出量をどの程度削減するかという問題に関わってくる。
・気候変動政策は、京都やコペンハーゲン、カンクンなどの環境サミットで採択された宣言と、どう結びつくのか。
・気候変動問題への効率的な取り組みは、すべての国々による政策協調を必要とするのか。どのような強制メカニズムがあれば、ただ乗りしようとする消極的な国々を巻き込むことができるのか。

・国民や企業に必要な対策を講じさせるために政府がとり得る手段とは、一体どのようなものか。
・気候安定化への取り組みに欠かすことのできない低炭素技術の発明、イノベーション（革新）、および利用を実現するには、どのような政策が必要なのか。

科学者や政策決定者たちは、長年にわたり、歯止めのきかない気候変動の危険性を必死に解明しようとしている。全米科学アカデミーの報告書は、世界の気温上昇を2℃に制限することと、国内の二酸化炭素排出量の上限を大幅に引き下げることを支持した。(注1) 同様の主張は、世界中のほかの科学機関からも聞こえてくる。近年では、世界の首脳たちも、気温上昇に上限を設けるアプローチに合意している。

本章における課題は、こうした報告書の中身に目を向け、気候目標がどのようにして導き出されたのかを知ることだ。気候変動政策の目標設定は、単純なことのように思えるかもしれない。たとえば我々は、世界が危険な臨界点から十分な距離を保てるような温度目標を選ぶこともできる。あるいは、種の大量絶滅を食い止めるための温度目標を設定することも考えられる。もしくは、グリーンランド氷床の融解を回避できる温度目標を選択してもよい。だが実際のところ、こうした選択肢は、数値目標を設定するための明確でわかりやすい指針を示してくれてはいない。

本章では、温度目標が中心的役割を果たすようになるまでの経緯について説明する。その議論からは、具体的な数値目標政策が実は脆弱な科学的根拠の上に成り立っていることがわかるだろう。1・5℃、2℃、3℃などの具体的な気温上昇値に明確な境界線があるわけではない。どれが最適な目標かを決めるのは、達成に必要なコストだ。それほど大きなコストがかからないのであれば、より野心的な温度目標を設定すべきだが、莫大な費用を要したり、政策が非効率的だったりする場合には、より緩やかな温度目標を選択せざるを得ないこともある。

本章の最終的な結論は、経済学なくして合理的な気候政策目標を立てることはできないということだ。我々は費用と便益、つまり社会が何をめざし、それを得るために何を犠牲にするのかという両面を検討しなければならない。

気候変動に関する国際協定

まずは、世界で初めて気候変動目標を謳った条文から見ていきたい。気候変動問題をめぐる国際協議の土台となるのが、1994年に発効した「気候変動に関する国際連合枠組条約」(以下、国連気候変動枠組条約)だ。この条約は、「気候系に対して危険な人為的干渉を及ぼすこととならない水準において大気中の温室効果ガスの濃度を安定化させることを究極的な目的」としている。(注2) この高尚な目標には、「危険な」人為的干渉という言葉の定義も、それがどのような事象を含んでいるのかも示されておらず、政策の参考とするにはあまりにも曖昧だ。しかし、出発点としては評価できる。

世界で初めて、そして今のところ唯一、法的拘束力を伴った国際的な気候変動協定は、1997年に採択された京都議定書だ。京都議定書では、気候システムへの危険な人為的干渉を回避するという、国連気候変動枠組条約の目標が引用された。(注3) 義務に関しては、「附属書I国」のみに削減義務が課され、その他の国は免除された(附属書I国には、高所得国と「市場経済への移行の過程」にある国々が含まれている)。全体として参加国は、2008〜2012年の約束期間に、二酸化炭素やその他の温室効果ガスを1990年の水準から7%削減することで合意した。しかし、排出削減と環境目標の間に直接の結びつきはなく、参加を促したり、ただ乗りを抑制したりするための仕組みも存在しなかった。

京都議定書の問題点についてはのちの章で説明する。しかし、結論を一言で言うと、京都議定書は排出量の大幅な削減にも、国々の参加を促すことにも失敗し、2012年末に失効を迎えた。

それでは次に、2009年12月にコペンハーゲンで開催された会合について見ていこう。これは、京都議定書で合意された排出目標が2012年末で失効することを受け、それに代わる枠組みを構築するために開催された。この会合では、法的拘束力を伴った2012年以降の排出制限を設定するという、最大の目標を達成することはできなかった。しかし、気候政策策定の指針となる、気温上昇の上限目標が採択された。コペンハーゲン合意では、各国が「世界全体の気温の上昇が摂氏2度より下にとどまるべきであるとの科学的見解」を認識した。(注4)これは、国際会議において温度目標が設定された初めてのケースだった。

産業化以前からの気温上昇を2℃以内に抑えるという目標は、各国政府、科学者、環境保護主義者たちの間で広く受け入れられている。2007年には、欧州委員会が「世界の気候変動によって、不可逆的な結果がもたらされないようにする。すなわち、産業化以前からの気温上昇を2℃以内に抑える」ための提案について検討した。2009年7月にイタリアでおこなわれたG8ラクイラ・サミットでは、主要8カ国の首脳が「我々は、産業化以前の水準からの世界全体の平均気温の上昇が摂氏2度を超えないようにすべきとの広範な科学的見解を認識する」と宣言した。これらの声明は、多くの政府によって掲げられる野心的な目標の代表的な例だった。(注5)

2℃目標の科学的根拠

ここで紹介したさまざまな声明は、適切な目標に関する「科学的見解」に言及している。この科学的見解は一体どこから来たのだろうか。気温上昇の上限を2℃とする目標は、2℃に境界があることを示す強力な証拠に基づいているのだろうか。地球の気候システムがこの閾値を超えてしまったとき、そこには「危険な」、あるいは少なくとも深刻な結果が待ち受けているのだろうか。

驚くべきことに、2℃目標に関する科学的根拠は、実はそれほど科学的ではない。(注6) たとえば、全米科学アカデミーによる最新の報告書は、2℃目標に関する説明において、議論の堂々めぐりをつなげたに過ぎなかった。「その後の科学的研究は、温室効果ガスの排出量、大気中濃度、世界の気候の変化、そうした変化が人間システムや地球システムに与える影響という、四つの要素の関連性をさらに解明し、定量化することをめざしている。この研究に基づき、世界中の政策立案者が、産業化以前からの世界平均地上気温の上昇幅を2℃以内に抑えることを重要なベンチマークとして捉えている。この目標は、コペンハーゲン合意や2009年のG8サミット、その他の政策フォーラムにおいて目にすることができる」(注7)。つまり政治家たちは科学を、科学者たちは政治を拠り所にしているのだ。

議論を詳しく見ていくと、この温度目標を正当化する三つの根拠に辿り着く。一つめは、この50万年間で地球が最も温暖だった時期の平均気温は今日より2℃ほど高く、それを超えるのは危険かもしれない、二つめは、2℃を上回ると、生態系が適応できなくなる可能性がある、三つめは、2℃超の気温上昇は多くの危険な境界線を越えることにつながる、というものだ。

過去の気候データに基づいた一つめの根拠から見ていこう。図表17－1は、過去40万年間における地球の気温の変化を復元したものだ。この推定は南極の氷床コアから導き出されたものである。(注8) 南極大陸の傾向を測定しているため、数値は大幅な誤差を含んでいる可能性が高い。また、推定は気温の実測データではなく、局所的な気温の代理指標データに基づいている。(注9) 現在をベースラインとして比較するために、西暦2000年を0℃としている。折れ線が0℃を下回るところは寒冷傾向や氷期を表しており(全球平均気温の低下)、0℃を上回るところは温暖傾向または間氷期であることを意味している(全球平均気温の上昇)。

この復元データによれば、地球の平均気温が今日より2℃ほど高かった時代もあるようだが、こうした温暖期は比較的短期間で終わっている。一つ言えるのは、この40万年間で地球の平均気温が今日の水準を2℃以上上回ったことはないという点だ。

また、グラフの右上では、白丸を伴った線が急上昇している。これは、DICEモデルを用いた、気候変動が抑制されない場合の今後200年間の気温予測である(この推定はほかのモデルを代表するものだ)。排出抑制なしシナリオを使った我々の気温予測は、氷床コアデータが示す最高値を大幅に超えたレベルまで世界の気温を押し上げることになる。

地球が次の数百年で予測されているのと同じくらい温暖だった時代を見つけるには、地質時代と生物史をさらにさかのぼる必要がある。代理指標データは必然的におおよその値になってしまうものの、地球は5億年前に最も温暖な時代を迎えており、平均気温は今日の水準を4~8℃上回っていたようだ。ジュラ紀における二酸化炭素濃度は今日の8倍で、それより前の時代になると値はさらに高かった。だが、こうした高い数値は決して驚きではない。今日の化石燃料は、二酸化炭素濃度がはるかに高かったこれらの時代の植物の残骸だからだ。

もう何十年も前の話だが、私は地質時代における最低・最高気温が適切な温度目標になり得ると提案した。

図表17-1　過去40万年間における全球平均気温の変化の推定と、モデルによる今後200年間の気温予測

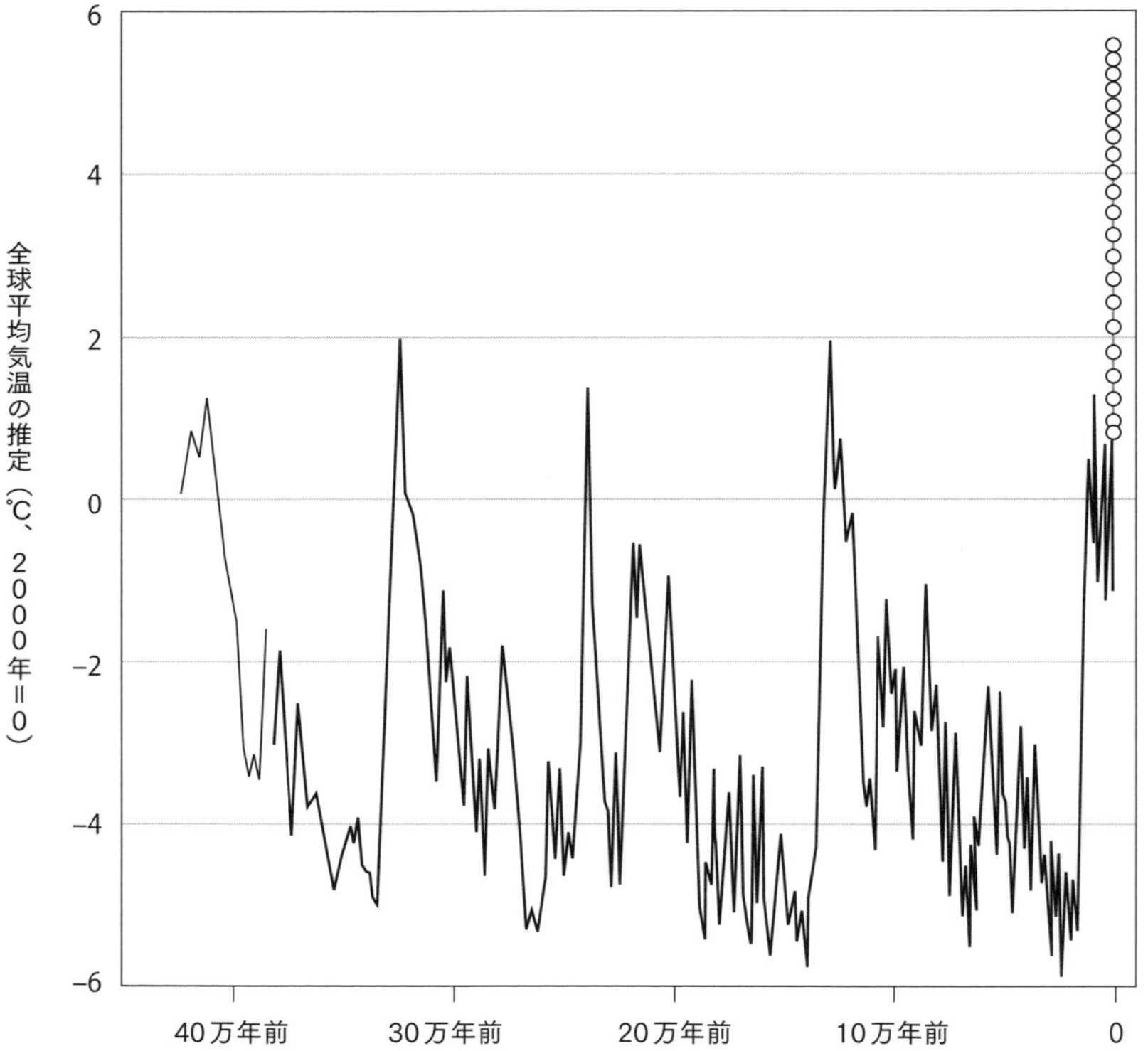

グラフは、南極氷床コアデータを使い、過去40万年間の地球の平均気温を復元したものである。今日の気温を0℃としている。右端で急上昇している、丸印を伴った線は、排出抑制なしベースラインシナリオにおける将来の気温上昇を、DICEモデルを使って予測したものである。温暖化が抑制されることなく続けば、将来の気温はあっという間に過去40万年間の最高値を超えてしまうだろう。

根拠は次の通りだ。「第一に、二酸化炭素が気候にもたらす影響は、長期的気候変動の正常範囲内にとどめられるべきである。多くの文献によると、異なる気候レジームの変動幅はプラスマイナス５℃ほどで、今日地球の気候はこの変動幅の上限にいる。今日の平均気温を基準に、世界の気温が２℃または３℃以上上昇した場合、気候は過去数十万年間の測定値の範囲外に達することになる」（注10）

過去の傾向を参考に温度目標を設定するアプローチは、強い影響力をもったドイツ連邦政府気候変動諮問委員会（ＷＢＧＵ）によって、１９９５年に採用された。ＷＢＧＵは、気候政策の立案の際に「受容可能な気温の窓《ウィンドウ》」を参照することを提言した。このウィンドウは、過去数十万年間における全球平均気温の変動幅に着目したものだ。ＷＢＧＵは、今日の地球はこの変動幅の上限付近にいると推定し、ある意味独断と偏見で、過去の変動幅の上限と下限を０・５℃ずつ拡大することを提案した。このウィンドウをもとに、ＷＢＧＵは、受容可能な気温上昇の上限を１９００年比でおよそ２℃と計算した。（注11）

２℃目標の二つめの根拠は、生態学的な議論に基づくものだ。１９９０年に開催された世界気象機関諮問部会は、２℃の地球温暖化について、「この上限を超えると、生態系への重大な被害や非線形応答のリスクが急激に高まることが予想される」とした。しかし、当時はこの主張を支持する声はほとんど聞かれなかった。生態学的問題のいくつかは、本書の前半部分でも論じられている（第Ⅱ部の影響分析を参照）。確かに生態系への影響は、気候変動の規模が増すにつれて深刻化すると見られているが、ある特定のレベルに明確な境界線があるわけではない。

『ＩＰＣＣ第４次評価報告書』には、異なる温度閾値で発生すると見られている危険な結果についての考察がある。（注12）それぞれの閾値における影響をまとめたものは次の通りだ。

・1℃では……水不足の深刻化／サンゴの白化の増加／沿岸洪水の増加／両生類の絶滅の増加
・2℃では……右の影響に加え、20～30％の生物種で絶滅リスクの増加／疾患による負担の増加
・3℃では……右の影響に加え、穀物生産性の低下／氷床の消失による、数メートルの海面上昇の長期的な発生／医療制度への重大な負担
・5℃では……右の影響に加え、世界中で大規模な絶滅／穀物生産性の著しい減退／沿岸湿地の30％の消失／沿岸洪水や浸水の深刻化／世界の海岸線の変化／海洋循環の大規模な変化

こうした予測が不穏な将来像を描いていることは間違いない。だが、これらは徐々に深刻さを増すようにして起きるのであって、ある閾値で突如発生するわけではない。

気温上昇を2℃以内に制限する三つめの根拠は、それを上回る温暖化が重大な不安定性や臨界点の引き金になりかねないという主張に基づいている（第5章を参照）。私は、気候変動の臨界点に関する研究がいまだ発展途上の段階にあると述べた。だが、複雑システムでは危険をはらんだ大規模な不連続性が、突如として、予期しないかたちで発生するということは、生物学から経済学まで幅広い分野において認識されている。最新の研究では、世界の気温上昇がひとたび3℃を超えると、次の100年ほどの間に数々の極めて重大な危険が生じる可能性があると指摘されている。ならばそれに基づき、温度目標を2℃ではなく、3℃に設定するという選択肢もなくはない。しかし一方で、こうした推定には大幅な誤差がある。それぞれの閾値を超えることになるポイントがはっきりしない以上、より厳しい温度目標をめざすことは賢明とも言える。

ここまでの議論を踏まえた結論は次の通りだ。それほどのコストを要さないのであれば、我々は間違いなく、気候変動や二酸化炭素濃度の上昇を最小限に食い止めるべきである。わずかなコストで問題を回避でき

るのならば、海岸線や生態系や小さな島々が損失を被るリスクを背負う必要はどこにもない。一方、非常に野心的な温度目標を設定することが、食料、住居、教育、健康、安全といった人間にとっての優先事項にかなりの犠牲を強いることにつながるのであれば、そのトレードオフは慎重に吟味される必要がある。その結果、我々は気温上昇を最小限まで抑えることに貴重な財産を投じるよりも、穀物収量や海面上昇で多少のリスクを負うことを選ぶかもしれない。その財産を種子や水源管理、インフラの改善などに回すことで、より有効活用できるかもしれないからだ。それに、技術者たちによって考案されている二酸化炭素回収や「炭素を食べる木」など、二酸化炭素を除去するための安価な技術が誕生し、数十年間で二酸化炭素濃度を急速に低下させられるかもしれない。したがって、壊滅的な被害はさておき、我々は何らかの具体的な目標を立てる前に、まずはその値札に目を向けるべきだ。

現実的な気候目標を設定するには、気候変動対策の費用と、損失の回避がもたらす便益の両方を考える必要がありそうだ。ここで再び経済学の出番となる。

第18章

気候政策と費用便益分析

第17章では、合理的な気候変動政策目標を設定するには、対策にかかる費用と温暖化がもたらす損害を秤にかける必要があるという結論に至った。これは、経済学者たちがさまざまな選択肢を検討する際によく用いる手法で、「費用便益分析」と呼ばれている。基本的な考え方は極めて直観的だ。資源が限られた世の中では、我々は社会的純便益が最大となる投資、つまり社会的便益と社会的費用の差が最も大きくなる投資を選ぶべき、というものだ。(注1)

人は日々の生活の中で、絶えず費用便益分析をおこなっている。そうした計算には単純なものもある。近所のガソリンスタンドは便利だが、ショッピングセンター脇のスタンドに比べ、ガソリン価格が1ガロン当たり10セントほど高い。ショッピングセンターまで足を延ばすことによって得られる2ドルの節約には、そこに行くための時間やガソリンに見合うだけの価値があるだろうか。

判断がより難しいのは、大学選びだ。たとえば、ある人が三つの大学に合格し、どれか一校を選ばなければならないとする。どこにするかによって、経済的な費用はもちろんのこと、そこから得られる便益も変わってくる。そうした便益には、学費や卒業後の予想年収といった市場的なものも、大学生活の質、気候、音楽といった非市場的なものも含まれている。非常に裕福で費用がそれほど重要ではない一部の学生は便益だけに目を向ければよいが、たいていの人は費用と便益の両方を考慮する必要がある。便益には、貨幣価値化、つまり金額に置き換えることが難しいものもある。しかし我々は、目の前にある選択肢の中から何かを選ぶとき、少なくとも無意識のうちに、すべての費用と便益を天秤に載せている。

費用便益分析の気候変動問題への適用

ここからは費用便益アプローチを利用して、さまざまな気候変動政策目標を評価していきたい。分析では、どの温度目標を選べば二酸化炭素の排出削減費用と気候変動による損害額の合計が最小になるかを探るという、最もシンプルな方法を採用する。これは純便益を最大化させる政策を選択するのと同じことだ。

図表18－1（そして図表18－2から図表18－4も）で示されている通り、ここでは排出削減費用と、気候変動による損害額を、一つのグラフに書き込んでいく。この重要なグラフには複数の要素が盛り込まれているため、少し説明しておきたい。

これから始めるのは、温度目標ごとの排出削減費用、損害額、総費用を分析することだ。まず、2℃、3℃、4℃……という具合に、温度目標を設定する。次に、それぞれの目標に対し、世界の気温上昇をその値以下に抑えるために必要な排出削減費用を計算する。この排出削減費用曲線は、右肩下がりの傾斜を示す。さらに、その温度目標値で気候変動がもたらす損害額を計算する。こちらは右肩上がりの曲線になる。その上で、排出削減費用と損害額とを合計し、総費用を算出する。これはU字型のカーブを描く。それぞれの曲線は、年間世界総所得に対する費用の比率によって示される。

図表18－1　効率性100％と割引なしを前提としたシナリオにおいて、それぞれの温度目標の達成にかかる総費用

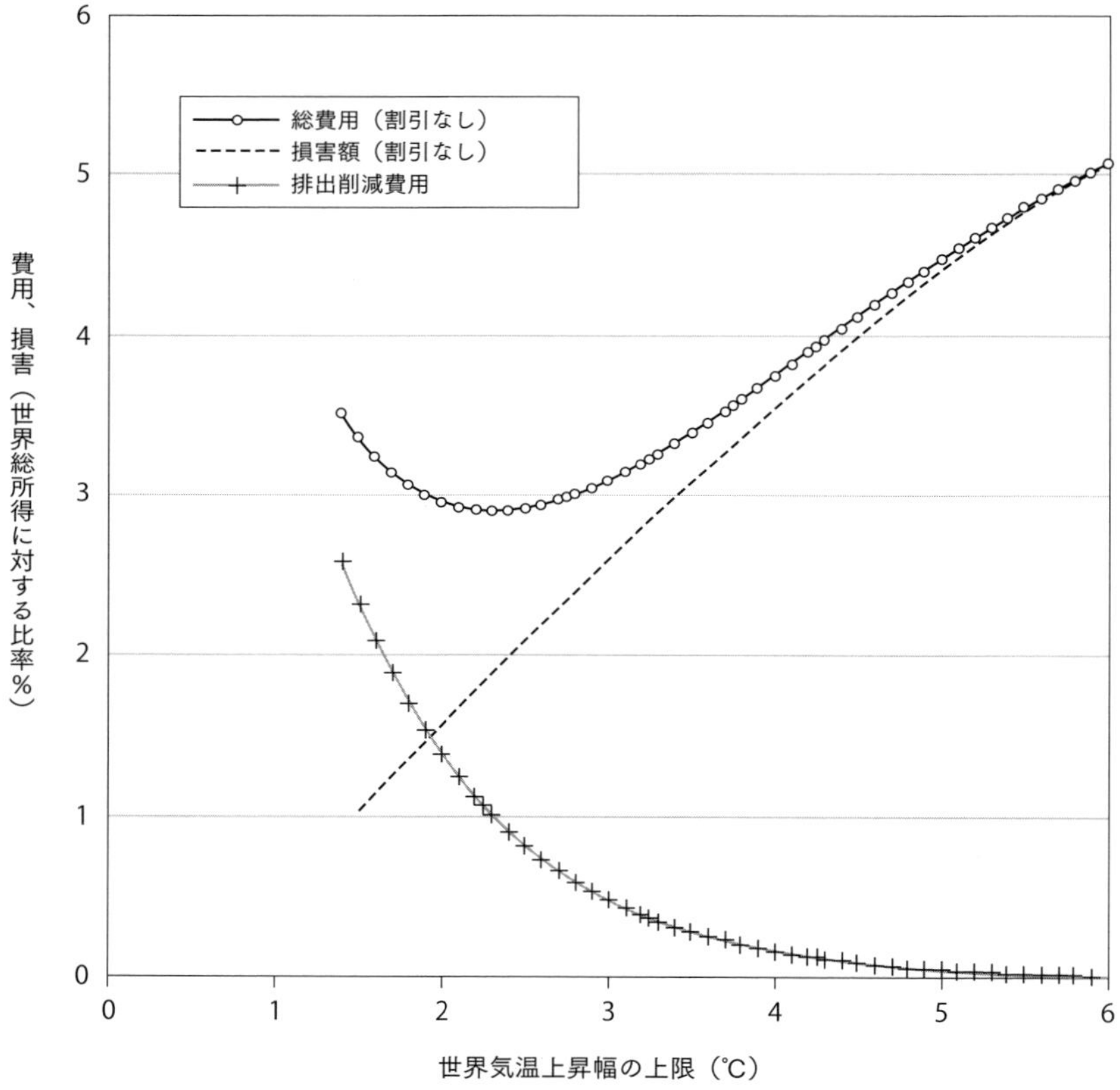

グラフは、温度目標ごとの年間排出削減費用（右肩下がりの曲線）、気候変動による損害額（右肩上がりの曲線）、総費用（U字型の曲線）を示している。値はすべて割引前のものである。これは、効率的な削減と全世界的参加をいう理想のケースに基づいている。また、この損害額曲線は、壊滅的な被害や臨界点が存在しないことを前提としている。

これらの曲線は、どれも前の章（第12章と第15章）で出てきており、ここでは単にそれらを組み合わせたに過ぎない。たとえば、排出削減を通じてそれぞれの温度目標を達成するための費用は、図表15－3に示されていた。同様に、損害額曲線は、図表12－2に集約された推定を使っている。これらの推定が、臨界点や、海洋酸性化のように定量化しにくい現象によるコストを含んでいない点に留意してほしい。(注2)また、簡略化するために、適応の動態については考慮していない。図表18－1から図表18－4は、すべて同じグラフを使って四つのシナリオ下での費用と便益を示している。

まずは図表18－1にある、割引なしの効率的な政策シナリオに関する経済分析を見てみよう。割引なしとは、費用と便益が同じ年に発生するかのように計算されるということである。分析では、この極端な方法は絶対に推奨しないが、わかりやすいというメリットがある。さらに、政策の実施が100%効率的で、国々による参加率が100%であることを前提としているため、排出削減費用は最小限となっている。

割引なしの総費用曲線がU字を描くのは、両端にある、非常に野心的な温度目標（1℃）と非常に緩やかな温度目標（6℃）で、コストが上昇するためである。非常に緩やかな目標値で総費用が高くなるのは、排出削減費用が小さい分、損害額が極端に大きいからだ。一方、非常に野心的な目標では、総費用のほとんどは巨額の排出削減費用によるもので、損害額が占める割合はほんのわずかとなっている。

この一番めの楽観的シナリオでは、コストは2・3℃のあたりで最小値を示している（ここではすべての分析において、1900年の気温を基準としている。1900年の世界平均気温は、今日より0・8℃低かった）。このときの総費用は世界総所得の2・9%で、損害額は排出削減費用の倍近くにのぼっている。温度目標をこの値からいずれかの方向に動かすと、総費用は急激に上昇する。

非常に重要な最初の結論は次の通りである。気候変動政策が適切に策定されて100%効率的であり、かつ現在と将来の費用が同じ価値をもつ場合、経済的観点から見た妥当な温度目標はおよそ2・3℃である。この楽観的なケースでは、気候変動を抑制するための投資コストは世界総所得の1％程度と、それほど大きくない。したがって、この一つめのアプローチは、多くの政府や科学報告書のコンセンサスである2℃目標が、ある条件下での最適な目標値に極めて近いことを示している。

それでは次に、取り組みが100％効率的に実施されないという、より現実的なシナリオに目を向けよう。すなわち、一部の国々が当面の間、参加を表明しないケースである。

このケースでは、消極的な国々が排出削減策に参加しないという単純化した前提を用いる。前述の通り、京都議定書が2012年時点でカバーしていたのは、世界の総排出量の5分の1程度だった。そこで、この二番めのシナリオでは、政策が今後100年間で世界の総排出量の50％しかカバーしないものと考える（限定的な参加による影響については、図表15－3で分析した）。低参加率がもたらす影響を特定するために、割引率は引き続きゼロとする。

図表18－2はその結果だ。図表18－1と比べて唯一の違いは、排出削減費用曲線が右上にシフトしていることだ。これは、それぞれの温度目標を達成するために必要な費用が増加したことに起因している。さらに言うと、50％の参加率では、2℃目標の達成は不可能になる。取り組みに参加しない国々からの排出によって、世界の気温上昇幅は必然的に2℃を超えてしまうからだ。この二つめのケースでは、総費用が最小となる温度目標は3・8℃まで高まる。加えて、図表18－1で示された理想的なケースに比べ、総費用が著しく増加している点にも注目してほしい。最初のケースにおける総費用は世界総所得の2・9％程度だったのに対し、二つめのケースでは3・8％と大幅に上昇している。また、全世界参加のケースとは違い、限定的参加ケースで発生する費用のほとんどは損害額である。排出削減費用があまりにも高くなってしまったため、

図表18-2　限定的参加と割引なしの前提で、それぞれの温度目標の達成にかかる総費用

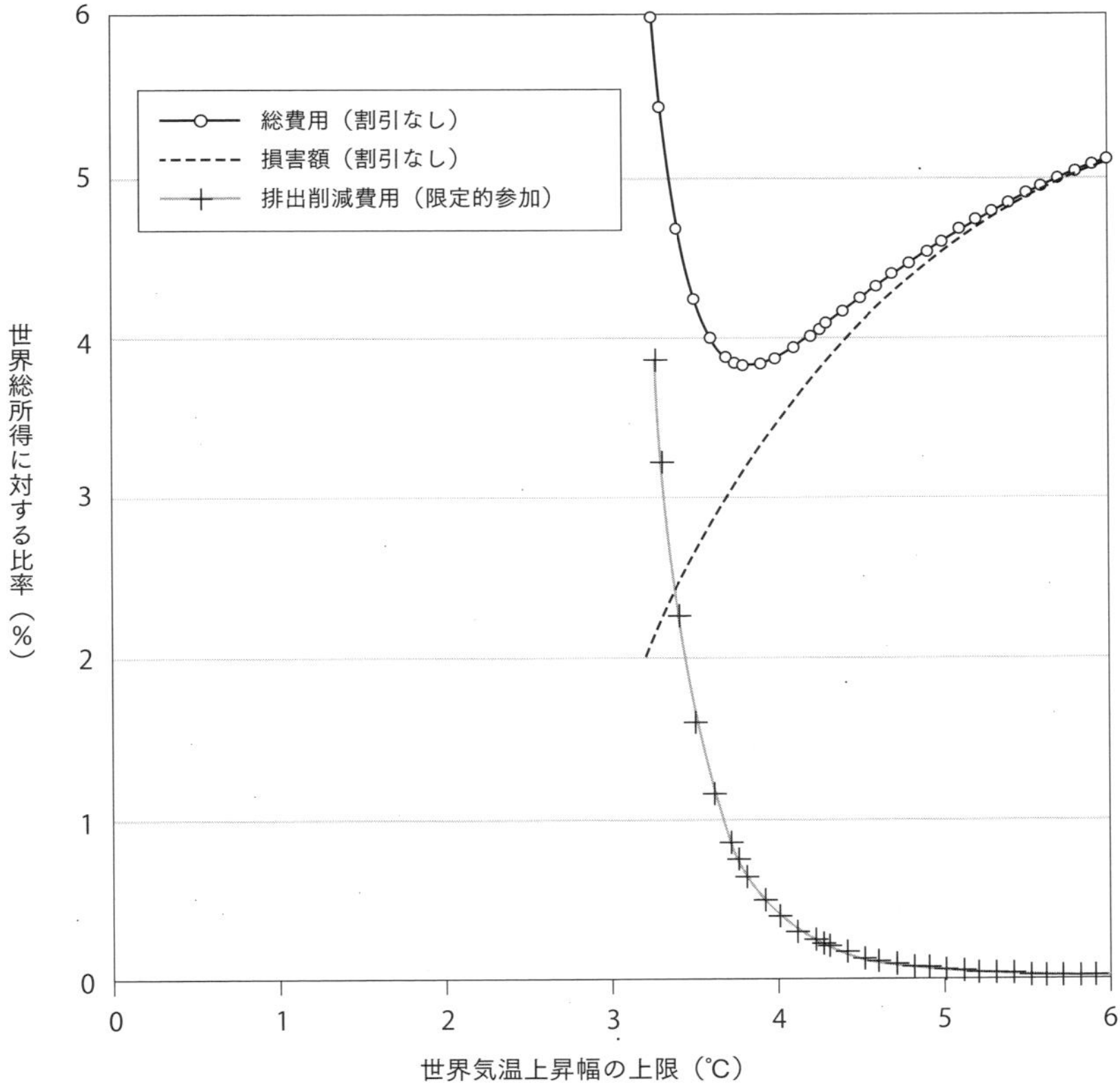

二つめのケースは、限定的な参加により、排出削減が非効率的であることを前提とする。ここでも曲線は、年間排出削減費用（右肩下がりの曲線）、気候変動による損害額（右肩上がりの曲線）、総費用（U字型の曲線）を示している。このシナリオでは、壊滅的な被害や臨界点は存在せず、将来価値を割り引かないことを前提としている。

削減努力をほとんどおこなわずに温暖化による損害と共存するほうが、経済的メリットが大きくなる。

第16章で説明した通り、経済学者たちの間では一般的に、今日の投資と将来の収益を比較する際には割引をおこなうべきと考えられている。そこで三つめのケースでは、先ほどの限定的参加シナリオに割引を加味する。割引は気候政策において重要な役割を果たすことを思い出してほしい。気候変動問題では、排出削減費用は短期的に発生するのに対し、損害が生じるのはずっと先のことだからだ。

通常、経済モデル開発者たちは、割引後のコストや損害の辿る曲線を一通り計算することで最適な温度目標を求めており、こうした作業はコンピューターを用いた統合評価モデルによっておこなわれる。しかし我々は、すべてを一つの年にまとめることでこれを簡略化することができる。そのため、ここでは排出削減政策の実施から50年後に損害が発生するという前提を置く。このタイムラグは、二酸化炭素が排出されてからかなり遅れて気温が上昇するという、地球の気候システムがもつ慣性を表している。(注3) さらに、投資の生産力を表すために、年4％の割引率を適用する。(注4)

図表18－3は、割引ありの限定的参加シナリオに基づいた計算結果を示している。要するに、図表18－2に割引を加えたものだ。排出削減費用曲線は図表18－2と同じだが、損害額曲線は、将来の損害額が現在価値に割り引かれていることを反映し、下方シフトしている。

割引後の総費用曲線を見ると、費用が最小になる温度目標は4・0℃で、割引なしの限定的参加シナリオの目標値をわずかに上回っている。このように、割引ありの限定的参加という現実的なケースでは、温度目標は図表18－1で示した理想的なケースよりも高く設定される。しかし、最適な温度目標を引き上げている主な要因は、限定的参加だ。限定的な参加は、目標達成のための費用の増加につながる。参加率による影響だけを見ると、参加率の低下は目標温度を2・3℃（図表18－1）から3・8℃（図表18－2）に引き上げ

図表18-3　限定的参加と割引ありの前提で、それぞれの温度目標の達成にかかる総費用

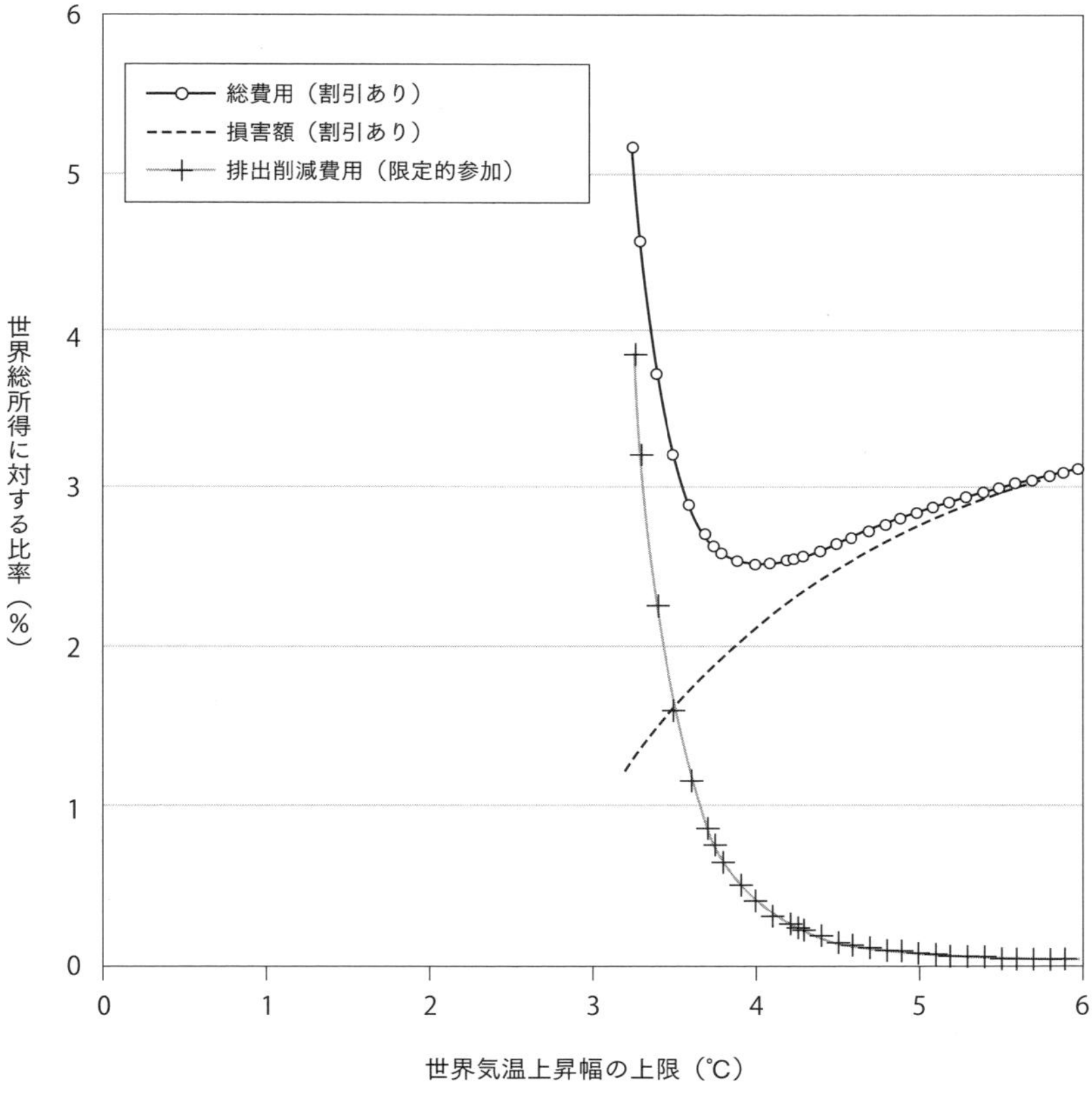

このグラフは、損害額に年４％の割引率を適用するものの、引き続き限定的参加によって排出削減が非効率的であることを前提としたときの年間費用を示している。この分析では、最適な温度目標は４℃となっている。

ている。割引は、それをもう0・2℃上昇させたに過ぎない。

図表18－3に示された、割引による影響は驚くべきものだ（私にとっては実に意外だった）。割引による温度目標の変化が、限定的参加に比べてはるかに小さいのは一体なぜだろうか。答えは、損害額曲線と排出削減費用曲線のかたちに隠されている。限定的参加ケースでは、排出削減費用曲線は非常に強い非線形性を示している。目標値が変わることによる追加費用は、温度目標が4℃以上になるとほんのわずかだが、4℃以下では大きい。これに対し、損害額曲線の4℃前後での傾きはほぼ一定だ。したがって、損害額曲線の傾きの変化が最小費用の計算に与える影響は、極めて小さくなる。そのため、割引によって損害額曲線が下方シフトしても、総費用の最小点はわずかにしか動かなかった。ここで示された数値そのものは、我々が最適な温度目標を選ぶ際の参考材料にはならない。むしろこれらの値は、温度目標を決定する際の重要要素としての、排出削減費用と損害額の非線形性の役割を表している。このポイントは、次の節でも議論する。

次のシナリオは図示されてはいないが、全世界参加と割引ありという組み合わせだ。これは、「割引好きの楽観主義者」たち、つまり将来の便益を割り引くべきとする一方で、ほぼすべての国々による参加に楽観的な見通しをもっている人々にとって理想のケースである。この最後のシナリオにおける最適温度目標は、2・8℃だ。これは、図表18－1に示された割引なしケースの温度目標よりも0・5℃ほど高いが、限定的参加の割引なしケースに比べると低い値である。この例もまた、気候変動の抑制と排出削減費用の軽減という目標を達成する上で参加率がいかに重要かということを示している。

これらの費用便益分析から、我々はどのような結論を導き出すべきだろうか。グラフは簡略化されてはいるものの、されすぎてはおらず、重要な要因をしっかりと捉えている。

・緩やかな温度目標では、損害額が増加する
・野心的な温度目標では、排出削減費用が増加する
・低参加率と非効率的な排出削減は、費用を増加させる
・割引は、損害額を減少させる

包括的な統合評価モデルはより詳細な結果を含んでおり、今日を起点にそれぞれの目標に至るまでの動態を分析している。だが、これらの簡略化された例においても、統合評価分析の基本的なポイントは押さえられている。

臨界点を含めた費用便益分析

気候変動に関する経済分析のほとんどは、地球システムの重大な臨界点と不連続性がもたらす影響についての推定を含んでいない。図表18－1から図表18－3の損害額曲線を見てほしい。横軸に示された温度目標が上がるにつれて、損害額は徐々に増加している。この線形は第17章で考察した経済損失評価から導き出されるもので、経済統合評価モデルで使用される標準経路だ。一般に臨界点が含まれていないのは、そうした現象の確率や発生すると思われる閾値、経済的影響に関して、信頼できる評価が存在しないからだ。

しかし、科学的、経済学的想像力をいくらか働かせて、臨界点を分析に含めることは可能だ。仮に、詳しい分析の結果、世界平均気温がある閾値を超えた時点で、損害額が一気に増加することが明らかになったとしよう。グリーンランドと西南極の巨大氷床の崩壊によって海面が急激に上昇したり、穀物収量の壊滅的な

低下が起きたりするのかもしれない。モンスーンパターンの不安定化によって、世界中のビジネスが混乱に陥るかもしれない。こうした影響は今はまだ不確かではあるが、我々は分析の中で、それらにどう対処したらよいかを示すことができる。

閾値は、「急崖」またはガンマ型の損傷関数によって表すことができる。(注5) ここでは今までの議論を反映し、3・5℃で急上昇する簡略化された臨界点損傷関数を用いる。このケースでは、臨界現象によってもたらされる損害額を、3・5℃の段階で世界総所得の0・5%と仮定する。3・5℃を超えると、臨界点損害額は急激に増加する。損害額の世界総所得に対する比率は、4℃で9%、4・5℃では29%まで急上昇し、その先も上がり続ける。ただ、これらは我々の想像を超えた前提である上に、損害の実験的推定には確かな根拠もないため、あくまで臨界点が費用便益分析にどう影響するかを示す一つの例として捉えてほしい。

それでは、再び図表18−3の費用便益分析（割引ありの限定的参加シナリオ）をおこないたい。ただし今回は、臨界点損害額を追加する。要するに図表18−4は、図表18−3に急激な臨界点損害額を加えたものだ。損害額曲線は、3・5℃以上で急上昇する。その結果、今度の総費用曲線は、3・5℃で費用が最小化する、非常にはっきりとしたV字曲線となる。つまり、最適な政策は、気温上昇が3・5℃の閾値を確実に超えないようにするため非常に積極的な対策を講じることだ。加えて、総費用がこれまでのケースを大きく上回っていることにも注目してほしい。甚大な損害を回避するために、これまでよりもはるかに多額の排出削減費用を払わなければならないのだが、たとえ参加国による懸命な取り組みがあったとしても、損害額はかなりの規模に達する。

この例からわかる重要なポイントの一つは、費用便益分析（より一般的には経済分析）に、臨界点、急激な気候変動、著しい不連続性、異常災害といった未知の特異事象を組み込むことは明らかに可能という点だ。

図表18-4　臨界点損害額を加味した費用便益分析

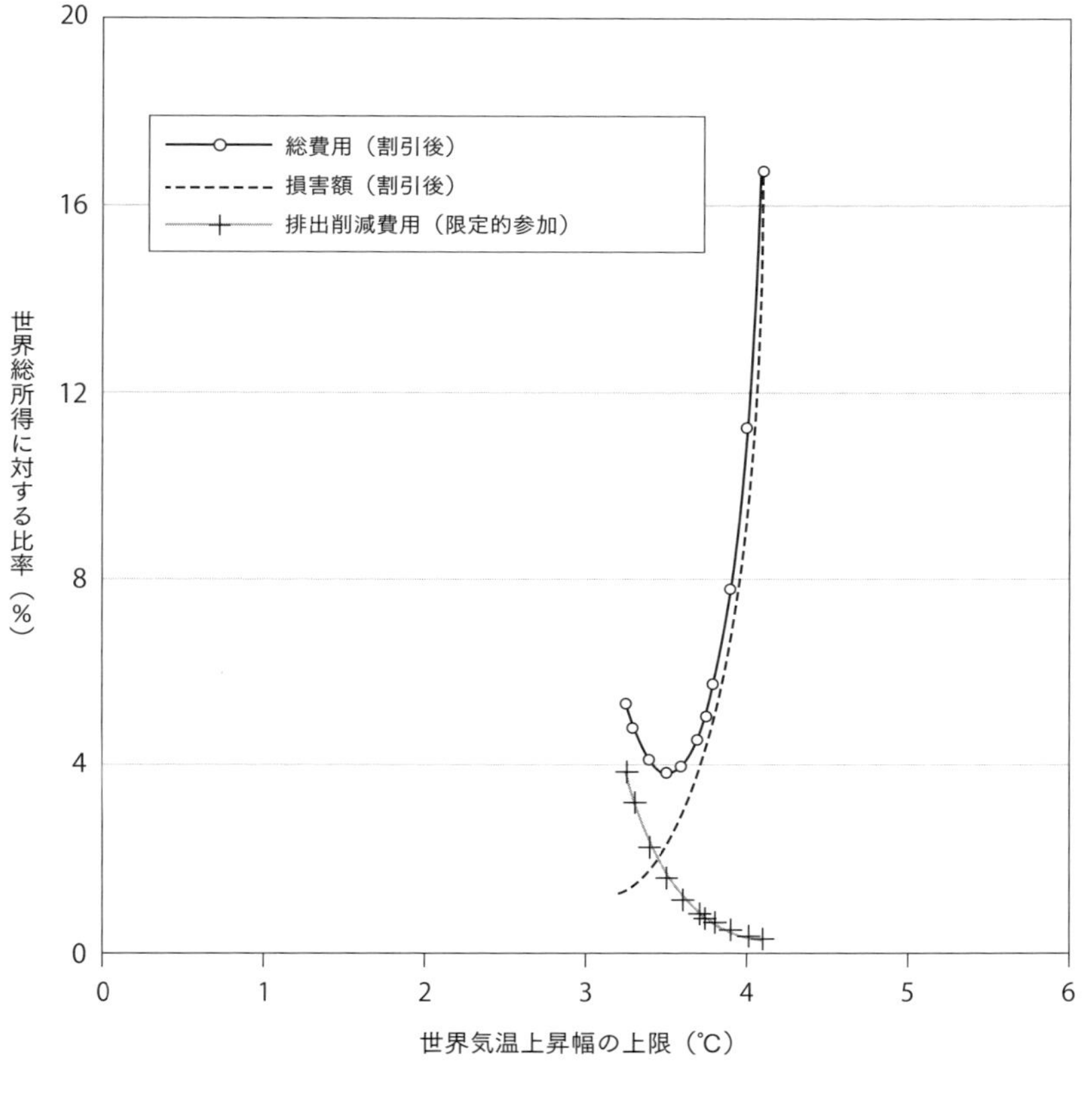

最後のケースは、割引ありと限定的参加という条件のもと、気温上昇幅が3.5℃となるところに閾値（または臨界点）を設定する。グラフは、最適な温度目標が閾値に極めて近いことを示している。温度目標がこれより低いところでは排出削減費用によって、また高いところでは損害額の急激な増加によって、負担が増加する。

臨界点を分析に含めることの難しさは、こうした未知の要素をモデルに組み込むといった技術的な問題ではない。むしろ、閾値を超えたときの損害の影響を我々が確実には予測できないことに起因する、経験的な問題だ。たとえば、図表18－4で示された臨界点損傷関数を見てほしい。この曲線は、閾値温度、その温度における損害額、曲線の凸性という、三つのパラメータに関して仮定を立てている。だが、我々はこれらのパラメータのことを何一つ知らない。一つめのパラメータは臨界点で、このケースでは3・5℃と仮定している。だが、これまでの章で見てきた通り、臨界現象が発生する正確な閾値についてはよくわかっていない。二つめに必要なのは、閾値で発生する損害額の推定だ。ここでは世界総所得の0・5%とされているが、これは単なる推量であり、経験に基づく数字ではない。そして最後の不確実性は、損傷関数の湾曲具合に関するものだ。この例では、温度の20乗の関数で表される極端な凸状としたが、これはあくまで一つの例だ。湾曲の度合いや、4乗でも50乗でもなく20乗にすべきという点については、何の経験的根拠もない。

したがって、現時点では、図表18－4に示された温度目標はただの例に過ぎない。前提条件が変われば結果はまったく別のものになり、温度目標はこれより高い値になることもあれば、低い値になることもある。

カジノにおける費用便益分析

前段の費用便益アプローチを使い、気候カジノの不確実性が気候政策にどのような影響を与えるかを示すこともできる。さまざまな可能性が考えられるものの、ここではわかりやすいよう、対照的な二つのケースを例示する。

一つめは、政策が「期待値」の原理に従って決定される例である。このケースでは図表18－1から図表18－3で示した臨界点を含まないシナリオを用いるが、損害の大きさは不明という前提を置く。より正確な言い方をすれば、それぞれの気温上昇値で発生する損害額には、不確実性が存在すると仮定する。仮に、気温が2℃上昇したときの損害額が世界総所得の1％か3％で、その確率が五分五分だとすると、損害額の期待値は世界総所得の2％になる（ここでいう期待値とは、統計的平均値のことだ。たとえば、サイコロを1回振ったときに出る目の期待値は、3・5となる）。同様の不確実性はそれぞれの気温上昇値で見られ、排出削減費用に関しても当てはまる可能性がある。このケースに関しては、少し考えれば、我々は単に損害額や排出削減費用の平均を求めればよく、不確実性は最良な判断に影響しないことがわかる。(注6)

対極にあるもう一つのケースは、臨界点がどこで表れるかに関する不確実性が存在するというもので、極めてリスク回避的な行動をとるというまったく異なる結果に至る。この対極的ケースでは、我々は「予防原則」の精神に基づき、よりリスクの低い道を選択する。この原則はさまざまな分野で採用されている。1992年に国連が発表した「環境と開発に関するリオ宣言」では、「深刻な、あるいは不可逆的な被害のおそれがある場合には、完全な科学的確実性の欠如が、環境悪化を防止するための費用対効果の大きい対策を延期する理由として使われてはならない」とされた。(注7)より直接的な言い方をすれば、科学的確実性がない場合、社会は最悪の結果の回避につながる政策を策定すべきということだ（ゲーム理論における「ミニマックス」アプローチ）。

特定の学説を採用しなくても、我々は費用便益アプローチを使って、閾値温度に不確実性が存在する場合の最適な政策がどのようなものかを確かめることができる。出発点は、割引ありの限定的参加シナリオだ。次に、科学者たちが臨界点を発見したと仮定する。それは温室効果の暴走かもしれないし、巨大氷床の急激な崩壊かもしれない。不確実性を無視するのであれば、費用便益分析は図表18－4のようになる。

しかし、仮に詳しい分析により、臨界点が表れる温度に関する不確実性が明らかになったとしよう。臨界点は同じ確率で3℃か4℃という二つの結果があるとする。それであれば、我々は実際に二つの異なる損害額曲線を描く必要がある。3℃で急上昇する曲線と、4℃で急上昇する曲線だ。そして、それぞれに五分五分の重みをもたせ（それが両者の確率だからだ）、これを新たな損害額曲線とする。こうして極めて奇妙なW字型の損害額曲線が完成する。

この例題を進めていくと、政策を決定し、左右するのはより低いほうの温度閾値であることがわかる。たとえ臨界点の期待値が3・5℃だったとしても、我々は気温上昇幅の上限を3℃前後とする政策をめざすべきだ。理由は直観的なものだ。複数の壊滅的結果が存在する場合、我々は、できるものならそれらすべてを回避することを希望する。その結果、直面する可能性のある最初の壊滅的な閾値を避けるための政策が選択される。このケースで言えば、3℃の閾値だ。

この例は予防原則のミニマックス的選択を支持する一方で、非合理的な前提条件に基づいている。ミニマックスアプローチの採用は、損傷関数には限られた数の「急崖」しか存在せず、さらにそれらすべてを回避したとしても莫大なコストにはならないことを前提にしている。だが、崖がただの起伏だったり、崖の数が多すぎたり、あるいは最初の崖を回避する費用があまりに高すぎて、残りの選択肢から一番ましなものを選ばざるを得ないなど、別の状況においては、我々はミニマックス解に手を出そうとはしないはずだ。

この異なる状況下では、予防原則は支持されない。代わりに分析は、臨界現象の回避に必要なコストをすべて払うのではなく、そうした現象に備えて保険料を上乗せすべきという結論に辿り着く。たとえば科学者たちの間で、気温上昇が2℃を上回るとメキシコ湾流が逆流する可能性がわずかに存在すると考えられているとしよう。ただし、逆流を阻止するには莫大な費用がかかり、損害はそれほど大きなものではないという。その場合、我々が2℃での損傷関数に対して追加対策を講じようとするかもしれないが、だからと言って最適な温度目標が必ずしも2℃になるということではない(注8)。

この例からわかる基本的なポイントは、気候カジノにおける損害額が不確かで、非線形性が強く、かつ急崖型の曲線を描く場合、費用便益分析は最悪の結果に保険をかけるべく、最適温度目標値を下げる傾向にあるということだ。

気候変動問題に費用便益分析を用いることへの批判

費用便益分析はしばしば批判にさらされる。このアプローチに懐疑的な人々は、費用便益分析は気候変動に関する選択肢を比較するには不向きだと主張する。彼らが指摘する費用便益分析の欠点のいくつかは、技術的なものだ。たとえば、気候変動は大きな不確実性を抱えており、さまざまな現象が起きる可能性を確定させることはできない。また、費用を負担した人や世代が便益を受けるとは限らないし、今日の費用を遠い将来の便益と比較する難しさもはらんでいる。

しかし、気候変動は重要な哲学的問題も引き起こしている。たとえば、健康への影響に関わる選択をおこなう際、人間の健康や生命を経済的価値で表すことは、倫理的に許されるのだろうか。だが、おそらく最大の障害は、気候変動による影響が生態系や生物学的多様性といった自然システムにまで及んでいるにもかかわらず、我々がそうした損失の価値を評価する信頼性の高いツールをもっていない点だろう。

こうした問題に、経済学者たちはどう応じるだろうか。彼らのほとんどは、気候変動政策に関する確実な費用便益分析をおこなうことは非常に困難なタスクだと口を揃えて言うだろう。しかし、人々が合理的な政策判断を下す上で、それは必要な作業だ。温暖化がそれぞれの部門に与える影響について、明確に推定するのは難しいかもしれないが、慎重な研究と調査の過程でおおよその見積もりを出し、それを分析の中で使うことはできる。その際には、市場、非市場、環境、生態系など、すべての影響が含まれるように配慮しなければならない。さらに、生態系の経済価値評価のように、推定が特に大きなばらつきを見せる分野では、経済学者と自然科学者が協力してより正確に推定するよう努める必要がある。とにかく、我々が人々から預かった資金に対して責任ある行動をとり、無意味な投資をしないようにするためには、自分たちが買おうとしているものとその値札とを比較することが不可欠だ。

次の思考実験をおこなってみよう。仮にあなたのもとに優秀な専門家チームがいて、それぞれの温度目標の達成に必要な費用を見積もってくれるとする。彼らが図表18－1から図表18－4で示されたような見積もりを出してきたら、あなたはどの目標を選ぶだろうか。

あなたは影響分析に目を通し、臨界点について考えなければならないだろう。もしかしたら、損傷関数を修正し、生態系や生物種にもたらされる損害のために保険料を追加しようとするかもしれない。生態系や生物種はしばしば損害額に含まれていないからだ。

また、各国の参加率について、現実的に推定することも必要だろう。政策が世界の総排出量の50％しかカバーできないという確信があるならば、2℃に照準を合わせることは、列車を使って月まで行こうとしているようなものだ。他方で、すべての国を速やかに巻き込み、ただ乗りを抑制する仕組みをつくることが可能で、現実的に利用可能な政策手段が効率的だと感じるのであれば、コペンハーゲン合意の2℃目標をめざすというのも理解できる。

前の2章での分析に基づき、我々は気候政策の目標設定についてどのような結論を導き出せばよいのだろうか。まずは、筋が通った価値ある目標を掲げることが重要だ。温度目標は、一部の科学者たちの間では適切なゴールだと考えられている。この主張にはまだ議論の余地があるものの、気候変動を抑制することが価値ある目標であることは明らかだ。それとは対照的に、二酸化炭素の排出制限や濃度目標は、手段の目標であり、究極の目標ではない。

けれども、明確な温度目標は魅力的なアプローチである一方、さまざまな目標が競合する社会においては十分ではない。そうした目標が、人類を犠牲にしてまで生態系を守ることに固執する、心配性の環境保護論者たちによってもたらされたものではないという確証を人々は欲しがる。また、各国政府は、自分たちは援助に値しない国を助けているわけでも、見せかけの環境政策を掲げて税金をかすめ取ろうとする腐敗した独裁者たちにだまされているわけでもないことを、確かめたいと思うだろう。

莫大な費用を伴うのであれば、人々は自分たちが払った額に見合うものを得たいと願う。これはすなわち、人々が費用と便益を比較したがっていることを意味している。便益を100%貨幣価値で表す必要はないが、「生態系の価値はお金では表せない」や「いかなる対価を支払ってでも、ホッキョクグマを救わなければならない」と訴えるだけでは不十分だろう。地球温暖化に関する選択肢を比較検討するとき、費用と便益のバランスをとらなければならないのはこのためだ。あなたが参加率や割引に関してどれだけ楽観的な見通しをもっているのかによって、気候変動政策の目標設定の指針として本章で見てきた四つのグラフを使い分けることができるはずだ。

第19章

炭素価格の重要な役割

気候変動政策は二つの科学から成る。その一つである自然科学は、気候変動の地球物理学的側面の解明において、素晴らしい成果を挙げてきた。地球温暖化の根拠となる科学は、今日揺るぎないものとなっている。さまざまな変化が起きるタイミングや地域的影響が確実にわかっているわけではないが、自然科学者たちは、二酸化炭素の際限なき排出が危険な結果をもたらすという事実を、説得力をもって示している。

しかし、気候変動の自然科学を理解することは最初の一歩に過ぎない。気候変動の抑制に向けた効果的な戦略を立てるには、社会科学が必要だ。各国がそれぞれの気候目標を効率的に達成するために、自国の政治経済システムをどう利用すればよいかを研究する学問である。こうした問いは、自然科学が取り組んでいるものとはまったく異なる。我々がこれまで見てきたような、気候変動がもたらす経済的影響や対策費用の推定に加え、排出量を望ましい水準まで下げるために社会がとり得る政策手段の設計が絡んでくる。

次の数章はこうした問題を議論する。本章では、二酸化炭素の外部性に価格をつけることの主な役割、つまり「炭素価格」のねらいについて説明する。第20章では、政府が実際に炭素価格をどう設定するかに注目する。そして第21章では、国際社会において気候政策目標を効果的、効率的に実行するにはどうすればよいかを探っていく。ここで我々が向き合うのは、低炭素社会の実現に向けた制度づくりという、政治に課された問題だ。

炭素価格とは何か

ここまで我々が見てきたものには、ある重要な要素が抜けている。地球温暖化という名の貨物列車を確実に減速させるには、二酸化炭素やその他の温室効果ガスの濃度を低下させることが唯一の方法だという結論に至った。その上で、排出削減にはどのくらいの費用がかかるのか、その費用を抑えるためにはすべての国の参加が不可欠なのはなぜか、石炭発電から天然ガスや低炭素資源による発電への転換や、省エネ設備の開発、新たな低炭素技術の発明がなぜそれほどまでに重要なのかという点に目を向けてきた。気候変動対策を真剣に捉える人々なら、これらすべてのアプローチに賛同してくれるだろう。

だが、これには個人の選択という要素が抜けている。あなたや私やほかのすべての人々に必要な行動をとらせるには、一体何が必要だろうか。どうしたら人々は、燃費のよい車を買おうとするだろうか。どうしたら世界中を飛び回るよりも、近場で休暇を過ごそうと思うだろうか。どのようなインセンティブがあれば、企業は株主たちの満足度を保つために利益を最大化しつつも、二酸化炭素の排出量を減らすために作業工程を見直そうと考えるだろうか。科学者や技術者やベンチャー投資家に、彼らにとって将来有望な分野が新たな低炭素の技術や製品への投資にあると確信してもらうには、どうすればよいのだろうか。

難しい問いに思えるかもしれないが、幸運にも答えは簡単だ。エネルギー部門などでの経済的介入の歴史を見ると、最良のアプローチは市場メカニズムの活用であることがわかる。そして、今日欠如している最も重要な市場メカニズムは、二酸化炭素に対して高い価格を設定することだ。いわゆる「炭素価格」である。「炭素価格？」。二酸化炭素に価格をつけるというアイデアを初めて聞き、しかも価格が高いと知った人の多くは、それをばかげた空想ではないかと訝しがる。だが実はこれは経済の理論と経験に基づいた発想だ。その根底にあるのは、人々が二酸化炭素やその他の温室効果ガスの排出量を減らそうと自らの行動を見直すには、経済的なインセンティブがなくてはならないという考えだ。それを達成する最善の方法は、二酸化炭素に価格をつけることである。これは炭素集約度の高い財の相対価格の上昇と、炭素を含まない財の相対価格の低下をもたらし、最終的に二酸化炭素排出量の減少につながっていく。

まずは経済理論から説明しよう。ここで思い出してほしいのは、二酸化炭素の排出が経済外部性、つまり人々が何かを消費したのに、その社会的費用をすべて負担しない活動のことだ。たとえば私は、エアコンを使ったらその電気代を払う。しかし、二酸化炭素の排出によって引き起こされる損害への費用を私が負担することはない。アメリカでは二酸化炭素排出の価格がゼロだからだ。図表14－2に示した、二酸化炭素を生じさせる家庭内の活動行為の一覧を改めて見れば、そのいずれにも、社会的費用を反映した炭素価格が含まれていないことがわかるだろう。

我々はこの抜けをどう是正すればよいのだろうか。これは、経済学による回答が極めてシンプルな数少ない領域の一つだ。つまり政府は、国民が各々の排出した二酸化炭素のコストを１００％負担するよう、手を尽くさなければならない。すべての人は、その場所や時代にかかわらず、自らの活動による社会的費用を反映した対価を支払うべきだ。

別の見方をすれば、炭素価格の設定は、二酸化炭素の削減を重視するという社会的決断の表れである。それは地価の高さが発するシグナルと似ている。マンハッタン中心部の土地が天文学的な値段で売りに出るとき、その価格の高さは、そこがゴルフコース向けの安上がりな場所ではないというメッセージを発信している。二酸化炭素につけられた値札は、温室効果ガスは有害であり削減されるべきというシグナルを発することになる。

経済理論の説明についてはこのくらいにしておき、次は炭素価格が実際にどのようなものなのかを見ていきたい。炭素価格は化石燃料の燃焼（および類似の活動）に付与される価格だ。つまり、企業や個人が化石燃料を燃やし、二酸化炭素が大気中に出される都度、その量に応じて企業や個人に追加費用の支払いを求める。以降の例では、一貫して「二酸化炭素1トン当たり25ドル」という炭素価格を用いることとし、読者にこの価格に慣れてもらうようにする。そしてのちほど、これが当面の政策においてめざすべき合理的な目標価格であることを示したい。

炭素価格の役割を理解する上で例として挙げられるのが発電だ。仮に、ある世帯が毎年1万ｋＷｈの電力を消費し、電気代は名目ベースで10セント／ｋＷｈ、つまり年間１０００ドルだったとしよう。この電力の半分が石炭、残りの半分が天然ガスで生産された場合、発電によって8トンの二酸化炭素が排出される。炭素価格を二酸化炭素1トン当たり25ドルとすると、年間の発電コストは２００ドル増加し、この世帯の電気代を20％上昇させる。

排出権取引や税金を通じた炭素価格の引き上げ

実際、政府はどのような方法で二酸化炭素の排出に価格をつけるのだろうか。これについては第20章で詳しく説明する。その前に、炭素価格の引き上げには二通りの方法があることを紹介しておきたい。

・最も簡単なのは、シンプルに二酸化炭素に税金を課すことだ。いわゆる「炭素税」である。企業と個人は、ガソリンを購入するときとほぼ同じ要領で、二酸化炭素排出に対して税金の支払いを義務づけられる。
・より間接的な二つめの方法は、企業に二酸化炭素を排出する許可証をもつことを義務づけ、企業間でそれを売買できるようにするものだ。この制度は「キャップ・アンド・トレード」と呼ばれている。排出量は制限（キャップ）されているものの、排出権は企業間で取引（トレード）できる。

この二つの制度は違うもののように聞こえるが、どちらも炭素価格の引き上げという同じ経済目標を達成する。二者の共通点と違いについては第20章で論じるが、これらが温室効果ガスの排出という外部性に市場価格をつけるための方法であり、実のところこの二つ以外の選択肢はないという事実を認識しておくことは、非常に大切だ。

これには、技術的だが重要なポイントがある。実際に誰が支払うのかという点だ。当然ながら、人々はこう言うだろう。「いいかい、僕は石炭を燃やしていない。だいたい僕は、自分が使っている電気がどこでどうやってつくられているのかさえ知らない。一体誰がどのようにして正確な額を計算するんだ」

これは鋭い指摘だ。炭素価格制度を設計する際に鍵となる運用上の問題は、誰が支払うのかということだ。石油が油井から流れ出て、パイプラインを経て製油所に入り、それからおそらくタンクローリーに積まれてガソリンスタンドへと運ばれ、そこで貯蔵タンクに入れられて、ポンプを通じて消費者の車に給油されるとしよう。誰が二酸化炭素排出の費用を支払うのだろうか。基本的には、サプライチェーン上の誰が支払ってもよい。だが、最も効率的なのは、ガソリンスタンドや消費者ではなく、製油所が支払うシステムだろう。

石炭であれば、大口ユーザーは限られているため、おそらく発電所が支払うことになる。また、輸出入もシステムに含まれる必要があるだろう。

政治学者たちは、価格の引き上げを伴う規制や課税に対する人々の受容性は、サプライチェーンのどこで課金されるかによって変わり得ると指摘する。「よい税金とはただ一つ、目に見えない税金のことだ」という格言もある。たとえば、社会保障税の半分は企業によって「支払われる」ことが法律で定められているが、ほとんどの人はそれを自らの税負担の一部とはみなしてはいない。労働経済学者たちは、この二つの社会保障税はどちらも賃金から支払われている（専門的な言い方をすれば、賃金に転嫁されている）と考えている。こうした行動の受け止め方、あるいは錯覚を考えると、規制や炭素税は、目立たず、世論の強い反発を避けられるという点で消費者よりも上流に課したほうが、賢明かもしれない。

しかし、経済学的な観点から見れば、支払うのが生産者であっても、製油所であっても、ガソリンスタンドであっても、何ら変わりはない。炭素価格は値上げというかたちで消費者に転嫁されることになる。そして、ガソリンやその他の財の価格への影響は、誰が支払うかによって変わるものではない。

二酸化炭素に価格をつけることの経済的機能

炭素の使用に対する価格づけは、排出削減の強力なインセンティブを付与するという大きな目的の達成に役立つ。それは三つのプロセスを通じておこなわれる。「消費者に影響を与える」「生産者に影響を与える」「イノベーターに影響を与える」だ。

第一に、炭素価格は消費者に対し、どの財やサービスが多くの炭素を含み、利用を極力控えるべきかに関するシグナルを送る。消費者は、地元の観光地を訪れたり電車を使ったりするのに比べ、飛行機による移動が割高になっていると感じるだろう。人々は飛行機による移動を減らし、その結果、排出される二酸化炭素の量が減少する。

第二に、炭素価格は生産者に対し、どの原材料が比較的多くの炭素を使用し、どの原材料が比較的少ない、あるいはまったく炭素を使用しないかのシグナルを送る。そうして、コスト削減と利益拡大のために低炭素技術へ移行するよう、企業を誘導する。最も重要なシグナルの一つが発せられるのが、発電事業だ。石炭発電のコストは急激に上昇する。天然ガス発電のコスト上昇は、それより幾分緩やかだ。原子力や、風力などの再生可能エネルギーを使った発電コストは、まったく変わらない。おそらくアメリカにとって、石炭から排出される二酸化炭素を削減することは、あらゆる規制措置の中でも最も重要な手段である。

高水準の炭素価格は、電力会社の注目を集めることになるだろう。実際、アメリカにおける炭素価格は今日ゼロだが、すでに多くの電力会社が、高水準の炭素価格の可能性をそれぞれの長期計画に盛り込んでいる。2012年にアメリカ国内の電力会社21社を対象におこなった調査では、16社が計画に炭素価格を盛り込んでおり、2020年の1トン当たり平均価格を25ドル弱としていた。(注1)

第三の効果は、より把握しにくいものだ。炭素価格は発明家やイノベーターに対し、従来の技術に代わる低炭素製品や製法を開発、導入するための市場インセンティブを提供する。仮にあなたが、2012年度の研究開発予算が50億ドルだったゼネラル・エレクトリック(GE)社のような大企業の研究開発担当幹部だったとしよう。あなたの会社は、石炭、原子力、風力など、さまざまなエネルギーを使った発電設備を製造している。たいていの発電施設は何十年という期間にわたって使われる。将来の炭素価格がゼロか、あるいは非常に低い場合には、石炭火力発電所は今後も重要な収益源であることが予想され、あなたは引き続き石炭技術の研究開発に力を入れようとするだろう。

逆に、炭素価格の急激な上昇が見込まれるのであれば、おそらく従来型石炭火力発電所はほとんど建設されなくなる。したがって、今後あなたが注力すべき分野は、風力や原子力のようなゼロ炭素技術となる。ほかにも、飛行機移動や家電製品、自動車など、消費者や生産者の需要が炭素価格の影響を受けやすい分野では、莫大な研究開発予算をもつ企業は炭素価格が発するシグナルに敏感に反応し、状況に応じて投資先を変更する。イノベーションの経済学については、第23章で詳しく説明する。

炭素価格と環境倫理

なぜ経済学者たちは炭素価格のような複雑なアプローチを推奨するのかと、疑問に思う人は多い。大量の二酸化炭素を使わないよう呼びかけたり、石炭の生産をやめさせたりすれば済む話ではないのだろうか。もしかしたら皆で車に、「二酸化炭素にノーと言おう」と書いたバンパーステッカーを貼ったほうがよいかもしれない。

規制やその他の選択肢についてはのちほど触れる。だが、興味深いことに、炭素価格はむしろ我々の生活をシンプルにしてくれる。排出削減の判断は、複雑かつ多様で、広範囲にわたる。ほかの仕組みではなく炭素価格を用いるメリットの一つは、そうした二酸化炭素に関する複雑な意思決定を単純化してくれる点にあり、さまざまな判断を下す上で必要な情報量が従来よりも少なくて済む。

あなたが環境倫理を重要視しているとしよう。あなたはカーボンフットプリント、つまり自身の活動から生じる二酸化炭素の量を減らしたいと考えている。二酸化炭素に関する意思決定を取り入れるために、日々の生活をどのように変化させればよいのだろうか。

次に示すのは、炭素価格がいかに意思決定を単純化してくれるかを示す例だ。仮にあなたがコロラド州デンバーに弟と二人暮らしをしており、きょうだいでニューメキシコ州アルバカーキに住む父親のもとを訪れる計画を立てていたとする。車で行くべきだろうか、それとも飛行機を使うべきだろうか。インターネットの二酸化炭素計算プログラムを使って調べたところ、飛行機を使った場合には350キログラム、愛車のトヨタで行った場合には400キログラムの二酸化炭素が生じることがわかった。つまり、純粋にカーボンフットプリントだけで判断する場合、飛行機移動のほうがよいことになる。

しかしそこであなたは空港への往復移動が必要であることを思い出し、その活動分の排出量も計算しなければならなくなった。さらに、ほかのことについても気になり始めた。果たしてこの計算プログラムは、飛行機が満席かどうかまで考慮しているのだろうか。計算プログラムに含まれているのはガソリンとジェット燃料の二酸化炭素だけで、タイヤやアルミニウム、鉄、クッションなど、空の旅を可能にするあらゆるものの生産過程で排出される二酸化炭素については除外されているのではないか。そこには当然、客室乗務員をロサンゼルスから飛行機移動させる際に出る二酸化炭素も含まれていなくてはならない。

もしかしたらあなたは旅行のことなど忘れ、家にいるべきなのかもしれない。それであれば二酸化炭素を排出せずに済むが、今度は機嫌を損ねた父親とのけんかが待っている。あなたはおそらく、こうした一連の二酸化炭素計算は複雑すぎると判断し、責任ある地球市民でいるための別の道を探ろうとするだろう。(注2)

この点こそが、意思決定を助けるという炭素価格の強みが際立つところだ。すべての二酸化炭素の排出に対して価格づけがおこなわれるようになれば、そのコストは、車の移動であればガソリン価格に、飛行機移動であれば航空運賃とタクシー料金に、それ以外のあらゆる活動の場合にはその費用に、あらかじめ含まれる。ひとたび炭素価格が全世界で適用されれば、二酸化炭素を使用するすべての活動の市場価格は、「使用燃料に含まれる二酸化炭素の量×炭素価格」の分だけ増加する。価格のうち、いくらが炭素含有量に由来するものかは我々にはわからないが、知る必要もない。我々は、自分たちが使った二酸化炭素の社会的費用を負担していることを確信しつつ、意思決定をおこなえるようになる。

ここまでの話をまとめよう。なぜ経済学者たちが、二酸化炭素の排出削減に炭素価格を用いることのさまざまなメリットを力説するのかが、おわかりいただけただろう。炭素価格は、排出削減に向けた強力なインセンティブを、公正なかたちで提供し、生産からイノベーションに至るまで経済のすべての側面に影響を与えることができる。そして、人々がより少ない情報量で効率的な意思決定をおこなうことを可能にする。

適正な炭素価格の設定

経済学は我々に、二酸化炭素のような外部性は市場の外にあるため、規制のない市場によって適正な価格がつけられることはないという事実を教えてくれている。ならば、価格はどのように決定されるべきか。経済学者たちは、適正な炭素価格の推定のために二つのアプローチを用いてきた。一つは、「炭素の社会的費用」という概念を用いて気候変動による損害額を推定する方法だ。もう一つは、統合評価モデルを使い、さまざまな環境目標の達成に必要な炭素価格を推定するアプローチだ。

まずは炭素の社会的費用から見ていきたい。炭素の社会的費用は、1トンの二酸化炭素（より簡潔に言えば炭素）かそれに相当するものが追加的に排出されることで生じる経済的な損害を表す。(注3)炭素の社会的費用の推定は、気候変動政策の要となる要素だ。それは、炭素税を設定したり、キャップ・アンド・トレード制度における排出削減量を打ち出したり、あるいは最低炭素価格に関する国際交渉をおこなったりする際、政策決定者たちにめざすべき目標を提供する。

また、すべての温室効果ガスをカバーする包括的政策をもっていない国々では、炭素の社会的費用をルールづくりに活用できる。この場合、規制者は、エネルギー・気候政策の社会的費用と便益の計算に、炭素の社会的費用を用いる。たとえばアメリカ政府は、低炭素エネルギーの導入、建築物の省エネルギー基準、自動車の燃費基準（のちほど説明する）、そして新設発電所の排出基準に関する規制や補助金を設定する際に、炭素の社会的費用を使用する。

炭素の社会的費用には、今日さまざまな推定値がある。アメリカ政府の報告書は、２０１５年時点で二酸化炭素１トン当たり約25ドルという最良推定値を提示した。(注4) 次に示す通り、これはモデルから得られる数値と一致しているため、ここから先の議論ではこれを目標価格として使用する。

適正な炭素価格を決定するための二つめのアプローチは、統合評価モデルの使用だ。たとえば我々には、ある温度目標を達成するために必要な炭素価格曲線を推定することもできる。図表19－1は一つの例を示している。この推定では、温度目標を2・5℃に設定している。(注5) この目標値は、第18章の費用便益分析の議論の中で出てきた数字だ。

グラフは、全世界参加と効率的な政策実施という理想的な状況の下で、今後50年間にわたる炭素価格を示したものだ。(注6) 起点は２０１５年の１トン当たり約25ドルだ。必要炭素価格は、時間の経過とともに、物価上昇率の修正を加えた実質ベースで年5％前後の急上昇を見せ、２０３０年には53ドル／トン、２０４０年には93ドル／トンに達している。この急激な価格上昇は、ほとんどの経済モデルで前提となっている二酸化炭素排出の急速な増加を抑え込むために必要なものだ。

図表19-1　2.5℃の温度目標の達成に必要な炭素価格

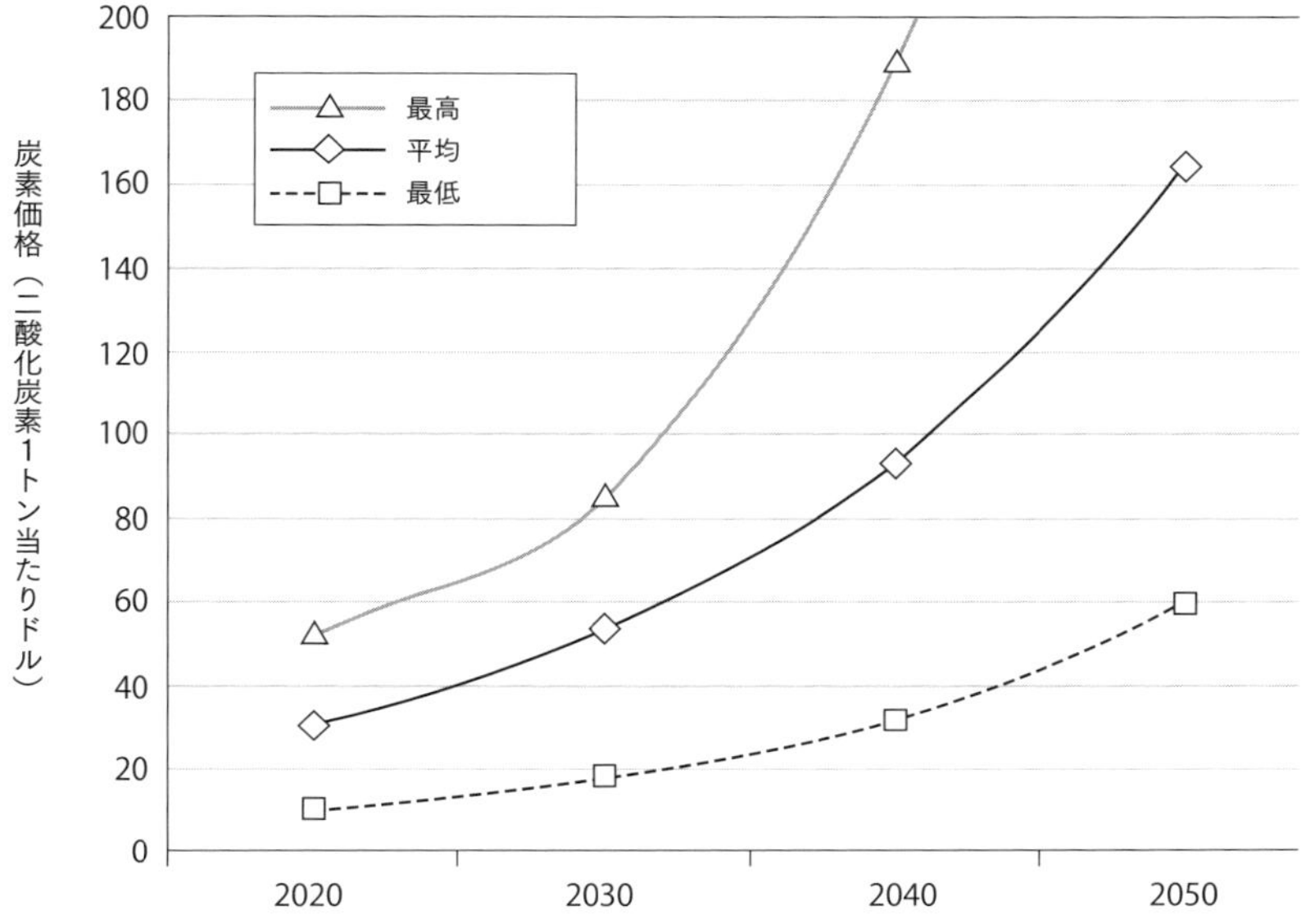

このグラフは、気温上昇を2.5℃以内に抑えるために必要な目標炭素価格を表している。この結果は13のモデルから導き出されたもので、モデル間の中心傾向に加え、最低必要炭素価格と最高必要炭素価格を示している。全世界参加と効率的な政策を前提としている。

また、このグラフは、さまざまなモデルによる推定の幅も表している。気温上昇を2・5℃以内に抑えるために必要な炭素価格がどの程度かということだけでも、モデル間で大きな不確実性が存在していることがわかるだろう。この幅の大きさは、将来の経済成長やエネルギー技術、そして気候モデルが抱える本質的な不確実性を表している。

炭素価格がエネルギー価格に及ぼす影響

炭素税が日常生活にどう関わってくるのかを理解するために、25ドル／トンという炭素価格が代表的なエネルギー製品の卸売価格に与える影響を図表19－2に示した。(注7) 価格がどれだけ上昇するかは、費用1ドル当たりの炭素含有量によって決まる。一番影響を受けるのは石炭だ。一方、石油は二酸化炭素排出量1単位当たりの価値が高いため、影響が最も小さい。

炭素価格は、統計上平均的なアメリカ家庭の総支出にどのような影響を与えるのだろうか。図表19－3は、炭素価格を25ドル／トンとした場合のいくつかの例を示している。(注8) 炭素集約度の高い財の価格が急騰しているのに比べ、炭素集約度の低い財の価格への影響ははるかに小さい。価格上昇が最も著しいのは電力だが、これはアメリカにおける発電の多くが炭素集約度の高い石炭によるものだからだ。典型的な年のガソリン代は、8％増加する。航空運賃の上昇率は、これをやや下回る。電話や銀行などのサービスは、非常に限られた量の二酸化炭素しか使わないため、価格もほとんど変わらない。何から何まで含めたとき、平均的なアメリカ家庭による全消費のコストは1％弱増加することになる。

この表は、二酸化炭素への価格づけが地球温暖化を遅らせる重要な方法の一つであることを示している。

図表19-2　25ドル／トンの炭素税がエネルギー製品の卸売価格に与える影響

製品	単位	炭素価格なし	炭素価格あり	価格の変化（%）
価格（2005年基準ドル）				
石油	ドル／100万 BTU	17.2	19.1	11
石炭	ドル／100万 BTU	1.8	4.1	134
天然ガス	ドル／100万 BTU	4.5	5.8	30
電力（工業用）	セント／kWh	6.9	9.0	31

注：ＢＴＵは英国熱量単位 British thermal unit の略で、主にアメリカで用いられる、メートル法によらない熱量単位のこと。

上の表は、主要エネルギー製品の卸売価格への影響を示している。石炭は炭素集約度が高いため、大きな影響を受ける。石油は二酸化炭素排出量１単位当たりの価値が高いため、価格の上昇幅は最も小さい。

図表19-3　25ドル／トンの炭素価格による影響

例	二酸化炭素の使用量（トン）	25ドルの炭素価格による支出の増加	支出の増加（%）
年間の電気使用	9.34	$233.40	19.45
年間の自動車運転	4.68	$116.90	7.79
エコノミークラスでの大陸横断飛行	0.67	$16.80	5.61
年間の通信サービス	0.01	$0.36	0.04
年間の金融サービス	0.02	$0.41	0.04
年間の家計消費	29.48	$737.0	0.92

炭素集約度の高い財の価格は、炭素集約度の低い財に比べて上昇する。これは、低炭素製品の購入を増やし、高炭素製品の購入を控えるという消費者行動の変化につながるだろう。炭素価格が高ければ高いほど、より多くの二酸化炭素が削減される。価格が上昇するにつれて需要量が低下するという「右下がり需要の法則」は、経済学全体で普遍的に確認されている研究結果の一つである。

炭素税と財政

図表19－4は、図表19－1で用いた炭素価格に基づいた、アメリカ経済における炭素税収入の総計を示している。この計算では、炭素価格は炭素税によって引き上げられることを前提にしている（実際には、排出枠の入札という手段を使ってもよい）。この考察では、アメリカ経済が完全雇用を達成しているという前提のもと、炭素税は２０１５年に25ドル／トンからスタートする。これはＧＤＰの約１％という、大きな税収をもたらす。また、炭素税の導入によってアメリカの二酸化炭素排出量は、２０３０年までに、２０００年の水準で安定する。モデルによれば、ほかのすべての国々で同様の政策が実施された場合、この炭素価格の水準なら世界の平均気温上昇を２・５℃前後に抑えられる。

我々はエネルギー・気候政策を経済政策本体から切り離して考えがちだが、そこには重要な経済的相互作用が存在する。主要国のほとんどは増加する政府債務に歯止めをかける必要性に迫られており、炭素税はその取り組みに大きく寄与することができる。

アメリカを例に挙げてこの点を説明しよう。２０１２年、議会予算局は、２００７年度には36％だった政府債務の対ＧＤＰ比が２０１３年度には76％にまで膨れ上がると推定した。(注９) 近年の長引く不況による歳入の

図表19－4　アメリカ経済における炭素税収入の試算

年	税率（2005年基準ドル／トン）	二酸化炭素排出量（10億トン）	歳入（2005年基準、10億ドル）	歳入（対ＧＤＰ比）
2010	0	6.3	0	0.00
2015	25	5.9	147	0.96
2020	30	5.5	168	0.97
2025	42	5.4	225	1.14
2030	53	5.2	277	1.25

大幅減と景気刺激策の結果、債務比率は急拡大している。長期的な見通しでは、抜本的な財政改革をおこなわない限り、この比率は急激に上昇する見通しだ。

炭素税は、我々が想像し得る理想の税金に最も近い。それは、有害な活動（二酸化炭素の排出）のアウトプットを削減するという意味で、現在検討が進められている税制の中では唯一、経済効率の向上につながるものだ。炭素税は、アメリカが気候変動の目標を実現し、約束した国際的義務を達成する上で、大きな役割を果たす。加えて、主に石炭の燃焼などによる有害な排ガスを減少させる意味で、人々の健康増進にも大いに寄与すると考えられる。さらに、多くの非効率的な規制政策を補完したり、それに取って代わったりすることで、経済効率性をより一層向上させることができる。

図表19－４のように炭素税が導入されれば、２０２０年にはＧＤＰの約１％に相当する１６８０億ドルもの歳入を生む。税率は急激に上がるため、税収も時間とともに大幅に増加する。炭素税の実施は、膨張する財政赤字を削減すると同時に地球温暖化を抑制し、しかもその両方を市場にやさしいかたちで進められるため、財政保守派と環境保護派の妥協策となることが期待される。

第20章 国家レベルでの気候変動政策

経済学は、地球温暖化政策に関して二つのことを教えてくれる。一つは、第19章で論じた通り、個人や企業の行動を低炭素活動へと誘うためには、経済的インセンティブが欠かせないということだ。二酸化炭素やその他の温室効果ガスの排出につながる活動は、今より高価にならなければならない。それにはまず、炭素系燃料価格の引き上げが必要だ。これがうまくいかないのは、エネルギーに対してより多くの額を支払うことに人々が抵抗するからである。

経済学が示す二つめの真実は、市場の力だけでは地球温暖化問題を解決できないということだ。地球温暖化に対する真の「自由市場式解決策」は存在しない。我々には、地球温暖化政策に関する意思決定を調整し、推進する新たな国内制度と国際的制度が必要だ。こうした制度が市場を活用することは可能だが、それは政府によって法制化され、施行されなければならない。この二つめの真実が、本章と次章における議論の焦点である。

炭素価格設定のための二つの制度

政府が二酸化炭素やその他の温室効果ガスの排出量を制限し、炭素価格を引き上げるには、二通りの方法がある。キャップ・アンド・トレード制度と、炭素税制度である。本章では、これらの制度とそれぞれの短所長所について説明する。

一つめの方法は、二酸化炭素に希少性をもたせることによって二酸化炭素排出の価格を引き上げるもので、「キャップ・アンド・トレード」と呼ばれている。このアプローチでは、まず政府が、自国の二酸化炭素やその他の温室効果ガスの排出量にキャップ（制限）を設ける法律を制定する。その上で、二酸化炭素やその他の温室効果ガスを決まった量だけ排出する権利を付与する「排出枠」を、限られた数だけ発行する。この類いの規制は、汚染削減の手段として世界中の政府によって使われてきた。

図表20－1に架空の排出権割当証明書を示した。現代では証明書は電子化され、複雑な規制要件を含んでいるが、これを見れば、排出枠が車や住宅と同じように売買が可能な所有権であるというイメージが湧いてくるだろう。

次のステップは、環境経済学者たちによる画期的なアイデア、つまりキャップ・アンド・トレードの「トレード（取引）」の部分である。企業は、排出枠の所有に加え、売買もできる。たとえば、1000トンの排出枠を有する企業Aが、旧式の発電所の閉鎖を決定したとしよう。一方、企業Bでは、利益率の高いコンピューターサーバー会社の立ち上げを希望しており、それによって1000トンの二酸化炭素排出が見込まれる。この場合、企業Aは金銭的価値をもつ自らの排出枠を、企業Bに売却できる。

排出枠の価格はどのように設定されるのだろうか。排出枠を売買するための取引所がつくられるかもしれない。あるいは、販売業者が買い手と売り手を仲介することも考えられる。企業Aは最も高く買ってくれる

図表20-1　架空のパシフィカ合衆国排出権割当証明書

パシフィカ合衆国排出権割当証明書　第1031144AH23号
割当量：1000二酸化炭素換算トン

登録名義人が指定量の二酸化炭素を大気中に排出する権利を有することを証明する。排出量の測定に関する規定は、2013年8月18日付文書第120-12-12号に準拠する。排出権の使用および譲渡は、現行規定に準拠する。

登録名義人はハイポ電力株式会社（パシフィカ合衆国メリーロンディア州）とする。

排出権は、パシフィカ環境保護機構の排出権管理システムへの登録により、パシフィカ合衆国内において無制限で譲渡できるものとする。

本証明書に基づく排出権は2015年1月15日より有効とし、2019年12月31日をもって失効する。

E. N. ヴァイロン　　　　2014年1月20日
（署名）　　　　（日付）

相手を、企業Bは最も安く売ってくれる相手を見つけようとする。そして二者は、25ドル／トンという価格で合意するかもしれない。

排出枠市場を構築するメリットは、二酸化炭素が最も生産的なかたちで使用されるようになることだ。先ほどの例に戻ると、たとえば企業Aは、排出権を売ることができなければビジネスを継続していたが、二酸化炭素1トン当たりの価値はたったの2ドルで、同様に、買い手である企業Bは、排出枠によってもたらされる新製品の正味価値が202ドルにのぼると判断していたとする。この場合、取引を可能にすることにより、経済厚生は200ドル／トン向上する。

こうしたアイデアは、無謀な理論上の政策ではない。過去半世紀にわたり、さまざまな場面で使われてきた。石油採掘権でも、森林伐採権でも、電磁波の周波数帯域の使用権でも、権利は入札にかけられる。環境分野における最大の成功事例は、1990年にアメリカで始まった二酸化硫黄排出権の活用だ。このプログラムは二酸化硫黄の総排出量の削減に大きな効果を発揮し、しかも多くの専門家の想定をはるかに下回るコストでそれを実現した。アメリカの二酸化硫黄削減プログラムはあまりにも効果的だったため、京都議定書の温室効果ガス目標達成計画、さらには欧州連合（EU）域内排出量取引制度の土台にもなった。

二酸化炭素排出との関連において、キャップ・アンド・トレード制度は、限られた排出量から最大限の経済価値を引き出す。しかも、政府が細部にわたって企業を管理するのではなく、価格と市場のメカニズムを通じてそれは達成される。二酸化炭素の排出量は規制のない自由市場を下回る水準で制限されるため、土地や石油と同じ希少資源となり、二酸化炭素排出枠の市場価格は引き上げられ、排出量を限度内に押し下げる。トウモロコシの価格高騰が需要を供給可能な量まで引き下げるのと同じように、炭素価格は、二酸化炭素を発生させる財の利用を控えるよう生産者や消費者に促し、排出量を限度内に収める働きをする。法的拘束力を伴うキャップ・アンド・トレード制度によって、炭素価格は間接的にゼロから正の値へと導かれる。

二酸化炭素のキャップ・アンド・トレードというアイデアは、EU域内排出量取引制度の中で実施された。図表20－2は、同制度における2006～2012年の炭素価格を示している。(注1) 第一フェーズの排出権割当量は実際の排出量を上回っていたため、2007年には価格がゼロに転落した。第二フェーズでは、炭素価格は20ユーロ（27ドル）／トン前後でスタートしたが、2012年までにおよそ8ユーロ（11ドル）／トンまで下落した。

一方、「炭素税」と呼ばれる、炭素価格を引き上げるための二つめの方法では、政府が二酸化炭素の排出に対して直接課税をおこなう。基本的な考え方はシンプルだ。企業が化石燃料を燃やすと、燃焼によってある量の二酸化炭素が大気中に放出される。その際、各燃料に含まれる二酸化炭素の量に応じて税金が課せられる。定義の問題は、炭素税に関しても排出枠に関しても同じである。唯一の違いは、一方は排出量に対して課税し、もう一方は排出量を制限することだ。数量の設定はどちらも同じである。(注2)

一つの例を見てみよう。ある会社が石炭を使って電力を生産しているとする。大型の発電所では、年間5億トンの石炭が燃やされている。炭素税を25ドル／トンとすると、この発電所は年間4億ドル近い炭素税を支払う計算になる。炭素税はコストの最重要構成要素となり、間違いなく経営陣の注目を集めるだろう。

全面的炭素税はこの例と似ているが、すべての二酸化炭素（そしてその他の温室効果ガス）排出源に適用される。主な二酸化炭素排出源は石炭、石油、原油だが、セメント製造や山林開拓などそれ以外の分野も全面的炭素税の対象となる。どの税制度もそうだが、そこには数多くの細則がある。

炭素税（より頻繁に話題に上ったのはその親戚であるエネルギー税）は、初期のころの気候変動政策に関する論議にたびたび登場した。しかし、1990年代後半になると、量的制限のほうが世論や各国政府にと

図表20-2　EU域内排出量取引制度における二酸化炭素の市場価格

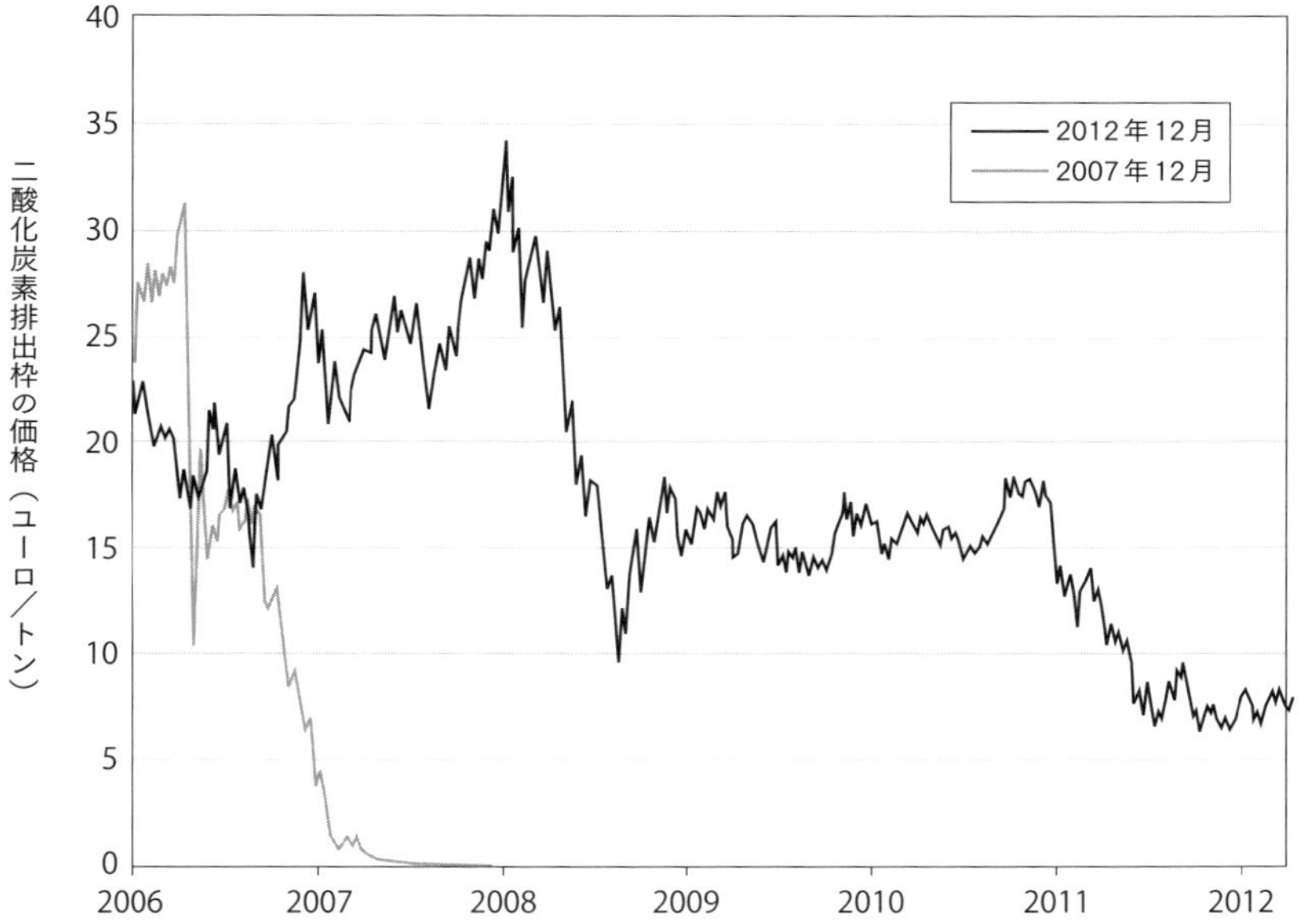

この図は、EU域内排出量取引制度における2006～2012年の炭素価格の推移を示している。金融危機の時期と、国際的な気候変動協定の将来が不透明だった2012年末に、価格は急落した。

注：縦軸はアメリカトンではなく、メートルトンを単位として使用している（1アメリカトンが2000パウンドであるのに対し、1メートルトンは2205パウンド）。この期間の平均為替レートは1ユーロ当たり1.36ドルだった。

ってわかりやすく、受け入れられやすいと考えた国際会議の政策交渉担当者たちによって、脇に追いやられてしまう。その結果、1997年以降は、規制策に加えてキャップ・アンド・トレードのような量的制限が、国際交渉における議論の中心となっている。

しかし、炭素税はいくつかの国で税収を増やす手段として使われている。西ヨーロッパ諸国の中には、書籍に炭素税、あるいはエネルギー税と炭素税を組み合わせた税を課しているところもある。インドは石炭に1ドル／トンの炭素税を課し、中国も同様の税を検討している。似たような提案は韓国、オーストラリア、ニュージーランド、カナダ、EUでも議論されている。2012年現在、経済全体に適用される高税率の炭素税を導入している国はない。

炭素税とキャップ・アンド・トレード――重要な共通点

キャップ・アンド・トレードと炭素税という二つの制度のうち、どちらがよりすぐれているのだろうか。ほとんどの人は驚くだろうが、この二つは根本的に同じだ。つまり、理想的な状況においては、どちらも排出削減、炭素価格、消費者、経済効率性に同じ効果をもたらす。人々はどちらがより有効かを熱心に議論しようとするかもしれないが、いずれも二酸化炭素の価格の引き上げることにより、消費者や企業に排出削減に向けた強力なインセンティブを与え、排出量を減少させる効果をもっている。

二者の類似性は次の例からわかる。アメリカの二酸化炭素排出量が、規制されていない状況で年間50億トンだったとしよう。やがて議会が、排出量を40億トンに制限するキャップ・アンド・トレード法案を可決し40億トン分の排出枠割当証明書を入札で売却する方法がとられたとする（図表20－1で示したイラストの現実版だ）。その後排出枠は取引され、排出削減は最も経済的なかたちで進められる。二酸化炭素の削減にはコストがかかるため、排出枠の価格は、最後の1トンを削減するための費用と等しくなるまで上昇する。仮に、最後の1トンの削減にかかる費用が25ドル／トンだったとしよう。その場合、排出枠の価格は25ドル／トンまで増加する。排出者が、排出削減費用を払うか、排出枠を購入するかにこだわらなくなるのがその額だからだ。取引をおこなっている企業から見れば、二酸化炭素を1トン排出する権利を手に入れるには25ドルかかる。

今度は、政府がキャップ・アンド・トレードの代わりに、25ドル／トンの炭素税を課したとしよう。この税率では、企業は排出量を10億トン削減したほうが経済的だと判断するだろう。個々の企業から見れば、どちらのケースでも二酸化炭素1トンを大気中に排出するのにかかる費用は25ドル／トンなので、二つの状況において彼らがとる行動はまったく同じだ。一方のケースでは、企業は二酸化炭素1トンを排出するために25ドルの税金を払う。もう一方のケースでは、企業は二酸化炭素1トン当たり25ドルで排出枠を購入する。キャップ・アンド・トレード制度でも、炭素税でも、排出量や二酸化炭素の価格はまったく変わらない。唯一の違いは、片方では政府は市場を基盤とした「数量」規制を使い、もう片方では税金というかたちで「価格」統制を用いることだ。

最終的に、企業は40億トンの二酸化炭素を排出するために、1000億ドル（＝40億トン×25ドル／トン）の費用を支出する。一方ではそれが税金のための1000億ドルであり、もう一方では排出枠のための1000億ドルである。どちらの場合でも、政府には1000億ドルの歳入が入ってくる。キャップ・アンド・トレードは、汚染税と同じように機能する。

炭素税とキャップ・アンド・トレード――重要な違い

ところが、ひとたび分析が理想的な状況から現実的な状況に移ると、二つの制度の重要な違いが明らかになる。たいていの場合、経済学者は好ましいアプローチとして炭素税を支持し、交渉担当者や環境専門家はキャップ・アンド・トレードを支持する傾向にある。それぞれの主張は次のようなものだ。(注3)

炭素税支持派は、租税制度が成熟した普遍的な政策システムである点を指摘する。税制はすべての国が導入している。税務行政、税務署員、税務専門の弁護士、租税裁判所が存在する。政府は収入を必要としており、実際多くの国々は今日莫大な財政赤字を抱えている。一方、キャップ・アンド・トレード制度は多くの国にとってほとんどなじみがなく、国際社会における実績は事実上ゼロである。

さらに、排出目標アプローチのもとでの量的制限は、市場における炭素価格の乱高下を招く。この点は、EUの制度について示した図表20－2でも見ることができる。2008年に価格がどれだけ大きく変動しているかに注目してほしい。炭素価格は数カ月間で75％近く下落した。こうした価格変動は、排出枠の需要と供給がいずれも排出枠価格の変化に対して感応的でないために起きる。高水準のボラティリティー（変動性）は経済的にリスクが高く、民間部門の意思決定者に不安定なシグナルを送る。当然、炭素税は安定した価格シグナルを提供し、年によって、あるいは日によって、それほど大きく変動することはない。標準的なキャップ・アンド・トレード制度と炭素税の大きな違いの一つは、誰が払い、誰がその収入を手にするかにある。過去の例を見ると、キャップ・アンド・トレード制度下での排出権（あるいは排出枠）は、規制される企業に無償で割り当てられてきた。1990年にアメリカで実施された二酸化硫黄排出削減プログラムでは、ほぼすべての排出権が、電力会社や、昔からの大口排出源として規制されるべき事業者に対し、無償で配分された。排出枠は金銭的価値を伴った資産であり、その無償配分は、規制対象企業によるプログラムへの政治的抵抗を緩和させた。EUによる排出量取引制度の初期段階でも、やはり排出権は企業に割り当てられた。経済学者たちは、排出権の無償割り当てに異議を唱える。財源を無駄にする行為である上、排出制限が企業の利益に与える影響を埋め合わせる必要はないからだ。

炭素税アプローチでは、貴重な収入は政府が手にし、消費者に還元されたり、有用な公共財を購入したりするのに使われる。ただし、キャップ・アンド・トレードに関する最近の提案の中には、競争入札による排出枠の売却を政府に求めるものもあり、その場合、二つの制度は同じ財政効果をもつ。

炭素税には、キャップ・アンド・トレードに比べて大きなデメリットが二つある。一つめは、炭素税のもとでは排出量が不安定である点だ。25ドル／トンの全面的炭素税を導入したとしても、実際にどのくらいの量の二酸化炭素が排出されるかは誰にもわからない。排出量の危険水域に関してはっきりしたことがわかっている場合、これは炭素税の最大の弱点になる。つまり、二者の決定的な違いはこういうことだ。キャップ・アンド・トレードのもとでは、炭素価格は変動するが、二酸化炭素の排出量は安定する。炭素税のもとでは、排出量は変動するが、炭素価格は安定する。ここからわかるのは、定期的に税率を変えられない限り、炭素税は、地球が気候システムに対する「危険な人為的干渉」の安全域にいることを必ずしも保証してはくれない。

キャップ・アンド・トレード支持派が主張するもう一つのポイントは、キャップ・アンド・トレードのほうが炭素税よりも政治的訴求力と継続性にすぐれているという点だ。排出枠を無償で割り当てることで、規制強化によって不利益を被る業界団体からの政治的抵抗を抑えることができるというのが、根拠の一つだ。事実、無償排出枠の価値は、規制強化によって失われる利益を大きく上回る。ただし、政府が排出枠を競争入札で売却するようになれば、キャップ・アンド・トレードがもつこうした政治的魅力は失われる。

政治に絡む最後の主張は、税金は導入しにくく廃止しやすいという点だ。科学者たちの説得に応じて政府が高税率の炭素税を導入し、それによって、低炭素投資に移行せよという強力なシグナルが企業に送られたとする。しかし、政界の風向きが変われば、次の政府が政策を180度転換し、炭素税を廃止する可能性も考えられる。ある意味、炭素税が党派的な争いに巻き込まれた場合、図表20－2で見た価格の変動性は、炭素税を伴った政治の変動性に置き換えられるかもしれない。

過去の規制を見ると、環境規制はより継続性が高く、一般的に廃止されにくい傾向にある。1990年、アメリカ連邦議会は二酸化硫黄の排出に関わる規制の強化を打ち出した。それ以降、この国の政治はいくつもの大きな変化を経験してきたが、排出基準は今もほとんど変わっていない。こうしたことから、多くの専門家たちは、キャップ・アンド・トレード制度を通じた規制アプローチはより継続性にすぐれ、確実な長期政策となる可能性が高いと考えている。

これらの主張を比較した上で、私が一票を投じるのは……どちらでも構わない！　最も重要なゴールは、二酸化炭素やその他の温室効果ガスの価格引き上げだ。キャップ・アンド・トレード（特に排出枠の入札を伴うもの）のほうが価格を上げやすいと感じる国にとっては、それが目標達成のための手段となるだろう。ある国が安定した確実な財源を必要としており、炭素税に傾いていたとしたら、私はそれを大いに支持する。第21章にあるその他の選択肢に関する議論で説明する通り、どのアプローチにもほかよりはるかに卓越した点がある。そのため我々は、あくまで温室効果ガスの価格を引き上げるという最大のゴールに集中し、アプローチ間の違いが効果的な政策の実行の妨げとならないようにする必要がある。

その上で、もし私がどうしてもどちらか一方を選ぶよう迫られたとしたら、そのときは炭素税支持派による経済学的主張、とりわけ彼らの歳入、ボラティリティー、透明性、予測可能性に関する主張に説得力を感じる。したがって、本当に迷っている国があったなら、私は彼らに炭素税アプローチを採用するよう薦めるだろう。しかし、アメリカのような国が、新税の導入には抵抗があるが、キャップ・アンド・トレード（特に排出枠の入札を伴うもの）であれば受け入れられると言うのであれば、それは気候変動問題を放置したり、非効率的な代替策に頼ったりするよりも、間違いなく好ましい選択だ。

ハイブリッド制度

炭素税とキャップ・アンド・トレードの比較においては、さまざまな意見の対立が見られる。炭素税とキャップ・アンド・トレードのそれぞれの強みを掛け合わせて、頑強なハイブリッド制度をつくり出すという妥協策はあるだろうか。最も有望なアプローチは、下限価格と、安全弁の役割を果たす上限価格を併用した、量的制限をおこなえるハイブリッド制度の構築だろう。たとえば、最低炭素価格を炭素税の課税最低額とした、数値目標をもつ制度が考えられる。また、ヨーロッパのように、キャップ・アンド・トレードを軸とした気候変動政策を策定する国もあるだろう。こうした国々では、安全弁の役割を果たす上限価格を、税の倍数、おそらく基準値の5割増しで排出権を販売できる制度に組み込むことで、価格の変動を抑制し、施策の経済コストを確実に含めることができる。

ハイブリッド制度は、二つの制度の長所と短所を併せもつ。純粋なキャップ・アンド・トレード制度がもつはっきりとした量的制限はなくなるが、緩やかな量的制限によって、気候目標が達成されつつあると企業や国が実感できるように誘導していく。ハイブリッド制度には、炭素税の利点が、すべてではないにしろ、いくつか取り入れられる。国家財政にとってより有益な特徴をもち、価格変動を抑え、不正行為への誘因を軽減して、不確実性を緩和する助けになる。下限価格と上限価格の差が小さいほど、施策には炭素税の強みが大きく表れ、差が大きいほど、キャップ・アンド・トレード制度の強みが大きく出る。

経済や気候のような複雑システムがそうであるように、いかに多くの構造の詳細を述べようとも、それは簡略的な論述の大まかな説明に過ぎない。より詳細な考察については、法的・経済学的分析を参照してほしい。(注4) 特に厄介な問題は、森林や土壌に蓄積する二酸化炭素の扱いだ。基本的には、二酸化炭素が樹木に蓄積されているときは制度により炭素クレジットが付与され、樹木を伐採して焼却すると、その所有者から引き落とされる。実際には、これらの流れを正確に記録することが現時点では不可能なため、国際的な温室効果ガス排出抑制制度に森林を含めると、ややこしい問題が生じる。

もう一つの複雑な問題は、各国が協調して排出規制制度を実施しない場合、国境を越えた温室効果ガスの流入をどう評価するかだ。たとえば、二酸化炭素1トン当たりの課税額が、アメリカでは50ドル、カナダでは20ドルだったとしよう。理想は、カナダからアメリカへ輸入された二酸化炭素に1トン当たり30ドルという差額を追加課税することだ。難しいのは、間接的な、つまり「内包された」二酸化炭素やその他の温室効果ガスの扱いだ。国境税の対象となるのは、化石燃料だけでよいのか。それとも、鉄鋼のように極めて炭素集約度の高い製品も含めるべきか。あるいは、すべての輸入品に広げるべきなのだろうか。炭素価格が低ければ、国境税の制度は管理可能だろう。しかし、一部の提案に見られるように、二酸化炭素1トン当たりの価格が500ドルや1000ドルといった水準になると、ほんの数%の価格の違いが、国際貿易における製品の価格や競争力に大きな影響を与えかねない。

以上は、地球温暖化政策において解決されるべきさまざまな現実的問題の中での、たった二つの例に過ぎない。こうした話は、一般の人々にとっては退屈に聞こえるし、法律家にとっては仕事が増えることになる。しかし、詳細の一つひとつを検討し、二酸化炭素やその他の温室効果ガスの価格を設定することは、地球温暖化の抑制に向けた道のりの重要な一歩である。

第21章

国家政策から国際協調政策へ

前の2章では、政府が地球温暖化のスピードを抑制する上で、市場をどのように活用できるかについて議論した。まず、鍵となる要素は二酸化炭素やその他の温室効果ガスへの価格づけであることを学んだ。その上で、これを達成するために考えられる二つの制度、すなわちキャップ・アンド・トレードと炭素税についても考察した。これらは個々の国レベルで実施可能であり、実際にEUの排出量取引制度において10年近く運用されている。

地球温暖化政策が最大の効果を発揮するには、それが地球規模的取り組みになることである。本章では、破綻した京都議定書を含むさまざまなアプローチに光を当て、より有効な国際政策を策定するにはどうすればよいかについて考える。今後の国際協定における重要な新機軸は、ただ乗りを抑制するためのインセンティブの導入だ。

地球規模の外部性への対応

地球温暖化は、「地球規模の外部性」として知られる異常な経済的現象だ。地球規模の外部性は新しいものではないが、急激な技術革新と輸送・通信コストの低下という、いわゆる「グローバル化」によって、ますます重要になってきている。地球規模の外部性がほかの経済活動と異なるのは、そうした問題に効率的、効果的に対処できる政治経済メカニズムが脆弱あるいは存在しないからだ。

各国政府はもう長いこと、地球規模の外部性への対応を迫られてきた。何百年も前の時代には、国々は宗教対立、軍隊の襲撃、ペストのような伝染病の拡大に直面した。現代の世界では、こうした従来のグローバル課題が相変わらず存在する一方で、地球温暖化、核拡散の脅威、麻薬の密売、世界的な金融危機、サイバー戦争のリスク増大といった新たな問題が生まれている。

さらに考察を続けると、地球規模の経済外部性に対処するための国際協定は、これまで限られた成果しか挙げていないことに気がつく。成功事例と言えるのは、国際貿易摩擦への対応（今日では主に世界貿易機関を通じておこなわれている）と、オゾン層破壊の原因であるフロンガスの使用を制限する議定書の二つである。環境保護条約の経済的側面に関する研究は、コロンビア大学経済学者のスコット・バレットによって始められた。バレットやほかの学者たちは、この二つの協定が成功した要因は、便益が費用を大きく上回っていたことと、国家間の協力を促進する効果的な仕組みがつくられたことだったと考えている。(注1)

ガバナンス（統治）は、地球規模の外部性に対処する上で非常に重要な問題だ。効果的な対応には、多くの国々による協調的な行動が不可欠だからだ。しかし、今日の国際法のもとでは、多数（あるいは圧倒的多数）の公正な国々がそれ以外の国に対し、地球規模の外部性に対処する責任をともに負うよう求められる仕組みは存在しない。さらに、相手の国に対してただ乗りではなく協力的行動を求めようというときに、軍事行動などの法を超えた措置を取ることは、決して推奨できない。

前の数章では、気候変動の抑制に向けた効果的な取り組みには、ほぼすべての国による参加と、協調的な政策の二つが不可欠であると説明した。協定にはほとんどの国が加わる必要がある。それによって各国の政策を協調させ、国や部門間で限界排出削減費用を均等化できるからだ。効果的な政策に求められるそうした厳しい条件こそが、国際的な合意や制度を必要とする理由である。

気候変動という地球規模の外部性に対処するための案と具体的な制度には、どのようなものがあるのだろうか。四つの主なアプローチは次の通りだ。(注2)

(1) 何もしない。つまり、市場の需要と供給に優先される措置は取られず、気候変動という外部性は是正されない。これはほとんどの国がこれまでとってきたアプローチだが、問題の解決は期待できない。

(2) 単独行動。各国は独自の目標と政策を打ち出すが、それらを他国と協調させることはない。多くの国が次第にこのアプローチをとるようになってきている。たとえばアメリカでは、2008年以降、規制政策に気候変動目標が盛り込まれるようになった。2009年にオバマ政権によって提案された気候変動政策には、アメリカのみを適用対象としたキャップ・アンド・トレード制度が含まれていたが、他国との政策協調がおこなわれることはなかった。同様に中国は、2020年までに、GDP1単位当たりの二酸化炭素排出量を2005年水準から40~45%削減すると約束したものの、同国の政策は国際的なモニタリングや説明責任の義務を負わないという見解も明らかにしている。

(3) 地域的アプローチ。代表的な例は、EUの排出量取引制度だ。この制度はすべての加盟国に量的制限を課すもので、EUによる二酸化炭素排出量の約半分をカバーしている。各国に排出枠を割り当てるキャップ・アンド・トレード制度であり、枠は炭素取引市場で売買できる。地域協定は交渉単位数を減らし、効果的な国際協定に結びつく可能性をもっている。しかし、今のところEUは地域連合の中でもユニークな存在であり、アラブ連盟やアフリカ連合のようなほかの連合体に、排出抑制プログラムを導入する動きはない。

（4）ほとんどの国々が法的拘束力を伴った国際協定に参加し、規制と課税の両方を使って温室効果ガスの排出を制限する。このアプローチの歴史については次の節で説明する。

気候変動協定の略史

気候変動の危険性は、1994年に発効した国連気候変動枠組条約において認められた。条文には次のように記されている。「気候系に対して危険な人為的干渉を及ぼすこととならない水準において大気中の温室効果ガスの濃度を安定化させることを究極的な目的とする」(注3)

この条約実行の第一歩となったのが、1997年に採択された京都議定書だった。高所得国は、2008〜2012年における二酸化炭素の排出量を1990年水準から5%削減することで合意した。この議定書のもとでは、報告義務をはじめ、制度の重要な構成要素が確立された。また、それぞれの温室効果ガスの相対的重要度を評価するための手法も導入された。最大の新機軸は、国家間の政策協調機能としての国際的キャップ・アンド・トレード型排出量取引制度だった。

京都議定書は、各国間の効果的な政策協調を実現するための国際的枠組みを構築しようという、野心的な取り組みだった。しかし、国々はそれに経済的魅力を見いださなかった。アメリカは早々に離脱した。中所得国や低所得国が新たに参加を表明することもなかった。その結果、京都議定書がカバーする排出量は大幅に低下した。加えて、温室効果ガスの排出量は、中国のような新興国を中心とした非批准国で、より急激な増加を見せた。１９９０年における世界総排出量の3分の2を網羅するという当初の想定にもかかわらず、２０１２年時点で議定書が実際にカバーしていた排出量は、全体の5分の1にかろうじて届く程度だった。分析では、たとえ議定書を無期限に延長したとしても、この取り組みのもとで進められる削減が将来の気候変動に与える影響は非常に限定的だという結果が明らかになった。２０１２年12月31日、京都議定書はほとんど誰からも惜しまれることなく、ひっそりとその役割を終えた（注4）（図表21－1参照）。

２００９年のコペンハーゲン会議は、京都議定書失効後を視野に、後継の協定について話し合うために開催された。そこで生まれたのが、いわゆるコペンハーゲン合意だ。コペンハーゲン合意では、「世界全体の気温の上昇が摂氏2度より下にとどまるべきであるとの科学的見解」のもとで、世界的な温度目標が採択された。しかし、各国が法的拘束力を伴った義務の設定に消極的で、コスト配分に関する懸念を示したため、排出制限についての実質的な合意のないままに会議は閉幕した。

京都議定書の破綻とコペンハーゲン合意の失敗は、どのような影響をもたらすだろうか。気候政策は、よく見積もっても当面の間、前述した四つのアプローチのうち、二つめの「方向性は同じだが非協調的な国家政策」の道を歩むことになる。一部の国（たとえばＥＵ諸国）では、引き続きキャップ・アンド・トレードが使われ、ほかの国（たとえばインドや中国）では、キャップ・アンド・トレードが採用されることもあれば、炭素税が導入されることもあるだろう。さらに別の国々（たとえばアメリカ）は、特定の技術からの排出を制限するための規制措置に大きく依存するだろう。こうした政策は、やがて排出量のグラフをわずかに減少させるかもしれない。だが、それが効率的に達成されることはおそらくない。そして、非効率な取り組みによるコストの高さ（第22章を参照）を考えたとき、単独行動をとる国々が、気候変動を危険な閾値から

図表21－1　京都議定書批准国が世界総排出量に占める割合

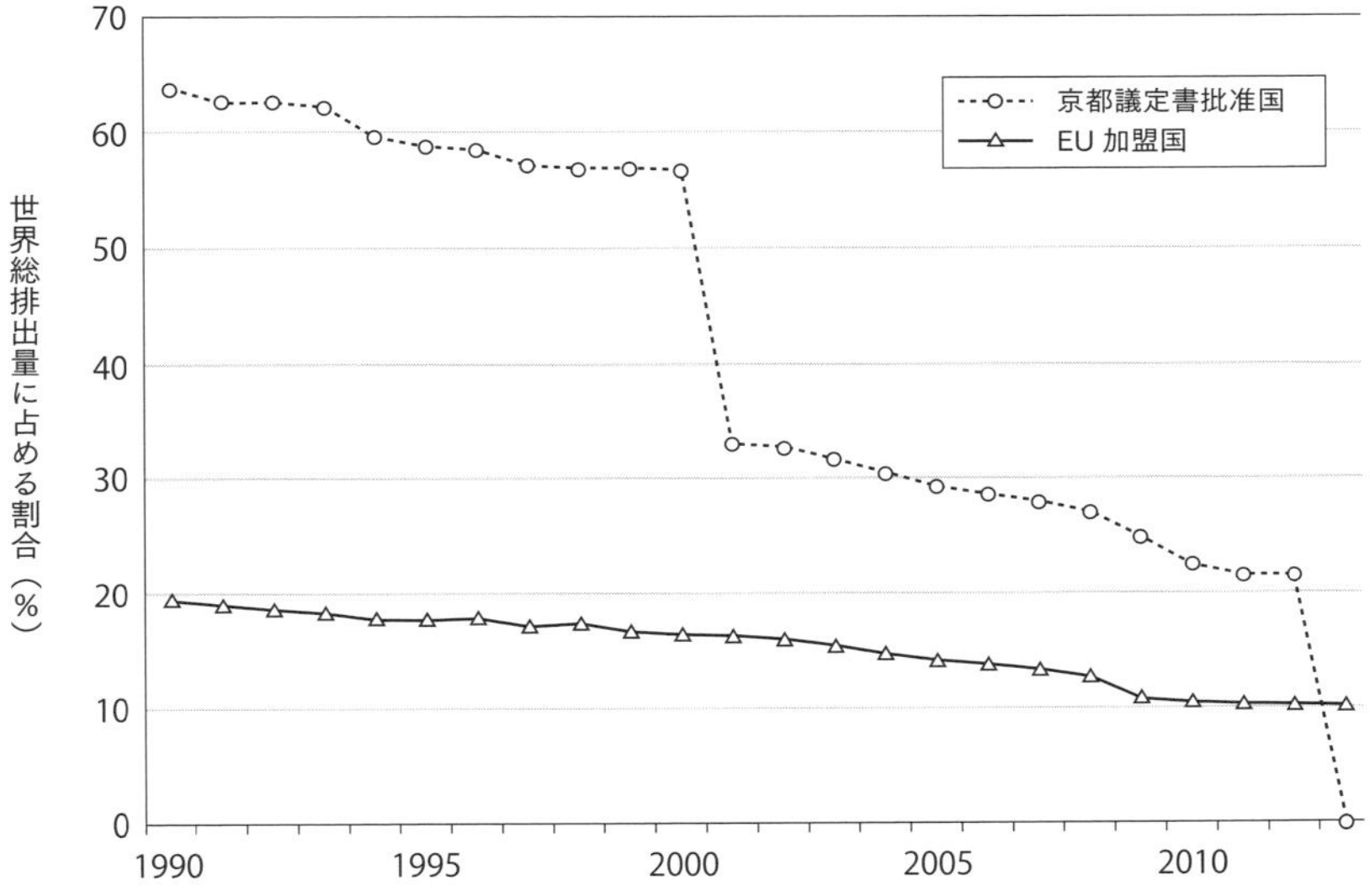

京都議定書（点線）は、発効当時、世界総排出量の３分の２近くをカバーしていた。しかし、新興国の経済成長とアメリカやカナダの離脱によって、2012年の失効時にはその割合は約５分の１にまで低下していた。EU は、この期間を通じて最も熱心な参加者だった（実線は、EU の排出量が世界の総排出量に占める割合を示している）。

確実に遠ざけるために、十分に強力な措置を講じる可能性は低い。

多数の人々が多くの時間と希望をかけた重要で善意ある取り組みが、失敗に終わったと結論づけるのは非常につらい。しかし、京都モデルに関してはこれ以外の結論を見いだすことが難しい。今日、国際社会による取り組みは、経済的費用便益分析で示された気温上昇を3℃以内に抑えるために必要な対策にも遠く及ばない。コペンハーゲンで採択された野心的な2℃目標に至っては、おそらく実現が難しい。

気候変動に関する国々の話し合いは行き詰まりつつある。2006年のナイロビ、2007年のバリ、2008年のポズナン、2009年のコペンハーゲン、2010年のカンクン、2011年のダーバン、2012年のドーハと、毎年締結国会議が開かれ、関係者間の会合において交渉が重ねられる。そして、すべての会議がいくつかの報告書と決定事項、そして何も達成されていないという嘆きとともに閉幕する。(注5) 京都モデルは袋小路に入ってしまっている。

国際協定の仕組み

効率的な地球温暖化政策には、国家間の政策協調が不可欠だ。厳密に言うと、政策協調とは、各国の限界排出削減費用を均等化することを意味している。発想としては、国内排出量取引の論理的根拠に関する私の説明とまったく同じだ。たとえば、最適排出目標が年間300億トンだったとしよう。この目標の達成にかかる費用を最小化させるには、最後の1単位の削減にかかる費用（経済用語で言えば限界費用）は、すべての国のすべての部門で均等でなくてはならない。ページを戻って、図表20－1周辺の文章を読み返してみてほしい。「企業」を「国」に置き換えれば、理屈はまったく同じである。

限界費用を等しくする最も簡単な方法は、すべての国の炭素価格を均一にすることだ。つまり、すべての企業は自社の限界排出削減費用を炭素価格と同じ水準に設定するため、すべての国のすべての企業で限界費用は等しくなる。これは、国際的な排出目標を達成するための費用が最小化されることを意味している。このようなアイデアは、多くの人の目にはとんでもなく高い理想として映るだろうが、国内および国際政策に向けたさまざまなアプローチを検討する際は、そうした理想を心にとどめておくことは非常に重要だ。

国内のときと同じで、国際的に政策を協調させるには二通りのアプローチがある。一つは、EUによって実践され、京都議定書で打ち出されたような国際的なキャップ・アンド・トレード制度である。この制度のもとでは、各国の排出量は制限され、排出枠は国家間で売買される。市場メカニズムは価格が国境をまたいで等しくなることを保証し、その結果、限界排出削減費用は国家間で均等化され、世界全体の費用は最小となる。

もう一つのアプローチは、国々が協調最低炭素価格に合意し、その最低価格で二酸化炭素の排出にペナルティーを科す方法である。次の節ではこの二つの制度について説明し、アプローチを比較したい。

炭素価格制度

キャップ・アンド・トレードの仕組みについては、気候変動交渉を見守ってきた人々の間では比較的なじみがある一方で、炭素価格制度は新たな構想であり、いくらか説明が必要だ。基本的なアイデアとしては、国々は排出量の上限ではなく、炭素価格について合意する。個々の国の管理下で実施され、モニタリング、検証、施行に関して各国が合意したガイドラインが適用される。

最初のステップは、目標炭素価格に合意することだ。国々が参考にできそうな、炭素価格に関する文献は山ほどある。この説明では、2・5℃という温度目標に沿った価格を選ぶことにする。ほかの目標値にすることも可能だが、この上昇幅は、第18章の費用便益分析に加え、より詳細な統合評価モデルでも示されている値だ。改めて図表19－1を見てみよう。全世界参加と効率的な政策実施という理想的なシナリオのもとで複数の経済モデルによって計算された、炭素価格である。ここでは、グラフの推定のうち、階級値を例として使う。すなわち、2015年の25ドル／トンを起点に、その後急激に上昇するものだ。ただし、2・5℃目標を達成するのに必要な炭素価格の推定には大きなばらつきがあり、温度目標が変われば炭素価格も変わる。そして経済や科学に関する前提が変われば目標価格も変わることに留意してほしい。

次の問題は、炭素価格協定の中で国々が負うべき義務についてである。少なくとも、すべての国は二酸化炭素やその他の温室効果ガスの排出に対し、合意した最低価格によるペナルティーを科すことに合意しなければならない。国々は、必要に応じてより高水準の炭素価格を独自に設定してもよい。実際の炭素価格の確認には、それぞれの国による透明性の高い報告が求められる。

国際基準価格を設定するプロセスには枠組協定が必要となる。価格の決定は加重投票制というかたちをとるかもしれないが、重要で白熱した国際交渉の場となることは間違いない。注目すべき大切なポイントは、最低価格に関する交渉は、各国の排出量の上限を一通り協議するのに比べてはるかにシンプルであるということだ。国別排出枠と比較したときの単一炭素価格のシンプルさは重要なポイントだが、わかりづらい面もある。クラブ会費をめぐる交渉を例に挙げて説明しよう。数人が集まって、クラブの設立を検討していたとする。ゴルフでも、クリケットでも、カモ猟でもよい。メンバーの熱意やグループとの距離感、家族の規模、所得はさまざまだ。アプローチの一つは、メンバー一人ひとりと会費交渉をし、各々が全体の費用のうち一定の割合を負担するというものだ。この方法は、負担額に関する長くて面倒な話し合いを必要とする。世の中にはメンバーと個別に交渉し、会費を決定しているところがあるかもしれないが、私自身はそうしたクラブが活動しているのを見たことがない。これは京都モデルのアプローチだ。京都モデルがなぜそれほど難しく、揚げ句の果てに効果がないということになったのかがおわかりいただけるだろう。

単一最低価格に関する交渉は、排出枠をめぐる交渉よりもはるかにやさしい。ドイツは高い価格設定を支持し、カナダは低い価格設定を求め、サウジアラビアはゼロに限りなく近い価格設定を主張するかもしれない。しかし、ひとたび価格が決定すれば、国別の価格を調整するためのさらなる協議は必要ない。なぜ排出削減をめぐって一つひとつの国と交渉するよりも、国際的な炭素価格を取り決めるほうがシンプルで、しかも建設的な結果をもたらす可能性が高いのかは、クラブ会費の例を見れば明らかだ。

協調炭素価格の運用方法は、キャップ・アンド・トレードとは異なるものになるだろう。国々は、それぞれが選んだ制度を使って価格を決定することができる。彼らは国際最低価格を遵守することには合意するが、どの制度を使ってそれぞれの義務を果たすかについては、協定では取り決めない。単純に炭素税を用いる国や、京都議定書で構想が打ち出され、アメリカの法律に盛り込まれたようなキャップ・アンド・トレード制度を使い、義務を履行する国、さらには、（おそらく留保価格つきの入札を使うことによる）最低下限価格を設けたハイブリッド型キャップ・アンド・トレードというアプローチを採用する国もあるだろう。

経済的、環境的観点から言うと、国際的なキャップ・アンド・トレード制度と協調炭素税制度の比較は、前述の国内版に関する説明とほとんど変わらない。メリットとデメリットの多くは同じである。だが、本当の問題は、仕組みに関する技術的なものではなく、根本にある政治的なものだ。いかなる協定も、国家主権や国内の特権に立ち入る際には細心の注意を払う必要がある。たとえ国際協定のもとでも、自分たちは幅広い裁量権をもって自国の気候政策を形成できると各国政府が確信できるようにする必要があるだろう。最低価格制度は、各国がすでに参加している関税協定や租税条約にむしろ近く、親しみやすいアプローチだ。京都議定書の非常に干渉的なキャップ・アンド・トレードアプローチに比べ、国家主義的な警戒心やタブーを引き起こす可能性も低い。

富裕国と貧困国の義務

国際協定では、富裕国と貧困国の間でしばしば負うべき義務が異なっている。たとえば京都議定書では、高所得国には法的拘束力を伴う排出制限が課された一方で、中所得国と低所得国に対してはそのような制限は設けられず、排出量の報告義務だけが課せられた。今後のより包括的な協定は、次のようでなくてはならない。すなわち、高所得国は排出制限に向け、速やかに措置を講じる。中所得国は協定に参加し、近い将来排出削減を実現する。そして、のちほど論じる通り、低所得国は参加を先延ばしにするか、自国の排出量を削減するための支援を受けることができる。

国々を所得グループ別に分類したときの排出量分布はどのようになっているのだろうか。図表21－2は、国別グループごとの二酸化炭素排出量を示している。これは、世界銀行がデータを提供する167の国々を抽出し、国民1人当たり所得によって五つにグループ分けしたものだ。(注6) 二酸化炭素の総排出量の半分弱は、現在の高所得国（国民1人当たり所得が2万ドル以上）が排出している。上位3グループが今日の排出量の90％を占めているが、そこには富裕国だけでなく、中国、南アフリカ、ウクライナ、タイ、カザフスタン、エジプト、アルジェリア、コロンビア、トルクメニスタン、ペルー、アゼルバイジャンも含まれている。

図表21－2　国の所得水準別の二酸化炭素排出量分布

国別グループ	国民1人当たり所得の下限（2005年基準ドル）	世界の総排出量に対する累積比率（%）	対象国数
高所得国	20,000	46.3	35
中所得国	10,000	60.8	30
低中所得国	5,000	89.9	30
低所得国	2,000	99.1	35
最低所得国	280	100.0	37

高所得国は京都議定書のもとで義務を負っていた（すべての高所得国が義務を果たしたわけではなく、アメリカとカナダは離脱したが）。これらの国々は、協定を効果的なものにする上で必要最低限な存在となるだろう。

しかし、繰り返し述べているように、たとえ高所得国のみが行動を起こしても、この問題は解決されない。野心的な温度目標を達成するには、ほぼすべての排出量をカバーする国々が参加する必要がある。図表21－2が示す通り、協定に効力をもたせるためには中所得国と低中所得国の大半を、とりわけ中国とインドを巻き込む必要がある。これらの国々にとって、炭素価格制度への参加は、国際的な気候変動協定の合理的な着地点に見えることだろう。対して、京都議定書のような協定に、インドや中国が近い将来、参加を表明する可能性は極めて低い。制度的枠組みや、グローバル経済や国際制度への参加度合いは、こうした国々の間でもまったく異なる。しかし、国際協定を有効なものにするためには、中所得国に参加を決意してもらう必要がある。そのためにも協定は、彼らにとって過度の負担とならないよう設計されなければならない。最低炭素価格制度であれば、それが可能だ。

最貧国についてはどうだろうか。我々は全世界参加の重要性について見てきた。しかし一方で、きれいな飲み水や初等教育の機会の提供に四苦八苦している国々に対し、彼らより豊かな国の将来世代のために犠牲を払ってくれるよう期待するのは、不公平であるし非現実的だ。幸運にも、これはそれほど大きな痛手にはならない。ナイジェリアを除けば、今日、最低所得国が排出している二酸化炭素はごくわずかだ。図表21－2からわかるように、下位72カ国が排出している二酸化炭素は、世界全体のたった10％である。上位100カ国にインドと中国が加われば、世界の総排出量の90％をカバーできる。

低所得国の参加を促進する一番の方法は、低炭素技術の導入に向けた経済的、技術的支援をおこなうことと、これらの国々が今ある税金を炭素税に置き換えるように促すキャンペーンを実施することだ。法的拘束力を伴う排出削減と比べたときの炭素税の強みは、統治機構が脆弱な国々において特に発揮される。これらの国が、不正行為や責任逃れといった今日あちこちで見られる問題と無縁の状態で、キャップ・アンド・トレードを実施できるとは考えにくい(注7)。それに対して炭素税は、ほかの重税を軽減しつつ、政府の歳入ニーズを満たすことができ、それでいて特に難しいガバナンスの問題を生むこともない。

強制メカニズムによるただ乗りの抑制

かつての京都アプローチであれ、炭素価格制度であれ、気候変動の抑制に向けた国際的枠組みでは、国々が他者の取り組みにただ乗りしようとする風潮に立ち向かわなければならない。今後の枠組みにとって重要な要素は、ただ乗り問題を克服する仕組みの構築だ。国々は、壮大で野心的な目標を掲げようという強いインセンティブをもっている。だが、それはやがて、そうした目標を忘れてこれまで通りにやっていきたいというインセンティブに変わる。自国の経済的利益が国際協定とぶつかるとき、国々は義務を怠り、無視し、撤回したいという誘惑にかられる。

カナダは興味深い例だ。この国は、早くから京都議定書の取り組みに熱心だった。6％の排出削減を表明し、議定書を批准した。しかし、アルバータ州におけるオイルサンド（油砂）生産量の急増を背景に、国内のエネルギー市場はその後数年間で一変した。２００９年までに、カナダの排出量は１９９０年水準から17％も増加し、自らの目標に遠く及ばない結果となった。２０１１年12月、カナダはついに京都議定書から脱退した。だが、それによってカナダが受けた不利益は、環境保護主義者たちからいくらか抗議を受けたことくらいだった。この例は、京都議定書が、罰則規定や強制メカニズムをもたない実効力に欠けた条約というもう一つの弱点を抱えていたことを示している。根本的な意味で、参加は任意だったのだ。[注8]

国際的な気候変動協定に強制メカニズムを取り入れるには、どのようなやり方が考えられるだろうか。唯一現実的な方法は、参加とコンプライアンス（法令遵守）を国際貿易に結びつけることだ。たとえば、協定に参加しなかったり、義務を果たさなかったりした国は、貿易制裁の対象となる。今日の国際法のもとで制裁を科す際の一般的な方法は、条約の規定に従わない国からの輸入品に関税をかけることだ。国々が貿易協定に違反した際によく用いられるアプローチで、一部の国際環境協定でも採用されている。[注9]

考えられる具体的なアプローチは二つある。一番簡単な方法は、不遵守国からのすべての輸入品に定率関税（おそらく５％程度）を課すことだ。このアプローチには、シンプルさと透明性というメリットがある一方で、関税額と輸入品の炭素含有量の間に特に関連性はない。

もう一つは、輸入品の炭素含有量に応じて関税を課す方法で、強制メカニズムを支持する学者たちの間で広く奨励されている。この方法は「国境税調整」と呼ばれている。この制度のもとでは、ある国への輸入品は国境において、「輸入品の炭素含有量×合意された国際炭素価格」に相当する額の関税が課せられる。

国境税調整アプローチの例を見ていこう。仮に、国際的に合意された最低炭素価格が二酸化炭素１トン当たり25ドルで、不遵守国であるカナダがヨーロッパに鉄鋼１トンを輸出しようとしていたとしよう。計算したところ、その鉄鋼1トンの生産過程で1・2トンの二酸化炭素が排出されていた場合、ヨーロッパはこの輸入に鉄鋼1トン当たり30ドルの国境税を課す。(注10) 一方で、韓国が協定を遵守し、自国の最低炭素価格を25ドル/トンに設定していた場合、韓国の貿易は、国境税調整を伴わない通常の国際貿易として扱われる。

この説明では単純に聞こえるが、現実には、国境税調整制度は不遵守国にとってひどく複雑なものになる。輸入品の炭素含有量をどのくらい厳密に計算するのか。その税金はすべての物品に課されるべきなのか。原油や天然ガスの輸入であれば国境での課税は簡単だが、石炭は種類によって炭素含有量が異なるため、国々はそうしたことにも対処しなければならない。協定品目はなお難しい。自動車を対象とする場合、自動車の材料となる鉄鋼や、その原料である石炭から排出される二酸化炭素まで計算に入れるのか。貿易の専門家は、貿易制裁への依存が保護貿易主義への扉を開けることになると、警鐘を鳴らす。保護貿易主義は常に暗闇に身を潜め、海外からの財やサービスを締め出すための口実を探している。

国境税調整という強制メカニズムの効果について分析する際には、貿易制裁が輸出入品にしか影響を及ぼすことができない一方で、各国の二酸化炭素排出量のほとんどは国内で消費される財やサービスに起因しているという事実を考慮する必要がある。たとえば、アメリカで暮らす人々が移動や発電で消費するエネルギーのうち、国際貿易の直接の対象に入るものはほとんどない。だが、それはアメリカの二酸化炭素排出量の95%を構成している。これを別の角度から見るために、アメリカの石炭火力発電所から出る二酸化炭素を削減するという問題について考えてみてほしい。研究では最も効率的とされている削減方法だ。しかしアメリカは、電力生産量の1%未満しか輸出しないため、関税が与えられる影響はほんのわずかだ。

国境税調整アプローチの複雑さを考えると、もう一つの選択肢である輸入品への定率関税のほうが望ましいようにも思える。定率関税の論理的根拠は、不参加国は貿易品に内包されている温室効果ガスだけでなく、国内から排出されているすべての温室効果ガスによって、ほかの国々に損害を与えているというものだ。貿易は手段である一方、制裁の標的ではない。問題を起こすだけでなく解決に向けて取り組もうという意欲を国々がもつよう、関税額は損害の大きさに関連づけられるべきである。

この説明によると、国々が炭素協定に参加する主なインセンティブは、協定遵守コミュニティーの外にいることの不名誉さと煩雑さにあるということだ。だが、そううまくいくだろうか。違反がもたらす最大のコストは、不遵守国にとって可視的で、損失が大きく、物議を醸す、不快な一連の処分だ。事実上、遵守国には自由貿易圏が、不遵守国には複雑な規制や罰則が待っている。

国際貿易を気候協定に結びつけるという方法は、国々が他者の取り組みにただ乗りしようとする風潮を克服する上で最も有望なアプローチだが、利用する際には細心の注意が必要だ。今日の自由で開放的な貿易システムは、保護貿易主義との苦闘の末に確立されたものだ。そしてそれは、世界中の生活水準に多大なる利益をもたらしてきた。気候変動協定に貿易システムを結びつけるやり方は、気候レジームへのメリットが明確で、かつ貿易システムへのリスクに見合うだけの利益がある場合に限られるべきだ。

参加への動機づけに関するポイントをまとめよう。まず、京都議定書をはじめとしたこれまでのアプローチは、極めて不十分な強制メカニズムしかもっていなかった。その結果、国々は何の不利益を被ることもなく、輪の外にとどまることができた。国々によるただ乗りを抑制し、参加を促す上で最も有効な手段は、不参加国からの輸入品に関税を課す貿易措置のようだ。しかし、貿易措置と排出量とは間接的にしかつながっていない上に、それをどれだけ効果的に調整、適用できるかという問題は、環境政策や貿易政策における未知の領域だ。

効果的な地球温暖化政策の策定には、四つの重要なステップが求められる。第一に、市場における二酸化炭素やその他の温室効果ガスの価格を引き上げること。第二に、自由市場は二酸化炭素の価格を引き上げてはくれないため、国々がキャップ・アンド・トレードか炭素税制度を使って炭素価格を引き上げること。第三に、ほとんどの国が最初の二つのステップに合意し、国際レベルで互いの政策を協調させること。そして最後に、国際的な気候変動協定が、ただ乗りを抑制するための効果的なメカニズムをもつことだ。

グローバルな政策協調が直面するハードルは極めて高い。国々は、自分たちの主権を家宝のように守ろうとし、どのような国際組織や国々の共同体に対しても権限を委譲することに抵抗を感じる。合意に達することの緊急性や、各国が消極的であるという現実を考えると、最も効果的なアプローチは、協調炭素価格と、他国の投資へのただ乗りを阻止する手段としての貿易制裁とを、同時に導入することだろう。

第22章 最善策に次ぐアプローチ

地球温暖化を重大な懸念と捉える多くの人々は、前の3章の提案に賛成してくれるのではなかろうか。炭素価格の重要な役割を理解し、キャップ・アンド・トレードか炭素税か、あるいはその両方を受け入れ、国際公共財の効果的、効率的管理にはグローバルな取り組みが必要だと認めてくれる。だが一方で、人々はこうも言うかもしれない。「しかし悲しいかな、そんなアイデアはただの理想だ。科学者や経済学者はそうした政策を支持するかもしれない。けれども国民はほかの優先事項を抱えている。自分たちの仕事や減り続ける収入、医療サービスがどうなるかを心配している。この国の人々は、そんな大手術を受ける準備ができていない」

今日の各国の姿勢や政策を冷静に評価すると、人々の考え方や国家政策の動向は悲観的と言わざるを得ない。ヨーロッパは、排出量取引制度を通じて国々が実際に炭素価格を引き上げた唯一の主要地域だ。アメリカ連邦議会は、強力な気候変動政策の成立に何度も失敗している。障害の一つに挙げられるのが、エネルギー関連の製品やサービスが値上がりすることへの人々の抵抗だ。それが税金という形態をとる場合には特にそうだ。こうした感情は世界のあちこちで広く見られるものだが、アメリカは、政府の発言や政策に税金が盛り込まれることに、極端なアレルギー反応を示す。

価格引き上げ策への反発を受け、国々はしばしばほかのアプローチを採用してきた。アメリカはその例だ。クリントン政権は、1997年に京都議定書で取り決められた、法的拘束力を伴う排出制限を支持していた。しかし、議員たちの抵抗により、議定書が批准に向けて議会に提出されることはなかった。その後、2009年にはオバマ政権がキャップ・アンド・トレード法案を提出した。法案は下院を通過したが、上院で否決された。

二期目の再選後、オバマ大統領は地球温暖化政策について引き続き強く訴えた。経済全体を対象とした法案が棚上げ状態だったことから、大統領は規制案を推し進めると警告した。

「しかし未来の世代を守るため、議会が速やかに行動しないというならば、私が実行します。汚染を軽減し、コミュニティーに気候変動による影響に備えさせ、より持続的なエネルギーへの移行を加速させるために、我々が今日、そして将来とり得る行政的措置について考えるよう、閣僚に指示します(注1)」

「汚染を軽減する」とは、二酸化炭素やその他の温室効果ガスに言及しているのだが、その対策には、新車の燃費規制や新設発電所の二酸化炭素排出規制、もしかすると既設発電所の排出規制まで含まれることになるだろう。

価格引き上げに代わる策の重要性を考えると、我々は気候変動政策のほかのアプローチについて詳しく分析しておく必要がある。キャップ・アンド・トレードか炭素税を通じて二酸化炭素排出の価格を引き上げる以外に、我々にはどのような選択肢があるのだろうか。

・ほぼすべての国は、規制に依存している。これには、自動車、電化製品、建物など、エネルギーを使用する主な資本の省エネルギー化を義務化する規制が含まれている。
・多くの国では、「グリーン」技術に対して補助金が支給されている。これには、風力や太陽光発電のような再生可能エネルギーや、ハイブリッド車、あるいはエタノールなどのバイオ燃料のコストを下げ、利用を促進するための経済的インセンティブが含まれている。
・ほぼすべての国では、エネルギーにいくつかの税金が課されている。産油国を除いた国々では、基本的にガソリンに高い税金がかけられている。
・ほぼすべての国では、自主的な取り組みがおこなわれている。こうした取り組みは通常、業界による排出削減へのコミットメントである。たとえば、大手石油会社らは排出量を10～20％削減することを約束している。

新技術の研究開発という政策の特殊なカテゴリーについては、いったん置いておく。研究開発のねらいは、先進的低炭素技術や基礎エネルギー科学の発展を助長することにある。先進技術は、低炭素社会への移行において重要な役割を果たす。また、第23章で議論する通り、エネルギー効率に関する基礎科学技術の育成は、炭素価格政策のあるなしにかかわらず、長期的な二酸化炭素の削減に向けたあらゆる戦略の中核を担っている。

右の四つの政策のほとんどは詳しく研究され、その結果、地球温暖化対策としては非効率的で効果が低いことがわかっている。これらの代替策は、より包括的な温室効果ガス排出規制や炭素税を補完したり、強化したりすることはできるが、効果が小さいわりに莫大な費用を要するため、非効率的だ。わずかな、あるいは中程度の効果しかもたらさないものもあれば、単純にコストが高いものもある。中には逆効果を招き、実際は排出量を増加させるものさえある。

代替策を総合的に評価できない代わりに、最も広く用いられている手段である規制策に主に焦点を絞って話を進める。より直接的な温室効果ガス対策に比べてコストが高く、効果が低いという、代替策が抱える最大の課題について説明する。本章の前半ではいくつかの代替アプローチに目を向け、後半ではさまざまな政策提言に見られる特殊な近視眼的思考について分析する。

気候変動政策の主な代替アプローチ

本章で吟味する主な論点は、さまざまなアプローチの相対的効率性だ。異なる政策の非効率性を知るには、財政経済学者たちによって考え出された「厚生損失」という概念を用いることができる。厚生損失の評価というと難しそうに聞こえるが、考え方は単純だ。厚生損失は、放棄した財やサービスという観点から見たときの、社会にとっての正味の損失である。たとえば、第15章で議論した気候変動政策のコストの推定において、私は費用（実際には厚生損失）をおおむね世界総所得の約１％と推定した。これは潜在的消費がその額の分だけ減ったのと同じことである。

具体的な事例としては、政府による電化製品のエネルギー効率規制が挙げられる。仮に、政府が暖房器具の加温１単位当たりの燃料消費の節減を義務づけたとしよう。省エネ型暖房器具では、寿命期間を通じた資本コストと燃料コストは５００ドル増加する。また、寿命期間中の二酸化炭素排出量は10トン減少する。すなわち、二酸化炭素1トン当たりの排出削減費用は50ドルということになる。

ここで留意してほしいのは、税金は効率性の損失とはみなされないということだ。たとえば、25ドル／トンの炭素税が課されたとする。私の直接・間接の二酸化炭素排出量の合計が年10トンとすると、私は250ドルの炭素税を払うことになる（直接的に支払うものだけでなく、財やサービスの購入において、内包されたコスト増というかたちで間接的に負担するものも含む）。だが、この費用は厚生損失ではなく財の移動だ。政府は250ドルの税収を手にし、それを行政サービスに使うか、250ドル分の減税に充てることができる。私が250ドルの炭素税を支払い、その後私の所得税が250ドル減税されたとしたら、私の実質所得は基本的にもとの水準に戻ることになる。この例は、なぜ税収を厚生損失とみなさないかに関する大まかな理由を示している。(注2)

規制政策のケース――自動車の燃費基準

まずは規制アプローチの一つの例として、自動車の燃費基準から見ていくのがよいだろう。これはほぼすべての主要国で採用されており、人気があるが、莫大なコストを伴う政策である。

2012年にオバマ政権が発表した自動車燃費基準（CAFE基準）は、規制アプローチのプラス面とマイナス面のよい例だ。同政権は、2012～2025年の期間に新車から排出される二酸化炭素を40％程度削減する基準を掲げた。2011～2015年モデルの乗用車と軽トラックのコスト上昇分のうち、技術費用は1200億ドルと推定された。

複雑なのは運用面だ。というのも、基準が自動車の分類ごとに異なっているからだ。乗用車では、燃料1

ガロン当たりの走行距離が52マイル以上になることが求められるが、軽トラック（大型ＳＵＶ車やピックアップ車）の場合にはたった38マイルでよい。すべての乗用車やＳＵＶ車に同じ燃費基準が適用されるのに比べ、そうした設定は、小型の乗用車よりも大型のＳＵＶ車を購入しようという歪んだインセンティブを人々に与える。このように、異なる基準設定は燃費規制の有効性を損ねてしまう。大型車のほうが小型車よりも税率が低いガソリン税と同じである。

さらに、ＣＡＦＥ基準の経済分析を見ると、「便益」の大部分は二酸化炭素排出量の削減や汚染の軽減ではなく、エネルギーコストの削減により生じている。(注３) なぜそうなるのかは、私が「エネルギーコストに対する近視眼的思考」と呼んでいるものによって基本的に説明がつくが、それについては本章の後半で論じる。

さまざまなアプローチのコストは、環境資源経済学を専門とする無党派シンクタンク、未来資源研究所（ＲｆＦ）のチームによる詳細な研究の中で明らかにされている。ＲｆＦチームは、ＣＡＦＥ基準をはじめ、あらゆる排出削減アプローチの有効性を分析した。分析では、排出削減量と二酸化炭素１単位当たりの排出削減費用（厚生損失）が推定された。(注４)

まずは、「完全な市場」(no market failures) という標準的な経済理論に関する分析結果から見てみよう。この理論は、市場が効率的に機能しており、消費者はエネルギーの費用やコスト削減について理解していることを前提としている。チームは、排出削減のための最善策はキャップ・アンド・トレードや炭素税のような炭素価格制度であると判断した。次に、市場は完全であるという前提のもとでさまざまな燃費基準を実施した場合の費用と二酸化炭素削減量を分析した（完全な市場に代わるもう一つの前提については、のちほど説明する）。その結果、完全な市場のもとでは、ＣＡＦＥ基準の導入は効率的な炭素税かキャップ・アンド・トレードという最善の策よりもコストが大幅に上回ることがわかった。経済的に効率のよい政策の排出削減費用が12ドル／トンだったのに対し、ＣＡＦＥ基準は85ドル／トンだった。

規制政策のコストが高いのには二つの理由がある。一つは、完全な市場のケースでは、自動車メーカーはガソリン価格を製品設計の中に組み込むと考えられ、ガソリンを追加的に1ガロン消費するためのコストが、燃費の改善によって節減される1ガロン当たりのコストとちょうど釣り合うように最適化される。さらに、2012年の新基準では1ガロン当たりの走行距離の変更があまりにも大きかったため、最後の1単位の燃費向上にかかる費用は極端に高くなる。ここで押さえておくべき重要なポイントは、完璧な市場という条件下でのＣＡＦＥ基準を通じた排出削減費用は、炭素税やキャップ・アンド・トレードという最善策より高くつくということだ。

ただし、自動車の燃費基準は、エネルギー消費量や二酸化炭素排出量の削減に用いられるさまざまな規制政策の一つに過ぎない。このケースから一つの法則を引き出し、対象限定型の規制を使った政策の有効性を評価することは可能だろうか。

このテーマはエネルギー経済学者たちによって詳しく研究されてきた。図表22－1は、ＲｆＦの報告書で見つけたさまざまな規制政策や租税手段の費用対効果の一覧を、一部抜粋したものだ。(注5) 表には二つの項目が示されている。一つは効果で、それぞれの規制がアメリカで評価指標となる気候変動政策の達成にどのくらい寄与するかが記されている。(注6) もう一つの欄にあるのは二酸化炭素1トン当たりの排出削減費用で、前述の厚生損失による効率性評価だ。

まずは一番下の行を見てほしい。費用の最小化にとって最善の策である、経済全体を対象としたキャップ・アンド・トレードまたは炭素税制度だ。計算によると、どちらの制度も、評価指標となるアメリカの排出削減目標を達成するための平均費用は12ドル／トンだ。これ以外の政策については、コストの低いものか

図表22－1　規制や税を使ったさまざまな代替策の効果と費用

政策	効果（2010～2030年の排出削減量に占める割合）	費用（二酸化炭素削減量1トン当たりドル）
ガソリン税	1.8	40
建築基準	0.1	51
自動車燃費基準の強化	0.6	85
LNG（液化天然ガス）トラック	1.5	85
省エネルギー住宅支援減税	0.3	255
連邦政府による利子補給金	0.0	71,075
キャップ・アンド・トレード／炭素税	10.2	12

未来資源研究所（RfF）チームがおこなった研究では、さまざまな排出削減策の費用対効果が分析された。直接的で効率的なアプローチに比べ、間接的アプローチのコストがどれだけ高いかに注目してほしい。

ら順に並べている。図表22－1が示す通り、そして先ほどの経済理論でもそうだったように、完全な市場という前提のもとでは、ほかの政策はどれもこの最善のアプローチに比べてコストが高く、効果が低い。先ほども説明した通り、自動車の燃費規制の実施が高コストなのは、燃料1ガロン当たりの走行距離の大幅な改善を義務づけることが非経済的だからだ。これ以外の政策は、やや非効率的なものからとんでもなく非効率的なものまでさまざまである。

留意すべきは、図表22－1の分析結果が正と負の両方向のバイアスをもっていることだ。分析は、制度が最適に設計されていることを前提にしているため、排出削減費用を過小評価している可能性が高い。制度に例外や抜け道があれば、費用は増加する。その一方で、この分析は、消費者が誤った判断を下してしまうほど費用を過大評価してもいる（これについては本章の後半で説明する）。

また、この表には示されていないほかの政策には、むしろ負の影響をもたらすものもある。一番よい例は、自動車燃料用エタノールの生産に対する補助金だ。エタノール補助金（長年にわたり実施されていたが、2011年末に廃止された）は、ガソリンにエタノールを混合している業者に対して1ガロン当たり45セントを補助する制度だった。化石燃料の代わりにエタノールが使われるようになるのだから、これは妙案だと思うかもしれない。しかし実際はそうでもない。詳しい研究によると、原料のトウモロコシを生産する際に使われる化石燃料や、温室効果ガスを発生させる肥料などをすべて合わせると、エタノールが排出する温室効果ガスの二酸化炭素換算量は、ガソリンとそれほど変わらない。エタノールはまさに病気を治す薬ではなく、むしろ病気を引き起こす薬なのである。

規制以外のアプローチ

地球温暖化への対処法にはほかにも多くのアイデアがあり、本書の中でその一つひとつを分析することはできない。だが参考までに、ここでかいつまんで説明しておきたい。

一部の政策は、二酸化炭素排出の価格づけを補完する機能を果たす。たとえば、官民による低炭素エネルギー技術の研究開発を強力に支援することは、こうした技術のコストを下げることにつながるため、ぜひとも実施されるべきだ。低炭素技術はより多くの排出削減を可能にし、目標の達成に必要なコストを低下させる。こうした政策については、第23章で分析する。

代替政策の中には、疑わしいものもある。その一つは、京都議定書やEU域内排出量取引制度に含まれている「クリーン開発メカニズム」だ。これは、開発途上国が先進国に排出削減量を売却し、先進国はそれをキャップ・アンド・トレードの排出枠とすることができる制度である。たとえば中国では、(この国の政府曰く)石炭火力発電所の代わりに水力発電所が建設された。これによって中国は3万1261トン分の炭素クレジットを手にし、それをオランダに売却した。ここで引っかかるのは、たとえ炭素クレジットの売却というインセンティブがなかったとしても、中国がこの水力発電所を建設していたのかどうかを知るすべが我々にはないということだ。国別排出量に実効性のある上限が設けられていない限り、貧困国の排出削減量を購入したり、自国の排出量を相殺したりする仕組みが、果たして排出量に何らかの正味の影響をもたらしているのかどうかは、誰にもわからない。

疑問の余地があるもう一つのアプローチは、「グリーンエネルギー」や「グリーンジョブ」に対する補助金の支給だ。こうしたプログラムの趣旨は、ある種の活動は低炭素であり、奨励されるべきというものだ。しかし我々は、「グリーン」と書かれたラベルの裏側に絶えず目を配り、それが先ほどのエタノールの例のように、政策的には好まれるが非効率な補助金制度の隠れ蓑となっていないかを見極める必要がある。

この関連において、補助金はより基本的な問題を提起している。補助金は、低炭素活動を一層魅力的にすることによって、炭素集約度の高い活動を抑制しようというものだ。補助金がもつ難しさの一つは、その対象となる低炭素活動の特定にある。ハイブリッド車（補助金あり）が対象なら、自転車（補助金なし）もそうではないのか。それであれば、すべての低炭素活動を対象にすればよいのか。当然ながら、それは不可能だ。世の中にはあまりにも多くの低炭素活動があるため、費用は天文学的な数字になる。さらに、補助金には効果が均一でないという問題もある。全米科学アカデミーによる最近の研究では、温室効果ガスの削減に対するいくつかの補助金の影響が分析された。すると、補助金1ドル当たりの排出削減量で見ると、その効果に大きな違いがあることが明らかになった。効率的な補助金は一つもなかった。中には、驚くほど非効率的なものもあった。さらに、エタノール補助金など一部の補助金は逆効果を生み、実際には排出量を増加させていた。すべての補助金を合わせたときの正味の効果は、驚くべきことに事実上ゼロだった。(注7)

したがって最終的には、二酸化炭素を排出しないすべての活動に補助金を支給するよりも、二酸化炭素の排出にペナルティーを科すほうがはるかに効果的である。

炭素の価格づけに代わるアプローチの考察からは、三つの暫定的なポイントが浮かび上がってくる。第一に、炭素価格政策に比べると、規制などの代替政策はどれも二酸化炭素1単位当たりの排出削減費用が高い。なぜなら、そうした代替的なアプローチには、さまざまな生産者や部門ごとの違いを細かく調整できないからだ。第二に、たとえ一連の厳しい規制を課したとしても、コペンハーゲン会議で設定されたような野心的な目標の達成はおそらく難しい。規制は一部の部門で効果を発揮するかもしれないが、大きな変化をもたらすには非効率的だ。第三に、規制政策の選択は難しい問題だ。選択肢の中には極端にコストが高かったり、トウモロコシ由来のエタノールのように逆効果をもたらしたりするものもあるからだ。こうしたことから、規制アプローチだけで気候変動問題を効果的に是正することは難しく、まして問題を効率的に解決してくれることは、まず期待できない。

この考察からわかるのは、経済学的視点から見ると、気候への「危険な干渉」を阻止するための最良のアプローチは、実は非常にはっきりしているということだ。世界の国々は、二酸化炭素やその他の温室効果ガスの排出に高水準で右肩上がりの価格をつけるよう、早急に動く必要がある。そしてその額がすべての国でほぼ等しくなるよう、国家間で価格を協調すべきである。そうした政策は、炭素税か取引可能な排出枠のいずれかを使って実施することができる。二者の仕組みは異なるものの、適切に設計されれば、どちらも環境目標の達成に向けて二酸化炭素を削減できる。さらには、公的サービスを賄い、ほかの税金を軽減するための貴重な財源を政府に提供し、経済効率性を損なうことなく、むしろ向上させるかたちでそれを実現できる。これは、最良の解決策と単純な解決策が一致する、非常に珍しいケースの一つだ。

エネルギーコストに対する近視眼的思考

前段では、二酸化炭素排出量を削減するための規制アプローチは非効率的で、逆効果を生むことさえあると結論づけた。そこで話が終わるならば、我々は政治的便宜上、規制という選択肢を薦める理由などほとんどないままに切り捨てることができる。

だが、規制に関する話はこの簡略な説明よりもはるかに複雑だ。エネルギー市場に関する研究は、エネルギーの効率化に向けた道のりに存在する数々の市場の失敗や障害を指摘している。そのいくつかは制度的な要因だ。たとえば、賃貸住宅で暮らす人々には、回収までに長期間を要する省エネ投資をおこなう動機がほとんどない。同様の問題は、大学寮でのエネルギー利用においても見ることができる。大学寮では電気使用量が部屋ごとに管理されていないため、電気を消したり暖房の設定温度を下げたりすることに対する学生たちのインセンティブが弱い。

こうしたことに加え、最も重大で不可解な現象の一つに「エネルギーコストに対する近視眼的思考」がある。これは、人々が将来のエネルギーコスト削減額を過小評価する（過度に割り引く）ために、エネルギー効率への投資に対して消極的になる傾向を指している。この謎を解明することができれば、規制政策が担うべき役割はより明確になるだろう。(注8)

簡単な例を挙げたい。私が新車を求めて、フォルクスワーゲンのディーラーのもとを訪れたとする。セールス担当者は私に、ガソリン車とディーゼル車という二つのモデルを紹介した。燃料1ガロン当たりの走行距離は、ガソリン車で31マイル、ディーゼル車では42マイルだ。しかし、ディーゼル車はガソリン車よりも

2000ドル高い。

私がたいていの人と同じ価値観をもった人間なら、おそらくガソリン車を選ぶだろう。クレジットカードの支払い、大学に通う子どもたちの高い学費の工面、家族旅行などに直面していた場合、2000ドルは避けるべき追加出費だ。したがって私はガソリン車を選ぶ。

しかし、セールス担当者がその車のライフサイクルコストについて説明したとしよう。私は彼に、年間走行距離が1万2000マイルほどであることを告げた。彼はライフサイクルコスト計算機を取り出し、ガソリン車はディーゼル車よりも年間100ガロンほど多くの燃料を消費すると推定した。ガソリン価格を4ドル／ガロンとすると、ガソリン車の維持費は年に400ドル余計にかかる計算だ。耐用年数を10年、割引をなしとした場合、2000ドルの初期費用を節約するために、燃料費を4000ドル多く支払うことになる。たとえ適正な割引率を適用した場合でも、削減可能なエネルギーコストはその初期費用を上回る(注9)。

こうした事実を知らされたとき、人はどのような行動をとるだろうか。さまざまな分野の研究によれば、それでも大半の人々は初期投資が安いほうの車を購入するという。同じモデルのエンジン車とディーゼル車の販売台数を比べると、アメリカでは2対1以上の割合でエンジン車が上回っている(注10)。より一般的に、人々は、自動車から電化製品、さらには住宅用断熱材に至るまで、買い物をする際、無意識のうちにエネルギー効率に過小投資することが指摘されている。一部の研究によれば、費用をかけずにエネルギー使用量を大幅(研究によって10〜40％)に削減可能という。それが実現しない一つの理由は、我々には目先の費用を重視し、将来のコスト削減額から目を背ける習性が備わっているからだ。これが「エネルギーコストに対する近視眼的思考」である。

私は、エネルギーコストに対する近視眼的思考についての学術研究を読み、大学の授業でも教えてきた。

それでもなお、この行動パターンに屈服した経験が何度かある。たとえば、3年前に我が家の省エネ診断を実施してもらった際、私は若干の先行投資で何百ドルもの冷暖房費を節約できるという提案の一覧をもらった。しかし、そのリストは今も私の「やることボックス」に入ったままだ。

エネルギーコストに対する近視眼的思考の原因は何だろうか。消費者が十分な情報をもっていない点を指摘する声もある。人々は自分たちの住まいの断熱効果がいかに不十分か、そして無駄なエネルギー消費がどれほどの損失を生み出しているかに気づいていないというのである。また、人々はエネルギーコスト削減額の現在価値を割り出すための複雑な計算に手を焼いている可能性もある。さらに別の理由として、多くの人は現金を必要としている。クレジットカードの負債に年29・99％の利息を支払っているとすれば、長期的なエネルギーコストの削減は賢明な投資ではない。人は無意識のうちに将来の価値を低く見積もるのかもしれない。つまり人々の心のうちにある割引率は、財の割引率よりもずっと高いということだ。もっとも私の場合は、単にほかのことで忙しすぎて、骨は折れるが急を要さない課題はつい先送りにしてしまうというのが言い訳だ。

強調しておきたいのは、このような意思決定の失敗は、自動車や住宅用断熱材の購入に限ったことではないということだ。人々は、医療（たとえば薬を服用しない）や金融（住宅ローンの書類に目を通すことを怠り、家を失う）、ビジネス（中小企業の半分は1年以内に倒産する）など、さまざまな分野でしばしば不可解な決断を下す。もっとも、経済的な判断を下し損ねるというのは人間の行動に共通して見られる特性であり、心理学や行動経済学の分野でだんだんと研究されるようになってきている。(注11)

原因が何であれ、エネルギーコストに対する近視眼的思考は、我々の分析において加味されるべき、人間行動に実際に見られる特徴である。

エネルギーコストに対する近視眼的思考の存在は、地球温暖化政策に規制アプローチを導入する重要な大義名分となる。人々が実際、無意識のうちに、将来のエネルギーコストを過小評価するとしよう。その場合、我々は製造業者にエネルギー効率の改善を義務づけることで、エネルギー消費量を抑え、二酸化炭素を削減し、同時に消費者たちに有利な投資を提供できる。これは、エアバッグという、強制しない限り消費者が購入しないかもしれない機能の搭載を自動車メーカーに義務づけるのと似ている。人間は常に自己の長期的利益に基づいて行動するわけではない。そのため、規制を慎重に活用することで、我々は人命を救ったり（エアバッグの事例）、費用や二酸化炭素を削減したり（効果的なエネルギー規制の事例）することができるようになる。

エネルギーコストに対する近視眼的思考を考慮に入れたとき、エネルギー規制政策はどう評価されるのだろうか。これが非常に難しい問題なのは、我々にはなぜ人々がそのような行動パターンを示すのかがはっきりわからないからだ。一つの興味深い考え方は、人々は将来のエネルギーコスト削減額を「過度に割り引く」というものだ。つまり、無意識のうちに、将来のエネルギーコスト削減額に非常に高い割引率を適用しているのである。先ほどの例で言うと、過度の割引は４０００ドルという長期的なコスト削減額を減少させる。仮に、私が将来のエネルギーコスト削減額に年20％の割引率を適用するとしよう。追加の初期費用が２０００ドルだったのに対し、表計算分析によって算出される割引後のガソリンコスト削減額は、たった１８３７ドルとなる。極端に高い割引率を適用する場合、私は間違いなくガソリン車を選択することになる。

ファイナンスの専門家は、私が近視眼的な考え方をしていると指摘するかもしれない。お金を口座に置いておくよりも、ディーゼル車の購入に充てたほうが有利ですよ、と。私はこう返すだろう。「おいおい、人を近視眼呼ばわりする前にこっちの事情を聞いたらどうだ」。私がそのような行動をとるのには、多くの理由がある。その一、私には万が一のときに備えて貯蓄が必要だ。その二、ガソリンは値上がりするかもしれない。その三、銀行預金は政府が保証してくれる。その四、車は事故で破損する可能性もある。その五、私は買った車が気に入らず、数年以内にかなりの安値で売りに出すかもしれない。それならば、ディーゼル車に2000ドルをつぎ込むよりも、銀行口座に2000ドルを置いておくほうが、よっぽど理にかなっていると思えなくもない。これらは論理的に筋の通った理由とは言い難いが、初期費用の節約と繰延費用の増加を伴う投資に人々を惹きつけるには、十分なのかもしれない。

この話の流れで、購買者は近視眼的思考をもち、将来のエネルギーコスト削減額を過度に割り引くという前提に立ったときのさまざまな規制の効率性について、改めて見ていこう。企業の経済的判断はより一貫しているため、これは実際のところ主に消費者の購買活動に当てはまる話である。図表22－1の推定をおこなったチームは、消費者が高い割引率を用いる場合の規制政策のコストについても分析した。彼らはこのシナリオに「市場の完全な失敗」(complete market failures)という名前をつけ、消費者が年20%という極めて高い割引率に基づいて投資判断を下すケースを示している。

図表22－2は、「完全な市場」と「市場の完全な失敗」という二つの前提のもとでの排出削減費用を比較している。(注12) 自動車の燃費基準のケースでは、消費者が将来のエネルギーコスト削減額を年20%で割り引いた場合、費用はプラスからマイナスに転じ、二酸化炭素が1トン削減されるごとに22ドルの負の費用が発生する。別の言い方をすれば、消費者が将来のコスト削減額を過度に割り引く場合、自動車燃費規制は二酸化炭素排出量を削減し、お金の節約にもなる。これは最新のCAFE基準の論理的根拠だった。同様の結果は、建築基準のケースでも見られた。建築基準による排出削減費用は、年5%という標準的な割引率で割り引かれる場合には51ドル/トンだが、過度な割引率の場合にはマイナス15ドル/トンだった。表にあるほかの二

図表22-2　エネルギーコストに対する近視眼的思考を考慮した場合の、さまざまな規制政策の費用と効果

政策	費用（二酸化炭素1トン当たりドル）	
	エネルギーに関する判断に歪みがない場合（割引率5%）	エネルギーに関する判断に過度な割引率を伴う場合（割引率20%）
ガソリン税	38	6
建築基準	51	-15
自動車燃費規制の強化	85	-22
LNG（液化天然ガス）トラック	85	69

表は、歪みなし（年5%）と過度な割引率（年20%）という、異なる割引率のもとでの二酸化炭素排出削減費用を示している。

つの政策は、エネルギーコストに対する近視眼的思考を考慮した場合でも、やや低いとはいえ正の費用を示している。

消費者の合理性に関する謎は、まさに規制政策の重要な側面だ。意思決定がエネルギーコストに対する近視眼的思考による影響を受ける場合、そこにはエネルギー消費量や温室効果ガス排出量を削減する上で負の費用となる機会が数多く存在するかもしれないからだ。

代替アプローチのバランスシート

本章では、二酸化炭素やその他の温室効果ガスを削減するための手段として、炭素価格の引き上げに代わるアプローチに目を向けてきた。肯定的な面から言うと、経済は明らかにエネルギー消費に関する非効率的な意思決定であふれている。エネルギーコストに対する近視眼という行動パターンは、どうやら消費者の間に浸透しているようだ。いくつかの分野では、慎重に設計された規制を用いることで、低コスト、場合によってはゼロコストで、二酸化炭素を削減できる可能性が高い。

さらに、効率的な規制は、炭素価格政策を補完し、強化することもできる。たとえ国々がキャップ・アンド・トレードや炭素税導入による炭素価格の引き上げ策を実施したとしても、いつ政界の風向きが変わり、総量規制の緩和や税率の引き下げがあるかわからないという政治的不確実性は常に存在する。そのような環境において、規制による排出制限は、政治情勢という変わりやすい天候の中を企業が低炭素経済に向けて常に前進することを保証してくれる。

しかし、規制への過剰な依存には重大な欠点がある。問題の一つは、規制によって排出削減の大部分を実現するには、文字通り何千という技術と何百万という意思決定が必要になることだ。政府は、経済のありとあらゆることに関して「これはやれ。あれはだめ」と口を出すことになるだろう。だが現実問題として、政府は経済全体に対してこまごまと規制をつくり上げるのに十分な情報をもっていない。それに、市場民主主義の中で生きる人々は、政府が国民の生活に過度に干渉することを黙認しないだろう。

これは、規制政策だけでは温暖化問題の解決に近づくことはできないという、二つめのポイントにつながっていく。すべての産業部門、エネルギー財、サービスに関する規制を設計することは不可能だ。つまり政府にしてみれば、自動車燃費規制を設けることはできても、国民に車の運転を禁じたり、航空会社にジェット燃料を使用しないよう通告したりすることは現実的に難しい。

また三つめのポイントとして、規制は慎重に設計されない限り、莫大なコストを発生させたり、さらには逆効果を生んだりする可能性もある。アメリカで実施されたエタノール補助金の例は、妙案と思える政策が、ふたを開けてみればまったく効果がなかったり、負の影響をもたらしたりすることさえあるという事実を改めて教えてくれる。

こうした規制アプローチの欠点を考えたとき、こんな疑問が湧いてくるのではないだろうか。極めて非効率的であることが証明されているにもかかわらず、なぜどこの政府も規制政策を採用するのだろう。研究では、ガソリン消費量を減らしたり移動による二酸化炭素排出量を削減したりするには、規制よりもガソリン税のほうがより効率的であるという結果がたびたび報告されている。にもかかわらず、ほとんどの国は税金よりも燃費基準を課すことを選ぶ。アメリカ政府は燃費基準を強化する一方で、インフレ修正後のガソリン税率については下がるに任せている。

政府が規制を好むのにはさまざまな理由がある。第一に、規制のコストは消費者の目につきにくい。ガソリンの例で言うと、燃費基準は政府の足跡を残すことなく車の価格を上昇させる。それに対し、ガソリン税の引き上げは、たいていの場合大きな波紋を呼ぶ。一部の国では、燃料の値上がりが暴動のきっかけとなることさえある。規制アプローチが支持される理由はほかにもある。企業はたいていの場合、規制を自分たちの利益になるよう巧みに処理し、（規制当局が公益よりも規制業界の利益を優先するという意味で）規制当局を「取り込む」ことさえできる。しかし税金となると、うまく処理するのは容易ではない。企業がなぜ規制を好むのかを示すよい例が、金銭的価値を伴う汚染割当量が、それまで汚染を引き起こしてきた企業に対して基本的に無償で提供されてきた、キャップ・アンド・トレードアプローチだ。汚染税というアプローチのもとで企業に優遇措置を与えることはあまりにも目につきやすく、処理が難しい。

悲観的な人ならば自暴自棄になり、こう言って降参するかもしれない。規制では効率的に目的を達成できないというのに、政府はそれを主要アプローチとして使い続けている。おまけに炭素の価格づけを支持する人々は、自分たちの提案が抵抗に遭っていることを否定しないだろう。しかし人類は、地球温暖化の中でかつてない深刻な危機に直面している。我々には、この状況に効率的に対処するための新たな手段が必要なのだ、と。

正直なところ、効果的な炭素価格政策を実施しない限り、気候変動の抑制というゴールに辿りつくことは事実上難しい。新たなアプローチが社会に受け入れられるまでには、時間がかかるかもしれない。おまけに人々には、税収はほかの税金が軽減されることによって還元されるという事実を見落とし、規制を目的とした税の正味コストを過大に見積もる傾向がある。こうしたことから、炭素価格のように市場を基盤としたアプローチを用いることの重要性を理解してもらうことは、気候変動の科学を説明するのと同じくらい大切な教育プロセスである。

第23章 低炭素経済に向けた先進技術

ここまでの章では、低炭素経済に移行するインセンティブを企業や個人に付与するための経済政策について紹介してきた。だが、移行の推進力と期待される技術そのものについては、一般的なかたちでの記述にとどまっていた。しかし我々は、一般化されたものを使って車を運転したり、住宅を暖めたりするわけではない。飛行機にはジェット燃料、コンピューターには電力、自動車にはガソリンというように、実際のエネルギーを利用している。この経済を「脱炭素化」させるのは、どれくらい難しい挑戦なのだろうか。

二つめの問いは技術的なものだ。今日、経済の大部分は、石油や石炭のような化石燃料によって動かされている。現代経済を牽引するこれらの主力エネルギーに代わるものとは、一体何だろうか。低炭素社会では、人々は何を使って車を動かし、教室を暖めるのだろうか。原子力、太陽光、風力、そしてその他の燃料は、発電においてどのような役割を果たすべきなのだろうか。これらは世界中の技術者や科学者を巻き込んだ、大変興味深い問題だ。

三つめの問いは経済学的なものだ。表面的にはわかりにくいが、やはり重要な問題である。こうした先進技術を企業が開発、生産し、消費者が購入、利用するようになるためには何が必要だろうか。太陽熱温水器や炭素を食べる木というアイデアは、思いつくだけでは何にもならない。効率のよい試作品を開発しようというインセンティブを誰かがもつ必要がある。企業がそうした技術の開発に何百万ドル、あるいは何十億ドルもの資金をつぎ込もうとするとき、企業にとってそうした技術の生産・販売は、利益を生むものでなくてはならない。また、消費者にとって、それらが購入に値するものでなくてはならない。こうした先進的低炭素技術の「発明―投資―生産―購入」のチェーンを作動させるには、どのような仕組みが必要だろうか。これが本章で論じる主なテーマである。

最後の砦

2012年末に京都議定書が失効を迎えると、有識者の多くは悲観主義に陥った。英国の代表的な科学雑誌『ネイチャー』は、表紙に「ヒーターのスイッチが入った――ポスト京都議定書の世界に向けたサバイバルガイド」という見出しを載せた特別号を発行した。序文には、「世界は再び温室効果ガスを好きなだけ排出できるようになる」と記されていた。(注1)一部の人々は排出抑制策に愛想を尽かし、エネルギー効率と先進技術こそが真の解決策だと信じている。オバマ政権は規制アプローチを推し進めている。急激な気温上昇や干ばつ、海面上昇に適応するほかに道はないと考える人々もいる。

京都議定書締結に際する極端な楽観主義から、その崩壊に対する過度の悲観主義へのこうしたムードの浮き沈みに振り回されてはならない。本書は多くのページを、さまざまな後継制度についてじっくり検討することに割いている。だが仮に、悲観主義者たちの排出削減アプローチに対する見解が正しかったとしよう。すなわち、炭素価格の引き上げに向けた実効的な国際的枠組みは、実現不可能かもしれない。さらに、規制アプローチというもう一つの代替策は非効率的で、適切な気候変動目標を達成することは期待できない。だとすると、我々の世界に残された望みとは一体何だろうか。

現実には、積極的な政策が失敗に終わった場合、ハッピーエンドに向けて残された道はただ一つ、エネルギー技術の画期的な変化だ。低炭素、さらには減炭素活動までもが、政策決定者からの反対を何一つ受けることなく、化石燃料に取って代われるほど低コストになる変化である。これには、今日の再生可能エネルギー（風力、太陽光、地熱）の急激なコストダウンか、現時点で広く利用されていない先進技術の発掘が必要だ。

今の段階では、気候カジノの中でそのような有望な技術が生み出される確率は低い。だが、技術の歴史はサプライズに満ちている。特に我々が気候の安定化に向けたほかのアプローチに悲観的ならば、ありとあらゆる手段を使い、低炭素という点で好ましい技術的サプライズの可能性を高めるべきだ。本章では、その課題とさまざまな対応策について探っていく。

低炭素経済の課題

政府の政策なくして技術革新の実現は期待できない。その主な理由は、求められる変化の規模が大きすぎるからだ。オバマ政権が掲げた国内政策を例に挙げよう。同政権による提案は、二酸化炭素やその他の温室効果ガスの排出量を、２００５年を基準に２０２０年までに17％、２０５０年までに83％削減するというものだった。この政策は、複数の諮問グループによって大筋で承認された。

こうした目標を国内の排出削減のみで達成するには、アメリカ経済のあり方を根本から変える必要がある。

この点は、経済活動における「炭素強度」の過去の推移と今後の見通しからも明らかだ。炭素強度とは、GDPに対する二酸化炭素排出量の比率を表す概念である。

図表23－1の左半分は、アメリカ経済の脱炭素化のこれまでの推移を示している。[注2] 近年、アメリカの炭素強度は年2％ほどの割合で低下している。2010年以降は、「アメリカ政府による政策案」というラベルがつけられた折れ線が描かれている。これは、オバマ政権や複数の科学諮問グループによって提示された政策のもとで、今後40年間にわたり必要とされる脱炭素化率である。アメリカは、2010～2050年の期間を通じ、平均して年6％の割合で脱炭素化を進めなくてはならない。[注3] これはエネルギー利用パターンにおけるとてつもない変化である。電力業界を除けば、長期間にわたって生産性がそのようなペースで上昇した部門は、もう長いこと存在しない。

世界全体に関しても、同じように計算することができる。地球規模で2℃目標を達成するとなると、世界の脱炭素化率は、2010～2050年の期間を通じて年4％であることが求められる。[注4] この目標値がアメリカほど高くないのは、アメリカが、開発途上国よりも先進国による大幅な排出削減を提案しているからだ。そうは言っても、国際社会レベルで考えたとき、4％というのはやはり非常に高いハードルである。

ここまでの話をまとめよう。アメリカの政策がめざす排出削減、そしてコペンハーゲン合意の2℃目標に沿った排出削減を達成するには、ほとんどの業界が経験したことのないような、急激な技術革新が求められる。技術に関するこうした事実は、気候変動によって突きつけられた問題の手ごわさを浮き彫りにしている。

図表23-1　アメリカ経済における脱炭素化の過去の推移と今後の見通し

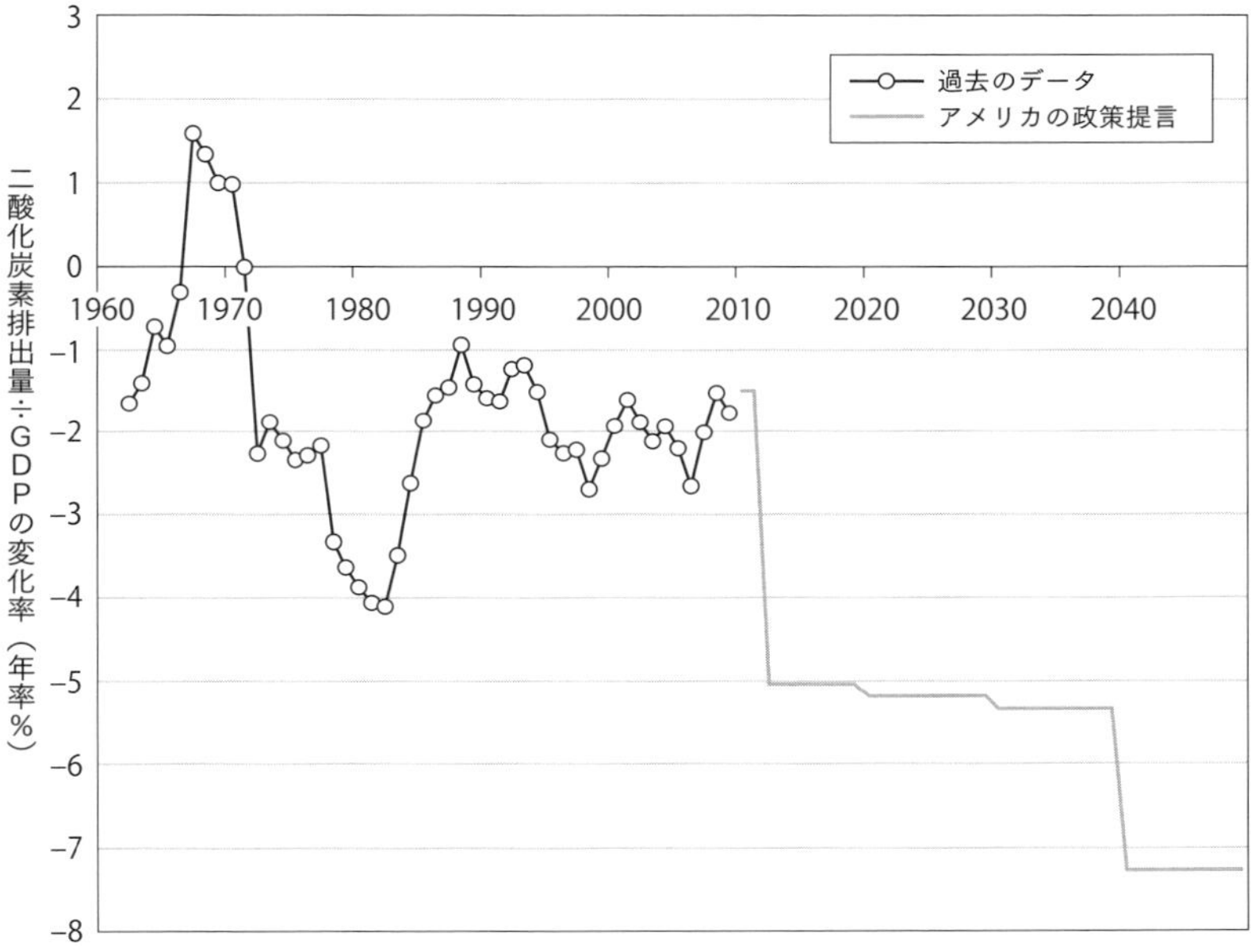

グラフは、GDPに対する二酸化炭素排出量の比率の変化率を意味する「脱炭素化率」を表している。左半分は過去50年間における実際の脱炭素化率の推移である。右半分は、今世紀半ばまでに排出量を83%削減するという野心的な目標を達成する上で必要な脱炭素化率を示している。

図表23-2　アメリカで使われているエネルギー源（2009年）

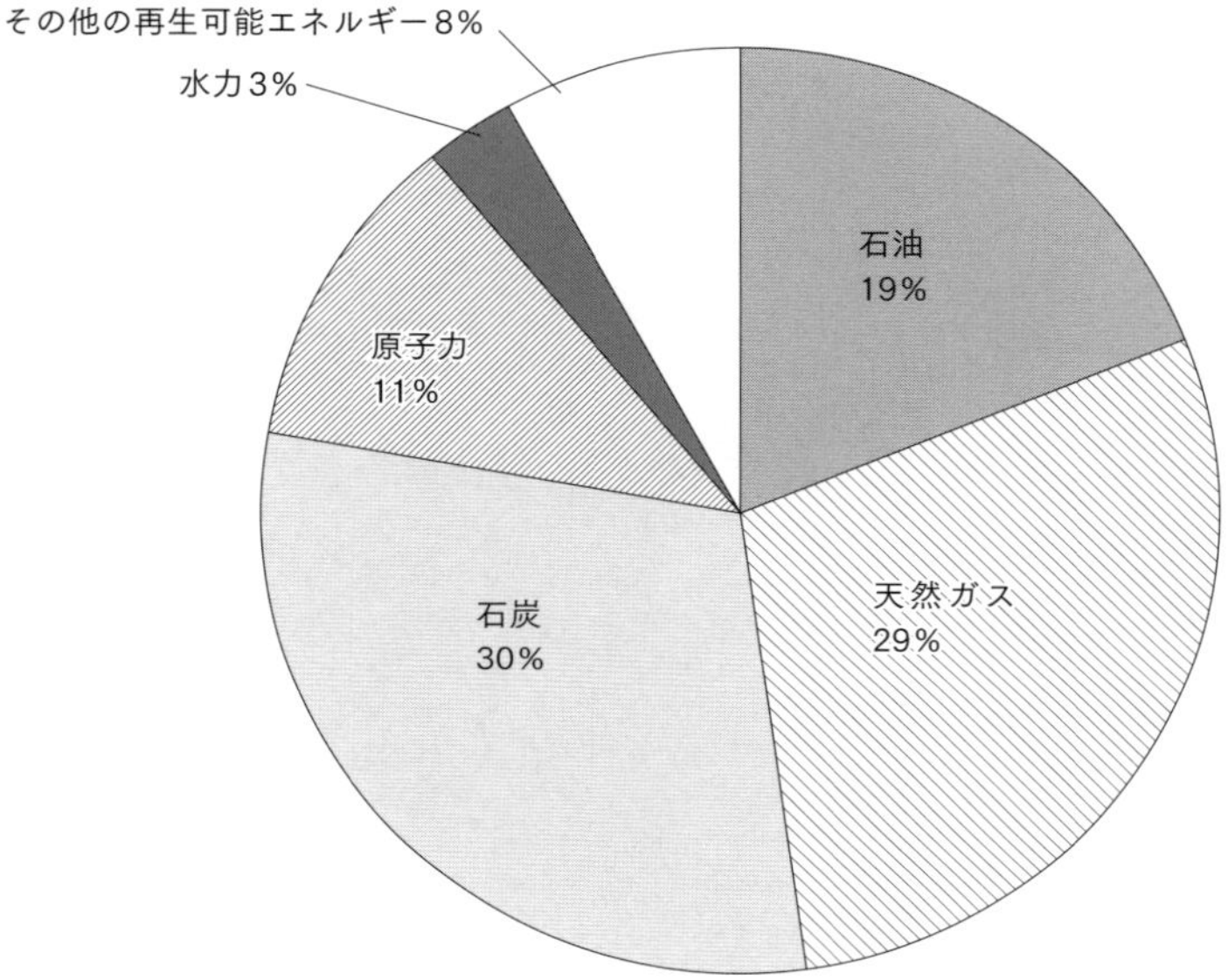

有望な技術

議論の土台づくりのために、まずは従来型のエネルギー源から見ていきたい。図表23-2は、今日アメリカがどこからエネルギーを得ているかを示したものだ。およそ80%のエネルギーが化石燃料からつくられている。(注5)つまり、ゼロ炭素社会に転換しようとした場合、我々は消費エネルギーの80%近くをほかの手段、ほかのエネルギー源を使って生産しなければならなくなる。問題を一言で表すと、そういうことだ。

低炭素社会への技術的道のり

低炭素経済の実現に求められる変化の大きさを考えたとき、有望な低炭素エネルギー源とは一体何なのだろうか。国際応用システム解析研究所およびウィーン工科大学のネボージャ・ナキセノビッチをはじめとする研究者たちは、エネルギーシステムにおけるイノベーションの基本プロセスの解明に、大いに貢献してきた。これは今日研究が盛んにおこなわれている分野であり、ここでは問題の表面をなぞることしかできない。しかし、簡単な説明を通じてそうしたプロセスの特徴を示すことはできると思う。(注6)

まずは図表23－3に示された、アメリカの現在および将来におけるさまざまなタイプの発電コストから見ていきたい。(注7)この表は、コスト、大規模利用が可能になる時期の推定、技術的成熟度を表している。既設発電所の場合、発電コストに含まれるのは可変費用のみである（資本コストやその他の固定費用はすでに支出済みのため）。可変費用はおおむね5セント／kWh未満と、かなり低めだ。これらの発電所は、稼働する限り、そして二酸化炭素に価格が設定されない限り、長年にわたって収益をあげ続ける。新設発電所の場合、今のところ、成熟した技術の中で最も経済的なのは天然ガス火力だ。新設の従来型石炭火力や風力は、新設の天然ガス火力発電所に比べて約1・5倍のコストがかかる。

次の大きな疑問は、安価な低炭素電力に関する見通しだ。低炭素技術の中で唯一成熟しているのは風力だ。しかし風力は、経済性に最もすぐれた従来型の技術に比べて1・5倍のコストがかかる。その上、アメリカでは風力発電の生産能力に限界がある。大規模利用の可能性を秘めたほかの有望な技術は、コストの低いものから順に、二酸化炭素回収・貯留（CCS）を装備した先進型天然ガス、先進型原子力、そしてCCSを装備した先進型石炭火力だ。こうした技術は、経済性に最もすぐれた従来型の技術に比べると1・5～2倍のコストを要する。さらに、大規模利用が可能になるまでの道のりは長い。図表23－3は、低炭素技術を市場に届けるために、技術革新か炭素の価格づけによって縮めなければならないギャップを示しており、詳しく分析する価値があるものである。

低炭素経済への道のりに立ちはだかる数々の障害を考えると、粛然とさせられる。CCSの大規模利用が

図表23－3　短期的な発電コストの推定

発電所タイプ	資本コストおよびその他の固定費用	可変費用	合計	大規模利用可能時期	技術的成熟度	排出率
従来型天然ガス複合サイクル火力	2.05	4.56	6.61	今日	成熟	0.60
従来型石炭火力	7.05	2.43	9.48	今日	成熟	1.06
風力	9.70	0.00	9.70	今日	成熟	0.00
地熱	9.22	0.95	10.17	今日	発展途上	0.00
先進型石炭火力	8.41	2.57	10.98	2020	発展途上	0.76
バイオマス	7.02	4.23	11.25	2020	発展途上	0.00
太陽光	21.07	0.00	21.07	今日	発展途上	0.00
太陽熱	31.18	0.00	31.18	今日	発展途上	0.00
先進型天然ガス火力（CCS 装備）	3.97	4.96	8.93	2030	初期段階	0.06
先進型原子力	10.22	1.17	11.39	2025	初期段階	0.00
先進型石炭火力（CCS 装備）	10.31	3.31	13.62	2030	初期段階	0.11

この表は、エネルギー情報局が推定した、さまざまなタイプの発電コストを示している。再生可能エネルギーや低炭素な二酸化炭素回収・貯留技術（CCS）は、はるかに高コストである点に注目してほしい。

抱える課題については第14章で分析した。今日大規模利用が可能で、かつ実績のある非化石燃料は原子力だ。だが原子力は、発電には利用できるものの、今のところ飛行機移動などさまざまな用途での経済的な利用方法がない。おまけに原子力は二つの障害に直面している。まず、化石燃料よりもコストが高い（図表23－3参照）。さらに大きな問題として、原子力が化石燃料発電に取って代わるためには、膨大な数の原子力発電所が必要となる。その上、安全性に対する社会的関心の高まりにより、我々は原子力の利用拡大を、ドイツなどいくつかの国が脱原発を掲げる中で進めなければならない。

原子力利用に課されたこうした制約を考えると、低炭素な未来への移行には、いまだ実績のない先進技術か、コストの高い従来技術が必要だ。多くの人が思い浮かべる最も魅力的な選択肢は、太陽光、風力、地熱などの再生可能エネルギーだろう。ほとんどの国では、これらのエネルギー源は今日化石燃料よりもはるかに高価で、主に巨額の補助金のおかげで普及している。コストが大幅に改善しない限り、化石燃料から再生可能エネルギーへの転換は、この国に年間何千億ドルという規模の莫大な費用をもたらすことになる。

エネルギーモデルによる予測を吟味することで、低炭素経済への移行の特徴について詳しく見ていきたい。例に挙げるのは、排出量の安定化に向けた今後40年間の技術要件に関する研究だ。ジョイント・グローバル・チェンジ研究所と国立再生可能エネルギー研究所の二つのモデル開発チームは、アメリカ電力業界における温度目標の達成に必要な技術的変化について分析した。ＧＣＡＭとＲｅＥＤＳという二つのモデルはいずれも最新のものだ。ＧＣＡＭは主要地域のエネルギー部門に関する詳細なモデルを統合した世界モデルで、ＲｅＥＤＳはアメリカの電力部門に関する高解像度モデルである。（注8）

二つのモデルは、２０１０～２０５０年にかけての電力生産量が同じになるよう調整された。その上で、電力生産を最小コストで実現できる技術の組み合わせを推定した。これらのモデルの構造や焦点、経済に関する前提、そして科学チームはまったく異なるにもかかわらず、両者の結果は見事なほど一致していた。

・今日発電に使われている最も一般的な技術（従来型の石炭火力や天然ガス火力）は、２０５０年までに段階的に廃止される。
・原子力の伸びは緩やかで、総発電量に占める割合は今日とほぼ同水準を維持する。
・２０５０年時点で電力市場のおよそ半分は、今日完全に発展途上段階にある技術（ＣＣＳを装備した石炭やガス）によって占められる。
・２０５０年時点で電力市場の約4分の1は、風力発電によって占められる。
・さらに4分の1は、さまざまなタイプの先進再生可能エネルギー（太陽光、太陽熱、バイオマス、地熱）によって占められる。
・ＣＣＳを装備した石炭火力と風力に関する予測については、コストと将来の利用可能性に関する問題から、二つのモデル間で大きな違いが見られた。

この研究がもつ二つの大きな特徴に注目していきたい。まず、これらのモデルは、急激な排出削減の実現に向けた資本の再構築を電力会社に促すために、非常に高水準の炭素価格を課すことを求めている。目標を達成するために必要な炭素価格は、２０５０年で二酸化炭素1トン当たり１５０～５００ドルとされている。下限は図表19－1で示された価格とほぼ同じで、多くの世界統合評価モデルとも一致している。一方、高いほうの値は推定の上限であり、エネルギー市場に大きな経済的ストレスを課すことになる。

だが、強調すべき最も重要なポイントは、目標を達成するために必要とされる技術転換の規模だ。今日電力生産の7割を構成する技術（石炭と天然ガス）は、すべてほかのものに取って代わられなくてはならない。電力生産量の半分を賄うと見られている技術は、今のところ、必要規模に遠く及ばないスケールでしか運用されていない。さらに、4分の1を生産するとされている原子力は、一般にアメリカ国民には受け入れられない技術である。その証拠に、1978~2012年の間にアメリカ国内で認可を受けた原子力発電所は一つもない。そして残りの電力を担うことになるのは、従来技術よりもはるかに高価なエネルギー源の風力か、大規模太陽光や地熱など、技術者たちから見れば小さな希望でしかない技術である。

実際には、これほどの規模の技術転換となると、技術的な承認、政治的な承認、規制認可、経済的承認とさまざまな段階を踏むのに長い年月がかかる上、その過程で、社会的受容性と私的収益性という審査をクリアしなければならない。CCSのような技術は、研究開発に10年、パイロットプラント試験や住民調査、環境評価、取締役会による精査に10年、もしかすると多くの国々で大規模プラントが展開されるようになるまで、もう10年かかる可能性がある。こうしたハードルをすべて乗り越え、ようやく毎年何十億トン、何百億トンという二酸化炭素を回収・貯留するのに必要な規模のCCSが利用可能になる。

この研究は、気候問題に対処する上で考えられる技術的解決策に触れているに過ぎない。野心的な削減目標を低コストで達成できる成熟した技術は当面の間存在しないというのが、現時点での私の結論だ。しかし、我々にはずっと先の未来を確実に予見する力はなく、技術はあらゆる分野で急速に発展している。そのため、新たな可能性に対して常に敏感でいなくてはならない。そしてさらに重要なのは、基礎科学や応用研究を推進し、市場が低炭素技術の考案や導入に向けた適切なインセンティブを発明家や投資家に提供するようにしなければならないことだ。これは本章最後のテーマである、イノベーション政策の問題へとつながっていく。

イノベーションの特徴

エネルギーに関する意思決定のほとんどは、民間企業や消費者たちが、価格、利益、所得、習慣に基づいておこなっている。政府は規制や補助金、税金を通じて、エネルギー利用に影響を与える。しかし最も重要な意思決定は、市場の需要と供給に従って下されている。

急速な脱炭素化にエネルギー技術の大革新が不可欠なことは疑いようもない。では、技術革新はどのようにして起きるのだろうか。たいていは、個人の卓越した才能、粘り強さ、経済的インセンティブ、市場の需要が複雑に作用し合って起きるというのが答えだ。太陽光発電に使用される太陽電池が辿った紆余曲折の歴史は、典型的な例だろう。

太陽電池誕生の歴史は１８３９年、フランスの若き物理学者エドモン・ベクレルが、電解槽を使った実験の最中に偶然「光起電力効果」を発見したことから始まった。１９０５年には、アルベルト・アインシュタインが光電効果の基礎を成す物理学を解明し、のちにノーベル賞を受賞した。

太陽電池への重要な実際的応用が初めておこなわれたのは、ベクレルによる発見から１００年以上もたってからのことだ。１９５０年代半ば、ベル研究所の科学者たちが太陽電池の開発に成功し、人工衛星や遠く離れた場所での太陽光利用の可能性に目をつけた政府がそれに加わった。こうして太陽光技術は発展し、人工衛星や住宅用のソーラーパネル、大型太陽光発電所などに応用されていった。開発当初は４％程度だった変換効率は、今日最もすぐれたもので40％超にまで向上した。費用も、最初の電池が生産されて以降大幅に低下しており、太陽光は20〜30年以内に化石燃料と競争できるようになると考える有識者もいる。近年では、コストが下がり、気候変動政策の重要度が増すとともに、太陽電池の特許取得数は急増している。図表23－

図表23-4　太陽電池モジュールの価格の低下

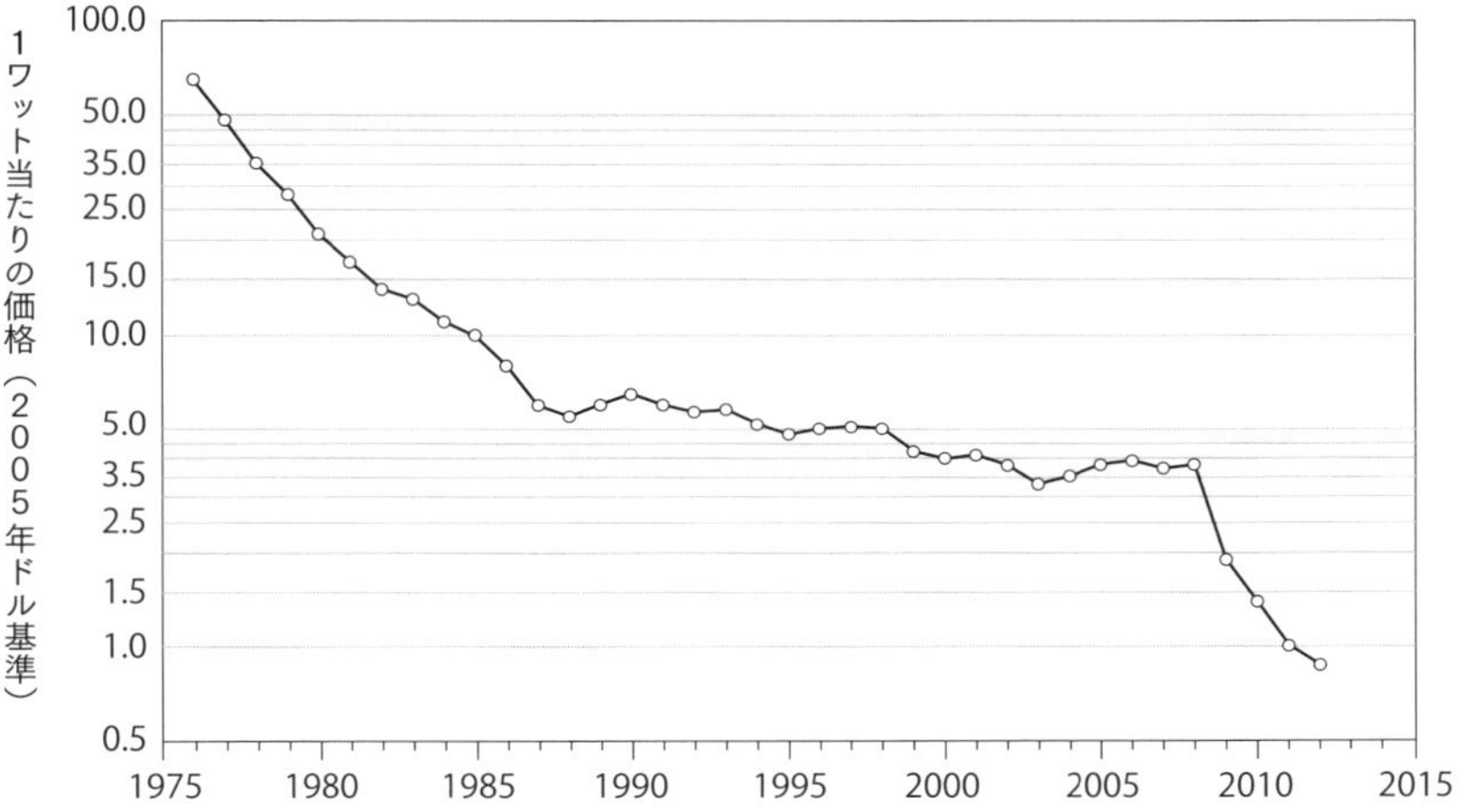

コストは初期のころに急激に低下し、一度安定するが、中国が巨額の政府補助金を手に市場に参入すると、再び下落した。

4は、太陽電池モジュールの価格の推移を示している。(注9)

イノベーションの歴史を見ると、ほぼすべての発明には、「基礎科学」「応用研究」「経済的利益」「出だしの失敗」「改良」「成功時の市場での利益」の間でよく似た相互作用があったことがわかる。また、技術史に関する研究論文は、技術革新を予見するという株式市場の行方を占うのと同じくらい難しい作業がもつリスクも示している。1958年に出版されたジョン・ジュークス、デーヴィッド・サワーズ、リチャード・スティラーマンによる研究論文の初版では、著者たちはその大部分で非常にすぐれた洞察力を発揮しているにもかかわらず、コンピューターについては偉大な発明のリストに入れていなかった。10年後に改訂版を出版した際、彼らは「電子デジタルコンピューターの商業的な未来はあまりにも不透明に見えたため、我々のケーススタディーから除外していた」と記している。(注10)

最も著名な3人の技術史学者たちによるこうした予測は、将来の動向を予想することの難しさを生々しく物語っている。

イノベーションや技術革新について研究する経済学者たちは、それらと一般的な製品とを区別するある重要な特徴を指摘する。それは、イノベーションが大きな外部性を有するということだ。すでに説明した通り、外部性とは、活動をおこなう人が、それによって生じる社会的費用のすべてを負担しない、あるいは社会的便益のすべてを享受しない活動のことである。(注11)

すべての新技術はこの性質をもっている。新たな装置や製造技術が発明された場合、私は発明者の生産性を下げることなく、それを使うことができる。さらに、ひとたび技術が発展し、公表されると、(特許や著作権などに関する特別な法律がない限り)ほかの人々による利用を阻止することはできない。意外かもしれないが、歴史上の有名な発明家たちのほとんどは、自分たちのアイデアが生んだ果実を手にすることができなかったために、貧困の中で最期を迎えている。

経済学的な観点から見れば、偉大な発明は地球温暖化と同じ基本的性質をもっている。どちらの場合も、その影響は世界の隅々にまで行き渡る。携帯電話を発明した人は、最大の受益者の一部が熱帯アフリカの辺境の村に暮らす人々になろうとは、夢にも思わなかっただろう。地球温暖化の外部性を完全に理解した人は、イノベーションの基礎経済学についてもすでに理解している。唯一の違いは、イノベーションの外部性の大部分は有益であり、地球温暖化の外部性の大部分は有害であるということだ。

これは、イノベーションの外部性がもたらす最も重要な経済的影響へとつながっていく。新たな知識を創造した人は、そこから生まれる利益のすべてを自分のものにできないため、イノベーションの私的収益は社会的収益を下回る。その結果、社会全体にとって最適な水準よりも少ないイノベーションしか生まれなくなってしまう。

発明史を見ると、発明は、公共部門と民間部門の意図的な活動から生まれている。それは多くの場合、公式な研究開発だ。今日研究開発をおこなうのは誰か。基本的な答えは明らかだ。企業が大部分の商品開発や資本財に投資する一方で、政府や非営利組織が国内の基礎研究の大半に資金を供給している。このパターンからわかるのは、低炭素イノベーションの支援には2種類の財源が必要だということだ。第一に、政府による基礎研究への支援は、エネルギーやその他の関連分野の基礎科学技術にとって欠かせない存在だ。アメリカでは、国立科学財団やエネルギー省などの機関がそうした活動をサポートしている。

その上で、低炭素技術が研究室を飛び出し市場に入り込むには、新たな製品や製造技術を開発して利益を増やそうとする、営利企業からの投資が必要だ。

最も難しい課題の一つは、低炭素技術に投資するよう民間部門に促すにはどうしたらよいかということだ。大きな問題は、低炭素イノベーションへの民間投資が二重の外部性によって抑制されてしまう点である。一つめの外部性は、前述の通り、発明家たちがイノベーションによる社会的収益のほんの一部しか手にできないという事実である。二つめの障害は、二酸化炭素の排出に価格が設定されない状況での、地球温暖化の環境外部性だ。つまり、低炭素技術への投資は、イノベーションの私的収益が社会的収益を下回ることで低し、私的収益は、炭素の市場価格が実際の社会的費用を下回ることでさらに圧迫される。最終的に、営利を目的とした低炭素技術の研究開発は二重に抑制される。

具体的な例を見れば、この問題がはっきりするだろう。二酸化炭素抑制策がない社会では絶対に利益を生まない技術の一つが、ＣＣＳである。前に説明した通り、これはコストの高い処理工程を利用して二酸化炭素を回収し、安全な場所に貯留して、１００年以上にわたりそこに封印する技術だ。複数の大規模実証プロジェクトのデータに基づいた最新の推定では、大型ＣＣＳプラントを使って二酸化炭素を回収、隔離する際のコストは、およそ50ドル／トンとされている。(注12) 二酸化炭素の価格がゼロなら、プラントは赤字だ。炭素価格が永遠にゼロのままだということがわかっていたら、どの営利企業もこの技術に投資しようとはしないだろう。

それでは次に、国々が厳しい地球温暖化政策を実施しようとしていると企業が考えたとしよう。炭素価格を数年以内に１００ドル／トンにまで引き上げるという政策だ。その価格であれば、実質的にプラントは二酸化炭素を50ドル／トンで生産し、１００ドル／トンで売っていることになるため、企業はＣＣＳプラントを採算性がある事業とみなすようになる。企業はさまざまなアプローチを視野に入れながら慎重に検討を進めるだろうが、彼らにはこの技術に投資する経済的動機がある。これと同じ理屈は、太陽光、風力、地熱、原子力への投資にも当てはまる。

これは、営利企業に先進的な低炭素技術の研究・開発・投資を促すには高水準の炭素価格が必要だという、本質的な結論へとつながっている。

おそらくアメリカには、最良の気候変動予測をおこなう最高の気候科学者たちがいる。高効率な二酸化炭素輸送パイプラインの開発に取り組む、最高の材料工学の研究者たちがいる。そして、こうした投資先の一つひとつに資金を供給するため、新たな金融派生商品を開発する最高の金融専門家たちがいる。しかし、炭素価格がゼロである限り、ＣＣＳのような有望な低炭素技術の開発プロジェクトが、営利企業の取締役会に辿り着くことはないだろう。

「死の谷」を越える

図表23－5　研究室で生まれたイノベーションのうち、実際に市場に辿り着けるものはほんの一握りだ

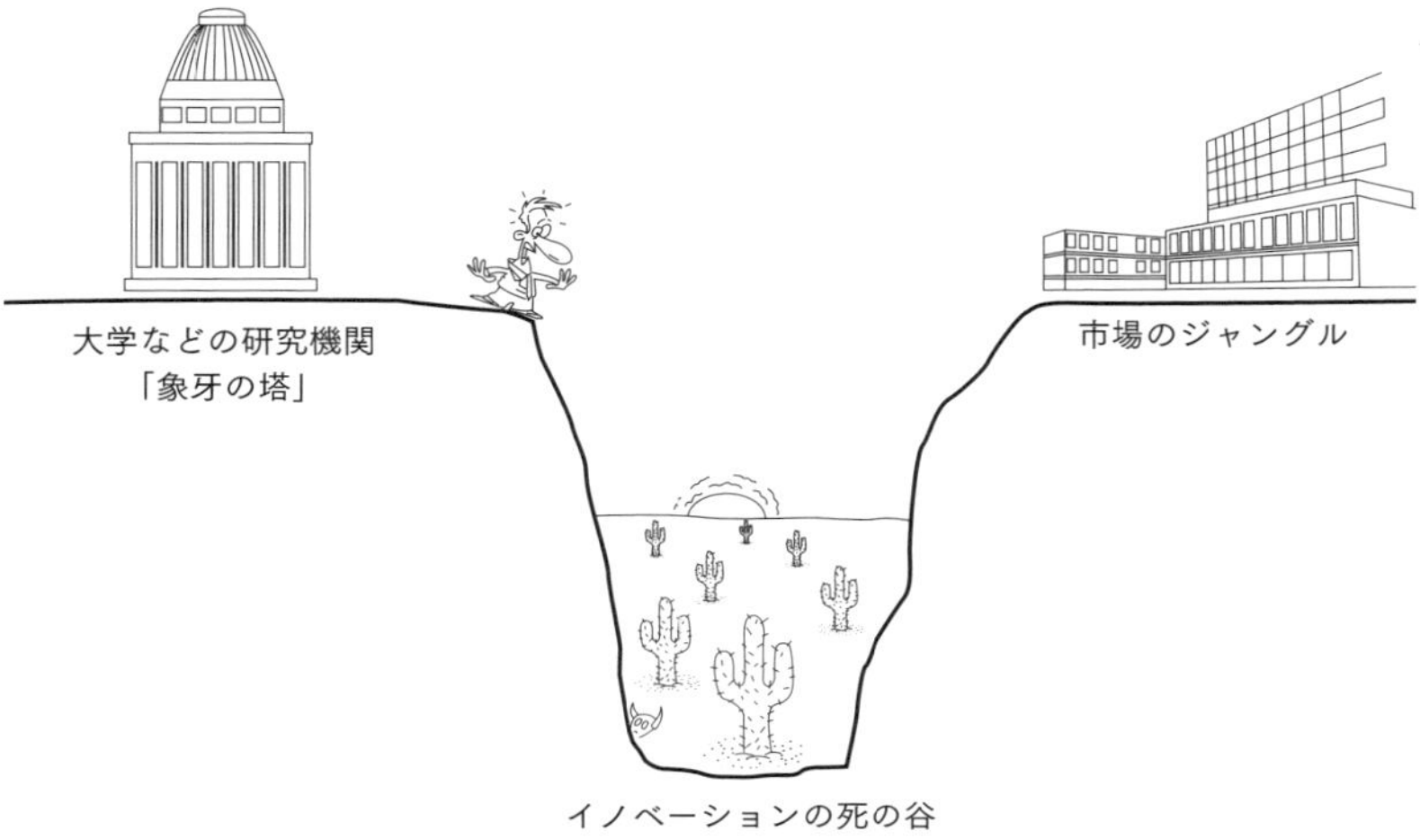

アメリカ経済は、国内の大学や研究所に極めて高水準な基礎科学技術を擁している。企業は市場に対して非常に敏感な感覚をもち、毎年何千もの新製品や改良品を生み出している。しかし、研究室などのいわゆる「象牙の塔」と、「市場のジャングル」の間には、スタンフォード大学の経済学者ジョン・ウェイアントが「死の谷」と呼ぶ窪地が存在する。[注13] これは、研究室で生まれた素晴らしいアイデアが、資金の欠乏によって市場に辿り着く前に力尽きてしまうという中間地点だ（図表23－5参照）。

この問題は、分野を代表する学者F・M・シェーラーによって、詳しく研究された。

基礎研究と新たな製品・製造技術の開発という二極の間には、商業的に利用するには十分に成熟していないものの、具体的な展開への道を切り拓く技術革新への投資が存在する。このような「競争段階前のノーブランドな実現技術」への投資は、基礎研究への投資と同じくらい深刻に、民間市場の失敗の影響を受けると考えられている。商業利用が可能な段階まで技術を育てるには相当の投資が必要だ。にもかかわらず、ひとたび決定的な進歩が成し遂げられれば、その本質は広く知られ、他者に無断で利用される可能性が高い。特許制度はあまりにも弱く、ほかの研究開発プロジェクトにそうした技術が使用されるのを阻止できない恐れがある。(注14)

妥当なイノベーションが「死の谷」を越える確率を上げるには、どうすればよいだろうか。まずは、適正な炭素価格を設け、地球温暖化の外部性を相殺することだ。また、追加のインセンティブとして、政府が競争段階前の技術を特別税額控除の対象とする方法も考えられる。

政府による新制度で興味深いのは、エネルギー高等研究計画局(ARPA－E)プログラムだ。(注15) ARPA－Eは、技術的、経済的な不確実性のため、営利企業が支援しそうにない初期段階のエネルギー研究に出資することを目的としている。設立以降の数年間で出資した事業には、先進バッテリー技術、二酸化炭素回収、改良型タービンなどが含まれている。現実には、研究開発全体から見ればARPA－Eは非常に小さなプログラムだ。2012年におけるエネルギー関連の研究開発費が総額50億ドルだったの対し、同じ年のARPA－Eの予算は2億7500万ドルだった。しかし、「死の谷」理論が正しければ、この段階で割り当てられる資金は極めて高い収益を生む可能性がある。この取り組みが果たして革新的なアイデアを市場に届ける一助となるか否か、社会が注目することとなるだろう。

本章は三つの重要な結論を導き出している。第一に、エネルギーやその他の関連分野の基礎科学技術に対し、政府が支援を続けることは絶対不可欠だ。どの科学の発展が利益をもたらすことになるかはわからないため、幅広く、そして賢く投資しなければならない。基礎科学への支援には、危険な「死の谷」にいる初期段階のプロジェクトに対する援助も含まれるべきだ。

第二に、我々は、先進技術の開発における民間部門（非営利志向の研究者も、営利志向の起業家も）の重要性を認識する必要がある。特に大事なのは、営利企業による低炭素経済への迅速で経済的な移行を促進するために、適切なインセンティブを付与することだ。それには、炭素価格が十分に高い水準に設定され、低炭素技術への投資に具体的で確実な経済的見返りを期待できるようにすることが最も重要だ。高水準の炭素価格が実現しない限り、イノベーターや企業に低炭素技術への投資意欲を喚起させることはできない。したがって、ここでも炭素価格は、地球温暖化という脅威の抑制に向けたアプローチの中核を担っている。

最後に、繰り返しになるが、低炭素経済への移行の中で、急速な技術革新が果たすべき中心的役割について強調しておきたい。相当の経済的ペナルティーが科されない限り、今日の低炭素技術が化石燃料に取って代わることは難しい。低炭素技術が開発されれば、それは気候目標の達成に必要なコストの低下につながる。そして、ほかの政策がすべて失敗に終わった場合、低炭素技術の開発は我々にとって気候目標達成の最後の砦となる。

第V部

気候変動の政治学

政治以上のギャンブルはない。
——ベンジャミン・ディズレーリ

CLIMATE POLITICS

第24章
気候科学とそれに対する批判

本書が気候変動に対処する際の最も効果的な経済アプローチについて記した学術論文であれば、ここで話を終えることができる。科学、経済、政策について考察し、気候変動は深刻な問題であるという結論を導き出し、政府による取り組みに関する選択肢のいくつかを提示した。ジ・エンドである。

だが実際のところ話は続く。本書は気候科学を信頼している。だが一方で、世の中には懐疑的な見方もある。多くの人がこの問題を誤って解釈している。主流の気候科学の有効性や地球温暖化政策に対する疑念は、今日のアメリカ政治が抱える重大な問題だ。以下はそうした論争のいくつかの例である。

・あるアメリカ大統領候補「何百年とは言わないまでも、もう長いこと叫ばれ続けている真っ赤な嘘は、この……地球温暖化だ」
・あるアメリカ上院議員による著書のタイトル『The Greatest Hoax: How the Global Warming Conspiracy Threatens Your Future』（大捏造――地球温暖化論の謀略があなたの未来をどう脅かすか）
・ある市民運動団体「キャップ・アンド・トレード――破綻に続く道への負担（注1）」

こうした声はアメリカ国内に限られたことではない。次の二つは海外の事例である。

・ロシア大統領ウラジーミル・プーチンの有力顧問「二酸化炭素排出と気候変動の因果関係は確認されていない」

・チェコ共和国の前大統領「地球温暖化は間違った社会通念だ。まともな人間や科学者はみなそう言う(注2)」

こうした例は枚挙にいとまがない。一連の論争は滑稽な仲たがいのように見えるかもしれないが、世論に影響を与えることによって、深刻な問題をもたらす。そこでこの最終部では、今日の気候変動政策が直面するさまざまな障害について論じたい。

科学的コンセンサスの意味

たとえばあなたが学生で、地球の気候変動における人間の役割についてのレポートを書かなければならなかったとしよう。対立する二つの意見を前に、あなたは科学者たちの見解を知りたいと考えている。ウィキペディアを見ると、次のように説明されていた。「今日、気候変動に関する科学的コンセンサスは、過去数十年間にわたる世界平均気温の急上昇は人間活動によって引き起こされている可能性が極めて高いというものだ。その結果、この問題をめぐる議論は、さらなる人為的影響を抑制し、すでに起きている変化への適応方法を模索する方向へと大きく移行している(注3)」

こうしてあなたはまず、科学的コンセンサスの存在を知る。だがここでふとした疑問が頭をよぎる。科学的コンセンサスとは一体何なのだろうか。そのようなものが存在するかどうか、誰がどのようにして決めるのだろうか。過去のコンセンサスの中で、のちに誤りだったことが判明したケースはないのだろうか。

科学的コンセンサスとは、その時代のある特定分野における、確かな情報と見識をもった科学者コミュニティーの総意のことだ。しかし、「総意」を決定するのは非常に難しい。科学は多数決ルールに則って進められるものではない。科学の原理に関する投票権というものはなく、ほとんどの科学者は、科学を投票で決定するというアイデアを一蹴するだろう。それに我々は、素晴らしく聡明な科学者でさえ、ときに間違うことを知っている。

何がコンセンサスかを確認する一つの方法は、そのテーマについて書かれた権威あるテキストや専門家報告書を調べることだ。たとえば、「外部性」という、気候変動の経済学の理解に欠かせない概念であれば、プリンストン大学の著名な経済学者ウィリアム・ボーモルとアラン・ブラインダーによって執筆され、現在第11版まで重版されているすぐれた入門テキストを参照するとよいかもしれない。実際、同書では、外部性を経済学の「10の偉大な概念」の一つとして挙げ、次のように記している。「経済的取引は、しばしばそれ以外の第三者にも影響を与える。……このような社会費用——これは費用を生み出す経済的取引の外部にいる者に影響を与えるので、外部性とよばれる——は市場メカニズムによるコントロールを受けない」(注4)(訳注＊ボーモルとブラインダーによる外部性の説明については、片岡晴雄ほか訳『エコノミックス入門　マクロ・ミクロの原理と政策』から引用)

ほかの経済学書でも、おそらく似たような定義が見つかるだろう。したがって、外部性という概念の採用——そして汚染という市場の失敗を理解する上でのこの概念の有用性——は、経済学における科学的コンセンサスの例である。どの外部性が重要か、外部性の解消に最も有効な政策は何か、有害廃棄物や地球温暖化のような外部性をどのくらい抑制すべきかといった点に関しては、経済学者の間でも意見が分かれるかもしれないし、実際に分かれている。それでも、主流派の経済学者たちが、外部性はでっちあげだと主張することはない。それと同じで、主流派の科学者は、気候変動を真っ赤な嘘だと言うことはない。

我々が、ある科学的問題に関する総意を決定したいと考えているとしよう。実際、それはどのようにおこなわれるのだろうか。多くの科学分野では、コンセンサスは専門家グループの報告書によって決定される。代表的な例として、アメリカ最高峰の学術機関である全米アカデミーズを見てみよう。この組織には、慎重に設計されたコンセンサスレポート作成のためのプロセスがある。全米アカデミーズでは、レポートの執筆に際していくつかの要素が強く求められる。外的圧力からの独立性、高度の専門知識、証拠への依存、客観性、アカデミーズのリーダー陣による承認、そして利益相反の開示である。(注5)

たとえば、連邦議会は刑事裁判における証拠の活用に関心をもった。近年、多くの人々が誤った目撃証言に基づいて死刑判決を受けていたことが、DNA鑑定によって明らかになっている。そこで議会は全米アカデミーズに対し、「犯罪事件の解決や死因の調査、国民の安全確保のために、科学捜査の技術や技法を最大限活用することへの提案をおこなう」ための報告書の作成を依頼した。

これを受けてアカデミーズは、そのテーマに関する研究と報告をおこなう専門家委員会を招集した。委員会は科学文献を吟味し、既存の知識を結集させ、報告書を作成した。こうして委員会メンバーのコンセンサスが形成された。それは外部の有識者による査読を経て、アカデミーズの理事会によって承認された。このときの報告書『Strengthening Forensic Science in the United States: A Path Forward』(アメリカにおける法科学の強化――今後の道のり)を読めば、専門家たちがどのような提案をおこなったのかを知ることができ

る。[注6]

全米アカデミーズの専門家報告書は、気候変動についてどのような結論を下しているのだろうか。ジョージ・W・ブッシュ大統領とその顧問団が2001年に就任した際、彼らは気候変動に対して懐疑的だった。そこで、全米アカデミーズに対し、「気候変動科学の中で確実性と不確実性が最も高い領域を特定するための支援」を要請した。委員会は、著名な気候科学者ラルフ・シセロン（のちに全米科学アカデミー会長に就任）を委員長に据え、明快で説得力にあふれた報告書を作成した。報告書は次の一文で始まっている。「人間活動の結果、温室効果ガスは地球の大気中に蓄積し、地上気温や海面下の水温の上昇を引き起こしている」。[注7]こうして報告書は、人為起源の地球温暖化には疑問の余地がないという結論を示した。

その10年後、全米アカデミーズは連邦議会から同様の質問を受け、新たなコンセンサスレポートを作成した。要旨の冒頭にはこう綴られていた。「化石燃料の燃焼による二酸化炭素の排出は、新たな時代をもたらしている。それは人間活動が地球の気候の変化を大きく左右する時代である。大気中の二酸化炭素は長寿命であるため、地球や将来世代をあらゆる影響の中に完全に閉じ込めることができる。そうした影響のいくつかは、非常に深刻なものになり得る」。[注8]レポートによると、今日気候に何が起こっているのか、その主な原因が何なのかは明白だという。

加えて我々は、気候変動科学の評価をおこなう権威ある国際機関、ＩＰＣＣによる、最新の報告書を参照することもできる。この報告書は、証拠を分析した上で、次のように結論づけている。「気候システムの温暖化には疑う余地がない。このことは、大気や海洋の世界平均温度の上昇、雪氷の広範囲にわたる融解、世界平均海面水位の上昇が観測されていることから今や明白である。……20世紀半ば以降に観測された世界平均気温の上昇のほとんどは、人為起源の温室効果ガスの観測された増加によってもたらされた可能性が非常に高い」[注9]（訳注＊気象庁翻訳『気候変動に関する政府間パネル　第4次評価報告書第1作業部会の報告――政策決定者向け要約』から引用）

さらにほかの例を列挙することもできるが、世界中の専門家委員会による基礎調査結果はどれも同じだ。すなわち、気候変動予測の基礎にあるプロセスは立証された科学であり、気候はかつてないほど急激に変化している。そして、地球は温暖化している。

地球温暖化に対する懐疑論

これまでの章では、気候変動に関する一般的な科学的見解を紹介してきた。そうした見解は、確立されながらも不確実性を抱え、謎も多い。すべての科学者や経済学者がすべての研究結果に異論がないわけではないが、それでもその大半は、ほかの専門家による査読を経た発表文献として揺るぎない地歩を占めている。だが、コンセンサスとは満場一致のことではない。今日の世界には、気候変動に関するコンセンサスは根拠に乏しく、温暖化対策には何の保証もないと異議を唱える、少数だが声高な科学者たちがいる。２０１２年には、ウォール・ストリート・ジャーナル紙に「16人の科学者たち」からの意見記事が掲載された[注10]。「地球温暖化にパニックしないで」[注11]と題されたこの記事が有用だったのは、簡潔な主張の中に一般的な批判の多くが盛り込まれていたからだ。

記事の基本的なメッセージは、「地球は温暖化していない」「モデルは間違っている」、そして「気候変動政策を50年先送りしたとしても、経済的、環境的に深刻な事態にはならない」というものだった。ここでは、彼らの主張の中から四つの点を、懐疑派の見解の典型例として考察していきたい[注12]。

懐疑派による最初の主張は、地球は温暖化していないというものだ。16人の科学者たちは、「おそらく何にも増して不都合な真実は、地球がもう10年以上も温暖化していないということだ」とした。

これに関しては、非常に狭い視野で判断してしまいがちなので、ほとんどの人は一歩引いて、実際の気温の観測記録を見てみるとよいだろう。世界平均気温の推移については図表4－3に示した。気温が上昇傾向にあること、そしてここ10年間の気温がその前の数十年を上回っていることは、難しい統計分析をおこなわなくても確認できる。(注13)

加えて、気候科学者たちは、人為起源の気候変動の証拠を探し出す上で、世界の平均地表温度よりもっと深い部分に目を向けている。そして、氷河や氷床の融解、海洋貯熱量、降水パターン、大気中の水蒸気量や河川流量の変化、海面上昇、成層圏の冷却化、北極海氷の縮小など、温暖化の主な原因が人間であることを示すいくつかの事象を発見している。世界の気温の移り変わりだけに着目する人々は、目撃情報のみに頼り、指紋、監視カメラ、ソーシャルメディア、DNA鑑定といったものを無視する捜査官のようなものだ。(注14)にもかかわらず、懐疑派の人々は、時代遅れのテクニックやデータに基づいた自らの主張を、いつまでも繰り返している。

懐疑派による二つめの主張は、気候モデルが温暖化の深刻さを誇張しているというものだ。16人の科学者たちは次のように綴っている。「もう10年以上も地球が温暖化していないという事実――実際には、国連の『気候変動に関する政府間パネル』（IPCC）が予測を公表し始めて以来、22年にわたって気温上昇が見通しを下回っているという事実――は、追加的二酸化炭素によってもたらされ得る気温上昇をコンピューターモデルが著しく過大評価している証拠にほかならない」

気候モデルの精度は何によって証明できるだろうか。モデルは過去の傾向を正しく予測するだろうか。統計学者たちは日々、この種の疑問と向き合っている。一般的な検証方法は実験をおこなうことだ。この実験では、モデル開発者たちは、二酸化炭素濃度やその他の気候要因の変化を気候モデルに入力し、それによって生じる気温を推定する（「温室効果ガスあり」）。次に、すべての変化は太陽や火山などの自然要因によるもので、人為的要因によるものはないという反事実的状況において、気温がどう変化するかを分析する（「温室効果ガスなし」）。その後、実際の気温上昇と、すべての要因が含まれたモデルの予測（温室効果ガスあり）、および自然要因のみが含まれたモデルの予測（温室効果ガスなし）という三つを比較する。

この実験は、気候モデルを用いて幾度となくおこなわれてきた。[注15] その結果、人為的要因が含まれた場合に限り、気候モデルによる予測は過去数十年間にわたって記録された気温の推移と一致することがわかった。各モデルの気温変化の乖離は1980年以降、特に顕著化する。自然要因のみを用いた予測は2010年までに現実の気温上昇を約1℃下回っているのに対し、人為的要因が含まれた予測は実際の気温をかなり正確に再現できる。

こうした結果を踏まえ、IPCCの報告書は「自然起源の強制力［すなわち自然由来の温暖化要因］だけを用いた気候モデルでは、20世紀後半に観測された世界平均昇温トレンドを再現できていない」と結論づけた[注16]（訳注＊［ ］内を除き、気象庁翻訳『気候変動に関する政府間パネル　第4次評価報告書第1作業部会の報告――政策決定者向け要約』から引用）。

懐疑派の主張の中で最も不可解なものの一つは、三つめの「事実、二酸化炭素は汚染物質ではない」という点である。これは何を意味しているのだろうか。おそらく、予想される濃度の範囲であれば、二酸化炭素そのものが人類やその他の生物にとって有害となることはないと言いたいのだろう。実際、高濃度の二酸化炭素は便益をもたらす可能性もある。

しかし、アメリカの法律や一般的な経済学でいう汚染物質とは、そのような意味ではない。たとえば大気浄化法では、大気汚染物質を「大気中に排出される、もしくは流れ込む、物理的、化学的、生物学的、放射性……物質および成分を含んだ大気汚染因子、あるいはそのような因子の結合体」と定義している。最高裁判所は、この問題をめぐる2007年の判決の中で次のような裁定を下した。「二酸化炭素、メタン、亜酸化窒素、ハイドロフルオロカーボンは、明らかに『大気中に排出される……物理的［かつ］化学的……物質』である。……温室効果ガスは、大気浄化法における『大気汚染物質』の包括的定義に十分該当する」(注17)

さらに、経済学でいう汚染物質とは、負の外部性のことだ。つまり、関係のない第三者に損害を与える、経済活動の副産物である。そこで問題となるのが、二酸化炭素やその他の温室効果ガスの排出が、今日と将来に正味の損害をもたらすか否かだ。この問いについては第12章で考察したが、念のため図表12－2で示されている結果をもう一度見てみよう。13の研究のうち、11で正味の損害が生じるという結果が示され、その額は気温上昇幅が1℃を超えると急激に上昇した。(注18) 二酸化炭素は経済活動の有害な副作用であることから、間違いなく汚染物質である。

最後のポイントとして、16人の科学者たちは、温暖化は利益をもたらし得ると主張している。その際、彼らは私の過去の論文を引用し、私の研究が、今後50年は気候変動政策が必要ないことを示していると述べた。「イェール大学の経済学者ウィリアム・ノードハウスがおこなった、さまざまな政策オプションに関する最近の研究によれば、便益費用比率を最高水準にまで引き上げるのは、温室効果ガス規制を課すことなく、今後50年以上にわたって経済を成長させる政策である。……そして、二酸化炭素の増加とそれに伴う中程度の温暖化は、最終的に地球にとって便益となる可能性が高い」

この懐疑派の主張が抱える一つめの問題は、経済分析における初歩的なミスだ。記事を書いた人々は、「便益費用比率」の概念を用いて自らの見解を裏づけている。しかし、費用便益や経営の経済学によると、これは投資や政策を選択する基準としては不適当だ。この場合、意思決定の基準として適切なのは純便益（つまり、費用と便益の比率ではなく差）である。(注19)

しかし、最大の問題は、16人の科学者たちによる経済分析の要約が間違っているという点だ。ほぼすべての経済モデル開発者たちによる研究と同様に、私の研究は、取り組みを50年先送りするよりも今すぐ行動を起こすほうが大きな純便益につながるという結果を示している。私は、行動を50年先送りにすることのコストを調べるため、ＤＩＣＥ—２０１２モデルを使って対策の延期がもたらす経済的影響を改めて計算した。その結果、損害額は６兆５０００億ドルにのぼることが明らかになった。対策の延期は経済的に高くつくだけでなく、ようやく行動を起こすとなったときに、その移行をはるかに高コストなものにしてしまう。

気候カジノにおける政策

懐疑派がしばしば口にするのは、我々は将来の気候変動とその影響に関して確信をもっていないため、さらなる情報収集を進める間はコストの高い対策をすべて先送りにすべきということだ。16人の科学者たちはそのリスクを過度に楽観視するあまり、気候変動を抑制する取り組みを50年遅らせるよう提案した。

先送りのリスクを理解するには、気候カジノのたとえ話に戻るとよい。人間は基本的に、二酸化炭素やその他の温室効果ガスを大気中に排出する際、ルーレットを回している。ボールは有益な黒のポケットに入ることもあれば、有害な赤のポケットに落ちることもある。さらには、危険をはらんだゼロやダブルゼロのポケットに入る可能性もある。

懐疑派の提案というのは、要するに、ほとんどのボールは有益な黒のポケットに入るはずなので、いかなる対策も50年先まで待つべきというものだ。実際のところ、懐疑派は不確実性のもつ意味をまったく逆に捉えている。賢明な政策とは、気候カジノのルーレットを回さずに済むよう、保険料を払うことだ。また、気候感度のように十分に認識されたものから、臨界点や生態系リスク、あるいは海洋酸性化といった、ゼロやダブルゼロの危険なポケットに関するものまで、すべての不確実性をモデルに組み込むことの難しさから、問題を50年放置した場合のコストに関する経済モデルの推定は、過小評価されている。

気候カジノの危険性から目をそらそうというのが、気候科学に懐疑的な人々のアドバイスだ。それに耳を貸すことは、非常に大きなリスクを伴うギャンブルである。

得られない確信

すべての不確実性を考慮したとき、気温上昇の原因が人間にあり、さらにこの傾向が今後も続くと言い切ることができるのかと、よく聞かれる。『ＩＰＣＣ第４次評価報告書』は、この問いに対して次のような答えを示している。「人為起源の温室効果ガスの増加が20世紀半ば以来の世界平均気温の観測された上昇の大部分を起こした可能性が非常に高い」[注20]（訳注＊気象庁翻訳『気候変動に関する政府間パネル　第４次評価報告書第１作業部会の報告——政策決定者向け要約』から引用）

懐疑派はこうした結論を非難し続けている。その主張の一つは、科学者たちが実は地球温暖化に１００％の確信をもっていないというものだ。それは彼らの言う通りである。だが、すぐれた科学者は、いかなる経験的事実に対しても100%の確信をもつことはない。これについては、アメリカの物理学者リチャード・ファインマンが、ユーモアを交えつつも非常に深みのある説明をした。

数年前、一般の方と空飛ぶ円盤について会話を交わしたことがありました。私は科学的な人間ですから、空飛ぶ円盤のことなら何でも知っているだろうというわけです！　私は言いました。「私は空飛ぶ円盤が存在するとは思っていません」。するとその方はこう言いました。「空飛ぶ円盤が存在することなど絶対にあり得ないと言うんですか。あり得ないということを証明できますか」「いいえ」。私は答えました。「あり得ないということを証明することはできません。ただ、可能性が非常に低いということです」。それに対し、彼は言いました。「あなたは何て非科学的な人でしょう。あり得ないということが証明できないなら、どうして可能性が非常に低いなんてことが言えるんですか」。しかし、科学的というのはそういうことなのです。可能性がより高いのは何か、より低いのは何かを指摘するにとどまることが科学的なのであり、あり得るかあり得ないかを絶えず証明することではないのです。

こちらの言わんとすることを明確にするために、彼にこう伝えればよかったかもしれません。「いいですか、私が言いたいのはこういうことです。自分を取り巻く世界について私がもちあわせている知識から判断すると、空飛ぶ円盤に関する数々の報告は、地球外知的生命体による未知の合理的試みから生じたというよりも、地球内知的生命体が有する既知の非合理的性質から生じた可能性のほうがはるかに高いと思います(注21)」

口論や議論から少し距離を置き、ここで二つのポイントを明示したい。一つめは、科学的コンセンサスが間違いである可能性はゼロではないという警告だ。多くの科学者は、あら探しをする懐疑派に辟易している。懐疑派は事あるごとに、気候変動の根底にある標準的な理論と矛盾するような動きを見せる、曖昧なデータや傾向を指弾する。彼らはおそらく、２０００〜２０１０年に見られたような気温上昇の一時的な停滞や、地上観測とは異なる衛星観測、あるいは二酸化炭素施肥によって農業が受けるかもしれない恩恵について示唆した研究を、列挙するだろう。

懐疑論よ、とにかく消えてなくなれ、と祈ってみたくもなる。しかし、科学の歴史は、誤った科学的コンセンサスを容認して明らかな矛盾点に目をつぶり、従来の学説にしがみつこうとする可能性に気をつけなければならないということを、我々に教えてくれている。したがって、懐疑論への正しい対処法は、彼らの主張をじっくりと検証し、それらが本当に標準的な理論を覆すものかどうかを見極めることだ。科学者や経済学者は、自らの考えの正当性を論じるのと同じくらいの熱意をもって、反対意見と向き合わなければならない。

また、ファインマンのエピソードに見ることができる二つめのポイントは、宇宙飛行の自然科学でも、経済学のような社会科学でも、科学がいかに公明に進められるかということの再認識である。世界が今後温暖化しない可能性はゼロではない。我々には、地球温暖化論が１００％正しいと断言することは絶対にできない。

むしろ、こう説明したほうがよいだろう。「基礎科学、世界中の多くの気候モデル、仮説や根拠の検証をおこなう非常に競争の激しい科学界、そして裏づけとなる証拠の積み重ねから判断すると、地球温暖化論が正しい可能性は非常に高い。我々は95％の確信しかもてないかもしれない。だが、それが１００％になるまで待つことはできない。なぜなら、経験科学の世界では、絶対的な確信に達することは絶対にないからだ。それに、100%の確証を得てからこの問題を食い止めようとしても、そのときはもう手遅れである」

第25章 気候変動をめぐる世論

民主主義社会では、効果的かつ持続的な気候変動政策は、最終的に国民の支持に基づいていなくてはならない。気候変動の科学的根拠が時代とともに揺るぎないものになっていく一方で、アメリカの気候科学者と世論の間には大きな隔たりが生じ、しかもそれは徐々に広がっている。気候変動に対する一般の見解とは、どのようなものだろうか。国民の理解に生じた溝は、なぜ拡大しているのだろうか。本章ではこうした疑問について探っていく。

科学と気候変動に対する人々の意識

気候変動をめぐる世論の分析を始める前に、まずは一歩引いて、科学に関する人々の意識に目を向けたい。気候変動は科学の一分野だ。物議を醸しているものも、そうでないものも含め、人々がほかの科学分野についてどのような認識をもっているかを知っておくことは有益だろう。

アメリカ国立科学財団では、ここ数年間、科学リテラシーインデックス (indexes of scientific literacy)

と呼ばれる、主要な科学的概念に関する人々の理解度を把握するための調査を支援している。図表25－1は、六つの重要な科学的問題に「正しく」回答した人の割合を示している（「正しい」という言葉を用いることには抵抗を感じる。こうした問題は「現代の諸問題を読み解く上で知的基盤となる基礎的概念」とされている。我々は、認識論に関する難解な議論を交わすことなく、命題はほぼ間違いなく「真」であると言うかもしれない。しかし、第24章のファインマンのエピソードが改めて教えてくれた通り、そこで述べられていることが間違いである可能性は、非常に低いとはいえゼロではない）。[注1][注2]

地動説的視点や放射能の起源、大陸移動の歴史など、一部の概念は、人々の間で広く認知されている。しかし、進化の概念についてはは多くのアメリカ国民が受け入れていない。ビッグバン理論に至っては、この25年ほどでむしろ社会における地歩を失っている。他方で、ウイルスへの抗生物質の有効性に関する理解は、急激に向上している。科学が個人の福利に影響を及ぼすとき、人は、自分の主治医に対してするように、科学者の言葉に耳を傾けるのだろう。

それでは、地球温暖化に対する人々の意識について見ていきたい。アメリカでは、このテーマに関する調査を1997年から実施している。ここではさまざまな調査機関がおこなった主な意識調査を集め、その中から、数年にわたって同じ質問を繰り返した八つのパネル調査を選び出した。うち五つはギャラップ社、二つはピュー研究所、一つはハリス社によるものだ。たとえばピュー調査の一つでは、「あなたが読んだり聞いたりする限り、地球の平均気温がこの数十年間で上昇しているという確かな根拠はありますか、ありませんか」という質問が投げかけられた。本書ではそれらの調査をリンクさせ、一つの複合調査を作成した。図25－2は、67の個別調査結果と複合調査結果を示している。[注3]

この調査データは、ほかの科学的概念の理解度に関する結果には見られない、ある興味深いパターンを示

図表25－1　主な科学的概念に関する人々の理解度

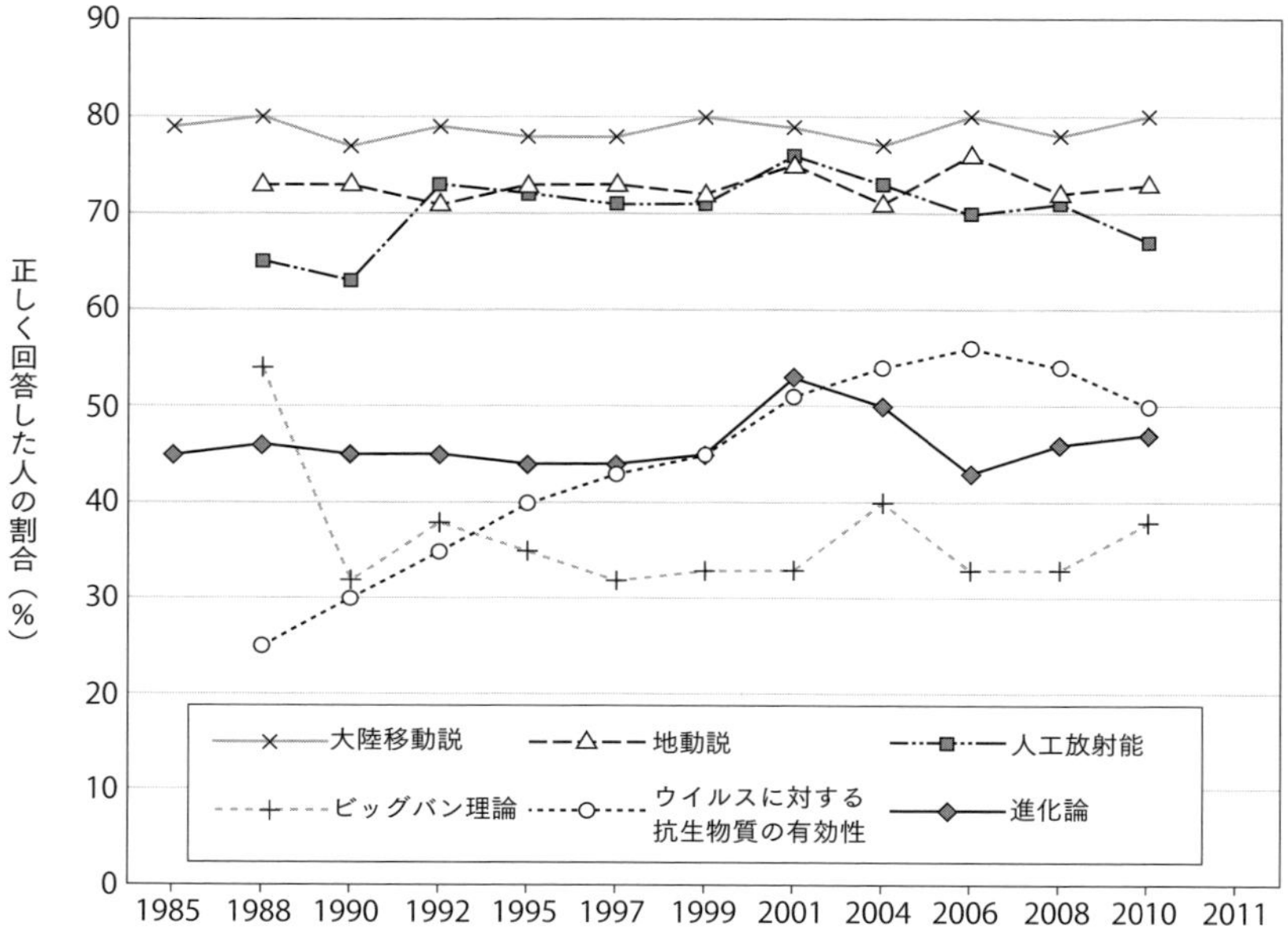

大陸移動説や地動説的視点については一般に受け入れられている一方で、宇宙の起源に関するビッグバン理論や進化論について正しく理解しているアメリカ国民は、半分にも満たない。

図表25-2　気候変動は実際に起きていると答えた人の割合

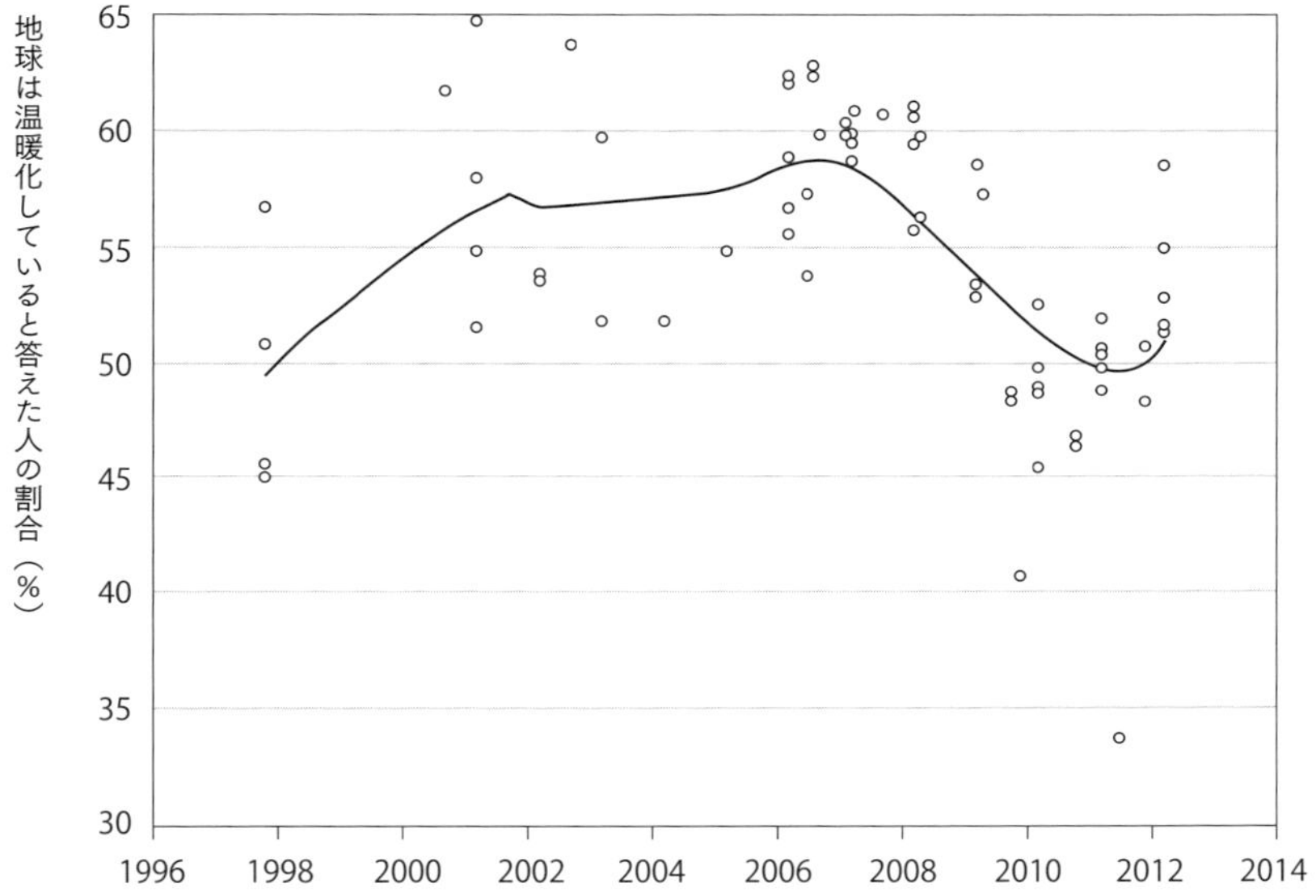

このグラフは、地球温暖化に対するアメリカ国民の意識についてのデータを統合したものだ。調査によって聞き方は異なるが、一般的には「地球は温暖化していると思いますか」というものである。点は個別調査結果を、実線は統計的適合度を示している。

している。気候科学に対するアメリカ国民の理解と受容性は、1990年代後半から2000年代半ばにかけて著しく上昇した。しかし、それは2006年以降急降下している。複合調査を見ても、受容性は、ピークだった2007年の58%から、2010年には50%未満に落ち込んでいる。

しかし科学者たちは、「基礎科学に対する人々の受容性は、過去2年間で回復の兆しを見せている」と喜んで言い添えるだろう。2011年前半から繰り返されている10の調査を見ると、そのすべてにおいて、「地球は温暖化している」あるいは「地球温暖化に懸念を抱いている」と答えた人の割合は増加している。

注目してほしいのは、地球温暖化に関するこうした傾向とは対照的に、その背景にある全般的な科学リテラシーについては、ほとんど変化が見られないということだ。図表25－1に例示された調査において1992年以降尋ねられている11の質問を見ると、その平均正解率はほぼ横ばいである。(注4)

誤解を理解する

教師たちは日々、教室の中で、誤解と向き合わねばならない。入学したての学生の多くは、失業率がどのように算出されるのか、連邦準備銀行がどのような機能を果たしているのかを知らない。だが、彼らには柔らかな頭がある。テキストを読み、授業に参加し、私に質問をぶつける。一学期間の勉強が終わるころには、彼らは失業率や連邦準備銀行だけでなく、さまざまな問題について答えられるようになっている。

私が試験問題を採点する中で、ある学生が連邦準備銀行の機能を誤解しているとわかると、私はその原因を明らかにしたいと思う。それと同様に、我々は、なぜ人々が事実と異なる科学観をもつのかを理解する必要がある。進化論に関する人々の見解の決定要因については、詳しい研究が進められている。「国際社会調査プログラム」(International Social Survey Program) と呼ばれる大規模な国際比較調査では、30カ国の回答者に対し、人類は「原始的な動物から進化した」かどうかを尋ねる質問をした。その結果、「人類は原始的な動物から進化したのではない」と回答した人の割合はアメリカで最も高く (54%)、次いでフィリピン、ポーランド、ラトビアという順だった。一方、進化論を否定する人の割合が最も低かったのは、日本だった(10%)。

何が人々の科学観を決定するかを調べる研究では、さまざまな要因が指摘されている。(注5) 価値観に抵触しないほとんどの項目では、人々が正しい認識をもつかどうかの重大な決定要因は教育だった。進化論に関しては、宗教が極めて大きな影響力をもっていた。進化論は正しいと答えた人の割合は、強い宗教観をもったグループ (聖書は神の言葉を文字にしたものであると考える人々) では29%、聖書は寓話から成る古い書物であると答えた人では79%だった。

政治観は科学観と関係があるときもあればないときもある。進化論に関する考え方には、明らかな関連性が見られる。リベラル派の68%が「人類は原始的な動物から進化した」と答えたのに対し、保守派は33%だった。しかし、科学に関するほかの多くの質問では、政治観による違いは見られなかった。保守派は占星術や抗生物質に関する質問でわずかに高い正解率を示す傾向があり、リベラル派は放射能や化学に関する質問の正解率で保守派をやや上回る程度だ。(注6) こうした研究からわかるのは、深く根ざした信念 (たとえば宗教観や政治観) と科学がぶつかる場合、高等教育を受けた人でさえ、しばしば科学ではなく信念を優先するということだ。

地球温暖化に関する人々の意識の決定要因については、今のところ限られた研究しか存在しない。しかし、今ある調査を見れば、基本的な結論を導き出すことはできる。1997年の段階では、地球温暖化への見解に関する支持政党間の違いは、基本的に存在しなかった。ところがそれ以降、温暖化問題をめぐる支持政党間の大きな隔たりが見られるようになっている。２０１０年に実施されたピュー調査において「地球は温暖化している」と答えた人の割合は、リベラル派の民主党支持者を自認する人で89％だったのに対し、保守派の共和党支持者ではたった33％だった。

もう一つの興味深い点は、科学者たちの見解に関する人々の考えだ。民主党支持者のうち、「大半の科学者は、地球が主に人間活動によって温暖化していると認めている」と考える人は59％にのぼる。その一方で、ティーパーティー派の共和党支持者では、科学者たちが地球温暖化を認めていると考える人はたった19％だ。(注7) 人々の目には、科学者たちは対立し、科学的見解の相違は拡大していると映っているようだが、現実には、気候変動の基礎科学に関する科学者間のコンセンサスは高まりつつある。

教育があれば正しい科学観が形成されるのではと思うかもしれない。だが実際には、教育レベルによる目立った違いは存在しない。地球が温暖化しているという確かな根拠があると答えた人の割合は、高卒以下の人で61％、大卒以上の人で60％である。このケースでは、イデオロギーが教育に勝っている。(注8)

図表25－2に示された、気候変動に対する人々の認識と科学的見解の間で広がりつつある溝は、早急に積極的措置を講じるべきと考える人々にとって、大きな懸念材料となっている。高い教育を受けた人のほうが、大学に行かなかった人よりも科学に関する理解が低いということが、どうしたら起きるのだろうか。主流の気候科学に対する人々の受容性が急激に低下した背景には、一体何があるのだろうか。

この不可解な傾向を理解するために、世論形成に関する研究に目を向けたい。第一に、調査研究者たちが指摘するのは、大半の人は公共問題に関して非常に限られた知識しかもっていないということだ。ある調査によれば、最高裁判所のメンバーの名前を5人以上挙げられたアメリカ国民は、2％にも満たなかった。多くの人々が抱えるさまざまな問題を考慮すると、理にかなってはいるものの、残念な結果と言える。人々は、あらゆる物事に対する自らの大まかなスタンスに関しては明確に理解している(「政府は支出を削減する必要があると思う」「情勢は望ましい方向に進んでいない」など)。しかし、多くの政治的、経済的、科学的問題の細かいことについては、たいていの場合、漠然とした意識しかもっていない。そして、地球温暖化の科学もそうした細かいことの一つであるらしい。

研究者たちによる二つめの発見はある意味、この一つめの発見に由来しているのだが、それは、人々はある問題に対して自分の意見を形成する際、自らが信奉する集団のエリートたちの見解を聞き、採用する傾向があるということだ。今日では、ほとんどの人がインターネットやテレビから情報を入手しており、新聞に頼る人は比較的少ない。人々は、どのサイトにアクセスするか、どのトーク番組を視聴するかによって、政治問題に関してまったく異なる見解を得る。

人々がエリートの意見に依存することは驚きではない。何といっても、彼らは一つひとつの問題を徹底的に研究することができない。彼らには、政府の役割や社会政策に精通したエキスパートがいる。その人たちのことを信頼しているとすれば、環境や外交政策についても彼らの見解を採用する可能性は高い。人々がこれらの問題について月10分程度しか考えず、化石燃料が化石化した恐竜の死骸であると信じているような場合にはなおさらだ。(注9)

カリフォルニア大学の政治学者ジョン・ゼラーの著書で紹介されているものをはじめ、世論に関する現代理論は、たった今指摘した点について述べた上で、こうした制約を前提としたときの人々の意見を形成する仕組みについて提言している。(注10)多くの人はたいていの専門的な問題について、ほとんど何の知識ももたない状態からスタートする。彼らが認識し、関心をもっている事柄を連想させるような質問のしかたをすれば、それが人々の回答をつくり上げるというのである。

たとえば、地球温暖化に関する世論調査の質問の一つに、「地球温暖化についてどのくらい心配していますか」というものがある。吹雪の直後、1時間かけて雪に埋もれた愛車を掘り出してきたところに、この問いを投げかけられたとしよう。吹雪のことを思い出し、むしろビーチでのんびりすることを夢見ていたとすれば、その答えは「まったく心配していない」になるかもしれない。

一方で、ハリケーン「サンディ」が北東部沿岸の要所を破壊し、一部の科学者がハリケーンと地球温暖化の因果関係について論じているとしよう。その年は、記録的な数のハリケーンが襲来したとする。そのような中で、地球温暖化に対する意識を尋ねる二度めの調査がおこなわれる。地球温暖化が心配かと質問された人々の頭には、風が唸り声をあげている様子が思い浮かぶ。暴風雨を思い出すことで、地球温暖化に対する懸念は膨らんでいく。

しかし、この議論には何かが欠けている。なぜ世論は、この10年ほどの間に地球温暖化に対してより懐疑的になったのだろうか。支持政党間に生じた深い溝の原因は、一体何だろうか。最も納得がいく説明は、現代アメリカ政治の変化だ。アメリカの二大政党はこの30年ほどの間に、租税政策、中絶、規制政策、環境政策など多くの分野で、次第に独自のイデオロギーを発展させてきた。

地球温暖化の重要性が増すにつれ、この問題は、「政治的企業家」（大衆に喜ばれる政策を打ち出すことで、支持や名声など自らの政治的利益につなげる人）たちの注目を集めるようになった。アメリカで最も代表的な政治的企業家は、民主党上院議員と副大統領を務め、大統領候補にもなったアルバート・ゴア・ジュニアだ。彼は地球温暖化を現代の最重要課題と捉え、今日世界が辿っている道のりの危険性について訴えた。そして、エネルギーへの課税やキャップ・アンド・トレード制度、さらには炭素税による排出削減策を提案し、京都議定書の交渉に自ら参加した。こうして科学的問題としての気候変動に、政治的アジェンダとしての地球温暖化が加わった。

ほかの民主党議員たちも、気候変動科学と強力な二酸化炭素排出削減策の両方を、一体となって支持した。ビル・クリントン大統領は地球温暖化に警鐘を鳴らし、１９９７年に京都議定書に署名したものの、規定の履行や議定書批准のための法案を議会に送るには至らなかった。しかし、２００９年になると、バラク・オバマ大統領が自身の党に所属するほぼすべての議員の支持を得て、強力なキャップ・アンド・トレード法案に署名した。

これとほぼ時を同じくして、共和党は反対方向に舵を切った。アメリカ保守主義が地球温暖化政策に反対の立場をとった理由の一つには、あらゆる分野の政府規制を警戒する、自由市場主義の高まりがあった。また、地球温暖化に対する懐疑的な見解は、環境保全のためのコストや制約を減らすことに強い経済的関心をもつ、主要な経済団体や個人からのキャンペーン支援によっても強化された。

政党間の対立を鮮明にしたのが、オバマ政権によるキャップ・アンド・トレード法案の発議だった。この法案は２００９年に、共和党からの賛成票を8票しか得ずに下院を通過した。主な共和党議員たちの２０１０年と２０１２年の主張を見ると、彼らはほぼ例外なく、気候変動の科学や経済学を否定している。こうして２０１１〜２０１２年までに、地球温暖化政策をめぐる二大政党間の分裂は決定的なものとなった。政策への反対意見は、（第24章で見てきた通り）舞台袖で待ち構える少数の懐疑派の科学者による基礎科学への反論によって、都合よく裏づけられた。

環境問題をめぐる政治的隔たりの拡大は、図表25－3で見ることができる。これは、資源保全有権者連盟（League of Conservation Voters）が発行する「環境スコア表」に基づいて二党のスタンスを追跡したものだ。

図表25-3　アメリカ連邦議会における環境政策をめぐる政党間の隔たり

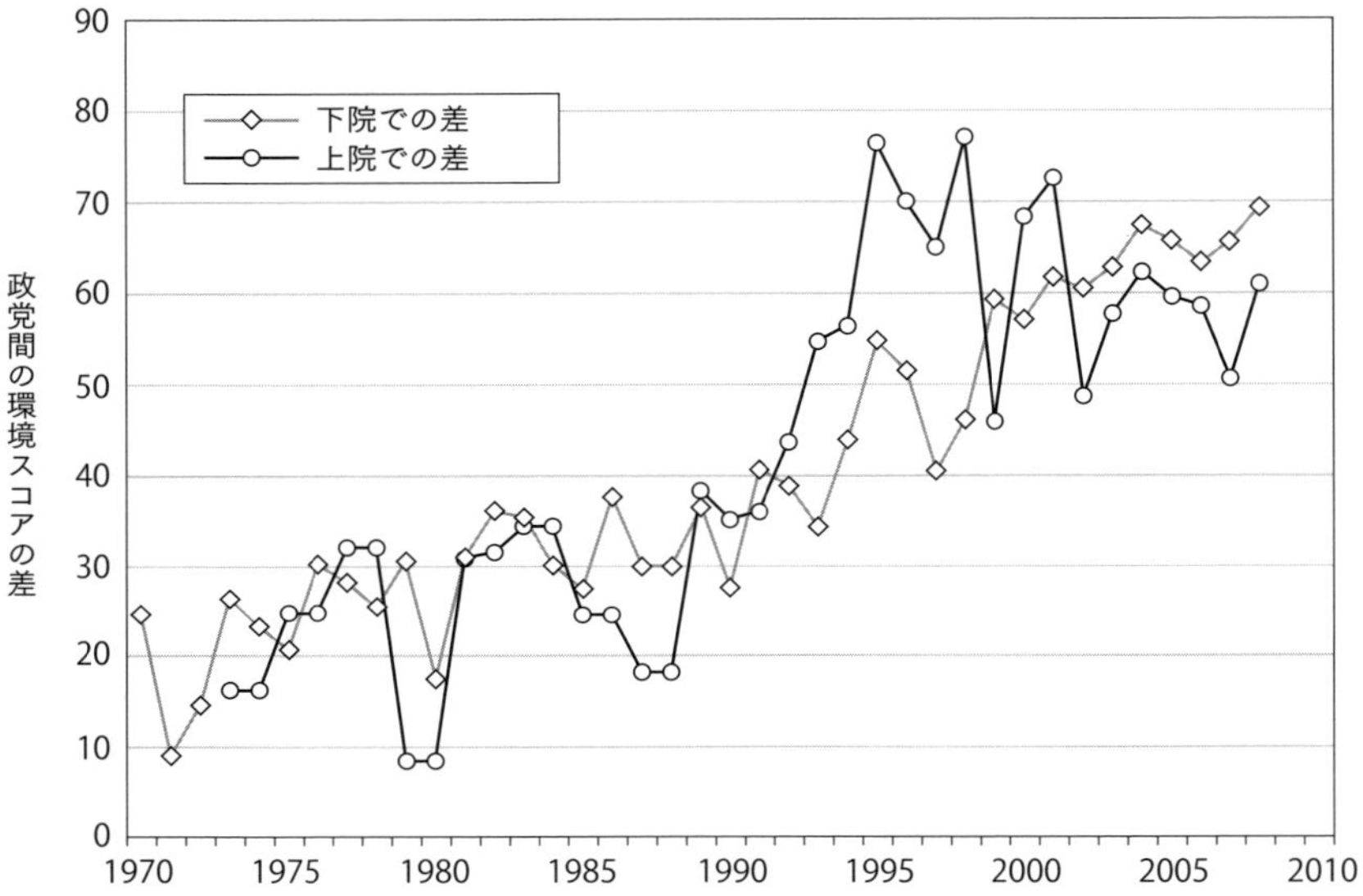

グラフは、過去40年間における、下院および上院の民主党議員と共和党議員の環境スコアの差を示している。かつて二党の見解にはかなりの共通点が見られたが、近年では次第に隔たりを増している。

資源保全有権者連盟は各連邦議会議員を、彼らの環境関連重要法案への投票状況をもとに、0～100ポイントで評価している。政党間の隔たりは、地球温暖化が政治問題として扱われ始めた1988年と、クリントン政権によって京都議定書の交渉が進められた1997年の間に、最も大きくなっている。下院での民主党と共和党の「環境スコア」の差は、1970年代前半の20ポイントから、2000年代後半には60～70ポイントにまで拡大した。(注11)

その結果、政治的エリートからのメッセージにも、次第に違いが見られるようになった。国民の中でも強固な保守派は「地球温暖化は間違った科学であり政治である」というメッセージを、リベラル派はそれと正反対のメッセージを、それぞれのリーダーから受け取った。その影響が、図25－2で見た、懐疑的意見への世論の急激なシフトだ。これは極めて短期間に起きた驚くべき世論転換である。

これには、世論に関する標準理論がはっきりと表れている。保守派のエリートたちが温暖化政策反対の方向に動き、科学的コンセンサスに水を差す手助けをする懐疑派の科学者たちを歓迎した。やや遅れて、保守派の国民がエリートの意見に追従した。ティーパーティー派の共和党支持者のように、非常に積極的に政治に関わる人々の振れ幅は、そうでない保守派層よりも大きかった。また、保守派の中でも最も高学歴の人々は、懐疑的意見に向かって特に大きく動いた。これは、そうした人々ほど問題に大きな関心を払い、なぜ地球温暖化論が「実際の状況」に合致しないかを理解できたからであり、予想通りの結果と言える。

気候変動は、政治リーダーたちが世論を牽引してきた分野だ。この40年間で二党が意見を異にするにつれ、世論はやや時間を置いてそれに従った。2013年までに、気候変動に関する世論は、学校や環境科学者から学んだことよりも、主に政治イデオロギーを反映するものとなった。

この考察は、科学的見解と世論の間の大きな隔たりがいかにして生まれるかに関する、目の覚めるような裏づけだ。経済的勢力と政治的勢力が一体となって主流の科学を阻害するとき、この隔たりはさらに拡大し、巨大な亀裂となる。地球温暖化のケースは、自然現象を解明しようという試みが人間の非合理性によって妨害される、さまざまな歴史的事例の一つだ。

気候政策をめぐる政党間の溝を埋める――保守派の視点

本章の前半では、気候変動がアメリカ国内で大きな政治的分裂を生んでいるという例を見てきた。一方のグループは、気候変動の抑制に向けた取り組みを、資本主義に反発し自由市場を破綻させようと企む人々によって支持されているリベラル運動だと考えている。もう一方のグループは、地球温暖化に懐疑的な人々のことを、多くの貴重な自然システムに降りかかる危険に無関心だと思っている。このように、気候変動は近年、共和党と民主党が火花を散らす問題になっている。だが、人々が大きな利害と有望な解決策について考えることで、こうした政党間の溝を埋めることは可能だと、私は信じている。

この節では、問題を別の視点から考察していきたい。私が保守派の自由至上主義者で、小さな政府を支持しているとしよう。とはいっても、大手石油会社を擁護するつもりはなく、誰であろうと他者の犠牲の上に地球を破壊することは許されないと考えている。私が望むのは、効率的で公正で、個人の自由が最大化される政治経済システムだ。さらに私は、自分の子どもや孫たちによりよい世界を残すことを切望している。こうした環境に対する価値観がイデオロギーの垣根を越えるということは、保守派のアメリカ大統領ロナルド・レーガンによる次の発言からもわかる。「この数十年で我々が何らかの教訓を得たとすれば、おそらく最も重要なものは、環境保護が党にとっての課題ではなく、人間共通の意向であるということだ。我々の身体的健康、社会的幸福、経済的繁栄を持続させる方法はただ一つ。我々一人ひとりが思慮深く有能な天然資源の管理人として、一致団結して行動することである」(注12)

そこで、保守派の帽子をかぶった私は地球温暖化問題について考える。私は何をすればよいのだろうか。まず科学的研究にじっくりと目を通すだろう。第24章で提示したような、気候変動懐疑派の主張を検証し、地元の大学で地球科学を教える人物を見つけ出すだろう。そして柔らかな頭で科学について学んだ末、気候変動科学を支える根拠には説得力があり、懐疑派の主張は(寛大な言い方をしても)裏づけが非常に弱いと判断するだろう。気候変動科学が多くの「たら」「れば」「ただし」を含んでいることは間違いない。しかし、世界中の大勢の科学者が巨大な捏造を企んでいるという考えは、不合理としか思えない。

次に私は、影響について書かれた文献を調べるだろう。そこでおこなわれているのは急激な変化を遂げた将来の社会に関する不確実な気候予測であるため、先ほどに比べると根拠ははるかに曖昧だ。それでも私は、予測結果を見てとても不安になる。もしかしたら私は海辺に立派な家をもっており、それが押し流されることを示唆する文章を読むかもしれない。あるいは大のスキー好きで、スキーシーズンが徐々に短くなっていることを知るかもしれない。何百万もの人々が移住を余儀なくされるという文を読み、自分の国に、州に、街にそうした人々が流れ込んでくるのだろうかと考えるかもしれない。子や孫たちと訪れてみたいと考えている世界の美しい自然の多くが、人間の手で破壊されていることを懸念するかもしれない。こうして私は、世界はすでに多くの課題を抱えており、そこに新たな大問題が加わることは好ましくないという結論に至る。

最後に私は、政策決定者に目を向けるだろう。そして多くの活動家たちが、二酸化炭素排出枠の割り当てを設定し、「しかるべき」グループに無償で配分する、キャップ・アンド・トレード制度を支持していることを知る。排出枠の割当先は企業かもしれなければ、環境団体かもしれない。一部はガバナンスの弱い貧困国に行く可能性もある。また、私は活動家たちが、自動車や発電所、電化製品、電球への規制を提案していると知る。いつも観ている保守系トーク番組の一つで、司会者たちがこれを「電球社会主義」と糾弾しているのを聞き、おもしろいしその通りだと感じた。保守派の私は、キャップ・アンド・トレードに関連した過度の規制や、金銭的価値を伴う排出権の政治的な割り当てというものが、どうも好きになれない。

それでは、市場に解決してもらうというのはどうだろうか。だが私はすぐさま、自由市場式解決策は明らかに頼りにできないことに気づく。自由市場式解決策は、炭素価格をゼロに設定する。これは、ほかの人や国、あるいは将来世代が被る二酸化炭素排出の外部費用を無視しているということであり、誤った対処法だ。そこで私は、地球温暖化を抑制するには、政府が何らかのかたちで市場介入する必要があると認識する。

私はこの点に関して経済学者の意見を聞こうと考える。経済学者の多くは、炭素税と呼ばれる制度を支持している。炭素税とは、二酸化炭素やその他の温室効果ガスの排出に対する税金だ。ピグー税、つまり負の外部性に課される税である。この制度は、排出による社会的費用をカバーするために、二酸化炭素の価格を引き上げるという目的を達成する。素晴らしいアプローチではないか。

ここで、保守派の経済学者たちはどう考えているのかという疑問が頭をよぎる。そこで、マーティン・フェルドシュタイン（ロナルド・レーガン大統領の経済諮問委員長）、マイケル・ボスキン（ジョージ・H・W・ブッシュ大統領の経済諮問委員長）、グレゴリー・マンキュー（ジョージ・W・ブッシュ大統領の経済諮問委員長）、ケヴィン・ハセット（アメリカンエンタープライズ研究所）、アーサー・ラッファー（ラッファー曲線で有名）、ジョージ・シュルツ（レーガン政権時の経済学者兼外交官）、ゲーリー・ベッカー（シカゴ学派のノーベル賞経済学者）による著書を開いてみた。すると、全員が異口同音に、地球温暖化に対する最も効果的なアプローチとして炭素税を支持している。[注13]

しかしこの問題について何人かの保守派の友人と議論する中で、私は彼らが炭素税に消極的であることを知る。彼らは、そのような政策は成長を抑制する「増税路線」的経済哲学の忌むべき一例でしかないと強く主張する。1人はウォール・ストリート・ジャーナル紙でこう論じている。「課税は、資本形成を生産的な市場の活用から誤った方向へと導くインセンティブを、人為的につくり出してしまう」(注14)

よく考えてみると、この主張は炭素税の経済的論拠を根本的に誤解している。化石燃料を燃やす人々は経済的支援の恩恵にあずかっている。地球的共有物という名の食事を楽しんでおきながら、自分たちが食べたものの代金を支払っていないのと同じだ。炭素価格の引き上げは、炭素燃料の使用に対する経済的支援を潜在的に調整することにもなるため、経済効率性を損なうどころか向上させる。ヨーロッパ諸国では、エネルギー税の徴収が、労働のような価値ある活動に対する税金の軽減や、二酸化炭素排出量の削減、そして経済全体のパフォーマンスの改善につながっている。その上、炭素税は、労働や貯蓄へのインセンティブに悪影響を及ぼすことなく、政府債務の削減に貢献してくれる。

さらに私は、ほかの分野における政府の政策についても考える。私は、政府が自国の石油や領土を無償で配分しようとすることに賛成するだろうか。政府による保証を受けた銀行が過度なリスクを冒し、融資が焦げついたら納税者に救済してもらおうとすることに賛成するだろうか。保守派の私はこれらの質問に「ノー」と答える。そして、企業が何のコストを負うこともなく、大気中に二酸化炭素を排出するのを許すことも、やはり金銭的価値を伴う経済的支援だということに気がつく。それは「他者に損害を与える権利」だ。公有地の石油や天然ガスを採掘する権利を入札によって売却するのと同じように、あるいは「大きすぎてつぶせない」と言われる銀行の特権に終止符を打つのと同じように、我々は各企業に温室効果ガスの排出量に応じた税金を課すべきである。

「保守派」の経済団体の多くが、自分たちの活動に何らかの制限が課されるのを嫌うということは、私も承知している。特に環境に関連したものは、彼らの反発を呼ぶ。しかし私には、彼らが本当に気にしているのは自分たちの利益であり、公益ではないこともわかっている。

この美しい星を守ることに関心をもちつつも、適切に調整された経済的インセンティブと、国民生活や企業による意思決定への最小限の政府介入を通じて、それを実現したいと願う真の保守派にとって、炭素税は理想的な政策であるというのが私の結論だ。炭素税ならば、負担の重い規制や制約を設けることなく、実施が可能だ。将来のエネルギー技術の中から勝ち馬を予想したり、この社会の隅々にまで規制を敷いたりせず、保守的なアプローチで地球温暖化を効果的に抑制することができる。

第26章 気候変動政策にとっての障害

気候変動の科学と経済学は明快だ。強力な対策が講じられない限り、地球は温暖化を続ける。その結果、自然界や、人間システムの脆弱な部分にもたらされる損害は次第に深刻さを増す。気候変動政策は政治的には複雑だが、経済学的には単純だ。すなわち、二酸化炭素やその他の温室効果ガスの価格を引き上げ、それを国家間で協調させることだ。

効果的な政策の実施という点において、我々はどの程度前進しただろうか。炭素価格を基準に評価するならば、ごくごくわずかだ。本書では、気候変動を2・5℃に制限するには、二酸化炭素1トン当たりの価格を25ドルに設定する必要があると提言した。今日、世界レベルでの実際の炭素価格は、それに遠く及ばないおよそ1ドル／トンだ。(注1) 国際社会は温暖化の抑制に向けて、極めて小さな前進しかしていないのが現実だ。

なぜ取り組みは遅々として進まないのか。カリフォルニア大学サンディエゴ校の先駆的な政治学者デーヴィッド・ヴィクターは、地球温暖化政策が、「政治」「経済」「近視眼的思考」「ナショナリズム」という、政策の大きな前進を阻む要素の相互作用によって、身動きが取れなくなっていると記している。(注2) この最後の章では、合理的な地球温暖化政策への道のりに立ちはだかる障害のいくつかについて考察する。

ナショナリストのジレンマ

一つめの障害は、経済的ナショナリズムから生じるものだ。排出削減費用が国家の負担であるのに対し、気候変動を抑制することで生じる便益は世界中に広く分散されるため、政府はジレンマに直面する。一国の費用負担が他国の便益につながるこの構造は、ただ乗りへの強いインセンティブを生む。政府は自国の無策と、国際社会による二酸化炭素の排出削減に向けた取り組みの両方から、利益を得ることになる。

これはかの有名な「囚人のジレンマ」だ。ここでは「ナショナリストのジレンマ」と呼んだほうが適切かもしれない。それぞれの国が、他国の政策を所与のものとして、自国の利益を最大化させる戦略を選択する場合、結果として生じる削減量は、それぞれの国が世界全体の利益に配慮したときよりもずっと少なくなるのである。

この理論は、国際的な地球温暖化政策にとって非常に重要な要素であるため、詳しく説明しておきたい。仮に五つのそっくりな国があり、二酸化炭素1トンの追加的な排出で、それぞれの国に5ドル相当の損害がもたらされるとする。自国の合理性のみを追求した計算に基づくと、各国は、排出削減費用が5ドル／トンになるまで国内の排出量を削減する。すべての国がこの理論に従った場合、結果はゲーム理論でいう「非協力均衡」だ。この均衡での全体の削減レベルは、それぞれの国の排出削減費用が5ドル／トンとなる水準である。

しかしグローバルな観点から見ると、この削減量は少なすぎる。A国による1トンの排出は同国に5ドルの損害をもたらすが、それはほかの4カ国にも同額の損害を与える。したがって、地球規模での損害額は、

5ドル／トンではなく、25ドル／トンだ。つまり、世界全体では少なすぎる量の二酸化炭素しか削減していないということになる。二酸化炭素を追加的に1トン削減するための費用はたった5ドルだが、総便益は25ドルにのぼる。

いくつかの実証研究では、ナショナリストのジレンマがいかに地球温暖化政策の有効性を損ねるかについて調査している。それらの研究を総合的に見ると、気候変動への合理主義的でナショナリスト的な行動は、世界全体の利益に配慮した国家政策に比べて削減レベルを大幅に低下させる。これを具体的に証明するために、地域版DICEモデルを使って、2020年における世界的な最適炭素価格を計算したところ、それぞれの国が自国の利益のみを考慮した場合、非協力的な世界平均炭素価格は世界最適価格のおよそ10分の1となることがわかった。

ナショナリストのジレンマは、協定の履行にも影響を及ぼす。国々は、協定への参加や最低限の政策実施を拒否することによるただ乗りへの強いインセンティブに加え、強力な気候変動協定に加わった場合にも、不正したいというインセンティブをもっている。排出量をごまかしたり、削減量を実際よりも多く申告したりすれば、他国の経済厚生は低下するが、自国の厚生は上昇する。仮にB国が、限界費用が25ドル／トンとなる水準まで排出量を削減することに合意したとしよう。これは世界的には好ましい結果だが、B国から見れば正味の費用は20ドル／トンだ。したがってB国には、自国の削減量を実際より多く申告した上で、約束を守っているふりをしたいという、強いインセンティブが働くのである。(注3)

ナショナリストのジレンマは地球温暖化政策の本質的な問題ではあるが、宿命的なものではない。一部の国々は、地球規模の外部性を解消するための政策に対する過小投資傾向を是正するため、協力協定を締結している。オゾン層破壊化学物質を段階的に廃止することを定めた協定は、ただ乗り風潮を克服した一つの例だ。ジレンマへの対処法は、ただ乗りしようという風潮を打ち消すべく、不参加国に対するペナルティーを設けることである。考え得るアプローチの一つについては、第21章で紹介した。貿易制裁を伴う気候変動協定によって、ナショナリストのジレンマを克服するというものだ。

世代を超えたトレードオフ

ナショナリストのジレンマは、二つめの要因によって増幅される。それは、排出削減から生じる収益がもつ、時間差という性質だ。気候変動政策は、遠い未来の損害を軽減するために、短期的にコストの高い排出削減を必要とする。第Ⅳ部で論じた大まかな推定によれば、削減による便益が発生するのは取り組みからおよそ半世紀後だ。

図表26－1は、コペンハーゲン合意で提案された排出規制に基づいた、世代間のトレードオフを表したものである。(注4)三つの国別グループおよび世界全体の、前期と後期の純便益が示されている。ここでの純便益は、損害額と排出削減費用の二つを含んだ費用の負の値であり、市場金利を使って2010年まで割り引かれている。具体的な協定がなかったため、これらの数値はあくまで例ではあるが、結果はほかの政策に関して算定されたものに近い。グラフは、国々を1人当たり所得に応じて高所得国、中所得国、低所得国に分類し、2050年以前の純便益と、2050～2200年の純便益を比較している。(注5)

ゼロ軸より下に示されている左側の濃い棒は、2010～2050年に予想される正味の費用を示している。たとえば、コペンハーゲン合意が高所得国にもたらす短期的な正味費用は、およそ1兆ドルだ。世界全体の費用は約1・5兆ドルとされている。

図表26-1　気候変動政策における世代を超えたトレードオフ

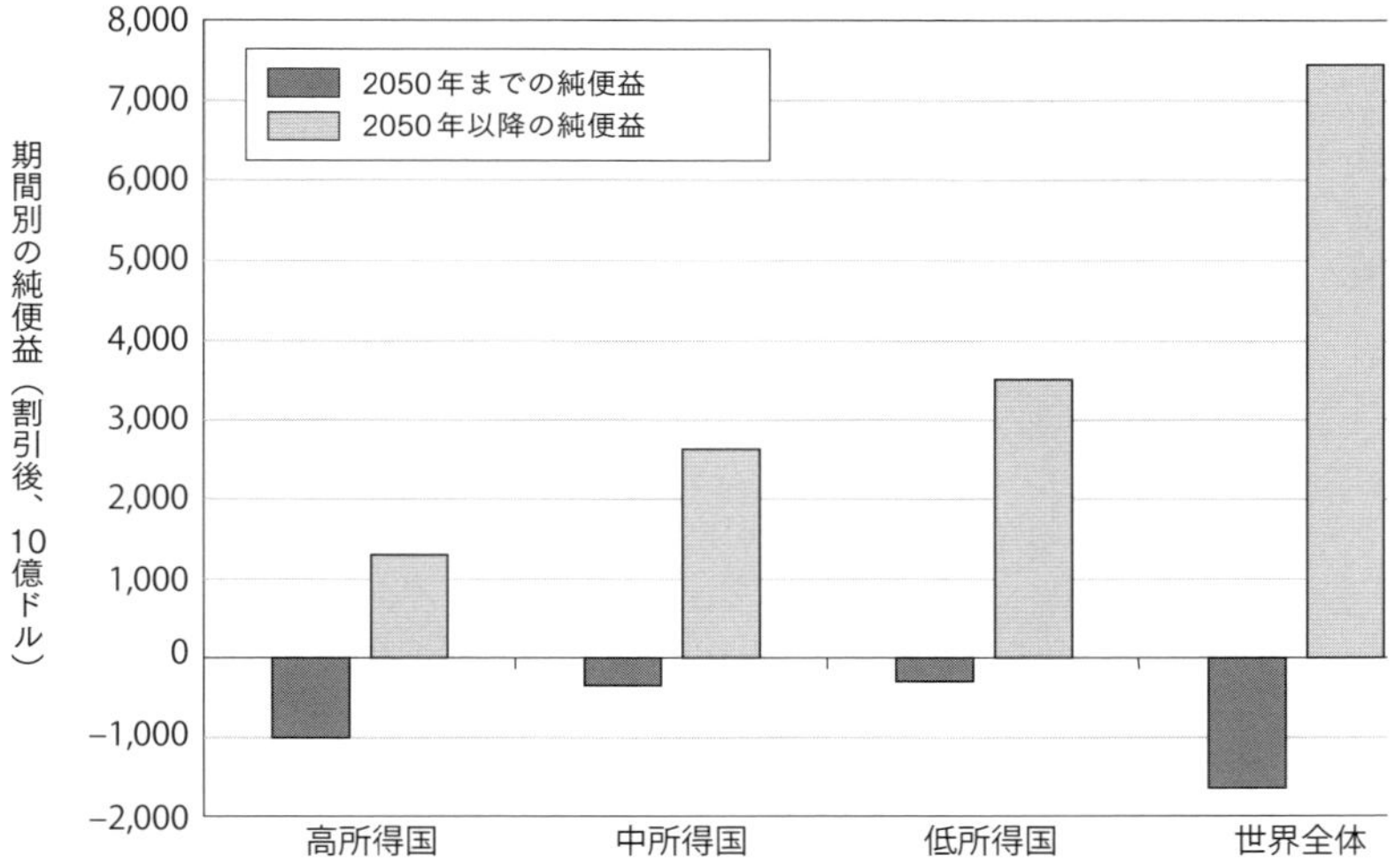

グラフは、二つの期間における国別グループの純便益（損失費用と排出削減費用の和に等しく、すべて市場金利を使って割り引かれている）を表している。左側の濃い棒は今世紀前半の純便益を、淡い棒はそれ以降2200年までの純便益を示している。

また、揃って正の値を示すもう一組の淡い色の棒は、やはり2010年まで割り引かれた、2050～2200年の純便益である。高所得国の純便益は1・3兆ドルで、これは前期の費用を相殺している。ほかの国別グループを見ても、2050年以降の便益は前期の費用を大きく上回っている。すべての国を合わせると、2050年以前の正味の費用が1・6兆ドルなのに対し、2050年以降の純便益は7・4兆ドルにのぼる。

この分析から、いくつかの重要なポイントが浮かび上がってくる。第一に、世界全体で考えたとき、コペンハーゲン合意の基礎となっているものをはじめとした協力協定は、長期的には非常に大きな利益をもたらす。どの国も最終的には得をする。しかし、これは収益が生じるまでにかなりの時間を要する投資だ。ほとんどの国は、投資の果実を収穫するのに少なくとも半世紀は待たなければならない。

実践的見地からすれば、これは世代をまたいだ政策が抱える難題を提起している。人はしばしば、将来世代のために犠牲を払うことに反対する。たとえば、若者に教育の機会を提供するために、高齢者医療の支出を減らすべきだろうか。地球温暖化政策における世代を超えたトレードオフも、これと似ている。将来世代のために莫大な排出削減費用を負担するよう現在世代に求めたとしても、なかなか受け入れてはもらえない。将来世代のほうが裕福であるというならば、なおのことだ。利益が生じるまでのタイムラグによってナショナリストのジレンマという誘因は増幅され、コストの高い排出削減策の実施を先送りしたいという衝動は一層高まる。

政治的動機

三つめの障害は、世の中には野心的な地球温暖化政策によって、得をする者もいれば損をする者もいるという、避けようのない現実に関連している。前述の通り、ほとんどの国は今後数十年間、地球温暖化政策による正味の費用に直面する。影響力をもったいくつかのグループも、経済的に不利益を被ることになるだろう。そして、そうしたコストの大部分は、化石燃料を生産または使用する部門に集中する。

たとえばアメリカ政府が、コペンハーゲン合意に含まれているような、あるいは2009年にオバマ政権によって提案されたような、排出規制を採用したとしよう。エネルギー省の推定によれば、それによって石炭消費量は次の10年間で半減する。2011年の炭鉱労働者数は9万人だったため、石炭消費量の低下は4万人前後の雇用の減少につながる可能性もある。1億3000万人の労働者を抱えた経済にとって、年間4000人の雇用の消失は大きな障害ではないように思える。しかし、石炭業界には、議会に対する強い影響力と労働組合がある。そのため、高水準の炭素価格を課し、それによって石炭生産量と雇用を減少させる地球温暖化政策は、強い抵抗に直面する。(注6)

この例は多くの部門で繰り返される。採炭や石炭火力発電に携わる企業の利益は減少する。石炭以外の化石燃料に依存する業界でも、より小規模とはいえ、同じような影響が生じるだろう。

図表26－2は、あるモデル開発チームによって推定された、二酸化炭素1トン当たり25ドルという炭素価格が主要産業のコストに与える影響を示している。(注7)電気業、セメント製造業、石油化学工業の三産業は大きな打撃を受け、10％を超えるコスト上昇に直面する。また、表には最も影響を受けない産業も含まれている。卸売業および小売業、不動産業、金融業だ。こうした業界では、炭素価格によって相対的な生産コストが低下し、生産や雇用が拡大する可能性もある。

民主主義の国々では、選挙で選ばれた代表たちは、その時々の有権者や経済的支援者の不利益となる措置

図表26-2　産業別に見た炭素価格の影響

産業	生産コストの上昇（%）
影響を最も受けやすい	
電気業	20.75
セメント製造業	12.50
石油化学製品製造業	10.50
アルミニウム製品製造業	6.50
鉄鋼業	5.75
石灰および石膏製造業	5.25
肥料製造業	4.50
紙製造業	4.00
板紙製造業	4.00
影響を最も受けにくい	
コンピューターおよび電気機器製造業	0.75
その他の輸送用機器製造業	0.75
卸売業および小売業	0.50
情報サービス業	0.50
事業サービス業	0.50
金融業および保険業	0.25
不動産業および賃貸業	0.25

この表は、炭素価格の設定による影響を最も受けやすい産業と、最も受けにくい産業を示している。それぞれの産業について、25ドル／トンの炭素価格による生産コストの上昇を表している。数字は、投入と産出におけるすべての影響を反映している（つまり直接費だけでなく間接費も含まれている）。

に反対しなければならないというプレッシャーに直面する。そのため、石炭の生産が盛んな州や国の代表たちは、石炭価格を引き上げる地球温暖化政策に特に激しく抵抗する。これにはアメリカ、中国、オーストラリアといった国々、そしてアメリカ国内で言えばウエストバージニア州、ケンタッキー州、ワイオミング州といった州が含まれる。石油輸出国機構（ＯＰＥＣ）加盟国のような石油輸出大国についても、同じように収入の減少が予想されることから、強力な二酸化炭素排出抑制策にはたいてい反対すると見られる。

他方で、英国、スウェーデン、スペインのように、石炭を基盤とした産業の生産や雇用が小さな国々では、政府は国内からの反発をそれほど恐れることなく、強力な地球温暖化政策を支持することができる。同様に、エネルギー燃料のほとんどを輸入に頼る国においても、気候変動政策に対する国内企業からの抵抗はそれほど強くないと思われる。

長い目で見れば、強力な地球温暖化政策は、アメリカのような国で暮らす国民の大部分に利益をもたらす可能性が高い。しかし、金融業や製薬業のように、炭素税の還流による恩恵をわずかであれ被ると思われる業界は、規制改革と闘うことに精いっぱいで、強力な気候変動政策を支持することができない。それゆえに、影響力の大きな産業を代表するごく少数の人々と、そうした産業の息のかかった財力豊かなロビー団体が、今の世代もこれから生まれてくる世代も含む大多数の人々の、より大きくて長期的な利益に資する政策を阻止してしまうのである。

経済的自己利益

代議制民主主義によってもたらされるハードルは開かれた社会の基本要素だが、より悪質な障害となるのが、ナオミ・オレスケスとエリック・コンウェイが言うところの「疑念の商人」である。[注8] オレスケスらは、科学を——いや、疑似科学を——擁護するグループによって、正常な科学的プロセスが蝕まれていると主張する。これは、対立する利害や価値観が票をめぐってぶつかり合う民主的プロセスとは違う。疑念を生み出すプロセスにおいて、そうしたグループは、主流の科学を否定し、世の中を混乱に陥れ、政治的な対応を妨害すべく、事実や理論を攻撃し、歪め、つくり上げてしまうのである。

最もよく立証されている疑念創出の事例は、たばこ業界によって実施された、喫煙が癌を引き起こすという医学的根拠に対抗するためのキャンペーンである。喫煙と癌の因果関係に関する科学的根拠は100年ほど前に実証され、1950年代には多くの証拠が集まった。1953年、最大手のたばこ会社数社が、喫煙は危険だとする科学的根拠を攻撃するためのキャンペーンを立ち上げた。このキャンペーンでおこなわれた最大の不正は、業界の主張を支持してくれそうな研究者たちへの金銭的支援だった。このアプローチは、あるたばこ会社の重役によって見事に表現された。「我々は『疑念』という製品をつくり出しているのです。それこそが、一般大衆の心の中に存在する真実と競うための最良の方法ですから。それはまた、論争を生むための手段でもあります[注9]」

疑念創出に関する同様の徴候は、地球温暖化をめぐる論争の中にも見られるが、からくりのわかりにくさから、その全貌をつかむことは難しい。しかし、一人の野心的なジャーナリストが、世界最大級の石油会社エクソンモービルによる補助金を照合する中で、ある事実が明らかになった。同社は800万ドルの補助金をさまざまな組織に供与していたが、その多くが地球温暖化の科学や経済学に異を唱える団体だった。[注10] これと似た例が「16人の科学者たち」だ。彼らの主張については第24章で考察した。このグループの中で（混乱を創出することを除き）気候変動の科学や経済学の学術研究に積極的に取り組んでいる人は、ほんの一握りだ。

利益団体が中心となった、気候変動の科学や政策に対する攻撃の厄介な特徴の一つは、地球温暖化問題の利害が喫煙よりもはるかに大きいという点だ。アメリカにおけるたばこの売り上げは３００億ドル程度だ。それに対し、アメリカ国内のすべてのエネルギー財およびサービスへの支出は、１兆ドル前後にのぼる。(注11)気温のグラフを、現在の軌道から、気温上昇幅が最大２℃または３℃となるまで下げるために十分な炭素税は、多くの労働者や企業、そして国々に、甚大な経済的影響を与える。地球温暖化は何兆ドル規模の解決策を必要とする問題であり、心と理性と票をめぐる争いは激烈を極めることが予想される。

障害を乗り越える

前の二つの章では、合理的で効果的な気候変動政策を立案する際の障害について考察した。世論やアメリカ政治の有力派閥は、科学的見解とは別の方向に進んでいる。気候変動科学に反対する経済的勢力は事態を一層複雑にし、誤った主張と一見科学的な根拠で人々を惑わせている。

科学的研究結果が強い抵抗に遭ったのはこれが最初ではないし、おそらく最後でもないだろう。たばこ業界が疑念の商人となって世論を混乱させ、喫煙に関する公共政策を妨害した事実については、すでに説明した。

たばこの話はその後どのような経緯を辿ったのだろうか。精力的かつ継続的な取り組みを経て、喫煙が癌を引き起こすか否かの論争で人々の支持を勝ち取ったのは、医師と科学者たちだった。図26－３は、癌と喫煙の論争をめぐる世論の変化を示している。半世紀にわたる啓発の末に、愛煙家たちまでもが喫煙は有害で

図表26-3　たばこ業界が偽りのキャンペーンを実施したにもかかわらず、アメリカ国民は喫煙が癌を引き起こすという科学的見解を受け入れるようになった

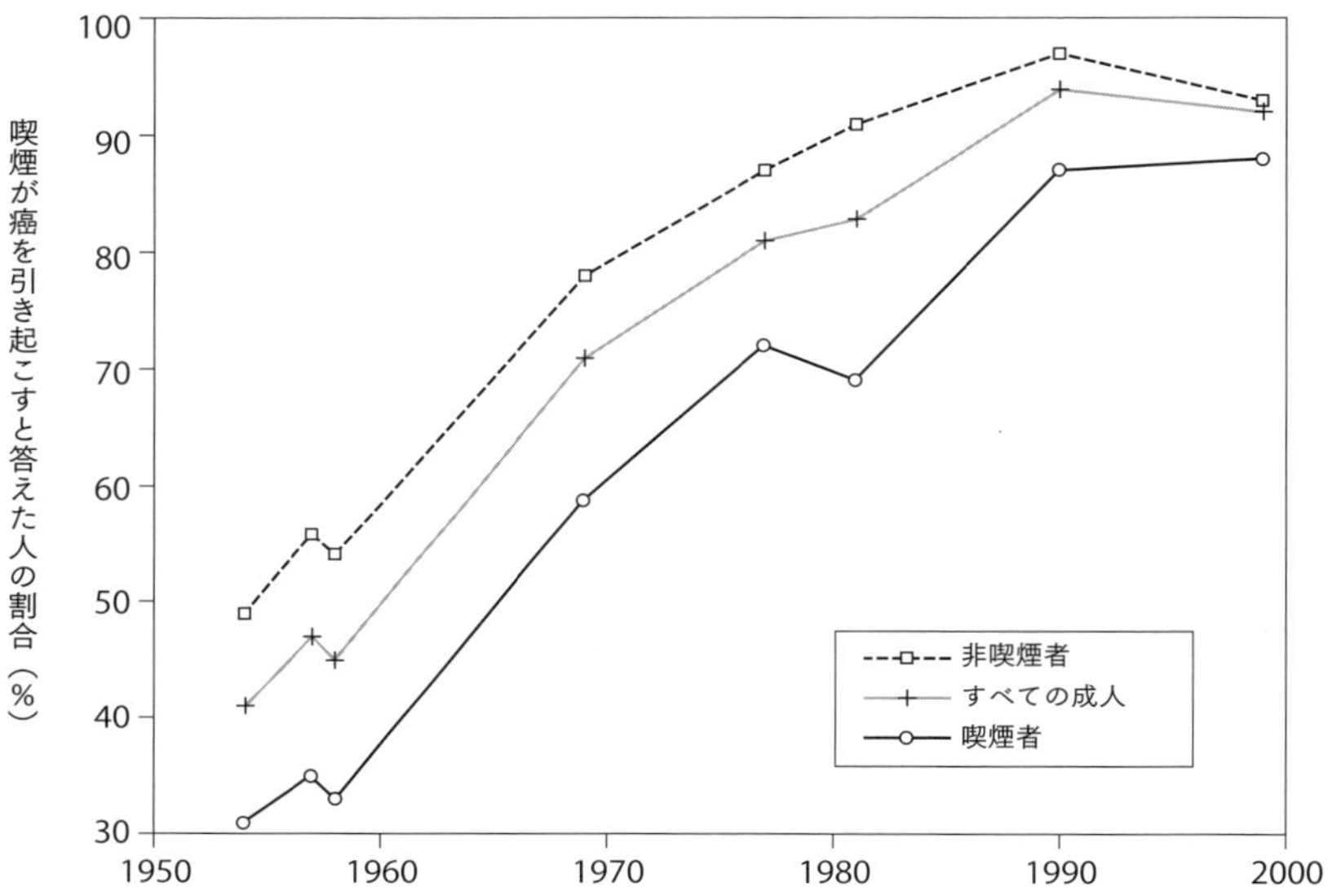

あると認めるようになった。(注12)

たばこ税は今日、喫煙を抑制すると同時に、政府にとって重要な財源となっている。高水準の炭素税は、人類の繁栄、地球の安定、政府予算の健全化という点で、たばこ税よりも説得力のある経済的論理を有している。

科学者たちがここから学んだことは明らかだ。明確で一貫した科学的説明と、懐疑派からの攻撃に対する反論に代わるものはない。たばこの事例がそうだったように、根拠は年を経るごとにますます揺るぎないものになっていき、妨害しようとする人々は、溶けかけの流氷に乗っているような気分になることだろう。政治の風向きは、やがて変わるだろう。

最終的な評決

本章では、論争の状況や、効率的で効果的な地球温暖化政策を実施する際の障害に関する、陰鬱だが現実的な話を紹介した。政府による政策の実施はほとんど進展を見せていない。障害には、政策効果がもつ地球規模的な性質や、高価な策を講じてから最終的な便益が発生するまでの長いタイムラグなど、構造的なものもあれば、疑念の商人が自己利益のために人々を混乱させるなど、経済的なものもある。

最終ページに差しかかった今、公平な陪審員はどのような結論を下すだろうか。地球が温暖化していること。強力な対策が講じられない限り、地球は過去50万年以上も経験したことのない大規模な気温上昇に直面すること。気候変動は、人間社会にとっては高くつく、多くの非人為的な地球システムにとっては危機的な結果をもたらすこと。そしてリスクバランスが、二酸化炭素やその他の温室効果ガスの排出を抑制し、最後は阻止すべく、早急に行動しなければならないという事実を示していること。公正な評決は、こうした主張に明確で説得力のある根拠があると認めてくれるに違いない。

経済成長から温室効果ガスの排出、気候の変化、そして影響と政策に至るまでのすべての段階は、不確実性を伴っているため、これらの基礎調査結果は、但し書きをつけられ、絶えず見直されなければならない。だが、基礎調査結果はこれまで、時間、反論、そして多くの自然科学者や社会科学者による度重なる評価というテストに合格してきた。反対派の人々には、それを単純に無視し、捏造と呼び、行動を起こすのは半世紀先でよいと主張する根拠はない。

人類は地球を危機に陥れている。しかし、今やっていることを元に戻すことはできる。しかも、我々が地球温暖化の現実的な脅威を受け入れ、二酸化炭素の排出にペナルティーを科す経済的仕組みを導入し、低炭素技術の開発に力を入れれば、それは比較的低いコストで実現できる。こうした取り組みを進めることによって、我々はこのかけがえのない星を守り、未来に残すことができるのである。

謝辞

この場をお借りして、今は亡きスタンフォード大学経済学者アラン・マン氏の、エネルギーモデル構築への偉大な貢献に対し、心から賛辞を贈りたい。同氏は方法論と実証モデルの両方を使い、この分野の研究を一から築き上げた人である。その分野の発展に協力し、今日の研究に数々の提言と批判を投げかけてきたのが、ジョージ・アカロフ、リント・バラージュ、スコット・バレット、ジョセフ・ボイヤー、ウィリアム・ブレナード、ウィリアム・クライン、ノア・ディフェンバッハ、ジェイ・エドモンズ、アラン・ガーバー、ケン・ギリンガム、ジェニファー・ホックシールド、ロバート・コヘイン、チャールズ・コルスタッド、トム・ラヴジョイ、デーヴィッド・メイヒュー、ロバート・メンデルソン、ネボージャ・ナキセノビッチ、デーヴィッド・ポップ、ジョン・ライリー、リチャード・リチェルス、ジョン・ローマー、トム・ルザフォード、ジェフリー・サックス、ハーバート・スカーフ、ロバート・スタビンス、ニック・スターン、リチャード・トール、デーヴィッド・ヴィクター、マーティン・ワイツマン、ジョン・ウェイアント、ジーリー・ヤン、ジャネット・イエレン、ゲイリー・ヨーヒ、そして大勢の論文審査員や評論家たちだ。

本書は、ここコネチカット州ニューヘイブンにある、イェール大学出版局のスタッフたちの、豊かな経験に基づいたたゆみない努力を経て、素晴らしい作品に仕上がった。彼らは著者の相談役となり、形態と内容の両方を少しでもよいものにしようと、数えきれない提案をしてくれた。ジーン・トーマス・ブラック編集長には、特にお礼を申し上げたい。彼には、本書がインターネット上の悪文から出版物になるまで、そしてそれ以降も、ずっとお世話になった。編集助手のサラ・フーバーは、すぐれた問題解決能力の持ち主だった。校閲担当のメアリー・パスティ、デザイナーのリンゼイ・ヴォスコウスキー、制作マネージャーのモーリーン・ヌーマンも、同様に私を支えてくれた。ビル・ネルソンは挿絵を描いてくれた。デビー・メイシーとウエストチェスター・パブリッシング・サービスの人々は、それを電子ファイルから美しい印刷物へと変えてくれた。出版の業を見ていると、「労働の生産力の最大の改良［は］分業の結果であった」というアダム・スミスの言葉を改めて思い出す（訳注＊アダム・スミスの言葉は、杉山忠平訳『国富論1』より引用）。

我が恩師であり、ときに私の共同研究者として気候変動経済学の発展に不可欠な分野を開拓してくれた人々、中でもチャリング・クープマンス氏、ロバート・ソロー氏、ポール・サムエルソン氏に、敬意を表したい。この本のもととなった研究は、イェール大学、アメリカ国立科学財団、エネルギー省、グレイザー財団から多大なる支援を受けている。これは新たな研究論文ではなく、この分野の概観を提示することを目的としたものだ。旧版では、多くの章が専門的な構成となっていた。しかし今回、解説や図表のほとんどは、本書のためだけに考えられたものとなっている。

訳者あとがき

この本は、30年以上にわたり地球温暖化の分野で幅広い研究をおこなっているイェール大学経済学者、ウィリアム・ノードハウス氏によって執筆されたもので、一言で言えば、経済学者の目から温暖化問題を論じたものだ。

そう聞いて、読者の方々はどのような感想を抱くだろう。私たちが普段目にする温暖化関連の書籍は科学的な側面から書かれたものが多い中で、「なぜ地球温暖化問題の分析を経済学者が？」と不思議に思った方も多いのではないだろうか。その問いに、著者は次のように答えている。

「地球温暖化に関する本がこれ以上世に出る必要が本当にあるのかと思っている人もいるかもしれない。必要だとしても、なぜ経済学者が書いた地球温暖化の本を読むべきなのか。事実、地球温暖化は科学の問題ではないのか。（中略）しかし、地球温暖化は人間の活動に始まり、人間の活動に終わる。それは、作物を栽培する、部屋を暖める、学校に通うなどの経済活動の意図せぬ副作用として始まるのである。（中略）さらに、気候変動を抑制する、あるいは阻止するための効果的な対策を打ち出すには、二酸化炭素を支配する物理法則を理解するだけでは不十分だ。より流動性の高い、経済学や政治学の法則、す

なわち人間の行動に関する法則についても知る必要がある」(第2章)

なるほど、地球温暖化の科学的側面を理解することはもちろん重要だ。しかし、二酸化炭素の増加という究極の原因は人間の経済活動や意思決定にあり、そこに光を当てないことには、真の解決策を探ることはできない。

とはいえ、「気候変動」と「経済学」という難易度の高い二つの専門分野が一つになった本と聞いて、思わず身構えてしまう人も少なくないかもしれない。しかし、著者はこの本を、地球温暖化問題に関心を寄せる一般市民、とりわけ次代を担う若者たちに向けて執筆している。そのため、読み手が気候変動や経済学の専門家ではないということを念頭に、大学教授らしく、わかりやすい例やユーモアを交えながら、ロジカルに説明しようとしている。なぜ人は、自動車や電化製品を購入する際、無意識のうちに、エネルギー効率に過小投資するのか。コップ1杯のミルクでさえ(牛の消化管から放出されるメタンガスによって)温暖化に寄与しているという事実を、私たちはどう受け止めるべきなのか。こうした身近な例を通じ、著者は、「気候変動の経済学」は私たちの日常生活の中にあるのだと教えてくれている。

翻訳者として感じたこの本の最大の魅力の一つは、あらゆる可能性を排除しないバランスのよさだ。気候変動問題と言えば、地球は温暖化していると主張するいわゆる「主流科学」と、それはでっちあげだとする「懐疑派」が激しい論争を繰り広げる分野である。著者は基本的に前者を支持しているが、同時に「経験科学の世界では、絶対的な確信に達することは絶対にない」として、懐疑派の主張についても紹介している。同様に、気候変動による影響(負の影響はもちろん、農業にもたらされるかもしれない正の影響まで)、温暖化抑制に向けたアプローチ(低炭素技術への移行など今日実現可能なものだけでなく、「炭素を食べる木」のように現時点では空想段階のものも）、政策（私たちにとってなじみのある排出規制といった方策から、炭素税のようなアプローチまで）に関しても、さまざまな可能性が提示、考察され、私たち自身に考え、判断する余地を与えてくれている。

そうしたバランスへの配慮から、この本は、温暖化問題に対する自分のスタンスをすでに確立し、それを信じて疑わない人にとっては物足りないかもしれず、著者自身もそのように書いている。しかし、客観的な事実に基づいて自分なりの結論を模索したいと考えている人には、大変よい書だと思う。

温暖化が議論されるようになってから久しい。その間に研究は進み、技術は発展し、人々が日々の生活の中で気候の変化を実感する機会も増えているというのに、問題解決への道のりはまだまだ先が長い。その道程には数々の障害があると著者は言う。しかし幸いにも、この問題にとって最大の障害の一つである「無知」あるいは「無関心」は、私たち一人ひとりの自覚によって、彼が言うところの「低コスト、場合によってはゼロコストで」克服が可能だ。本書はそれを、改めて教えてくれる。

最後に、出版に至るまで数々のご尽力をいただいた、日経ＢＰ社出版局の沖本健二氏に、この場を借りて心よりお礼を申し上げます。

藤﨑　香里

用。

（注4）純便益の推定は以下の文献の「コペンハーゲン合意」シナリオに基づいている。William Nordhaus, "Economic Aspects of Global Warming in a Post-Copenhagen Environment," *Proceedings of the National Academy of Sciences (US)*, June 14, 2010.

（注5）この図の提示を提案してくれたネイト・ケオハネに感謝する。

（注6）雇用に関するデータは労働統計局のウェブサイト www.bls.gov/oes/current/naics4_212100.htm を参照。石炭の消費量の推定に関してはエネルギー情報局 www.eia.gov/coal/ の情報を引用。

（注7）推定は Mun S. Ho, Richard Morgenstern, and Jhih-Shyang Shih, "Impact of Carbon Price Policies on U.S. Industry," Discussion Paper RFF DP 08-37 (Washington, DC: Resources for the Future, November 2008) から引用。

（注8）以下を参照。Naomi Oreskes and Erik Conway, *Merchants of Doubt* (New York: Bloomsbury, 2010). ナオミ・オレスケス、エリック・M・コンウェイ共著『世界を騙しつづける科学者たち』（福岡洋一訳、楽工社、2011年）

（注9）Brown and Williamson Tobacco Corporation, "Smoking and Health Proposal," 1969, available at Legacy Tobacco Documents Library, http://legacy.library.ucsf.edu/. 科学的な記録を歪め、喫煙に有利な見解を広めようとしたたばこ業界の戦略については、さまざまな文献が存在する。以下を参照。Stanton Glantz, John Slade, Lisa A. Bero, and Deborah E. Barnes, *The Cigarette Papers* (Berkeley: University of California Press, 1996) および Robert Proctor, *Cancer Wars: How Politics Shapes What We Know and Don't Know about Cancer* (New York: Basic Books, 2007). ロバート・N・プロクター著『がんをつくる社会』（平澤正夫訳、共同出版社、2000年）

（注10）Chris Mooney, "Some Like It Hot," *Mother Jones* (May–June 2005), http://motherjones.com/environment /2005/05/some-it-hot. リストは http://motherjones.com/politics/2005/05/put-tiger-your-think-tank で閲覧が可能。エクソンモービル社から支援を受けたことのある組織に関する、さらに包括的なリストは "Organizations in Exxon Secrets Database,"www.exxonsecrets.org/html/listorganizations.php で閲覧が可能。

（注11）エネルギー支出に関するデータは U.S. Energy Information Administration, "Annual Energy Review," August 19, 2010, http://www.eia.gov/aer/txt/ptb0105.html から入手が可能。たばこの売上高は税金と物流コストを除いたもの。

（注12）質問内容は「あなたの意見を教えてください。喫煙は肺癌の一因だと思いますか」だった。Lydia Saad, "Tobacco and Smoking," Gallup, August 15, 2002, www.gallup.com/poll/9910/tobacco-smoking.aspx#4. 2012年1月26日にアクセス。

Lower Levels," March 14, 2011, www.gallup.com/poll/146606/concerns-global-warming-stable-lower-levels.aspx を参照。長きにわたる政治分裂に関しては Riley E. Dunlap and Aaron M. McCright, "A Widening Gap: Republican and Democratic Views on Climate Change," *Environmental Magazine* (September–October 2008, www.environmentmagazine.org/Archives/Back%20Issues/September-October%202008/dunlap-full.html), の中で論じられている。

（注 9）調査では、約半数（47％）が、化石燃料は化石化した恐竜の死骸であると答えた。Anthony Leiserowitz, Nicolas Smith, and Jennifer R. Marlon, *Americans' Knowledge of Climate Change* (New Haven, CT: Yale Project on Climate Change Communication, 2010), http://environment.yale.edu/climate/files/ClimateChangeKnowledge2010.pdf を参照。

（注 10）ゼラーはカリフォルニア大学ロサンゼルス校の政治学者で、このテーマについて極めてすぐれた研究報告を執筆している。John Zaller, *The Nature and Origins of Mass Opinion* (Cambridge: Cambridge University Press, 1992).

（注 11）Shaun M. Tanger, Peng Zeng, Wayde Morse, and David N. Laband, "Macroeconomic Conditions in the U.S. and Congressional Voting on Environmental Policy: 1970–2008," *Ecological Economics* 70 (2011): 1109–1120. 生データを提供してくれたショーン・M・タンジャーに感謝する。スコア表がどのように作成されたかについての例を紹介する。たとえば 2010 年スコア表では、環境保護庁が発表した地球温暖化に関する危険状況調査結果を覆すための修正、エネルギーに関する財政措置 3 件、含鉛塗料規制、アメリカ南部の国境沿いにおけるフェンス建設議案といった事案に対する二度の投票結果を検証している。スコアはその年の問題の重要性を示してはおらず、単に投票パターンを表しているという点に留意してほしい。

（注 12）1984 年 7 月 11 日におこなわれた、環境諮問委員会年次報告書署名式でのスピーチ。

（注 13）炭素税を通じたアプローチを支持している経済学者のリストは、Greg Mankiw, "The Pigou Club Manifesto," Greg Mankiw's Blog, October 20, 2006, http://gregmankiw.blogspot.com/2006/10/pigou-club-manifesto.html で閲覧が可能。見解の概論は "Conservatives," Carbon Tax Center, www.carbontax.org/who-supports/conservatives/ で閲覧が可能。

（注 14）"Blinder's Carbon-Tax Plan Provokes Strong Responses," Letters, *Wall Street Journal*, February 7, 2011.

第 26 章　気候変動政策にとっての障害

（注 1）しかしながら、図表 19-1 やそれに付随した説明からわかる通り、推定には大きな幅がある。2010 年における実際の炭素価格は William Nordhaus, "Economic Aspects of Global Warming in a Post-Copenhagen Environment," *Proceedings of the National Academy of Sciences* (US) 107, no. 26 (2010): 11721–11726 に基づいている。

（注 2）David Victor, *Global Warming Gridlock: Creating More Effective Strategies for Protecting the Planet* (Cambridge: Cambridge University Press, 2011).

（注 3）非協力的な状況での炭素価格の推定は Nordhaus, "Economic Aspects of Global Warming" から引

けると見られている」
地動説（「地球が太陽の周りを動いている」が正解）……「地球が太陽の周りを動いているのでしょうか。それとも太陽が地球の周りを動いているのでしょうか」）
放射能（誤）……「放射能とはすべて人工的につくられたものである」
抗生物質はウイルスを殺す（誤）……「抗生物質は細菌だけでなく、ウイルスを殺すこともできる」
ビッグバン（正）……「宇宙は巨大な爆発によって始まった」
進化論（正）……「今日『人類』と呼ばれるものは、原始的な生物種から発展した」
Jon Miller, "Civic Scientific Literacy: The Role of the Media in the Electronic Era," in Donald Kennedy and Geneva Overholser, eds., Science and the Media, 44–63 (Cambridge, MA: American Academy of Arts and Sciences, 2010) も参照。地球温暖化に関する質問は Harris Interactive, "Big Drop in Those Who Believe That Global Warming Is Coming," New York, December 2, 2009, www.harrisinteractive.com/vault/Harris-Interactive-Poll-Research-Global-Warming-2009-12.pdf に基づいている。

（注 2）Miller, "Civic Science Literacy."

（注 3）ここでは、www.pollingreport.com/enviro2.htm から、1997 ～ 2012 年に実施された地球温暖化に関する調査データを集めた（この資料の存在を指摘してくれたジェニファー・ホックシールドに感謝する）。計算の詳細は次の通り。ハリス調査は pollingreport.com の資料に含まれていないため、この研究のサンプルおよび図表 25-2 に追加した。ここでは、該当する 103 の調査の中から、同じ質問を繰り返し実施したギャラップ社、ハリス社、ピュー研究所によるものだけを抜き出し、67 調査に絞り込んだ。その上で、地球は温暖化していると思うと答えた人の割合や、それに相当する質問に同様の回答をした人の割合を計算した。次に、各調査のダミーを用いた回帰分析をおこない（質問の差異を反映）、残差に適合するカーネルを推定し、平均を加えた。これにより、図中の滑らかな曲線が得られた。ハリス調査では、「二酸化炭素やその他のガスの大気中への排出が抑制されない場合、それは地球温暖化や平均気温の上昇を引き起こすと思いますか」という質問に「はい」と答えた人の割合が、2007 年の 71%から 2011 年の 44%へと、最も急激な低下を見せている。

（注 4）11 の質問への平均正解率は、1992 年で 56%、2001 年で 60%、2010 年で 59%だった。

（注 5）この段落は Allan Mazur, "Believers and Disbelievers in Evolution," *Politics and the Life Sciences* 23, no. 2 (2004): 55–61 および Darren E. Sherkat, "Religion and Scientific Literacy in the United States," *Social Science Quarterly* 92, no. 5 (2011): 1134–1150 に基づいている。

（注 6）これらの結果はすべて二変数関係（一度に二つの変数をとる）である。しかしこの結果は、すべての説明変数を用いた多変量統計解析においても変わらない傾向が見られた。ただし、統計的手法に関心のある読者は、これらの関係における因果関係が慎重にコントロールされていない点に留意してほしい。逆に、政治観や宗教観はほかの変項（両親の政治観、宗教観、教育など）によって決まるため、科学観の決定要因について曖昧でいい加減な主張をすることはできない。

（注 7）Pew Research Center, "Little Change in Opinions about Global Warming," October 10, 2010, http://people-press.org/report/669/ を参照。

（注 8）ギャラップ調査については Jeffrey M. Jones, "In U.S., Concerns about Global Warming Stable at

火山噴火や太陽活動の変化など自然要因だけを計算に含む、一通りのランを実行する（「温室効果ガスなし」）。次に、先ほどの自然要因に加え、二酸化炭素やその他の温室効果ガスを含んだランを一通り実行する（「温室効果ガスあり」）。その後、この二つのランを、実際の気温データと比較するのである。こうした実験の中でたびたび示された結果は、20 世紀の気温動向は、二酸化炭素やその他の温室効果ガスの蓄積が加味された場合にのみ一致するというものだ。温室効果ガスなしのシミュレーションは、2010 年の段階で気温上昇を 1℃以上低く見積もっている。こうしたモデルランのもう一つの興味深い特徴は、それがエアロゾルの重要性を示していることだ。エアロゾルの影響が除外された場合、モデルは気温の変化を実際よりも高く予測する傾向にある。（さまざまなランと実際の気温の推移については、IPCC, Fourth Assessment Report, Science, p. 685f を参照。同様の結果を示すさらに最近のランは、Olivier Boucher et al., "Climate Response to Aerosol Forcings in CMIP5," *CLIVAR Exchanges* 16, nos. 2 and 56 [May 2011]).

（注 16）IPCC, Fourth Assessment Report, *Impacts,* p. 687.

（注 17）裁判所の意見は *Massachusetts v. Environmental Protection Agency,* 549 U.S. 497 (2007) で知ることができる。

（注 18）Richard S. J. Tol, "The Economic Effects of Climate Change," *Journal of Economic Perspectives* 23, no. 2 (2009).

（注 19）この論点は、シンプルな例の中に見ることができる。我々が二つの政策を考えていたとしよう。政策Aは、二酸化炭素排出量の削減に向けて少額の投資をするというものである。比較的低い費用（仮に 10 億ドルとする）で大きな便益（100 億ドルとする）を得ることができ、純便益は 90 億ドルになる。これを政策Bと比較してみよう。政策Bは非常に効率的で大規模な投資である。この二つめの投資はより大きな費用（仮に 100 億ドルとする）で大きな便益（500 億ドルとする）を得ることができ、純便益は 400 億ドルである。政策Bのほうが大きな純便益を生む（政策Aは 90 億ドルだが、政策Bは 400 億ドル）ため、望ましい政策だが、便益費用比率では政策Aのほうが上である（政策Bでは 5 だが、政策Aでは 10）。この例は、我々が最も効率的な政策を設計する際、なぜ費用÷便益ではなく便益－費用に目を向けるべきかを示している。

（注 20）これは IPCC, Fourth Assessment Report, *Science,* p. 10 に書かれている主要な結論の一つである。IPCC は、これに関して「『可能性』は、ある特定の結果が起きている、あるいは将来起きる可能性の評価を示して［いる］」という非常に明確な定義をもっている。「可能性が非常に高い」という表現は「90％を超える確率で発生する」ことを意味している。

（注 21）Richard Feynman, The Character of Physical Law (Cambridge, MA: MIT Press, 1970). R. P. ファインマン著『物理法則はいかにして発見されたか』（江沢洋訳、岩波書店、2001 年）

第 25 章　気候変動をめぐる世論

（注 1）科学リテラシーに関する問題は National Science Foundation, Science and Engineering Indicators, 2012, Appendix Table 7–9, www.nsf.gov/statistics/seind12/ に基づいている。質問は次の通り。

大陸移動（正）……「我々が暮らしている大陸は何百万年もの間位置を変えており、今後も移動を続

(注 11) 懐疑的な見解の論文を掲載している有用なウェブサイトは Climate Change Skeptic, http://climatechangeskeptic.blogspot.com/ である。今日、多くのウェブサイトが、懐疑的見解に対する回答を掲載している。中でも、"How to Talk to a Climate Skeptic: Responses to the Most Common Skeptical Arguments on Global Warming," Grist, www.grist.org/article/series/skeptics/ は特に興味深い。

(注 12) 本章は William Nordhaus, "Why the Global Warming Skeptics Are Wrong," *New York Review of Books*, March 22, 2012, およびその後の回答 "In the Climate Casino: An Exchange," *New York Review of Books*, April 26, 2012 に多少手を加えたもの。www.nybooks.com で閲覧が可能。ここでは煽り文句でしかない二つの主張を割愛している。一つは、地球温暖化に懐疑的な気候科学者たちが、スターリン政権下でソ連の生物学者たちが味わっていたのと似たような恐怖感を抱えながら生きている、というものだ。もう一つは、主流派の気候科学者たちの見解が、主に経済的な欲望によって推進されているというものだ。これらの点に関する議論は、*New York Review of Books* の記事で読むことができる。

(注 13) 統計学者たちがどのように温暖化問題に取り組んでいるのかを知りたい読者向けに、例を紹介する。多くの気候科学者たちの間では、二酸化炭素起因の温暖化は 1980 年以降一段と加速していると考えられている。統計分析を使えば、1980 ～ 2011 年の世界の平均地上気温の上昇が、1880 ～ 1980 年に比べて加速しているかどうかを確かめることができる。

回帰分析をおこなうと、確かに 1980 年以降の気温上昇のスピードは、それ以前よりも速くなっているという結論が導き出される。分析は次のようにおこなわれる。級数 TAV_t は GISS、NCDC、ハドレーから得られる三つの世界平均気温の級数の平均値である。回帰式を $TAV_t = \alpha + \beta\ Year_t + \gamma\ (Year\ since\ 1980)_t + \varepsilon_t$ と推定する。この式では、$Year_t$ を年、$(Year\ since\ 1980)_t$ は 0 から 1980、(Year–1980) は 1980 年以降の年数を表す。ギリシャ文字の α、β、γ は係数、$\varepsilon\tau$ は残余誤差である。

推定した回帰式では、Year の係数が 0.0042（*t* 値＝ 12.7)、(Year since 1980) の係数が 0.0135（*t* 値＝ 8.5) となる。解釈としては、1880 ～ 1980 年にかけて気温は年 0.0042℃上昇したのに対し、それ以降の期間の気温上昇はより急激な年 0.0135℃だったということである。括弧内の t 値は、(Year since 1980) の係数が標準誤差の 8.5 倍であることを示している。統計的有意性の標準的な検定を使ってこれほど大きな *t* 値が得られる確率は、100 万分の 1 未満である。1930 ～ 2000 年のように、別の年を区切り点として使うこともできるが、答えは同じだ。近年の地球の平均気温は、それ以前の期間に比べてより著しい上昇を見せているのである。

(注 14) バックグラウンドノイズから人為的要因による変化だけを選り分けて抽出する方法を示す技術的な説明は、B. D. Santer, C. Mears, C. Doutriaux, P. Caldwell, P. J. Gleckler, T. M. L. Wigley, et al., "Separating Signal and Noise in Atmospheric Temperature Changes: The Importance of Timescale," *Journal of Geophysical Research* 116 (2011): 1–19 に記されている。

(注 15) 人為的要因による変化と自然要因による変化とを区別する際、気候モデルがどう使われるのかを知りたい読者向けに、説明を加えておく。数えきれないほどの実験の中で、気候科学者たちは、さまざまな要因を用いた場合の過去の気温データの整合性を計算してきた。こうした実験の際、科学者たちはモデルを実行し、仮説に含まれる二酸化炭素やその他の人為的要因があった場合となかった場合の、1900 年から現在までの気温の推移をシミュレーションする。より具体的に説明すると、彼らはまず、

（注 12） CCS に関する推定は Howard Herzog, “Scaling-Up Carbon Dioxide Capture and Storage (CCS): From Megatonnes to Gigatonnes,” *Energy Economics* 33, no. 4 (2011) から入手。

（注 13） John P. Weyant, “Accelerating the Development and Diffusion of New Energy Technologies: Beyond the ‘Valley of Death,’” *Energy Economics* 33, no. 4 (2011): 674–682 による見事な分析を参照。

（注 14） F. M. Scherer, *New Perspectives on Economic Growth and Technological Innovation* (Washington, DC: Brookings Institution Press, 1999), 57.

（注 15） このプログラムについては、ARPA-E による活力に溢れた年次報告書で読むことができる。Advanced Research Projects Agency-Energy, “FY 2010 Annual Report,” http://arpa-e.energy.gov/sites/default/files/ARPA-E%20FY%202010%20Annual%20Report_1.pdf.

第 24 章　気候科学とそれに対する批判

（注 1） Ron Paul（www.foxnews.com/us/2012/01/23/republican-presidential-candidates-on-issues, www.npr.org/2011/09/07/140071973/in-their-own-words-gop-candidates-and-science, http://ecopolitology.org/2011/08/22/republican-presidential-candidates-on-climate-change/); James Inhofe, *The Greatest Hoax: How the Global Warming Conspiracy Threatens Your Future* (Washington, DC: WND Books, 2012); James M. Taylor,“Cap and Trade—Taxing Our Way to Bankruptcy,” Heartland Institute, May 5, 2010, http://heartland.org/policy-documents/cap-and-trade-taxing-our-way-bankruptcy.

（注 2） Andrey Illarionov, http://repub.eur.nl/res/pub/31008/; および Václav Klaus, www.climatewiki.org/wiki/Vaclav_Claus.

（注 3） ウィキペディアの “Climate Change,” http://en.wikipedia.org/wiki/Climate_change を参照。2011 年 1 月 28 日にアクセス。

（注 4） William J. Baumol and Alan S. Blinder, *Economics: Principles and Policies*, 11th ed. (Mason, OH: South-Western Cengage, 2010), 6. ウィリアム・J・バウモル、アラン・S・ブラインダー共著『エコノミックス入門——マクロ・ミクロの原理と政策』（片岡晴雄ほか訳、HBJ 出版局、1988 年）

（注 5） National Academy of Sciences, “About Our Expert Consensus Reports,” http://dels.nas.edu/global/Consensus-Report を参照。

（注 6） *Strengthening Forensic Science in the United States: A Path Forward* (Washington, DC: National Academies Press, 2009), www.nap.edu/catalog.php?record_id=12589#toc. 以下のウェブサイトを見れば、非常に興味深い最近の研究論文に必ず出会えるはずだ。National Academies Press, www.nap.edu/.

（注 7） National Research Council, *Climate Change Science: An Analysis of Some Key Questions* (Washington, DC: National Academies Press, 2001).

（注 8） Committee on Stabilization Targets for Atmospheric Greenhouse Gas Concentrations, National Research Council, *Climate Stabilization Targets: Emissions, Concentrations, and Impacts over Decades to Millennia* (Washington, DC: National Academies Press, 2011).

（注 9） IPCC, Fourth Assessment Report, *Impacts*, “Summary for Policymakers,” pp. 5, 10.

（注 10） “No Need to Panic about Global Warming,” *Wall Street Journal*, January 27, 2012.

いるが、長い目で見ればこれは事実である。また、わかりやすくするために、実質割引率をゼロとしている。実質割引率を年5%とした場合、割引後のコスト削減額は3164ドルとなるが、ポイントは基本的に同じである。これを損得ゼロにするには、実質割引率が年17.3%である必要がある。

(注10) 2010年のディーゼル車とガソリン車の販売実績に関するデータは、BMWのブログで見つけることができる。http://www.bmwblog.com/wp-content/uploads/2010-Diesel-Economics2.png.

(注11) 以下は、行動経済学のさまざまな考察に光を当てている良書である。George A. Akerlof and Robert J. Shiller, *Animal Spirits: How Human Psychology Drives the Economy, and Why It Matters for Global Capitalism* (Princeton, NJ: Princeton University Press, 2009). ジョージ・アカロフ、ロバート・シラー共著『アニマルスピリット——人間の心理がマクロ経済を動かす』(山形浩生訳、東洋経済新報社、2009年)

(注12) Alan J. Krupnick et al., *Toward a New National Energy Policy,* Appendix Bから引用。

第23章　低炭素経済に向けた先進技術

(注1) *Nature,* November 29, 2012.

(注2) 実際の率は、2050年までのGDP平均成長率を年2%よりやや上と仮定したときの、5年の移動平均値。

(注3) William Nordhaus, "Designing a Friendly Space for Technological Change to Slow Global Warming," *Energy Economics* 33 (2011): 665–673を参照。図表はこの論文から引用し、本書のために修正を加えたもの。

(注4) 計算については注3を参照。

(注5) データはU.S. Energy Information Administration, Annual Energy Review 2009, DOE/EIA-0384 (2009), Washington, DC, August 2010から引用。

(注6) さまざまな潜在的先進技術や、それを推進するための戦略については、*Energy Economics* 33, no. 4 (2011) の特集号の中で説明されている。

(注7) 利用可能時期の推定と技術的成熟度は著者によるもの。CCSに関する推定はU.S. Energy Information Administration, "Levelized Cost of New Generation Resources in the Annual Energy Outlook 2011," www.eia.gov/forecasts/aeo/electricity_generation.htmlから入手。

(注8) 研究はLeon Clarke, Page Kyle, Patrick Luckow, Marshall Wise, Walter Short, and Matthew Mowers, "10,000 Feet through 1,000 Feet: Linking an IAM (GCAM) with a Detailed U.S. Electricity Model (ReEDS)," August 6, 2009, emf.stanford.edu/files/docs/250/Clarke8-6.pdfの中で報告されている。

(注9) データは、国立再生可能エネルギー研究所のダグ・アレントより提供。

(注10) John Jewkes, David Sawers, and Richard Stillerman, *The Sources of Invention,* 2nd ed. (London: Macmillan, 1969). J・ジュークス、D・サワーズ、R・スティラーマン共著『発明の源泉』(星野芳郎ほか訳、岩波文庫、1975年)

(注11) ここで展開されている議論の多くは、Nordhaus, "Designing a Friendly Space" に含まれている。

閲覧が可能。

（注 2）課税に関するこの議論は、大まかなものである。上級経済学の場合、課税による潜在的な歪みも考慮に入れることになる。税の経済学から得られる教訓は、既存の税制による歪みは、最適な気候政策を大きく変える可能性があるということだ。州立メリーランド大学の経済学者リント・バラージュの研究によれば、課税や入札によって歳入が増加するケースでは、既存の税の歪みは炭素の最適価格を 3 分の 1 ほど引き下げるという（彼女の 2013 年 5 月のイェール大学博士論文 “Carbon Taxes as a Part of Fiscal Policy and Market Incentives for Environmental Stewardship” を参照）。排出枠が無償で割り当てられた場合、最適価格がどこまで引き下げられるべきかに関しては答えが出ていないが、無償割り当てが炭素の最適価格をさらに下落させることは間違いない。

（注 3）これは規制影響分析 *Final Regulatory Impact Analysis Corporate Average Fuel Economy for MY 2017–MY 2025 Passenger Cars and Light Trucks,* August 2012 から引用したものである。政府のホームページ www.nhtsa.gov/static-files/rulemaking/pdf/cafe/FRIA_2017-2025.pdf から閲覧が可能である。この規制影響分析は 1178 ページに及び、擁護派による一般的な主張との関連性はまったくと言ってよいほど見られない。実質的にすべての便益（約 6000 億ドル）は民間部門で生じている。それは、燃費効率の向上にかかる増分費用を上回る規模のコスト削減により達成される。6000 億ドルの便益のうち、正味の合計で 50 億ドルのみが、外部性から生じたものだった。さらに、この 50 億ドルは、二酸化炭素の削減によって生じる 500 億ドルの正の便益と、交通渋滞の悪化などの外部性から生じる 450 億ドルの負の便益の合計である。民間の技術コストと、二酸化炭素やその他の汚染による便益とを比較した場合、コストは便益を上回る。この結果は、未来資源研究所の研究結果とも一致する（注 4 参照）。

（注 4）Alan J. Krupnick, Ian W. H. Parry, Margaret A. Walls, Tony Knowles, and Kristin Hayes, *Toward a New National Energy Policy: Assessing the Options* (Washington, DC: Resources for the Future, 2010), www.rff.org.

（注 5）Ibid, Appendix B.

（注 6）この研究のために選ばれた政策評価指標はオバマ政権の気候変動政策案であり、2009 年に下院を通過した法案に似ている。この政策については第 18 章と第 21 章で論じられており、2010 ～ 2030 年の期間に二酸化炭素排出量を平均 10％削減することを目標としている。削減のほとんどは政策実施期間の終盤に達成されるとしている。

（注 7）National Research Council, *Effects of U.S. Tax Policy on Greenhouse Gas Emissions* (Washington, DC: National Academy Press, 2013).

（注 8）エネルギーコストに対する近視眼的思考はさまざまな呼ばれ方をしている。「省エネギャップ」「エネルギー効率パラドックス」と呼ばれることもある。批判的な見解については、“Is There an Energy Efficiency Gap?” *Journal of Economic Perspectives* 26, no. 1 (2012): 3–28 を参照。省エネギャップの概念を強力に支持しているのは、コンサルティング会社マッキンゼーで、以下はその一例である。*Unlocking Energy Efficiency in the U.S. Economy,* 2009, www.mckinsey.com.

（注 9）この計算は、我が家の冷蔵庫の買い替えについておこなったものと似ている（第 15 章参照）。単純化するために、ここではガソリンとディーゼル燃料の 1 ガロン当たりの価格が同じであると仮定して

定を含む。

（注 5） 会議の一覧と報告書は、以下のウェブサイトから確認できる。"United Nations Framework Convention on Climate Change," http://unfccc.int/2860.php.

（注 6） World Development Indicators, http://databank.worldbank.org/ddp/home.do に基づき、著者が計算。

（注 7） 量的な制度における不正行為の問題は重要なポイントだ。キャップ・アンド・トレードのように量に基づいた制度は、価格を使った枠組みよりも不正行為による影響をはるかに受けやすい。排出枠取引制度は、取引可能な排出枠という金銭的価値を伴う資産を創出し、それを各国に割り当てる。排出量の制限はもともと何もなかったところに希少性を創出し、レントを発生させるプログラムである。価格アプローチと比べたときの量的アプローチの危険性は、国際貿易への介入における輸出入割当制度と関税の比較の中で、しばしば証明されてきた。推定によれば、国際的なキャップ・アンド・トレード制度のもとで、何百億ドルもの排出枠が海外販売用に出回る可能性がある。価値ある公有財産が政策的低価格で民営化された過去の事例を考えると、炭素市場が不正行為の温床となり、プロセスの正当性を損ねたとしても驚きではない。ナイジェリアのケースを考えてみてほしい。ナイジェリアでは昨今、年間 4 億トン前後の二酸化炭素を排出した。もしナイジェリアが、近年の排出量に相当する取引可能な排出枠を割り当てられ、それを二酸化炭素 1 トン当たり 25 ドルという価格で売却することができたとしたら、この国は毎年 100 億ドル前後の収入を手にすることになる。しかも石油を除く輸出額がたった 30 億ドルだった国がである。炭素価格の場合、人為的な希少性や独占権、レントが発生しないため、不正行為が入り込む隙はそれほど多くない。税金逃れは企業と政府にとってゼロサムゲームである一方、排出量の責任逃れは国内の二者にとってプラスサムゲームとなる。税金を使った場合、排出枠が政府やそのリーダーの手に渡ることはないため、それがワインや銃のために海外に売られることはない。レントシーキングの機会も存在しない。いかなる国も国内エネルギー消費への課税による歳入増加を必要とするはずであり、炭素税は今日国々が有するレント創出メカニズムに一切手を加えることはない。

（注 8） 国際環境協定批准の歴史に関する有用な分析は Jesse Ausubel and David Victor, "Verification of International Environmental Agreements," *Annual Review of Energy and Environment* 17 (1992): 1–43, http://phe.rockefeller.edu/verification/ で閲覧が可能。

（注 9） より詳しい解説と協定の一覧は Barrett, *Environment and Statecraft* に含まれている。

（注 10） Peter Drahos, "The Intellectual Property Regime: Are There Lessons for Climate Change Negotiations?" Climate and Environmental Governance Network (Cegnet) Working Paper 09, November 2010 は、気候変動分野と、外部性を伴うその他の分野における、強制メカニズムの問題を比較した興味深い研究である。国別、国際法別、組織別の規定、並びに貿易制裁を使った事例に関する考察は、Jeffrey Frankel, "Global Environmental Policy and Global Trade Policy," John F. Kennedy School of Government, Harvard University, October 2008, RWP08-058 に収められている。

第 22 章　最善策に次ぐアプローチ

（注 1） Barack Obama, "State of the Union," February 12, 2013. www.whitehouse.gov/state-of-the-union-2013 で

天然ガスによるものと仮定している。飛行機移動では、国際民間航空機関の「二酸化炭素排出量計算機」(http://www.icao.int/environmental-protection/CarbonOffset/Pages/default.aspx)を使用している。航空運賃はExpedia.comを参考に、往復で300ドルとしている。金融および通信サービスの炭素集約度はMun S. Ho, Richard Morgenstern, and Jhih-Shyang Shih, "Impact of Carbon Price Policies on U.S. Industry," Resources for the Future Working Paper, RFF DP 06-37, November 2008を参照している。すべての消費データは経済分析局が発表しているものであり、消費の炭素集約度はGDPのそれに等しいということを前提に、個人消費はGDPの67%に相当し、世帯数は1億2500万世帯と仮定している。

(注9) Congressional Budget Office, *The 2012 Long-Term Budget Outlook*, January 2013, www.cbo.gov/publication/43907.

第20章　国家レベルでの気候変動政策

(注1) 図表は、ICE Europe, https://www.theice.comをもとに、著者が作成。価格は異なる発行年の排出枠を合わせたもの。

(注2) 炭素税の構想に関する詳細はGilbert E. Metcalf and David Weisbach, "The Design of a Carbon Tax," *Harvard Environmental Law Review* 33 (2009): 499–566を参照。

(注3) 炭素税とキャップ・アンド・トレード制度のより詳しい比較は、William Nordhaus, *A Question of Balance* (New Haven, CT: Yale University Press, 2007), Chapter 7で読むことができる。これと異なる見解については、2007年10月にブルッキングス研究所用に作成されたRobert Stavins, *A U.S. Cap-and-Trade System to Address Global Climate Change*を参照。本書では、費用便益関数の線形性や非線形性など、技術的な根拠の一部を割愛しているが、これらの文献の中では論じられている。

(注4) まずはGilbert Metcalf, "A Proposal for a U.S. Carbon Tax Swap: An Equitable Tax Reform to Address Global Climate Change," Hamilton Project, Brookings Institution, November 2007, www.hamiltonproject.org/files/downloads_and_links/An_Equitable_Tax_Reform_to_Address_Global_Climate_Change.pdfやMetcalf and Weisbach, "The Design of a Carbon Tax"から読み始めるとよい。

第21章　国家政策から国際協調政策へ

(注1) 成功事例と失敗事例に関する興味深い研究には、以下のものがある。Inge Kaul, Isabelle Grunberg, and Marc Stern, eds., *Global Public Goods: International Cooperation in the 21st Century* (Oxford: Oxford University Press, 1999). インゲ・カール、マーク・A・スターン、イザベル・グルンベルグ編集『地球公共財――グローバル時代の新しい課題』(FASID国際開発研究センター訳、日本経済新聞社、1999年)

(注2) 特に以下を参照。Scott Barrett, *Environment and Statecraft: The Strategy of Environmental Treaty-Making* (Oxford: Oxford University Press, 2003).

(注3) United Nations, "United Nations Framework Convention on Climate Change," 1992, http://unfccc.int/resource/docs/convkp/conveng.pdf.

(注4) データの大部分は二酸化炭素情報分析センター (CDIAC) から来ているが、一部著者による推

ではない。

第19章　炭素価格の重要な役割

（注1）Amber Mahone, Katie Pickrell, and Arne Olson, "CO2 Price Forecast for WECC Reference Case," Scenario Planning Steering Group, report of Energy + Environmental Economics, May 21, 2012, www.wecc.biz/committees/BOD/TEPPC/SPSG/SPSG%20Meeting/Lists/Presentations/1/120522_CO2_Forecast_PPT_SPSG.pdf.

（注2）気候変動の倫理を詳しく取り上げているのは、John Broome, *Climate Matters: Ethics in a Warming World* (New York: Norton, 2012) である。これを一読し、真剣に考えたとき、大量の二酸化炭素を排出する一方で、温暖化する社会において倫理的に行動することがいかに難しいかに気づかされる。ブルームによって提起された倫理的ジレンマの多くは、炭素に適切な価格を設定することで解決される。

（注3）Interagency Working Group, "Interagency Working Group on Social Cost of Carbon, United States Government," *Technical Support Document: Social Cost of Carbon for Regulatory Impact Analysis Under Executive Order 12866,* 2010 を参照。www.epa.gov/oms/climate/regulations/scc-tsd.pdf で閲覧が可能。

（注4）より詳しい説明は William Nordhaus, "Estimates of the Social Cost of Carbon: Background and Results from the RICE-2011 Model," Cowles Foundation Discussion Paper No. 1826, October 2011 に含まれている。この論文は http://cowles.econ.yale.edu/P/cd/cfdpmain.htm で閲覧が可能。

（注5）図表は複数の資料から引用され、Leon Clarke et al., "International Climate Policy Architectures: Overview of the EMF 22 International Scenarios," *Energy Economics* 31 (2009): S64–S81 の著者が取りまとめた。

（注6）この実験は、気温ではなく、「放射強制力」の観点から構築された。放射強制力の基礎に関する記述は第4章の注6を参照。これらは、EMF-22のモデルを用いた、長寿命の温室効果ガスの放射強制力を3.7W/m^{2}に制限したシナリオの推定である。モデルは長寿命の温室効果ガスの放射強制力のみを含み、エアロゾルやその他の放射強制力を除外しているため、気温上昇を過大評価する傾向がある。EMF-22予測によれば、その他の放射強制力を考慮しない場合、3.7W/m^{2}シナリオはおよそ3℃の気温上昇をもたらすことになる。しかし、エアロゾルが含まれた場合、気温上昇は2.5℃程度となる。説明はLeon Clarke et al., "International Climate Policy Architectures" を参照。

（注7）需要の反応が鈍く（需要の価格弾力性はゼロ）、供給価格が変化しない（供給は価格弾力的）ことを前提とした場合の、価格への影響。これは、特に国際的に取引されない重税品の価格への影響を過大評価する可能性が高い。エネルギー情報局が発表した2008年の消費レベルに基づき、著者が計算。

（注8）表は典型的なアメリカの世帯の消費を例に挙げ、25ドル／トンの炭素価格が及ぼす影響を推定している。情報および金融サービスに比べ、自動車用のガソリンや電気のような炭素集約度の高い分野への影響がはるかに高い点に注目してほしい。表は、政府などほかの部門からの排出量を除外しているため、総量は図表14-2で示したものよりも少なくなっている。計算では、発電の50%が石炭、50%が

Antarctica," *Nature* 399 (1999): 429–436. より詳しい情報は Carbon Dioxide Information Analysis Center, U.S. Department of Energy, "Historical Isotopic Temperature Record from the Vostok Ice Core," http://cdiac.ornl.gov/ftp/trends/temp/vostok/vostok.1999.temp.dat を参照。

（注 10）William Nordhaus, "Economic Growth and Climate: The Carbon Dioxide Problem," *American Economic Review* 67 (February 1977): 341–346. 論文は、目標値について、費用と便益の比較がまったくおこなわれなかったことから「非常に不満」であると強調している。しかしながら、当時は地球温暖化による損害の推定がなかったため、この目標値は費用と損害額を比較するアプローチの代わりだった。

（注 11）German Advisory Council on Global Change, *Scenario for the Derivation of Global CO2 Reduction Targets and Implementation Strategies*, Statement on the Occasion of the First Conference of the Parties to the Framework Convention on Climate Change in Berlin, March 1995（http://www.wbgu.de/fileadmin/templates/dateien/veroeffentlichungen/sondergutachten/sn1995/wbgu_sn1995_engl.pdf）

（注 12）IPCC, Fourth Assessment Report, *Impacts*, Technical Summary, p. 67.

第 18 章　気候政策と費用便益分析

（注 1）費用便益分析に関する見事な解説は E. J. Mishan and Euston Quah, *Cost-Benefit Analysis*, 5th ed. (Abington, UK: Routledge, 2007) を参照。

（注 2）どのようにして曲線が作図されたかに関するもう少し詳しい説明は次の通り。DICE-2012 モデルを使って、全世界参加と限定的参加それぞれの場合の温度閾値ごとの費用と損害額を推定した。その後、費用と損害額は年換算され、同様に年換算された総所得の関数で示された。

（注 3）タイムラグを算出するにあたり、2015 年の排出量を DICE-2010 モデルに入力した。次に、排出から損害発生までの時間差を計算したところ、47 年だったため、四捨五入して 50 年としている。

（注 4）4%の割引率は、財やサービスの長期割引率として推定されている。これは年 3%という経済成長率と併用される。割引の役割に関する記述は第 16 章を参照。

（注 5）臨界点による損害額、または壊滅的損害関数は $D/Y = .006\ (T/3.5)^{20}$ で表される。0.006 は、3.5℃という臨界点で発生する損害額が、世界総所得の 0.6%であるということを意味している。項の (T/3.5) は閾値が 3.5℃であるということを示している。指数の 20 は、3℃で著しい不連続性を引き起こす。

（注 6）結果は意外なものだったとしても、ここでの代数的論理はシンプルだ。総費用を C、排出削減費用を A、損失費用を D、気温を T とし、θ が不確定パラメータとしたとき、総費用は $C(T) = A(T) + \theta D(T)$ であるとする。この場合、θ が期待値に設定されれば、費用の最小化を達成できる。

（注 7）1992 年 6 月 3 ～ 14 日にリオデジャネイロで開催された、「環境と開発に関する国際連合会議」の報告書。http://www.un.org/documents/ga/conf151/aconf15126-1annex1.htm で閲覧できる。

（注 8）これは統計上重要なポイントである。表 N-1 を改めて見てみると、西南極氷床の閾値は 3 ～ 5℃となっている。単純化するために、これは上記の範囲での一様分布、つまり 3 ～ 5℃のどの値も閾値となる確率は同じであると仮定する。確率的優位性という観点から言えば、これはもはや閾値ではない。危険な結末が訪れる確率は次第に上昇するのであって、たとえば中央値である 4℃で急激に高まるわけ

assets/materials-based-on-reports/reports-in-brief/Limiting_Report_Brief_final.pdf を参照。

(注2) 全文は United Nations, "United Nations Framework Convention on Climate Change," 1992, Article 2, http://unfccc.int/resource/docs/convkp/conveng.pdf で読むことができる。

(注3) 京都議定書前文の、「条約第二条に定められた条約の究極的な目的を達成するため」という箇所を参照。"Kyoto Protocol to the United Nations Framework Convention on Climate Change," 1997, http://unfccc.int/resource/docs/convkp/kpeng.html.

(注4) 採択された声明は以下の通り。「我々は、共通に有しているが差異のある責任および各国の能力の原則に従って気候変動に早急に対処するという強固な政治的意思を強調する。気候系に対して危険な人為的干渉を及ぼすこととならない水準において大気中の温室効果ガスの濃度を安定化させるという条約の究極的な目的を達成するため、我々は、世界全体の気温の上昇が摂氏2度より下にとどまるべきであるとの科学的見解を認識し、衡平の原則に基づき、かつ、持続可能な開発の文脈において、気候変動に対処するための長期的協力の行動を強化する」。以下を参照。Copenhagen Accord, December 12, 2009, http://unfccc.int/files/meetings/cop_15/application/pdf/cop15_cph_auv.pdf.

(注5) European Union, "Limiting Global Climate Change to 2 Degrees Celsius," January 10, 2007, http://europa.eu/rapid/pressReleasesAction.do?reference=MEMO/07/16; および G8 Information Center, "Declaration of the Leaders: The Major Economies Forum on Energy and Climate," L'Aquila Summit, July 9, 2009, www.g8.utoronto.ca/summit/2009laquila/2009-mef.html を参照。

(注6) 2℃目標の歴史的背景に関するすぐれた解説は以下に含まれている。Carlo Jaeger and Julia Jaeger, "Three Views of Two Degrees," *Climate Change Economics* 1, no. 3 (2010): 145–166.

(注7) National Academy of Sciences, *Limiting the Magnitude of Future Climate Change* (Washington, DC: National Academies Press, 2010).

(注8) 氷床コアデータは南極大陸の気温の推定を示しているが、それによれば、2万年前の氷期極大期の平均気温は、今の時代よりもおよそ8℃低かった。最終氷期極大期のころの地球温暖化の程度については詳しくわかっていない。『IPCC 第4次評価報告書』では、それ以降の温度上昇を4～7℃としている。IPCC, *Climate Change 2007: The Physical Science Basis* (Cambridge: Cambridge University Press, 2007), 451 を参照。氷期サイクルに関する最近の研究では、気温差について4℃をやや下回る程度としている。Jeremy D. Shakun, Peter U. Clark, Feng He, Shaun A. Marcott, Alan C. Mix, Zhengyu Liu, et al., "Global Warming Preceded by Increasing Carbon Dioxide Concentrations during the Last Deglaciation," *Nature* 484 (2012): 49–54 を参照。ここでは合理的なコンセンサスとして、5℃という値をとる。次に、倍率を5/8と仮定し、南極の気温を全球平均気温に変換した。これは大きな振れ幅を導き出すと思われるが、より細かい変化を正確に示すことはない。この方法を提案してくれたリチャード・アレイに感謝する。

(注9) 近世より前の気温の推定には、気温の「プロキシ」(代理指標データ) を使う。最も一般的に使われる、大昔の気温のプロキシは、グリーンランド、南極、その他の氷床から採取した氷床コアである。データはいくつかの科学者チームによって、長い年月をかけて復元されている。主な参考文献は J. R. Petit et al., "Climate and Atmospheric History of the Past 420,000 Years from the Vostok Ice Core,

している。これによって導き出される実質割引率は年1.4%である。低割引率の前提条件の大きな特徴は、純粋時間選好率と消費の限界効用弾力性が低い値をとることである。このアプローチは英国政府によって採用されている。HM Treasury, *The Green Book: Appraisal and Evaluation in Central Government* (London: TSO, 2011), www.hm-treasury.gov.uk/d/green_book_complete.pdf.

(注4) 気候モデル研究の中で使われる経済予測の大半は、生活水準が今後数十年間で急激に向上するという前提を置いていることを思い出してほしい。これを数字を使って説明するために、平均消費支出が次の100年で年1.5%の割合で上昇するとしよう。その場合、世界の1人当たり所得はおよそ1万ドルから4万4000ドルに増加する。つまり、費用と便益を比較する際、我々は相対的に貧しい今日の人々と、相対的に豊かな100年後の人々を比べているのである。

(注5) 多少古いものではあるが、さまざまな資産の利益率に関する分析は、Arrow et al., "Intertemporal Equity, Discounting, and Economic Efficiency" を参照。

(注6) 最初の引用文は、Office of Management and Budget (OMB), Circular A-94 revised, October 29, 1992から、二つめの引用文はCircular A-4, September 17, 2003から抜粋した。これはホワイトハウスのウェブサイト、現時点ではwww.whitehouse.gov/omb/circulars_a094から入手が可能。

(注7) データは世界銀行の *World Development Indicators*, http://databank.worldbank.org/ddp/home.doから入手した。

(注8) 割引について研究する専門家は、この点においてさらに二つの疑問を呈している。第一に、割引率は時間の経過に関係なく一定であるべきだろうか。そして、割引率は長期的な不確実性をどう反映したらよいのだろうか。これらの問題に対するコンセンサスは存在しないが、大半の専門家は、割引率は時間の経過とともに低下するだろうとの見解をもっている。最大の根拠は、ほとんどの予測が人口増加率の低下を見込んでおり、中には長期的な技術革新の減速を予見しているものもあるということだ。景気が減速すると、貯蓄のうち資本深化に回される分が増え、資本利益率が低下する傾向がある。不確実性の扱いはより複雑であり、リスクや不確実性の原因によって変わる。我々が将来の経済成長について不確実だと感じれば、低い割引率を適用された結果を重視する傾向が出てくる。そちらのほうが高い割引率の経路を上回るからである。多くのモデリングアプローチにおいて、これはさまざまなシナリオの平均割引率を低下させる傾向がある。この二つの影響は極めて長期間に表れるものであり、投資期間が何十年、あるいは何百年にも及ぶ場合である。一般には、回避された将来の損失の価値を増加させるというのが正味の影響である。このテーマに関するすぐれた分析は、以下を参照。Christian Gollier, *Pricing the Planet's Future: The Economics of Discounting in an Uncertain World* (Princeton, NJ: Princeton University Press, 2012).

(注9) Tjalling C. Koopmans, "On the Concept of Optimal Economic Growth," *Academiae Scientiarum Scripta Varia* 28, no. 1 (1965): 225–287.

第17章　気候政策の変遷

(注1) National Research Council, *Limiting the Magnitude of Future Climate Change*, America's Climate Choices series (Washington, DC: National Academies Press, 2010), http://dels.nas.edu/resources/static-

およびEMF-22の調査結果をまとめたもの。

（注6）ボトムアップモデルがときにコストを過小評価する事例を紹介する。発電所による二酸化炭素排出削減費用を推定する際、モデルはすべての発電所を新設のものと仮定することが多い。これは、高排出の石炭火力発電所よりも、低排出の天然ガス火力発電所にとって非常に有利に働く。実際、既設の資本の場合には、石炭の発電コストは新設の天然ガス発電所よりも低い。そのためボトムアップモデルは、実際に経済の資本構造に当てはまらないところで、排出削減を負の費用として算出することになる。

（注7）計算は、2010年版の地域的RICEモデルを使って著者がおこなったもの。

（注8）EMFの結果はLeon Clarke et al., "International Climate Policy Architectures: Overview of the EMF 22 International Scenarios," *Energy Economics* 31 (2009): S64–S81に含まれている。RICEモデルとの比較は難しい。EMFの推定値は京都議定書で定められたガスのみを対象としたもので、エアロゾルやその他の影響因子は含まれていないからだ。そのため、EMFの推定は気温上昇を過大に見積もっている可能性がある。

第16章　割引と時間の価値

（注1）経済学の割引と視覚との興味深い違いが一つある。目標物の大きさは、宇宙では距離に反比例し、金融では時間の指数関数に反比例する。そのため、金融的な視点は曲線を描く。

（注2）記述的アプローチと規範的アプローチの比較については、IPCC Second Assessment Reportの中で詳しく論じられ、分析されている。Kenneth J. Arrow et al., "Intertemporal Equity, Discounting, and Economic Efficiency," in *Climate Change 1995: Economic and Social Dimensions of Climate Change,* Contribution of Working Group III to the Second Assessment Report of the Intergovernmental Panel on Climate Change, ed. J. Bruce, H. Lee, and E. Haites, 125–144 (Cambridge: Cambridge University Press, 1995)を参照。

（注3）早くから非常に低い割引率を提唱していたのは、William Cline, *The Economics of Global Warming* (Washington, DC: Institute of International Economics, 1992)である。同じ規範的アプローチ擁護派で有名なのは、スターン・レビューだ。Nicholas Stern, *The Economics of Climate Change: The Stern Review* (New York: Cambridge University Press, 2007). これらの研究は、経済成長に関する前提と、財に対する低割引率の要因である世代間の衡平性の併用を支持していた。スターン・レビューの計算について詳しく知りたい読者向けに、簡単にまとめておく。人口はゼロ成長、1人当たり消費支出はg％で安定的に増加、外部性もリスクも税金も市場の失敗も存在しないという前提を置く。分析には、最適経済成長モデルであるラムゼー・キャス・クープマンスモデルを使用する。モデルは、純粋時間選好率（ρ）と、消費の限界効用弾力性または不平等回避（α）という、二つの選好パラメータに基づいている。後者は、消費が増えるにつれて1人当たり消費支出の限界効用が減少する率を示すパラメータである。社会厚生が最適化された状況では、長期均衡における最適経路は$r = \alpha g + \rho$（rは資本利益率）によって求めることができる。スターン・レビューでは、$g = 0.013$／年、$\alpha = 1$と設定されている。純粋時間選好率は、小惑星の衝突により人類が滅亡する可能性を反映させ、$\rho = 0.001$／年と仮定

ストがかかるという。宇宙エレベーターが何らかの影響を与えるようになるには、まだ多くの研究が必要だ。

第15章　気候変動抑制のコスト

（注1）計算の詳細は次の通り。(1) 我が家の旧式の冷蔵庫は年間1000 kWhの電力を消費するが、新型冷蔵庫の年間電力消費量は500kWhとなっている。(2) ここでは、1000kWh発電するごとに0.6トンの二酸化炭素が排出されると仮定する。よって新型冷蔵庫は年間で0.3トンの二酸化炭素を削減する。(3) 電気代を0.1ドル／kWh、冷蔵庫代を1000ドルとする。10年間の総費用（割引なし）は、新しい冷蔵庫の代金1000ドルから、節約される電気代50ドル／年を差し引いた、500ドルとなる。(4) したがって、割引率がゼロの場合、二酸化炭素を1トン削減するための費用は500ドル÷3＝163ドルとなる。(5) 電気代の節約や二酸化炭素の削減はいずれも将来の話であるため、これに割引が加わると話は複雑になる。旧式冷蔵庫の取り替え費用の現在価値を考えてみよう。これは、$V = 1000 - 50/(1.05) - 50/(1.05)^2 - \cdots - 50/(1.05)^9 = 595$ に等しい。したがって、割引ありの場合、二酸化炭素1トン当たりの削減費用は595ドル÷3＝198ドルとなる。この計算では、二酸化炭素削減量に対する割引率は適用していない。

（注2）著者による計算。

（注3）メタンや「ブラックカーボン」削減の効果に関する重要な研究は、Drew Shindell et al., “Simultaneously Mitigating Near-Term Climate Change and Improving Human Health and Food Security,” *Science* 335, no. 6065 (2012): 183–189で読むことができる。後述の対策をすべて講じれば、2070年までに世界平均気温をおよそ0.5℃下げることが期待でき、しかもその効果は、はるかにコストが高い二酸化炭素削減策を実施した場合と同じだと言うのだ。著者たちが提案した対策とは次の通り。(1) 主に農場規模での牛豚糞尿の嫌気性消化を通じた、家畜からのメタンガス発生量の抑制、(2) EUの排ガス規制「ユーロ6VI」の世界的導入に向けた動きの一つとして、オンロード車とオフロード車へのディーゼル粒子フィルタの搭載、(3) 農業廃棄物の野外焼却禁止、(4) 開発途上国における、伝統的なバイオマス調理ストーブから、近代的な燃料を使った環境にやさしいストーブへの移行、(5) 関連ガスを放出する代わりに広範囲にわたる回収と利用、および石油や天然ガスの生産時における逸散排出の抑制強化、(6) リサイクル、堆肥の生成、嫌気性消化を通じた生物分解性廃棄物の分離と処理、並びに燃料と利用を伴う埋め立て処分場ガス回収。この中のいくつかは、何億という世帯の活動への包括的な介入を必要とするが、それ以外はより簡単に実行に移すことができる（この段落は、同文献のSupporting Online Material, Table S1からほぼそのまま引用した部分的なリストである）。

（注4）推定は、基準ランと「世界的なオフセットがない場合」のランを比較している。U.S. Energy Information Administration, “Energy Market and Economic Impacts of H.R. 2454, the American Clean Energy and Security Act of 2009,” Report SR-OIAF/2009-05, August 4, 2009, www.eia.doe.gov/oiaf/servicerpt/hr2454/index.htmlを参照。

（注5）曲線はさまざまな出所から得たものを著者が取りまとめた。ボトムアップモデルは主にIPCC, Fourth Assessment Report, *Mitigation,* p. 77に基づいている。トップダウンモデルはRICE-2010モデル

Sciences, *Limiting the Magnitude of Future Climate Change* (Washington, DC: National Academies Press, 2010). www.nap.edu から無償で閲覧が可能。特に第３章の要約を参照。より詳細な情報が盛り込まれた、さまざまな部門に関する委員会報告書もある。

（注７）Energy Information Administration, "Levelized Cost of New Generation Resources in the Annual Energy Outlook 2011," www.eia.gov/oiaf/aeo/electricity_generation.html. 1kWh 当たりの排出量の推定は、Environmental Protection Agency, www.epa.gov/cleanenergy/energy-and-you/affect/air-emissions.html から入手。

（注８）これらの推定は、イェール DICE-2012 モデルを使っておこなわれた。中程度の複雑性を有する五つのモデルを使った場合のこのシナリオの推定は、IPCC, Fourth Assessment Report, *Science*, p. 826 で見ることができる。

（注９）*The Future of Coal: Options for a Carbon-Constrained World*, Massachusetts Institute of Technology, 2007, http://web.mit.edu/coal/The_Future_of_Coal.pdf を参照。

（注 10）Ibid.

（注 11）技術的な説明といくつかの有用な参考文献については、D. Golomb et al., "Ocean Sequestration of Carbon Dioxide: Modeling the Deep Ocean Release of a Dense Emulsion of Liquid CO2-in-Water Stabilized by Pulverized Limestone Particles," *Environmental Science and Technology* 41 (2007): 4698–4704, http://faculty.uml.edu/david_ryan/Pubs/Ocean%20Sequestration%20Golomb%20et%20al%20EST%202007.pdf を参照。

（注 12）Freeman Dyson, "The Question of Global Warming," *New York Review of Books* 55, no. 10 (June 12, 2008).

（注 13）人工樹木はもう何年もの間「情報」段階のままである。実際のところ、現時点での提案は、二酸化炭素濃度を低下させるために広大な土地と大量の機材を必要とする、工業的な化学処理だ。大規模実証実験はおこなわれていない。ラックナーの人工樹木に関する記述は、ラックナーの "Air Capture and Mineral Sequestration," February 4, 2010 から引用。これは発表されていないが、以下から閲覧が可能である。http://science.house.gov/sites/republicans.science.house.gov/files/documents/hearings/020410_Lackner.pdf.

（注 14）Ray Kurzweil, *The Singularity Is Near: When Humans Transcend Biology* (New York: Viking, 2005) を参照。懐疑的な人は、1960 年に、携帯電話よりもはるかに処理能力の低いコンピューターが一つの部屋を占領していたことを思い出してほしい。カーツワイルは、薄膜太陽電池のコストは将来大きく下がり、我々はそれを衣服に取りつけ、発電することができるようになると主張している。さらに、巨大な太陽光パネルを宇宙に設置し、マイクロ波を使って地球にエネルギーを送り返すことができるようになるとも訴えている。カーツワイルはどのようにして資材を宇宙に運ぶつもりなのだろうか。これには宇宙エレベーターを使うのだそうだ。宇宙エレベーターは「船のアンカーから静止軌道のはるか外側の平衡錘まで伸びる、カーボンナノチューブ複合物という素材からできた薄い帯」であると説明されている。話を地球に戻すと、宇宙エレベーターに関する最近の研究によれば、それはスペースシャトルと同じくらい高価なもので、宇宙に資材を送るには１キログラム当たりおよそ 1000 ～ 5000 ドルのコ

Warming: Mitigation, Adaptation, and the Science Base (Washington, DC: National Academies Press, 1992). さまざまな気候工学的アプローチや、太陽放射管理と二酸化炭素除去の違いに関する、有用でより新しい情報は、英国王立協会による報告書 *Geoengineering the Climate: Science, Governance and Uncertainty,* September 2009, RS Policy document 10/09 で見ることができる。

（注 4） 有用なモデル推定と論文は Katharine L. Ricke, M. Granger Morgan, and Myles R. Allen, "Regional Climate Response to Solar-Radiation Management," *Nature Geoscience* 3 (August 2010): 537–541 で見ることができる。

（注 5） John von Neumann, "Can We Survive Technology," *Fortune* (June 1955).

（注 6） 気候工学の話は、気候科学や最新技術を備えた大気圏外の鏡の設計にとどまらない。政治的、社会的側面が、著名な論文の中で注目されている。Edward A. Parson and David W. Keith, "End the Deadlock on Governance of Geoengineering Research," *Science* 339 (2013): 1278–1279. http://keith.seas.harvard.edu/papers/163.Parson.Keith.DeadlockOnGonvernance.p.pdf から入手可能。

第 14 章　排出削減による気候変動の抑制——緩和策

（注 1） 長期的な予測は Goddard Institute for Space Studies, "Forcings in GISS Climate Model," http://data.giss.nasa.gov/modelforce/ghgases/ から入手。

（注 2） データは Carbon Dioxide Information Analysis Center, "Fossil-Fuel CO2 Emissions," http://cdiac.ornl.gov/trends/emis/meth_reg.html に基づいている。

（注 3） 価格は粗燃料の卸売価格である。排出率と価格はエネルギー情報局 www.eia.doe.gov から得た 2011 年の情報である。排出量に関しては www.eia.gov/environment/data.cfm#intl から、価格に関しては www.eia.gov/forecasts/aeo/er/index.cfm にある The Annual Energy Outlook および関連データを引用。

（注 4） 表内の数値は著者が算出したもの。経済における相互作用の複雑さから、これを計算するのは驚くほど難しい。計算は、エネルギー情報局が公開している家庭部門のエネルギー消費量からスタートする。ここでは、二酸化炭素の排出量はエネルギー消費量に比例すると仮定するが、厳密にはそうではない。飛行機移動と自動車移動の推定は、エネルギー情報局から入手したもの。

（注 5） アメリカでは、さまざまな財やサービスにどれだけの二酸化炭素やその他の温室効果ガスが含まれているかに関する情報が、統計機関によって詳しく調べられたことがない。これにはさまざまな産業の投入産出分析が必要となる。たとえば、運動靴の原材料となるゴムの生産に投入される石油はどれほどの量で、この運動靴はどのくらいの期間使用できるのかを判断する。ほとんどの推定では資本投入が除外されている。また、製品が輸入された場合、その輸入品の二酸化炭素含有量のデータは入手不可能である。文中の推定値は商務省によってまとめられた二酸化炭素投入産出表を使っているが、これは解釈上の問題を数多く抱えている。背景文書については以下を参照（特に表 A-63）。U.S. Department of Commerce, "U.S. Carbon Dioxide Emissions and Intensities over Time: A Detailed Accounting of Industries, Government and Households," Economics and Statistics Administration, September 20, 2010, www.esa.doc.gov/Reports/u.s.-carbon-dioxide.

（注 6） まずは全米科学アカデミーの委員会報告書から読み始めるとよい。National Academy of

二乗回帰による各気温の推定値の標準誤差を示している。

表 N-3

気温	1℃の気温変化当たりの増分損害額（対GDP比%）
1	-0.2（± 1.5）
2	2.0（± 1.5）
3	4.2（+ 1.5）
4	6.3（+ 3.2）

注：括弧内の数字は各気温に関する推定の標準誤差を示している。

（注 6）Penn World Table 6.3 によると、インドの 1 人当たり実質所得は 1950 ～ 2010 年の間に 5.9 倍に増加したが、中国の 1 人当たり所得は、用いられる基準により、15 ～ 33 倍に成長した。Alan Heston, Robert Summers, and Bettina Aten, "Penn World Table Version 7.1," Center for International Comparisons of Production, Income and Prices at the University of Pennsylvania, November 2012, from https://pwt.sas.upenn.edu/php_site/pwt71/pwt71_form.php を参照。

第 13 章　気候変動への対応――適応策と気候工学

（注 1）William Easterling, Brian Hurd, and Joel Smith, *Coping with Global Climate Change: The Role of Adaptation in the United States*, Pew Center on Global Climate Change, 2004, http://www.pewclimate.org/docUploads/Adaptation.pdf を参照。そこには次のように書かれている。「文献では、気候変動性に変化が見られないことを前提とし、かつ適応についても楽観的な仮説を立てた上で、『温暖化が想定範囲の下限の規模で発生した場合、アメリカ社会は全体として、純利益か多少のコスト負担で適応することができる』としている。しかし、もっと大規模な温暖化が発生した場合、適応に関してかなり楽観的な見通しを立てたとしても、多くの部門は正味の損失とコスト上昇に直面することになる。適応を難しくする、気候変動の規模や速度の閾値がどこかはよくわかっていない。加えて、アメリカが異常気象の頻度、強度、持続性の増大にどこまで耐えられるかも、定かではない」

（注 2）予測される海面上昇を相殺するのに十分な量の海水を 1000 フィート（およそ 300 メートル）の高さまで汲み上げ、南極氷床の上に放出するのにどのくらいのコストを要するか、想像してみてほしい。ポンプの効率が 85%で、0.00369 キロワット／ガロン／分／ ft-head のエネルギーが必要だと仮定する。また、この作戦では、海面換算で 10 センチメートル、合計で年に 8 × 1017 ガロンの海水を取り除くことが求められると仮定する。この年間海水量を数式に入れると、年間でおよそ 5 × 1013kWh ものエネルギーを必要とするという計算結果が得られる。これは、現在の世界総発電量の約 2 倍に相当する数字であり、今日の世界総生産のおよそ 10 倍のコストがかかることになる。

（注 3）気候工学に関する最初の詳しい論文は、1992 年に発行された、全米科学アカデミーの気候変動についての委員会報告書に含まれていた。National Research Council, P*olicy Implications of Greenhouse*

（注 16） Arthur Schopenhauer, *On the Basis of Morality,* trans. E. F. J. Payne (Providence, RI: Berghahn, 1955).

第 12 章　気候変動がもたらす損害の合計

（注 1） データは部門ごとの付加価値（売上高から、ほかからの仕入れ額を差し引いた額）に着目している。農業部門の場合、燃料や肥料の購入は除外されている。統計的に決定しなければならなかった重要な事項は、いかにして不動産業を「中程度の影響を受ける部門」と「軽度の影響を受ける部門」に分けるかという点だった。低平地は台風や洪水の被害を受けやすいことから、「中程度の影響を受ける」と想定している。また、イェール G-Econ データベースを使い、アメリカの経済生産と人口の 6％が海抜 10 メートルより低い場所に位置していると推定し（図表 9-3 参照）、中程度の影響を受ける不動産の割合を決める際の根拠として使用する。工業生産高に関するデータについては The U.S. Bureau of Economic Analysis, "Gross-Domestic-Product-by-Industry Accounts, 1947–2010," www.bea.gov/industry/gpotables/gpo_action.cfm を参照している。空間データは Yale University, "Geographically Based Economic Data (G-Econ)," http://gecon.yale.edu から入手している。

（注 2） データは世界銀行の *World Development Indicators,* http://data.worldbank.org/data-catalog/world-development-indicators から引用。

（注 3） 図表は Richard Tol, "The Economic Impact of Climate Change," *Journal of Economic Perspectives* 23, no. 2 (2009): 29–51 から引用したデータを使って著者が作成した。 RICE-2010 モデルの推定は著者自身によるもの。IPCC の推定値は第 3 次評価報告書に基づくもので、The Fourth Assessment Report, *Impacts,* Section 20.6.1 で引用された。

（注 4） 一部の研究では、推定値に「公正化のための重みづけ」を適用しており、低所得地域における 1 ドルの損害は高所得地域における 1 ドルの損害よりも大きな価値をもつものとして計算されている。これにより、通常は損害比が高まる。この点に関心のある読者のために、例を用いて説明する。A と B という二つの地域があるとする。1 人当たりの所得は、地域 A では 1 万ドル、地域 B では 5000 ドルである。この場合、公正化のため、地域Bにおける損害を地域Aにおける損害の 2 倍に重みづけをすることがある（社会的厚生関数が対数的性質を持つ場合、社会的厚生は消費の対数）。RICE-2010 モデルにおける相対的重みづけは若干異なるが、ここで報告した計算には大きな違いはない。図表 12-2 で示したような重みづけをしていない計算では、単に総損害額を用い、世界総所得で割る。公正化のための重みづけを適用した計算では、個人（もしくはより現実的に地域）の損害額を公正化のための比率で加重する。

（注 5） 表 N-3 は、温暖化による増分損害額を示している（Tol, "The Economic Impact of Climate Change" より）。増分損害額では、気温が 1 ℃上昇するごとに追加される損害額を計算する。推定には、トールの推定値に適合し、4℃まで外挿した二次関数を用いる。データは 3℃までの範囲しかカバーしていないため、それを超える推定は外挿となる点に留意してほしい。増分損害額は、1℃の気温変化当たりの損害額の変化を示しており、示された数値の 0.5℃下から 0.5℃上までの増分が算出される。つまり、3℃の推定値は 3.5℃の損害額から 2.5℃の損害額を引いた値と等しい。括弧内の数値は、最小生綱である。参考までに、既知種数は、哺乳動物（5490種）、鳥（1万27種）、サンゴ（837種）、針葉樹（618種）である。いくつかの分類群では、既知種数は推定よりもはるかに少ない。

（注6）Chris D. Thomas et al., "Extinction Risk from Climate Change," *Nature* (2004): 145–148を参照。

（注7）手法について示した代表的な研究には、Kent E. Carpenter et al., "One-Third of Reef-Building Corals Face Elevated Extinction Risk from Climate Change and Local Impacts," *Science* 321 (2008): 560–563がある。

（注8）この主張はあちこちで聞かれるが、資料による裏づけはなく、また明らかな間違いである。

（注9）David J. Newman and Gordon M. Cragg, "Natural Products as Sources of New Drugs over the 30 Years from 1981 to 2010," *Journal of Natural Products* 75, no. 3 (2012): 311–335. また、イェール大学の学生による研究報告書Hesu Yang and Gang Chen, "Economic Aspects of Natural Sources of New Drugs," April 2012（未発表）にも助けられており、本段落はこれに基づいたものである。

（注10）この段落の大部分は、以下から引用した。Paul Samuelson and William Nordhaus, *Economics,* 19th ed. (New York: McGraw-Hill, 2009). P・A・サムエルソン、W・D・ノードハウス共著『サムエルソン 経済学』（都留重人訳、岩波書店、1992年）

（注11）ケリー・スミスから寄せられた初稿へのコメントやこのセクションの改善案に、お礼を申し上げる。National Research Council, *Valuing Ecosystem Services: Toward Better Environmental Decision-Making* (Washington, DC: National Academies Press, 2004)は有益な評価報告書である。

（注12）D. F. Layton, G. M. Brown, and M. L. Plummer, "Valuing Multiple Programs to Improve Fish Populations," prepared for Washington State Department of Ecology, April 1999, www.econ.washington.edu/user/gbrown/valmultiprog.pdfを参照。

（注13）議論に関するすぐれた要約は、*Journal of Economic Perspectives* 26 (2012, Fall), www.aeaweb.org/articles.php?doi=10.1257/jep.26.4に掲載されている。不確実性に関する衝撃的な例がある。1989年のエクソンバルディーズ号原油流出事故のあと、二つの研究者チームが、訴訟に向けて損害額を評価するよう依頼された。一方のチームは、失われた経済的価値は49億ドルであるという見積もりを出した。ところがもう一方のチームは、推定損失額をたった380万ドルとした。最大の違いは、前者には非利用価値または外部性価値が含まれていたが、後者には含まれていなかったという点だ。考察については以下を参照。Catherine L. Kling, Daniel J. Phaneuf, and Jinhua Zhao, "From Exxon to BP: Has Some Number Become Better Than No Number?" *Economic Perspectives* 26 (2012, Fall): 3–26.

（注14）Sean Nee and Robert M. May, "Extinction and the Loss of Evolutionary History," *Science* 278, no. 5338 (1997): 692–694.

（注15）特に興味深いのがマーティン・ワイツマンによる一連の研究だが、その一つに「ノアの方舟問題」と呼ばれるものがある。これは、どの種を保存するかを選択するというテーマに関するものである。"Noah's Ark Problem," *Econometrica* 66 (1998): 1279–1298を参照。これ以外の基準に関する代表的な研究は、Andrew Solow, Stephen Polasky, and James Broadus, "On the Measurement of Biological Diversity," *Journal of Environmental and Economics Management* 24 (1993): 60–68を参照。今のところ、価値評価の作業におけるこうした基準の適用は、ほとんど成功していない。

Fossil Record," *Paleobiology* 25, no. 4 (1999, Fall): 434–439.

（注 3）今日の絶滅率の推定には大きなばらつきがある。実際の絶滅種数を数えた概算では、1600 年以降 1100 種、つまり毎年 3 種が絶滅しているとされた。Fraser D. M. Smith et al., "How Much Do We Know about the Current Extinction Rate?" *Trends in Ecology and Evolution* 8, no. 10 (1993): 375–378 を参照。モデルを使った理論計算では、毎年 12 万種が失われていると推定された。N. Myers, "Extinction of Species," in *International Encyclopedia of the Social and Behavioral Sciences* (New York: Pergamon, 2001), 5200–5202. また、国際自然保護連合（IUCN）によって作成されたレッドリストで詳しい数を調べることもできる。2011 ～ 2012 年にかけて、9 種が「絶滅」から「絶滅危惧 IA 類」以下に再分類された一方で、4 種が「絶滅危惧 IA 類」から「絶滅」あるいは「絶滅した可能性あり」に登録し直された。推定の高位値と低位値の差はおよそ 10 万倍にもなる。つまり、実際の絶滅種数の評価がそもそも極めて曖昧なのである。

（注 4）絶滅種を特定したり絶滅可能性を判断したりすることの難しさから、種への脅威の推定は特に不確実性が高い。最も包括的な推定は、国際自然保護連合（IUCN）のレッドリストによって示されている。IUCN では、「絶滅」「野生絶滅」「絶滅危惧 IA 類」「絶滅危惧 IB 類」「絶滅危惧 II 類」「軽度懸念」といういくつかのカテゴリーが設けられている。

絶滅の脅威に関する分析の大半は、絶滅危惧 IA 類から絶滅危惧 II 類までのすべてを含んでいる。カテゴリーに関する簡単な説明は次の通りである。「絶滅」と「野生絶滅」については、言葉の意味は明白だが、注 3 で示した通り、しばしば判断が難しい。その他のものについては定義が複雑だ。「絶滅危惧 IA 類」は、「五つの基準のうちいずれか」を満たすものを指す。この「五つの基準」を要約すると、(a) 現在または近い将来に個体数が 80%減少する、(b) 出現範囲が 100 km^2 未満、あるいは占有面積が 10 km^2 未満である、(c) 成熟個体数が 250 未満であり、かつ減少している、(d) 成熟個体が 50 未満である、(e) 野生における絶滅確率の定量的予測値が、10 年間あるいは 3 世代のどちらか長いほうで、50%以上である。

「絶滅危惧 IB 類」も同様であるが、類似の五つの定量的基準のいずれかを満たしている場合を指す。たとえば (e) の基準は、野生における絶滅確率の定量的予測値が、20 年間あるいは 5 世代のどちらか長いほうで 20%以上となっている。「絶滅危惧 II 類」にも似たような基準があるが、五つめの基準については、野生における絶滅確率の定量的予測値が 100 年以内に 10%以上となっている。この分類基準の大きな欠点は、それが主に野生の個体数を対象としているという点である。したがって、野生では脅威にさらされている植物が、人工の庭園で繁殖しているという可能性もある。

2012 年、IUCN が 6 万 3837 種の生物種を調査したところ、1 万 9817 種が絶滅の危機に瀕していることが明らかになった。うち、3947 種は絶滅危惧 IA 類、5766 種は絶滅危惧 IB 類、残りが絶滅危惧 II 類として登録された。

（注 5）この図表は Anthony D. Barnosky et al., "Has the Earth's Sixth Mass Extinction Already Arrived?" *Nature* 471 (2011): 51–57 を参考にしている。国際自然保護連合が定めるところの絶滅危惧種とは、絶滅危惧 IA 類、絶滅危惧 IB 類、絶滅危惧 II 類を指す。各グループの生物学的な呼び名（分類群）は、左から右に、鳥綱、軟骨魚綱、十脚目、哺乳綱、イシサンゴ目、爬虫綱、マツ綱、両の非技術的な概観を提示したもので、非常に読みやすい。

(注19) C. L. Sabine, R. A. Feely, R. Wanninkhof, and T. Takahashi, "The Global Ocean Carbon Cycle," *Bulletin of the American Meteorological Society* 89, no. 7 (2008): S58で事例を見つけることができる。また、S. Neil Larsen, "Ocean Acidification—Ocean in Peril," Project Groundswell, January 24, 2010, http://projectgroundswell.com/2010/01/24/ocean-acidification-ocean-in-peril/では図表を見ることができる。

(注20) Philip L. Munday et al., "Replenishment of Fish Populations Is Threatened by Ocean Acidification," *Proceedings of the National Academy of Sciences* 107, no. 29 (2010): 12930–12934を参照。それによると「高濃度の二酸化炭素にさらされる仔稚魚はより活動的で、自然のサンゴ礁生息地において非常にリスクの高い行動を示した。その結果、二酸化炭素濃度の上昇による死亡率の上昇に加え、捕食による死亡率も、実時間制御よりも5～9倍高まった」

第10章　ハリケーンの強大化

(注1) 本章の内容は、William Nordhaus, "The Economics of Hurricanes and Implications of Global Warming," *Climate Change Economics* 1, no. 1 (2010)に基づいている。代表的な科学的研究にはKerry A. Emanuel, "The Dependence of Hurricane Intensity on Climate," *Nature* 326 (1987): 483–485; およびThomas R. Knutson and Robert E. Tuleya, "Impact of CO2-Induced Warming on Simulated Hurricane Intensity and Precipitation: Sensitivity to the Choice of Climate Model and Convective Parameterization," *Journal of Climate* 17, no. 18 (2004): 3477–3495がある。

(注2) データは、国立気象局国家ハリケーンセンターの記録をもとに、著者が作成した。

(注3) Robert Mendelsohn, Kerry Emanuel, Shun Chonabayashi, and Laura Bakkensen, "The Impact of Climate Change on Global Tropical Cyclone Damage," *Nature, Climate Change*, published online January 15, 2012, doi: 10.1038/nclimate1357. データは著者たち" から提供されたもの。

(注4) 脆弱性の高い資本に関する推定はNordhaus, "The Economics of Hurricanes and Implications of Global Warming" から引用。資本ストックに関する推定は、U.S. Bureau of Economic Analysis, "National Economic Accounts" (www.bea.gov/national/index.htm#fixed)に基づいている。減価償却率については、Barbara M. Fraumeni, "The Measurement of Depreciation in the U.S. National Income and Product Accounts," *Survey of Current Business* (July 1997): 7–23, www.bea.gov/scb/pdf/NATIONAL/NIPAREL/1997/0797fr.pdfから入手。移転コスト推定の手順は、Gary Yohe et al., "The Economic Cost of Greenhouse-Induced Sea-Level Rise for Developed Property in the United States," *Climatic Change* (1996): 1573–1580でも使われている。

第11章　野生生物と種の消失

(注1) Anthony D. Barnosky et al., "Has the Earth's Sixth Mass Extinction Already Arrived?" *Nature* 471 (2011): 51–57. この論文では素晴らしい議論がなされており、文献目録には重要な背景文書が並んでいる。

(注2) M. E. J. Newman and Gunther J. Eble, "Decline in Extinction Rates and Scale Invariance in the

（注 8）これらは、イェール G-Econ データベースに基づき、著者が計算したもの。G-Econ データベースは、全世界の面積、人口、GDP のデータセットを構築している。Yale University, "Geographically Based Economic Data (G-Econ)," http://gecon.yale.edu を参照。

（注 9）イェール RICE モデルの海面上昇モジュールに関する記述は、William Nordhaus, Yale Department of Economics,（http://www.econ.yale.edu/~nordhaus/homepage/RICEmodels.htm）で見ることができる。

（注 10）特に、James Hansen et al., "Target Atmospheric CO2: Where Should Humanity Aim?" *Open Atmospheric Science Journal* (2008): 217–231 を参照。

（注 11）全世界の面積、人口、GDP のデータセットを構築するイェール G-Econ データベースに基づき、著者が計算。Yale University, "Geographically Based Economic Data (G-Econ)" を参照。

（注 12）人口が多いすべての地域の海抜と 1 人当たり所得の相関は、－ 0.09 である。2000 年の 1 人当たり平均所得は、レッドゾーンで 6550 ドル、レッドゾーンより海抜の高い地域で 6694 ドルだった。

（注 13）World Heritage Convention, "Operational Guidelines for the Implementation of the World Heritage Convention," http://whc.unesco.org/en/guidelines を参照。

（注 14）ケーススタディーは UNESCO, World Heritage Convention, *Case Studies on Climate Change and World Heritage* (Paris: UNESCO World Heritage Centre, 2007), unesdoc.unesco.org/images/0015/001506/150600e.pdf から閲覧が可能。

（注 15）たとえば、Andrea Bigano, Francesco Bosello, Roberto Roson, and Richard S. J. Tol, "Economy-wide Impacts of Climate Change: A Joint Analysis for Sea Level Rise and Tourism," *Mitigation and Adaptation Strategies for Global Change* 13 (2008): 765–791 は、2050 年の損害額を、世界総生産の 0.1% 未満と予測した。

（注 16）この重要なポイントは、ゲイリー・ヨーヒと彼の研究チームによる一連の先駆的研究によって証明された。たとえば Gary Yohe et al., "The Economic Cost of Greenhouse-Induced Sea-Level Rise for Developed Property in the United States," *Climatic Change* (1996): 1573–1580 を参照。

（注 17）海洋酸性化に関する研究は、まだ始まって間もない分野である。この現象は 10 年ほど前に大気科学者ケン・カルデイラによって、ほぼ偶然に発見された。その最初の研究の一つが Ken Caldeira and Michael E. Wickett, "Oceanography: Anthropogenic Carbon and Ocean pH," *Nature* 425 (2003): 365 である。その化学作用をかいつまんで説明すると、次のようになる。大気中の二酸化炭素が海水に溶け込み、炭酸（H_2CO_3）を形成する。この化合物は陽イオンである水素イオンを海水中に放出し、結果として pH を低下させる（海水は酸性に近づく）。この動きは通常、海水中に存在する陰イオンである炭酸イオン（CO_3^{2-}）の緩衝効果により相殺される。しかし、より多くの二酸化炭素がシステムに取り込まれるにつれ、緩衝機能を果たす炭酸イオンの量は減少する。これはまた、炭酸カルシウム（$CaCo_3$）の飽和度を低下させる。

（注 18）初期の研究の一つには Richard A. Feely et al., "Impact of Anthropogenic CO_2 on the $CaCO_3$ System in the Oceans," *Science* 305 (2004): 362–366 があった。また、Scott C. Doney et al., "Ocean Acidification: The Other CO2 Problem," *Annual Review of Marine Science* (2009): 169–192 は、この問題

長すると仮定している。2597地点の結果がある。G-Econデータベースはgecon.yale.eduから閲覧が可能。

（注12）IPCC, Fourth Assessment Report, *Impacts*, p. 409. これは数ある主張の一つであるが、いくつかは矛盾を抱えている。

（注13）Robert W. Snow and Judy A. Omumbo, "Malaria," *Disease and Mortality in Sub-Saharan Africa*, 2nd ed., ed. D. T. Jamison et al. (Washington, DC: World Bank, 2006), Chapter 14.

（注14）World Health Organization, *World Malaria Report 2011* (Geneva: WHO Press, 2011) を参照。

第9章　海洋の危機

（注1）第15章を参照。気候モデル間の差異を示したグラフについては、IPCC, Fourth Assessment Report, *Science*, p. 812, Figure 10.31 を参照。A1B シナリオの場合、2100年までの海洋の熱膨張は14～38センチメートルと推定されている。この推定幅の大きさは、主に気温の予測の違いから来るものだと思われる。

（注2）Christian Aid, *Human Tide: The Real Migration Crisis*, May 2007, www.christianaid.org.uk/images/human-tide.pdf.

（注3）Center for Naval Analyses, *National Security and the Threat of Climate Change*(Alexandria, VA: CNA Corporation, 2007), www.cna.org/nationalsecurity/climate/.

（注4）海面上昇に関する最新の推定は、さまざまな資料から入手したもの。陸氷に関しては、最近の研究で年間1.5ミリメートルとされているが、海洋の熱膨張についての推定は年間0.5ミリメートルである。RICE と IPCC のシナリオの比較は、図表9-1に示されている。これらの推定は IPCC, Fourth Assessment Report, *Science*, Chapter 5 および10から引用し、最新の推定値にアップデートしている。21世紀についての推定は、IPCC の SRES A1B シナリオに関するもの（Table 10.7, ibid., p. 820)。B2 シナリオについても同様の結果が見られる。モデルが示す熱膨張の範囲は、次の100年間で0.12～0.32メートルである。

（注5）広く引用される研究の中で、より急速な海面上昇の推定を示すのは Stefan Rahmstorf, "Sea-Level Rise: A Semi-Empirical Approach to Projecting Future Sea-Level Rise," *Science* 315 (2007): 368–370である。私が方程式を再評価しようとしたところ、それらは統計的に信頼できないことがわかった。気温係数の ρ 値は0.26である。21世紀にかけての海面上昇の予測誤差は、±2メートルほどである。説明は William D. Nordhaus, "Alternative Policies and Sea-Level Rise in the Rice-2009 Model," Cowles Foundation Discussion Paper No. 1716, August 2009で読むことができる。2013年のさらに詳しい推定は、過去のものよりもさらに大きな誤差を示した。

（注6）このフレーズは、全米科学アカデミーの委員会が発行した報告書にあった、印象的なタイトルである。The National Academy of Sciences, *Abrupt Climate Change: Inevitable Surprises* (Washington, DC: National Academies Press, 2002).

（注7）RICE-2011モデルは、2100年時点での海面上昇を0.73メートルと予測している。これは今日のモデルの中では上限の数値であるが、それでも Rahmstorf, "Sea-Level Rise," n. 89をわずかに下回っている。

al. の気候の前提条件と同じ気温レベルに到達する。そのため、これらを「2050 年の影響」とした。研究では GDP の成長率に関して異なる前提条件を用いたため、多少の矛盾が見られると思われる。ここでは、三つの疾病のいずれでも、「排出抑制なし」シナリオの上位反応を採用した。健康への影響については二つの推定値があったことに留意してほしい。一方では影響はゼロと推定され、他方では「中位」の推定値となっている。上位推定は単純に中位を 2 倍したものである。代わりに元の二つの推定値を平均した場合、その数字は示された数値の約 1.5 倍になる。すべての地域の推定は以下の表に示している（Christopher J. L. Murray and Alan D. Lopez, *Global Health Statistics,* [Cambridge, MA: Harvard School of Public Health, 1996] より）。

表 N-2

気候変動による健康リスクの増大	合計	下痢性疾患	マラリア	栄養失調
	1000 人当たりの DALY 損失			
アフリカ	14.91	6.99	7.13	0.80
地中海以東	1.06	0.61	0.06	0.39
ラテンアメリカ	0.26	0.24	0.03	0.00
東南アジア	4.53	2.34	0.02	2.18
西大西洋	0.35	0.27	0.08	0.00
北米および西ヨーロッパ	0.02	0.02	0.00	0.00
世界平均	3.09	1.56	0.85	0.69

健康リスクの増大がベースライン死亡リスクに占める割合	合計	下痢性疾患	マラリア	栄養失調
	気候変動による DALY 損失が全 DALY 損失に占める割合			
アフリカ	2.92	1.37	1.40	0.16
地中海以東	0.61	0.35	0.04	0.22
ラテンアメリカ	0.16	0.14	0.02	0.00
東南アジア	1.71	0.88	0.01	0.82
西大西洋	0.23	0.18	0.05	0.00
北米および西ヨーロッパ	0.01	0.01	0.00	0.00
世界平均	1.31	0.66	0.36	0.29

(注 9) 平均寿命に関するデータは、World Bank, World Development Indicators を参考にしている。

(注 10) 著者による計算。

(注 11) この推定は地域の人口や所得に関する詳細な推定値を使用しており、1°× 1°の解像度で見たときの人口と 1 人当たり GDP を含む、G-Econ（Geographically based Economic）データセットに基づいている。各グリッドの所得は、RICE-2010 モデルにおけるサハラ以南のアフリカ地域の平均伸び率で成

（注1）IPCC評価報告書のこのテーマに関する章の要約は以下の通り。「人間の健康にとって重要な気候変動に関連する曝露の予測されるトレンドは以下の通りである。子どもの成長と発育に関係するものを含む、栄養不良およびその結果として生じる疾患の増加。熱波、洪水、暴風雨、火災、干ばつによる死亡、疾病、傷害を被る人数の増加。いくつかの感染症媒介動物の分布域の継続的な変化。マラリアに関するさまざまな影響。地理的流行範囲が減少するであろうところもあれば、地理的流行範囲が拡大する、あるいは流行期間が変化するかもしれないところもある。下痢性疾患による負担の増加。地表面オゾンによる心臓・呼吸器系疾患の罹患および死亡の増加。デング熱のリスクにさらされる人数の増加。寒冷曝露による死亡の減少など、いくつかの便益をもたらす。しかし、世界全体の、特に開発途上国における、気温上昇による悪影響が、これらを上回るであろうと予想される」IPCC, Fourth Assessment Report, *Impacts,* p. 393.

（注2）Nicholas Stern, *The Economics of Climate Change: The Stern Review* (New York: Cambridge University Press, 2007), 89.

（注3）方法論についての詳細な説明はAnthony J. McMichael et al., *Climate Change and Human Health: Risks and Responses* (Geneva: World Health Organization, 2003) を参照。

（注4）後述の数値の詳細については次の通りである。推定は、適応度が低く、排出量が規制されないシナリオに基づいている。WHOの研究における気温の想定は、本書の第I部で考察した経済モデルが2050年前後に予測した排出量、気温と一致する。そのため、これらを2050年段階での影響とみなす。影響の度合が示されており（低、中、高）、ここでは影響度の高いものを、ほかのケースの議論も交えながら紹介している。推定は2004年の人口と死亡率に基づいているが、次の50年間で所得がいくらか向上することを前提としている。

（注5）DALYの概念を用いた世界の疾病負荷に関する推定は、Christopher J. L. Murray and Alan D. Lopez, *Global Health Statistics* (Cambridge, MA: Harvard School of Public Health, 1996) を参照。DALYに関するデータはWHOが公表しており、http://www.who.int/gho/mortality_burden_disease/daly_rates/en/ で閲覧することができる。学者の中には質調整生存年（quality adjusted life years = QALY）を好む人もいるが、健康の「質」的側面を測定することの難しさから、公衆衛生専門家たちの間では一般的にDALYが重視されている。

（注6）Guy Hutton et al., "Cost-Effectiveness of Malaria Intermittent Preventive Treatment in Infants (IPTi) in Mozambique and the United Republic of Tanzania," *Bulletin of the World Health Organization* 87, no. 2 (2009): 123–129.

（注7）Anthony J. McMichael et al., *Climate Change and Human Health* のデータに基づく著者の計算。

（注8）推定値を算出するにあたっては、McMichael et al., *Climate Change and Human Health* の中で2030年のものとして導き出された主な原因の相対リスクの上限推定値を選び、Anthony J. McMichael et al., *Climate Change and Human Health: Risks and Responses* (Geneva: World Health Organization, 2003) の中で2004年のものとして引用されている、WHOデータのベースライン死亡リスクに当てはめた。気温の推定値はイェールRICE-2010ベースラインから得たもので、2050年に、McMichael et

（注 6）Stern, *The Economics of Climate Change*, 85–86.

（注 7）IPCC, Fourth Assessment Report, *Impacts*, pp. 10–11.

（注 8）たとえば、Robert Mendelsohn and Ariel Dinar, *Climate Change and Agriculture: An Economic Analysis of Global Impacts, Adaptation, and Distributional Effects* (London: Edward Elgar, 2009); and Ariel Dinar, Robert Mendelsohn, R. Hassan, and J. Benhin, *Climate Change and Agriculture in Africa: Impact Assessment and Adaptation Strategies* (London: EarthScan, 2008) を参照。

（注 9）農業分野の適応に関するすぐれた研究は、Norman Rosenberg, "Adaptation of Agriculture to Climate Change," *Climatic Change* 21, no. 4 (1992): 385–405 である。

（注 10）IPCC, *Climate Change 2007: Impacts, Adaptation, and Vulnerability* (Cambridge: Cambridge University Press, 2007), p. 286 に基づき、著者が改めて作成した。

（注 11）図表によれば、適応策の実施は、策を講じなかった場合に比べて、収量を約 20%も増加させる。大気中の二酸化炭素濃度の上昇を利用した施肥のほかに、重要な適応策にはどのようなものがあるだろうか。実は、通常の研究で検討される適応策は比較的限られている。作物の変更や新たな品種の導入はたいてい含まれておらず、農地の転用について言及されることはないに等しい。さらに、適応を促進する技術革新についても考慮されることはない。経済的観点から言えば、今後数年間で何の適応策も講じられなかったとすれば、それは非常に驚くべきことであり、ほとんどの研究で想定されている適応策の数は、現実的な予測の下限寄りである。研究は、農場が極めて人為的に管理されている状況において、今後数十年間で講じられることになるであろう実際の適応策の幅を過小評価する可能性がある。

（注 12）データは Bureau of Economic Analysis, Table 1.3.4, www.bea.gov から入手し、GDP 全体に対する農業部門の付加価値額の比率を参考にしている。

（注 13）IPCC, Fourth Assessment Report, *Impacts*, p. 297 を参照。気温上昇幅を 3℃とした場合の食料価格について、二つのモデルは 15%程度の上昇、ほかの二つのモデルは 10%前後の低下、もう一つのモデルは変化なしという結果を示した。

（注 14）理由は以下の通り。2008 年の世界の小麦生産量は 6 億 8000 万トンで、そのうちのおよそ 1000 万トンがカンザス州で生産された。カンザス州の生産量が 10%減少すると、価格は 0.5%ほど上昇すると推定される。これによって引き起こされる小麦製品の価格上昇は、0.1%未満である。

（注 15）アメリカに関するデータは Bureau of Economic Analysis, NIPA Table 1.3.5 (www.bea.gov) から入手したもの。国別グループのデータは世界銀行の World Development Indicators, http://data.worldbank.org/data-catalog/world-development-indicators を参考にしている。

（注 16）計算では、消費者厚生は農産品、非農産品ともに対数線形効用関数であると仮定している。効用関数におけるシェアは、GDP における農業総産出額のシェアを使って調整される（データは Bureau of Economic Analysis, NIPA Table 1.3.5 より）。食糧価格には非農産品インプットが多く含まれ、シェアが大きくなっている。このモデルでは、非加工食品の価格弾力性を－１と仮定している。弾力性がこれより小さいと仮定した場合、影響の規模と低下の幅はそれに比例して大きくなる。

(注 3) しかしながら、IPCC 評価報告書で挙げられている主な問題のいくつかは、実際のところ極めて人為的であり、したがって長期的な懸念となる可能性が低いため、図表 6-1 の説明は若干異なっている。たとえば、影響に関する研究の大部分は農業に関するものだが、農業は次第に人為性を増し、経済活動や人間活動に占める割合は低下しつつある。同様に、健康被害に関する説明は、保健医療システムに対して非常に凝り固まった視点をもっている(第 8 章参照)。また、一部の報告書では移住による負の影響のみを強調し、それが所得ショックや環境ショックによる打撃を受けた地域の負荷を取り除くための重要な安全弁としても機能しているという点を見過ごしている。このリストは主に IPCC, *Climate Change 2007: Impacts, Adaptation, and Vulnerability* (Cambridge: Cambridge University Press, 2007) に基づくもので、中でも「政策決定者向け要約」と生態系に関する章を参考にしている。

(注 4) 非常に野心的な温度目標(産業化以前からの気温上昇がおよそ 1.5℃)を支持する詳しい論拠は、J. Hansen, M. Sato, R. Ruedy, P. Kharecha et al., "Dangerous Human-Made Interference with Climate: A GISS Model Study," *Atmospheric Chemistry and Physics* 7 (2007): 2287–2312 の中で気候学者たちによって示されている。

第 7 章　農業の行く末

(注 1) 経済成長と気候変動に関する結論は、RICE-DICE モデルに限らず、すべての統合評価モデルで共通している。この点は二つの事例から知ることができる。気候変動の経済学に関する、かの有名なスターン・レビューは、一般的に極めて悲観主義的と考えられているが、21 世紀から 22 世紀にかけての平均経済成長率に関しては、DICE モデルが示したよりもさらに急激な伸びを予想した。同レビューによって推定された損害を考慮しても、平均生活水準はこの時期少なくとも 11 倍以上向上するとされている。Nicholas Stern, *The Economics of Climate Change: The Stern Review* (New York: Cambridge University Press, 2007), Chapter 2 を参照。もう一つの例は、EMF-22 モデル比較研究(第 I 部の議論を参照)で使用された複数のモデルである。2000 ~ 2100 年における 1 人当たり GDP 成長率の想定を平均したところ、年 1.7% だった。すべてのモデルによるすべての地域の成長率を見ると、最も低いもので年 0.7% だった(MESSAGE モデルによるアメリカに関する前提)。低所得国に関しては、平均成長率は年 2.3% という前提だった。

(注 2) 消費と気候に関するデータは、イェール RICE-2010 モデル実験から得たもの。

(注 3) これは、本書にたびたび登場する複利と複利成長率の威力を示す、よい例である。何かの成長率を推定する際にしばしば使われるのが「70 の法則」だ。この法則によれば、あるものが年率 x % で (70/x) 年間成長すると、数量は倍になる。たとえば、1 人当たり GDP が年 2% の割合で成長する場合、それは 35 年後に倍になる。これが 35 年× 6 回分、つまり 210 年間続けば、1 人当たり GDP は (2 × 2 × 2 × 2 × 2 × 2) = 64 倍に増加する。200 年間で 15.3 倍に成長するという成長シナリオは、実際には年率 1.37% である。

(注 4) こう結論づける専門家の一人はハーマン・デイリーである。Herman Daly, ed., *Steady-State Economics,* 2nd ed. (Washington, DC: Island Press, 1991).

(注 5) Justin Gillis, "A Warming Planet Struggles to Feed Itself," *New York Times,* June 4, 2011.

広い値を示していることに注目してほしい。我々は氷床をはじめとした重大な臨界現象のプロセスの動態をよく理解していないのだ。４列めは、各項目の重要性に関する定性評価を示している。星印の数は、臨界点を越えることによる懸念レベルを表している。星印が三つの項目には、特に注意を払うべきある。

以下は、各臨界現象に関する簡単な説明である。ほとんどはLenton et al.,"Tipping Elements" からそのまま抜粋したものだが、一部は簡略化のために編集してある。(1) 夏季の北極海氷……夏季の北極地域における氷の消失。(2) サハラ・サヘル及び西アフリカ地域のモンスーン……サハラ・サヘル地域における、降雨パターンの変化をきっかけとした緑化の進行。(3) アマゾン熱帯雨林……アマゾン熱帯雨林の枯死。現在の面積の少なくとも半分が、雨緑林、サバンナ、または草原に変わる。(4) 北方林……北方林（極北の針葉樹林）の枯死。開けた林地や草原への転換が進むことにより、世界における北方林の総面積（温暖化による樹林帯の北上により、今後加わると予想される面積も含む）が少なくとも半減する。(5) 大西洋の熱塩循環……ラブラドル海における対流の永久的な停止や、グリーンランド・スコットランド海嶺を越えて流れ出る深層水の80%以上の減少を伴った、大西洋深層循環の変化。(6) エルニーニョ・南方振動（ENSO）……ENSOの平均状態からエルニーニョ的な状態への移行。(7) グリーンランド氷床……グリーンランド氷床の融解が進み、大部分に氷がないという新たな状態への移行。(8) 西南極氷床……西南極氷床の崩壊により、西南極が群島になるという新たな状態への移行。

この記述は、一部Lenton et al.,"Tipping Elements" に基づいている。Katherine Richardson, Will Steffen, and Diana Liverman, eds., *Climate Change: Global Risks, Challenges and Decisions* (New York: Cambridge University Press, 2011), 186では、情報がアップデート、簡素化されている。

（注12）IPCC, Fourth Assessment Report, *Science*, p.342（氷床に関するデータ）。

（注13）ibid, Chapter 6 および10.

（注14）研究によれば現在の氷の体積の20%、60%、100%という三つの均衡点が存在する。Alexander Robinson, Reinhard Calov, and Andrey Ganopolski, "Multistability and Critical Thresholds of the Greenland Ice Sheet," *Nature Climate Change* 2 (2012): 429–432.

（注15）Frank Pattyn, "GRANTISM: An Excel Model for Greenland and Antarctic Ice-Sheet Response to Climate Changes," *Computers and Geosciences* (2006): 316–325.

（注16）危険な坂道は、ヒステリシス挙動を伴うシステムがどう反応するかを示す、極めて単純化された例である。「ヒステリシス」とは、結果が経路依存的であることを意味する。たとえば、棒を手に取って曲げ、手を離したとき、どういうことになるかは、破壊点を超えて曲げたかどうかによって変わってくる。

第6章　気候変動から影響まで

（注1）これらはIPCC, Fourth Assessment Report, *Impacts* の章の見出しである。

（注2）Jared Diamond, *Collapse: How Societies Choose to Fail or Survive* (New York: Viking, 2005). ジャレド・ダイアモンド著『文明崩壊――滅亡と存続の命運を分けるもの』（楡井浩一訳、草思社文庫、2012年）

計でおよそ15メートルも上昇した。原因はいまだに解明されていないが、不安定な西南極氷床が関係している可能性もある。Pierre Deschamps et al., "Ice-Sheet Collapse and Sea-Level Rise at the Bølling Warming 14,600 Years Ago," *Nature* 483 (March 2012): 559–564を参照。

(注7) IPCC, Fourth Assessment Report, *Science*, Table 7.4, p. 535およびその前後の説明を参照。

(注8) この主張はJames Hansen et al., "Target Atmospheric CO2: Where Should Humanity Aim?" *Open Atmospheric Science Journal* 2 (2008): 217–231で示されている。

(注9) この説明は以下に基づいている。"The Coral Reef Crisis: Scientific Justification for Critical CO2 Threshold Levels of < 350ppm," Output of the technical working group meeting, Royal Society, London, July 6, 2009 (http://www.bioclimate.org/references/2140)

(注10) Timothy M. Lenton et al., "Tipping Elements in the Earth's Climate System," *Nature* 105, no. 6 (2008): 1786–1793.

(注11) 表N-1は、臨界点とそのタイミングについての詳細なリストである。

主な臨界点が、発生が予想されるタイミング順に並べられている。一つの重要な要素は、臨界点に到達すると思われる気温上昇幅である。臨界点は、カヌーの転覆のようにあっという間の出来事ではなく、いわゆるスローモーションのように、ゆっくりと発生するかもしれない点に留意してほしい。1列めは、簡略化された臨界点の一覧である。このうちのいくつかについてはすでに説明済みだが、それ以外は基本的に改めて解説するまでもない事柄だ。より詳しい記述については次の通りである。これらの臨界点は、2列めに示されている発生の時間軸によって、近いものから順に並べ替えられている。夏季の北極海氷の一部減少または完全消失など、いくつかの臨界現象はかなり近い将来に起きると予想されている。グリーンランドや南極の巨大氷床に関係するものをはじめ、ほかの現象は、何百年というタイムスケールで発生すると予測されている。

表N-1

限界点	時間軸(年)	気温上昇の閾値	懸念レベル(最も懸念される=＊＊＊)	懸念
夏季の北極海氷	10	+0.5－2℃	＊	温暖化の増幅、生態系
サハラ・サヘルおよび西アフリカ地域のモンスーン	10	+3－5℃	＊＊	雨季
アマゾン熱帯雨林	50	+3－4℃	＊＊＊	生物多様性の消失
北方林	50	+3－5℃	＊	生物群系の変化
大西洋の熱塩循環	100	+3－5℃	＊＊	局地的な寒冷化
エルニーニョ・南方振動	100	+3－6℃	＊＊	干ばつ
グリーンランド氷床	>300	+1－2℃	＊＊＊	2～7メートルの海面上昇
西南極氷床	>300	+3－5℃	＊＊＊	5メートルの海面上昇

3列めは特に重要な、臨界点への到達が予想される気温上昇幅を示している。ほとんどの臨界点が幅

Nature 485 (May 10, 2012): 164–166 である。極端な現象に関しては、Christopher B. Field et al., eds., *Managing the Risks of Extreme Events and Disasters to Advance Climate Change Adaptation: Special Report of the Intergovernmental Panel on Climate Change* (Cambridge: Cambridge University Press, 2012), www.ipcc-wg2.gov/SREX/ から引用。

（注 14）MIT ルーレット盤の写真は、David Chandler, "Climate Change Odds Much Worse Than Thought," MIT News, May 19, 2009, http://web.mit.edu/newsoffice/2009/roulette-0519.html で閲覧できる。

第 5 章　気候カジノの臨界点

（注 1）気温の代理指標は GISP2 氷床コアの分析から得られたもの。データは R. B. Alley, *GISP2 Ice Core Temperature and Accumulation Data*, IGBP PAGES/World Data Center for Paleoclimatology Data Contribution Series #2004-013, NOAA/NGDC Paleoclimatology Program, Boulder, CO, 2004（http://www1.ncdc.noaa.gov/pub/data/paleo/icecore/greenland/summit/gisp2/isotopes/gisp2_temp_accum_alley2000.txt）から引用。

（注 2）この概念は Johan Rockstrom et al.,"Planetary Boundaries: Exploring the Safe Operating Space for Humanity," *Ecology and Society* 14, no.2 (2009), www.ecologyandsociety.org/vol14/iss2/art32/ から引用。

（注 3）この図表の作成に協力してくれたイェール大学の学生たちに感謝する。

（注 4）急激な気候変動の時間的な側面を理解するのに有効な定義がある。「厳密に言うと、急激な気候変動は、気候システムが閾値を超え、それがきっかけとなって新たな状態に移行する際に発生する。そのスピードは気候システムそのものによって決定され、原因となった事象よりも急激である」。National Academy of Sciences, *Abrupt Climate Change: Inevitable Surprises* (Washington, DC: National Academies Press, 2002), 14 を参照。地球物理学との関連において、こうした現象の多くを私に説明してくれたリチャード・アレイには、特に感謝している。

（注 5）ドーンブッシュによる警句は、臨界点や数理的「破滅システム」に関する深い考察である。Rudi Dornbusch and Stanley Fischer, "International Financial Crises," CESIFO Working Paper No. 926, Category 6: Monetary Policy and International Finance, March 2003 を参照。我々は危険な状況が発生するだろうということ自体は予想できても、それがいつ起きるかまでは把握できない。これがカヌー転覆の原因である。カヌーの正確な臨界点を容易に予見することができたなら、我々はそれを回避しているだろう。この点を理解する一つの方法として、財政危機や急激な事象が、本質的に予測が不可能であるという点において、満潮のような現象とは異なるということを思い出してほしい。2007 〜 2009 年の財政危機を予見していたと主張する人をよく見かけるが、慎重に調べてみると、彼らのほとんどは実際に発生しなかった危機をたびたび予測していたことがわかる。ポール・サムエルソンはこの点を「株式市場は過去 5 回の不況のうち、9 回を見事に予見した」と表現した。

（注 6）根拠に関する有用な要約は Jonathan T. Overpeck et al., "Paleoclimatic Evidence for Future Ice-Sheet Instability and Rapid Sea-Level Rise," *Science* 311, no. 5768 (2006): 1747–1750 に含まれている。1 万 4600 年前に起きた急激な海面上昇は一つの例だ。当時海面は、100 年ごとにおよそ 4 メートル、合

える影響の指標である。これは通常、対流圏（大気の最下層）における正味の放射の変化として算出される。たとえば、標準的な計算では、大気中の二酸化炭素濃度が倍増することにより、対流圏における放射は約 $4W/m^2$ 増加する。すべての相互作用が発生した場合、これは世界の平均地上気温を約3℃上昇させることになると推定される。したがって、温室効果とは太陽放射量の増加と似たもの（ただしまったく同じではない）だと考えることができる。

（注7）曲線は、IPCC, Fourth Assessment, *Science* の詳細なモデル推定に基づいている。IPCC 第5次評価報告書のモデル実験を見ると、調査したモデルの平衡気候感度と過渡気候感度は、同じモデルの新しいバージョンを用いた場合でも第4次評価報告書と実質的に変わらないことがわかる。第5次評価報告書で考察された18のモデルの平衡気候感度の幅は、2.1～4.7℃だった。わかりやすく表示するために、曲線は平滑化している。平滑化の際、推定値の分布は対数正規分布、平均と分散はモデルの結果と同じと仮定している。Timothy Andrews, Jonathan M. Gregory, Mark J. Webb, and Karl E. Taylor, "Forcing, Feedbacks and Climate Sensitivity in CMIP5 Coupled Atmosphere-Ocean Climate Models," *Geophysical Research Letters* 39 (2012): L09712, doi:10.1029/2012GL051607, 2012 を参照。

（注8）1979年に全米科学アカデミーによって実施された最初の系統的な調査は、IPCC の最新の評価に非常に近い推定結果を示した。*Carbon Dioxide and Climate: A Scientific Assessment* (Washington, DC: National Academies Press, 1979).

（注9）中長期的な反応については具体的な結論が示されていないが、これは、巨大な氷床の融解をはじめ、多くの遅いフィードバック機構や、海洋循環などの複雑システムが絡んでいるためである。

（注10）気温のデータはゴダード宇宙科学研究所（GISS）、国立気候データセンター（NCDC）、ハドレー気候研究センターから入手したもの。

（注11）モデルの構築は、2010年の段階では二酸化炭素以外のすべての影響要因は世界レベルでわずかであり、来世紀にかけてゆっくりと増加することを前提としている。二酸化炭素以外の要因による影響がわずかである主な理由は、エアロゾル（微粒子）の冷却効果がその他のガスの温暖化効果を相殺するためである。エアロゾルの定量的影響度は、当面の間、温暖化の大きな不確定要因である。

（注12）専門家のために、技術的な説明をつけ加えておきたい。EMF-22 統合評価モデルの一部は気温の推移を教えてくれるが、短寿命の温室効果ガスやエアロゾルが考慮されていないため、正確な気温予測とは言えない。図表4-4のモデル実験は、それらのモデルの産業起因の二酸化炭素濃度を使う。次に、この濃度と、RICE-2010 モデルの土地利用変化による二酸化炭素排出量、およびほかの温室効果ガスの放射強制力の推定値を組み合わせる。その上で、これらをすべて RICE-2010 モデルの気候モジュールにインプットしている。10のモデルとは、ETSAP-TIAM, FUND, GTEM, MERGE Optimistic, MERGE Pessimistic, MESSAGE, MiniCAMBASE, POLES, SGM, および WITCH である。モデルに関する詳細な記述は、L. Clarke, C. Böhringer, and T. F. Rutherford, "International, U.S. and E.U. Climate Change Control Scenarios: Results from EMF 22," *Energy Economics* 31, suppl. 2 (2009): S63–S306 にある。

（注13）ポイントのほとんどは、IPCC, Fourth Assessment Report, *Science*, Chapter 8 に基づいている。エアロゾルに関する最後の記述の出所は、Jeff Tollison, "Climate Forecasting: A Break in the Clouds,"

報告書を発表している。1990 年に第 1 次評価報告書、1995 年に第 2 次評価報告書、2001 年に第 3 次評価報告書、2007 年に第 4 次評価報告書が発行された。2013 年秋以降、第 5 次評価報告書が刊行されている。各報告書は、科学、影響、緩和の 3 巻で構成されている。評価報告書は www.ipcc.ch/publications_and_data/publications_and_data_reports.shtml で閲覧可能。また、ハードコピーが英国ケンブリッジにあるケンブリッジ大学出版局から出版されている。以降は、IPCC, Fourth Assessment Report, *Science*, p.63 というように、評価報告書の発行回と巻名で表記する。

(注 3) データは National Oceanic and Atmospheric Administration, Earth System Research Laboratory, Global Monitoring Division, "Trends in Atmospheric Carbon Dioxide," www.esrl.noaa.gov/gmd/ccgg/trends/ から入手したもの。大気中の二酸化炭素に関するデータは今日多くの地点で収集されており、それらの数値はマウナロアの観測結果とほぼ一致している。この説明は、さまざまな貯蔵庫における二酸化炭素の分布を過度に単純化している。加えて、この推定には該当期間の土地利用転換が考慮されていないが、これに関しては十分な計測結果がない。

(注 4) より詳しく知りたい読者のために説明すると、大気中に残留する二酸化炭素の比率は「大気中残留率」と呼ばれている。炭素循環モデルでは、大気中残留率は時間の経過とともに減少すると推定されているが、これは二酸化炭素が海洋表層に吸収され、下層を経てゆっくりと拡散するためである。さらに、二酸化炭素の一部は樹木や植物によって吸収される。吸収の時間軸を推定することは難しい。化学、海洋力学、生物学が絡んでいるからだ。この動態をつかむには、炭素循環を含む気候モデルを用いた研究を見てみるとよい。このモデルは、ドイツとスイスの科学者チームによって設計された。彼らはそれを使って、二酸化炭素の排出が 1200 年の間に引き起こす影響を推定した。ゼロ年に x トンの二酸化炭素が大気中に排出されたとする。するとモデルは、50 年後にはその 50 ～ 70%が、100 年後には 35 ～ 55%が、200 年後には 28 ～ 45%が、そして 1200 年後には 15%前後が残留しているという推定結果を示す。ある年の残留率の幅は、排出された二酸化炭素の量によって異なる。排出量が少なければより低い数値に、多ければより高い数値になる。G. Hoss et al., "A Nonlinear Impulse Response Model of the Coupled Carbon Cycle-Climate System (NICCS)," *Climate Dynamics* 18 (2001): 189–202 を参照。IPCC 評価報告書による別の推定では、排出量の 30 ～ 50%が 100 年後も大気中に滞留しているとしている。イェール大学で構築された気候経済統合モデル（DICE-RICE 2010 モデル）では、二酸化炭素の 100 年後の残留率が 41%となるよう調整されたモデルを使用している。

(注 5) 特に有用な要約は Benjamin D. Santer, "Hearing on 'A Rational Discussion of Climate Change: The Science, the Evidence, the Response,'" House Committee on Science and Technology, November 17, 2010, http://science.house.gov/sites/republicans.science.house.gov/files/documents/hearings/111710Santer.pdf で見つけることができる。

(注 6)「放射強制力」増加の基礎気候科学と影響について理解しやすいよう、技術的な説明をつけ加えたい。大気上端での太陽放射は、地球全体で 341W/㎡になると推定されている。地球に入ってくる太陽放射の約 3 分の 2 は大気や地表に吸収され、長波（または赤外）放射として宇宙に跳ね返される。温室効果ガス濃度が上昇すると、長波放射の吸収が増える。この増加の尺度となるのが「放射強制力」の変化と呼ばれるもので、二酸化炭素やその他の要因の濃度上昇が地球のエネルギーバランスの変化に与

history/climate/GCM.htm で閲覧可能。

（注 5）簡略化するために、文中ではすべての結果を DICE モデルによるものと紹介しているが、脚注で明記されている通り、異なるバージョンを使用していることがある。

（注 6）DICE モデルはイェール大学経済学部の私のホームページから、使用法の説明と併せて閲覧可能である。dicemodel.net からアクセスできる。

（注 7）方程式に興味のある読者向けに説明すると、これは茅恒等式、または茅方程式と呼ばれるものである。これによると、二酸化炭素排出量は三つの項（要素）の積として算出できる。すなわち、人口 × 1 人当たり GDP × GDP の炭素強度である。

$$CO_2 = Pop \times (GDP/Pop) \times (CO_2/GDP)$$

CO_2 は二酸化炭素排出量、Pop は人口、そして GDP は実質国内総生産あるいは実質世界総生産である。実際の数値は、RICE-2010 モデルからとる。単純化された計算法では、二酸化炭素の対数増加率あるいは幾何級数的増加率は、Pop の増加率と (GDP/Pop) の増加率と (CO_2/GDP) の増加率の和に等しい。厳密には、二次の項により、増加率の和は実際の数値よりやや低くなるが、ここで使われている例では、無視してよい程度の差異である。計算は著者によるもの。

（注 8）私は統合評価モデルの予測を用いるが、それは統合評価モデルが最も科学的でわかりやすく、経験則に基づいたアプローチだと考えるからである。自然科学分野の多くの研究、とりわけ気候モデルは、気候変動に関する政府間パネル（IPCC）向けに作成された「排出シナリオに関する特別報告 (SRES)」と呼ばれる標準化された予測を用いている。Nebojsa Nakicenovic and Rob Swart, eds., *IPCC Special Report on Emissions Scenarios* (Cambridge: Cambridge University Press, 2000), www.ipcc.ch/ipccreports/sres/emission/index.htm を参照。

（注 9）図表 3-5 は、EMF-22 プロジェクトによって評価された 11 モデルの結果と、イェール RICE-2010 モデルの予測（丸印を伴った線）を示している。EMF の結果は、L. Clarke, C. Böhringer, and T. F. Rutherford, "International, U.S. and E.U. Climate Change Control Scenarios: Results from EMF 22," *Energy Economics* 31, suppl. 2 (2009): S63–S306 に記述がある。詳細な結果はレオン・クラークによって提供された。RICE モデルと DICE モデルの結果は、参考文献と併せて、dicemodel.net で閲覧が可能。

第 4 章　将来の気候変動

（注 1）Richard Alley, *Earth: The Operators' Manual* (New York: Norton, 2011); Stephen H. Schneider, Armin Rosencranz, Michael D. Mastrandrea, and Kristin Kuntz-Duriseti, eds., *Climate Change Science and Policy* (Washington, DC: Island Press, 2010); James Hansen, S*torms of My Grandchildren: The Truth about the Coming Climate Catastrophe and Our Last Chance to Save Humanity* (London: Bloomsbury, 2009). ジェイムズ・ハンセン著『地球温暖化との闘い――すべては未来の子どもたちのために』（中小路佳代子訳、日経 BP 社、2012 年）

（注 2）気候変動に関する政府間パネル（IPCC）は、気候変動、緩和策、影響、適応策について一連の

原注　Notes

第１章　気候カジノへの入り口

（注1）これらは、ギャラップ調査、環境シンクタンクによる報告書、科学的見地に基づく報告書、アメリカの有力紙など、幅広い資料から引用したもの。

第２章　二つの湖のエピソード

（注1）この点は、以下の文献の中で強調されている。Stephen Jay Gould, *Wonderful Life: The Burgess Shale and the Nature of History* (New York: Norton, 1990). スティーヴン・ジェイ・グールド著『ワンダフル・ライフ――バージェス頁岩と生物進化の物語』（渡辺政隆訳、ハヤカワ文庫NF、2000年）

（注2）概要については、Salt Ponds Coalition, www.saltpondscoalition.org で閲覧できる。2013年3月27日にアクセス。

（注3）アラル海の過去と現在の写真は、NASA Earth Observatory, "Aral Sea" August 25, 2003, http://earthobservatory.nasa.gov/IOTD/view.php/id=3730 で閲覧できる。

（注4）著名な環境学者によるアラル海についての短いエッセイと、チャド湖に関する同様のエピソードは、Michael H. Glantz, "Lake Chad and the Aral Sea: A Sad Tale of Two Lakes," Fragilecologies, September 9, 2004, www.fragilecologies.com/archive/sep09_04.html を参照。

第３章　気候変動の経済的起源

（注1）著者による計算。

（注2）図表3-1と図表3-2で使用した二酸化炭素排出量に関するデータは、二酸化炭素情報分析センター（http://cdiac.ornl.gov/）とエネルギー情報局（www.eia.doe.gov）から入手したもの。GDPについては、1929年までのデータを経済分析局から、それ以前のデータを民間の有識者らから入手し、著者がつなぎ合わせた。

（注3）気候に関する最も単純な方程式は、$(l\text{-}a)S=4\varepsilon\delta T^4$ である。この方程式は、地球の気温（T）と、太陽定数（S）、地球の反射率（a）と、いくつかの物理パラメータといった要素の相関関係を示している。これを解くことで大まかな地球の気温を知ることができるが、大気、海洋、氷床が含まれていないため、項目の多くが欠落している。気候モデルとは、この単純な方程式に、大気のさまざまな層、海洋、氷床、風などさらに多くの要素を加えたものだと思ってもらえばよい。気候モデルにこうしたものがすべて加えられるとき、その計算結果はすべての変数について一通りの予測を出すことができる。

（注4）気候モデルに関する数々の著書の中でも、Paul Edwards, *A Vast Machine: Computer Models, Climate Data, and the Politics of Global Warming* (Cambridge, MA: MIT Press, 2010) を参照。スペンサー・ワートによるオンラインアーカイブ／"The Discovery of Global Warming" は American Institute of Physics, www.aip.org/history/climate/pdf/Gcm.pdf またはハイパーリンクのついたページ www.aip.org/

著者紹介

ウィリアム・ノードハウス

イェール大学経済学部教授。30 年以上にわたり、地球温暖化の分野で幅広い研究と執筆活動をおこなっている。カーター大統領のもとで大統領経済諮問委員会メンバーを務めたほか、イェール大学学長、アメリカ経済学会会長などを歴任。2012 年ボストン連邦準備銀行議長に就任。全米科学アカデミーにおける気候変動や環境会計などの委員会メンバー。計量経済学会、アメリカ芸術科学アカデミーのフェロー。トムソン・ロイター引用栄誉賞など経済学の数々の賞を受賞。著書『サムエルソン 経済学』(ポール・サムエルソンとの共著、都留重人訳、岩波書店)は、17 カ国語に翻訳されている。

訳者紹介

藤﨑 香里

アメリカン大学(ワシントン DC)国際関係学部卒。訳書に『静かなるイノベーション―私が世界の社会起業家たちに学んだこと』(英治出版)、『ジョン・F・ケネディ ホワイトハウスの決断』(共訳)(世界文化社)。

気候カジノ

2015年３月24日　第１版第１刷発行
2018年10月16日　第１版第２刷発行

著　者　ウィリアム・ノードハウス
訳　者　藤崎 香里
発行者　村上 広樹
発　行　日経ＢＰ社
発　売　日経ＢＰマーケティング
〒105-8308　東京都港区虎ノ門4-3-12
https://www.nikkeibp.co.jp/books/

カバーデザイン　遠藤 陽一
ブックデザイン/DTP・制作　アーティザンカンパニー株式会社
印刷・製本　株式会社廣済堂

ISBN978-4-8222-5076-8
Printed in Japan